全国技工院校数控类专业教材（高级技能层级）

数控车床编程与操作（广数系统）

（第二版）

人力资源社会保障部教材办公室组织编写

中国劳动社会保障出版社

简介

本书主要内容包括数控车削编程基础、数控车床基本操作、数控车仿真加工、外轮廓加工、内轮廓加工、切槽与切断、螺纹加工、非圆曲线加工、职业技能等级认定技能操作模拟题实例。

本书由崔兆华任主编，赵燕平、刘建宇、蒋自强、刘永强、张文涛、阎伟红参加编写；曾峰任主审。

图书在版编目（CIP）数据

数控车床编程与操作：广数系统 / 人力资源社会保障部教材办公室组织编写．-- 2 版．-- 北京：中国劳动社会保障出版社，2023

全国技工院校数控类专业教材．高级技能层级

ISBN 978-7-5167-5814-4

Ⅰ．①数…　Ⅱ．①人…　Ⅲ．①数控机床 - 车床 - 程序设计 - 技工学校 - 教材②数控机床 - 车床 - 操作 - 技工学校 - 教材　Ⅳ．①TG519.1

中国国家版本馆 CIP 数据核字（2023）第 061728 号

中国劳动社会保障出版社出版发行

（北京市惠新东街 1 号　邮政编码：100029）

*

北京谊兴印刷有限公司印刷装订　新华书店经销

787 毫米 ×1092 毫米　16 开本　22.75 印张　484 千字

2023 年 6 月第 2 版　　2023 年 6 月第 1 次印刷

定价：47.00 元

营销中心电话：400-606-6496

出版社网址：http://www.class.com.cn

http://jg.class.com.cn

前言

为了更好地适应技工院校数控类专业的教学要求，全面提升教学质量，人力资源社会保障部教材办公室组织有关学校的骨干教师和行业、企业专家，在充分调研企业生产和学校教学情况，广泛听取教师对教材使用反馈意见的基础上，对全国技工院校数控类专业高级技能层级的教材进行了修订。

本次教材修订工作的重点主要体现在以下几个方面：

第一，更新教材内容，体现时代发展。

根据数控类专业毕业生所从事岗位的实际需要和教学实际情况的变化，合理确定学生应具备的能力与知识结构，对部分教材内容及其深度、难度做了适当调整。

第二，反映技术发展，涵盖职业技能标准。

根据相关工种及专业领域的最新发展，在教材中充实新知识、新技术、新设备、新工艺等方面的内容，体现教材的先进性。教材编写以国家职业技能标准为依据，内容涵盖数控车工、数控铣工、加工中心操作工、数控机床装调维修工、数控程序员等国家职业技能标准的知识和技能要求，并在配套的习题册中增加了相关职业技能等级认定模拟试题。

第三，精心设计形式，激发学习兴趣。

在教材内容的呈现形式上，较多地利用图片、实物照片和表格等将知识点生动地展示出来，力求让学生更直观地理解和掌握所学内容。针对不同的知识点，设计了许多贴近实际的互动栏目，以激发学生的学习兴趣，使教材“易教易学，易懂易用”。

第四，采用CAD/CAM应用技术软件最新版本编写。

在CAD/CAM应用技术软件方面，根据最新的软件版本对UG、Creo、Mastercam、CAXA、SolidWorks、Inventor进行了重新编写。同时，在教材中不仅局限于介绍相关的软件功能，而是更注重介绍使用相关软件解决实际生产中的问题，以培养学生分析和解决问题的综合职业能力。

第五，开发配套资源，提供教学服务。

本套教材配有习题册和方便教师上课使用的多媒体电子课件，可以通过登录技工教育网（http://jg.class.com.cn）下载。另外，在部分教材中使用了二维码技术，针对教材中的教学重点和难点制作了动画、视频、微课等多媒体资源，学生使用移动终端扫描二维码即可在线观看相应内容。

本次教材的修订工作得到了河北、辽宁、江苏、山东、河南等省人力资源和社会保障厅及有关学校的大力支持，在此我们表示诚挚的谢意。

人力资源社会保障部教材办公室

2022年7月

目　录

第一章　数控车削编程基础

第一节　数控车床概述

数控车床又称 CNC（Computer Numerical Control）车床，即用计算机数字控制的车床。它是目前国内外使用量最大、覆盖面最广的一种数控机床。如图 1–1 所示为一台常见的数控车床。数控车床主要用于回转体工件的加工，一般能自动完成内、外圆柱面，内、外圆锥面，复杂回转体内、外曲面，圆柱螺纹和圆锥螺纹等轮廓的切削加工，并能进行切槽、钻孔、车孔、扩孔、铰孔、攻螺纹等加工。

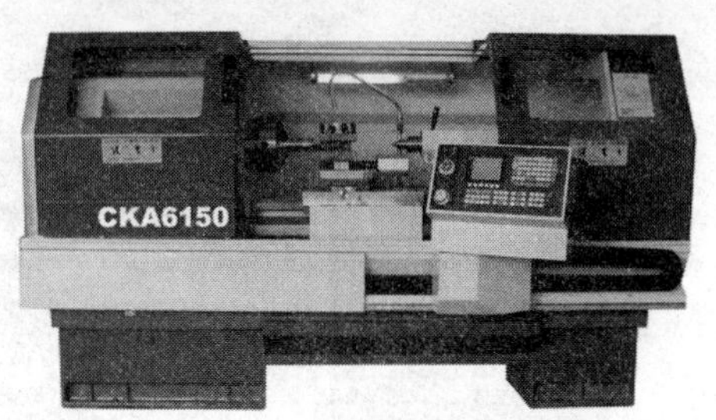

图 1–1　数控车床

一、数控车床的组成

数控车床一般由控制介质、数控装置、伺服系统、测量反馈装置和车床主体组成，如图 1–2 所示。

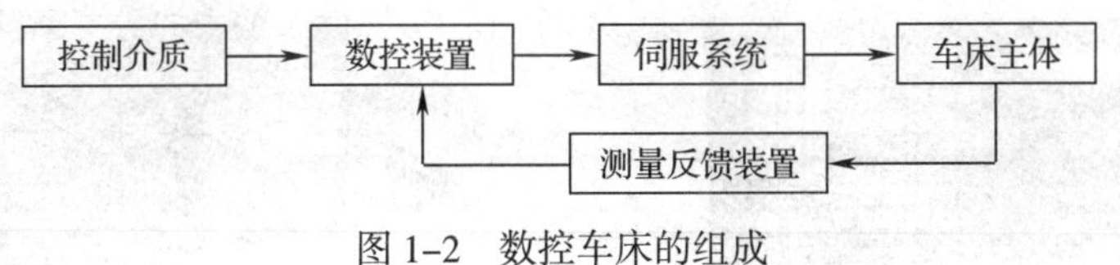

图 1–2　数控车床的组成

1. 控制介质

控制介质是指将工件加工信息传送给数控装置的程序载体。控制介质有多种形式，随数控装置类型的不同而不同，常用的有闪存卡、移动硬盘、U 盘等，如图 1–3 所示。随着计算机辅助设计 / 计算机辅助制造（CAD/CAM）技术的发展，在某些数控设备上，可先利用 CAD/CAM 软件在计算机上编程，然后通过计算机与数控系统通信，将程序和数据直接传送给数控装置。

2. 数控装置

数控装置是数控车床的核心。现代数控装置通常是一台带有专门系统软件的专用计算机，如图 1–4 所示为某数控车床的数控装置。它由输入装置（如键盘等）、控制运算器和输出装置（如显示器）等构成。数控装置接收控制介质上的数字化信息，经过控制软件或逻辑电路进行编译、运算和逻辑处理后，输出各种信号和指令，控制车床的各部分进行规定的、有序的运动。

3. 伺服系统

伺服系统由驱动装置和执行部件（如伺服电动机等）组成，它是数控系统的执行机构，如图 1–5 所示。伺服系统分为进给伺服系统和主轴伺服系统。伺服系统的作用是把来自数控装置的指令信号转换为机床移动部件的运动，它相当于操作人员的手，使工作台（或滑板）精确定位或按规定的轨迹做严格的相对运动，最后加工出符合图样要求的工件。伺服系统作为数控机床的重要组成部分，其本身的性能直接影响整台数控车床的精度和速度。

a)

b)

c)

图 1–3　控制介质

a）闪存卡　b）移动硬盘　c）U 盘

图 1–4　数控装置

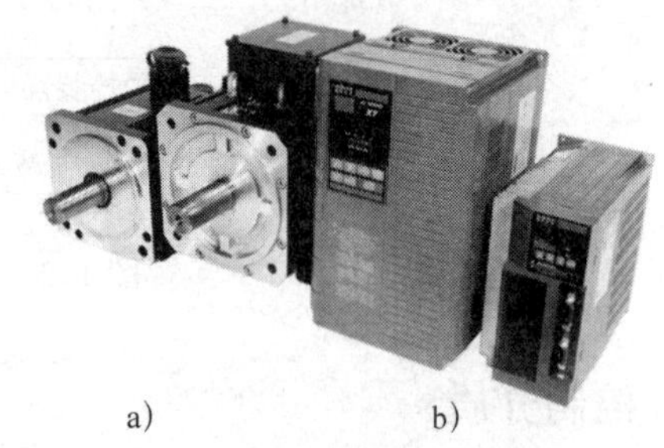
a)　b)

图 1–5　伺服系统

a）伺服电动机　b）驱动装置

4. 测量反馈装置

测量反馈装置的作用是通过测量元件将车床移动的实际位置、速度参数检测出来，将其转换成电信号，并反馈到数控装置中，使数控装置能随时判断车床的实际位置、速度是否与指令一致，并发出相应指令，纠正所产生的误差。测量反馈装置安装在数控车床的工作台或丝杠上，相当于普通车床的刻度盘和人的眼睛。

5. 车床主体

车床主体是数控车床的本体，主要包括床身、主轴、进给机构等机械部件，还包括冷却、润滑、换刀、夹紧等装置。

二、数控车床的工作过程

用数控车床加工工件时，根据零件图样要求和加工工艺，将所用刀具、刀具运动轨迹与速度、主轴转速与旋转方向、冷却与润滑等辅助操作以及相互间的先后顺序，以规定的数控代码形式编制成程序，并输入数控装置中，在数控装置内部的控制软件支持下，经过处理、计算后，向车床伺服系统和辅助装置发出指令，驱动车床各运动部件和辅助装置进行有序的动作，实现刀具与工件的相对运动，加工出所要求的工件。如图 1–6 所示为数控车床的基本工作原理。

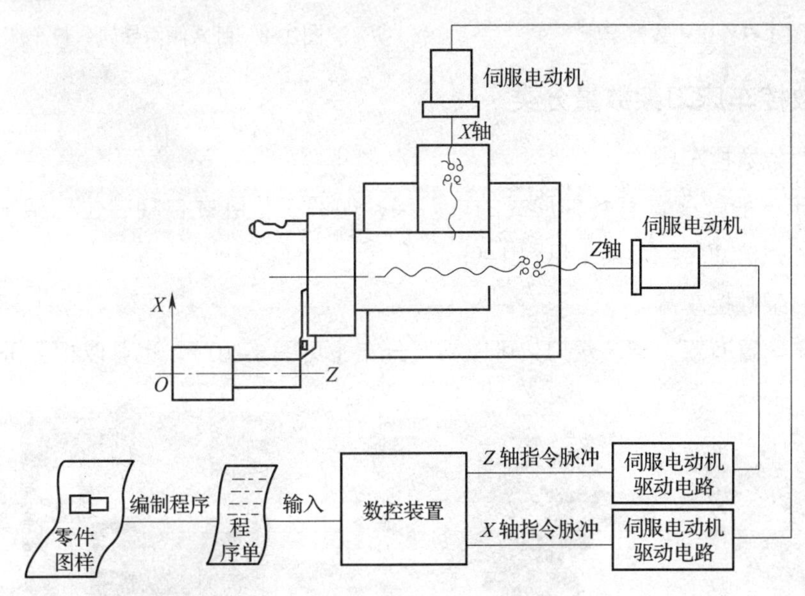

图 1–6　数控车床的基本工作原理

三、数控车床的分类

数控车床的种类较多，通常采用与普通车床相似的方法进行分类。

1. 按数控车床主轴位置分类

（1）立式数控车床

立式数控车床简称数控立车，如图 1–7 所示。其主轴垂直于水平面，并有一个直径很大的圆形工作台，供装夹工件用。这类车床主要用于加工径向尺寸大、轴向尺寸相对较小的大型复杂工件。

（2）卧式数控车床

卧式数控车床又分为卧式水平导轨数控车床（见图 1–1）和卧式倾斜导轨数控车床（见图 1–8）。倾斜导轨可使数控车床具有更高的刚度，并易于排出切屑。

图 1–7 立式数控车床

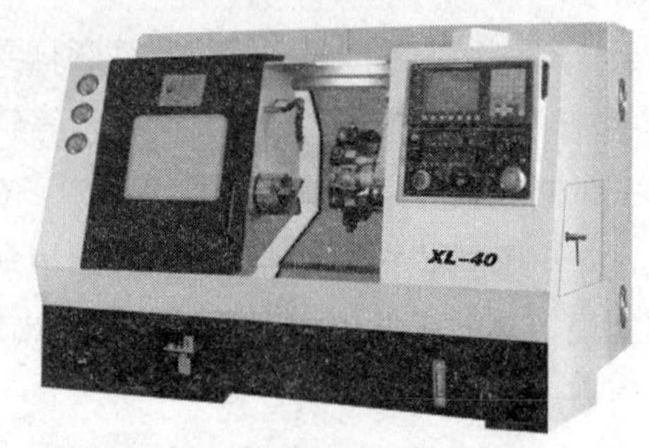

图 1–8 卧式倾斜导轨数控车床

2. 按数控车床刀架数量分类

（1）单刀架数控车床

数控车床一般都配置有各种形式的单刀架，如四工位卧式自动转位刀架（见图 1–9a）和多工位转塔式自动转位刀架（见图 1–9b）。

（2）双刀架数控车床

这类车床配置有双刀架，双刀架可以平行分布（见图 1–10），也可以相互垂直分布。

a) b)
图 1–9 自动转位刀架
a）四工位卧式自动转位刀架 b) 多工位转塔式自动转位刀架

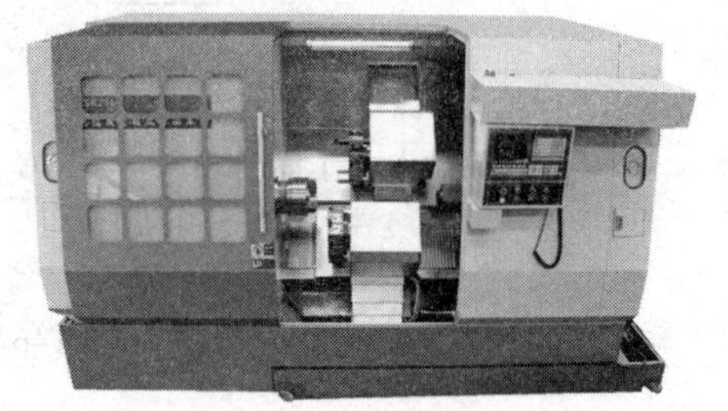
图 1–10 双刀架数控车床

3. 按数控车床控制方式分类

按照对被控制量有无测量反馈装置不同，数控车床可分为开环控制数控车床和闭环控制数控车床两种。在闭环控制数控车床中，根据检测装置安放的部位不同又分为全闭环控制数控车床和半闭环控制数控车床两种。

（1）开环控制数控车床

开环控制系统框图如图 1–11 所示。开环控制系统中没有测量反馈装置。数控装置将工件的加工程序处理后，输出数字指令信号给伺服驱动系统，驱动机床运动，但不检测运动的实际位置，即没有位置反馈信号。开环控制系统主要使用步进电动机，受步进电动机的步距精度和工作频率以及传动机构的传动精度影响，开环控制系统的速度和精度都较低。但由于开环控制系统结构简单，调试方便，容易维修，成本较低，仍被广泛应用于经济型数控车床上。

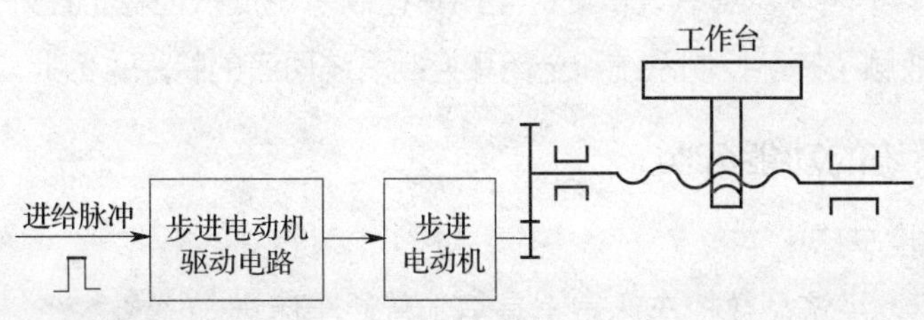

图 1–11 开环控制系统框图

(2)全闭环控制数控车床

全闭环控制系统框图如图 1–12 所示，安装在工作台上的检测元件将工作台实际位移量反馈到计算机中，将其与所要求的位置指令进行比较，用比较的差值进行控制，直到差值消除为止。可见，全闭环控制系统可以消除机械传动部件的各种误差和工件加工过程中所产生干扰的影响，从而使加工精度大大提高。

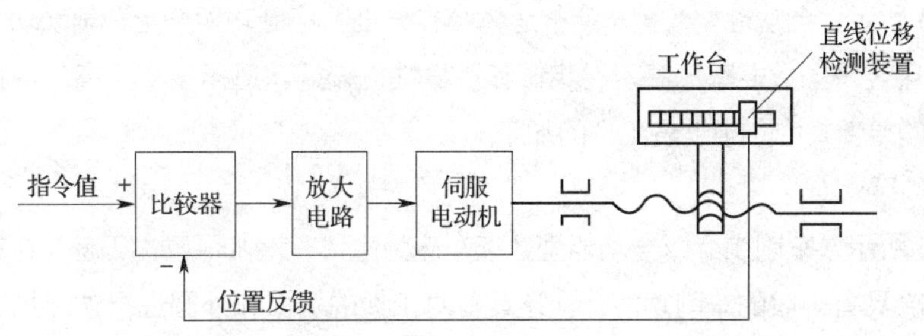

图 1–12 全闭环控制系统框图

全闭环控制系统的特点是加工精度高，移动速度快。但这类数控车床采用直流伺服电动机或交流伺服电动机作为驱动元件，电动机的控制电路比较复杂，检测元件价格昂贵，因此，调试及维修比较复杂，成本高。

(3)半闭环控制数控车床

半闭环控制系统框图如图 1–13 所示，它不直接检测工作台的位移量，而是采用转角位移检测元件(如光电编码器等)测出伺服电动机或丝杠的转角，推算出工作台的实际位移量，并将其反馈到计算机中进行位置比较，用比较的差值进行控制。由于反馈环内不包含工作台，

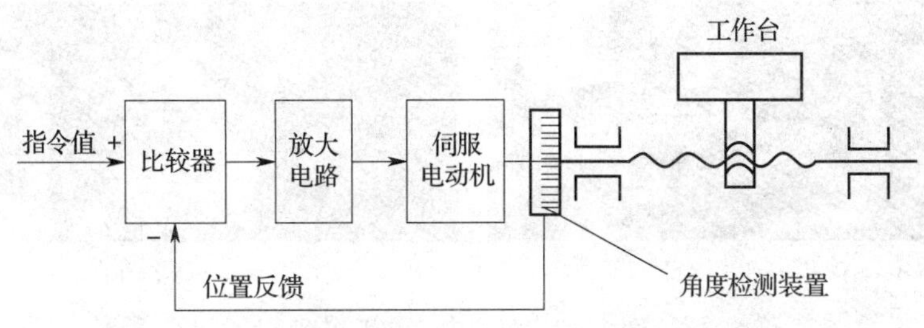

图 1–13 半闭环控制系统框图

故称为半闭环控制。半闭环控制系统精度比全闭环控制系统低，但稳定性好，成本较低，调试及维修也较容易，兼顾了开环控制系统和全闭环控制系统两者的特点，因此应用比较普遍。

4. 按数控系统的功能分类

（1）经济型数控车床

如图 1–14 所示，经济型数控车床常常是基于普通车床进行数控改造的产物。一般采用开环或半闭环伺服系统；主轴一般采用变频调速，并安装有主轴脉冲编码器，可用于车削螺纹。经济型数控车床一般刀架前置（位于操作者一侧），车床主体结构与普通车床无大的区别，结构简单，且功能简化，针对性强，精度适中，主要用于加工精度要求不高、有一定复杂性的工件。

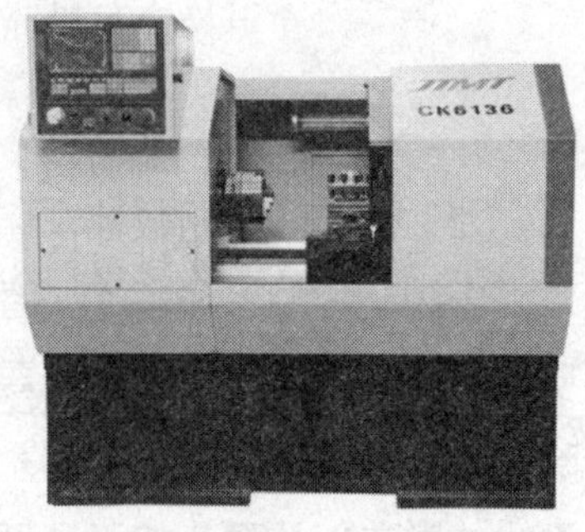

图 1–14　经济型数控车床

（2）全功能型数控车床

如图 1–15 所示，全功能型数控车床的总体结构先进，控制功能齐全，辅助功能完善，加工的自动化程度比经济型数控车床高，稳定性和可靠性也较好，适用于精度高、形状复杂、工序多、品种多变的单件或中、小批量工件的加工。

（3）车削中心

如图 1–16 所示，车削中心以全功能型数控车床为主体，增加了动力刀座（C 轴控制）和刀库。车削中心除具备一般的车削功能外，还具备对工件的端面和外圆进行铣削加工的功能，如图 1–17 所示。

图 1–15　全功能型数控车床

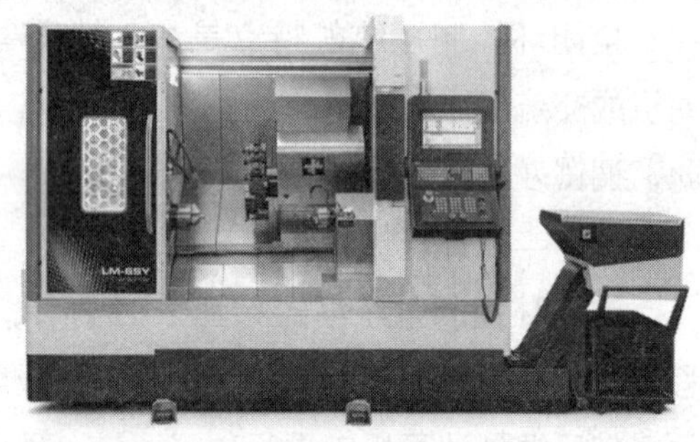
图 1–16　车削中心

a）

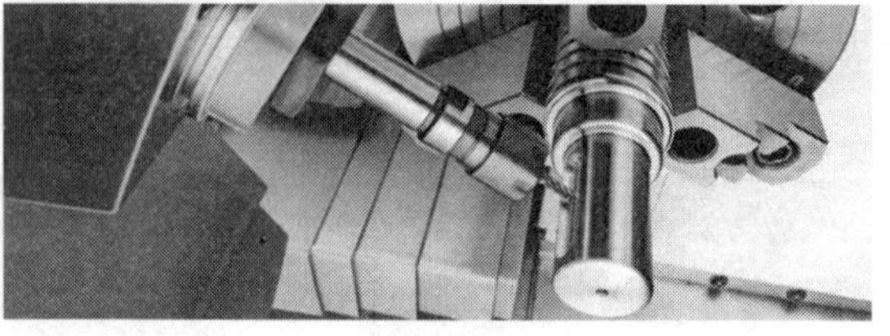
b）

图 1–17　车削中心加工实例

a）铣削端面　b）铣削外圆上的键槽

四、数控车床的特点

数控车床是实现柔性自动化的重要设备，与普通车床相比，数控车床具有以下特点：

1. 适应性强

数控车床在更换产品（生产对象）时，只需改变数控装置内的加工程序及调整有关的数据，就能满足新产品的生产需要，不需改变机械部分和控制部分的硬件。这一特点不仅可以满足当前产品更新快的市场竞争需要，而且较好地解决了单件以及中、小批量和多变产品的加工问题。适应性强是数控车床最突出的优点，也是数控车床得以产生和迅速发展的主要原因。

2. 加工精度高

数控车床本身的精度都比较高，中、小型数控车床的定位精度可达 0.005 mm，重复定位精度可达 0.002 mm，而且还可利用软件进行精度校正和补偿，因此，可以获得比车床本身精度还要高的加工精度和重复定位精度。此外，数控车床是按预定程序自动工作的，加工过程不需要人工干预，工件的加工精度全部由机床保证，消除了操作者的人为误差，因此，加工出来的工件精度高，尺寸一致性好，质量稳定。

3. 生产效率高

数控车床具有良好的结构特性，可进行大切削用量的强力切削，有效节省了基本作业时间，还具有自动变速、自动换刀和其他辅助操作自动化等功能，使辅助作业时间大大缩短，因此，数控车床的生产效率一般比普通车床高。

4. 自动化程度高，劳动强度低

数控车床的工作是按预先编制好的加工程序自动连续完成的，操作者除输入加工程序或操作键盘、装卸工件、进行关键工序的中间检测以及观察机床运行外，不需要进行繁杂的重复性手工操作，劳动强度与紧张程度均大为减轻。此外，数控车床一般都具有较好的安全防护、自动排屑、自动冷却和自动润滑装置，操作者的劳动条件也大为改善。

第二节　数控车床坐标系

为了便于描述数控车床的运动，研究人员引入了数学中的坐标系，用机床坐标系描述机床的运动。为了准确地描述机床的运动、简化程序的编制方法及保证记录数据的互换性，数控车床的坐标和运动方向均已标准化。

一、坐标系的确定原则

1. 刀具相对于静止工件而运动的原则

这一原则使编程人员不需确定是刀具移近工件还是工件移近刀具，即可根据零件图样确定工件的加工过程。

2. 机床坐标系的规定

数控车床的动作是由数控装置控制的，为了确定机床上的成形运动和辅助运动，必须先确定机床上运动的方向和运动的距离，这就需要一个坐标系才能实现，这个坐标系就称为机床坐标系。

机床坐标系是一个右手笛卡儿直角坐标系，如图 1–18 所示，图中规定了 *X*、*Y*、*Z* 三个直角坐标轴的方向。伸出右手的拇指、食指和中指，并互成 90°，拇指代表 *X* 坐标轴，食指代表 *Y* 坐标轴，中指代表 *Z* 坐标轴。拇指的指向为 *X* 坐标轴的正方向，食指的指向为 *Y* 坐标轴的正方向，中指的指向为 *Z* 坐标轴的正方向。围绕 *X*、*Y*、*Z* 坐标轴的旋转坐标分别用 *A*、*B*、*C* 表示，根据右手螺旋定则，拇指的指向为 *X*、*Y*、*Z* 坐标轴中任意轴的正方向，则其余四指的旋转方向即为旋转坐标 *A*、*B*、*C* 的正方向。

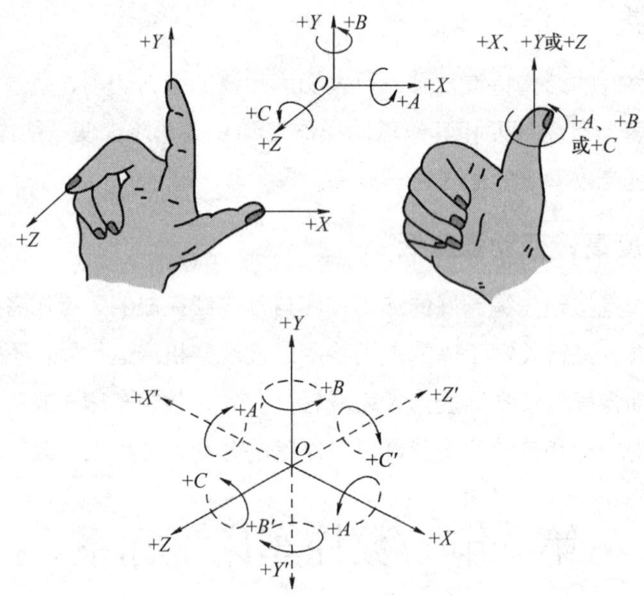

图 1–18　右手笛卡儿直角坐标系

3. 运动方向的规定

对于各坐标轴的运动方向，均将增大刀具与工件间距离的方向确定为各坐标轴的正方向。

二、坐标轴的确定

1. Z 坐标轴

Z 坐标轴的运动方向是由传递切削力的主轴所决定的，与主轴轴线平行的标准坐标轴即为 Z 坐标轴，其正方向是增大刀具与工件之间距离的方向。如图 1–19 所示为卧式数控车床的坐标系。

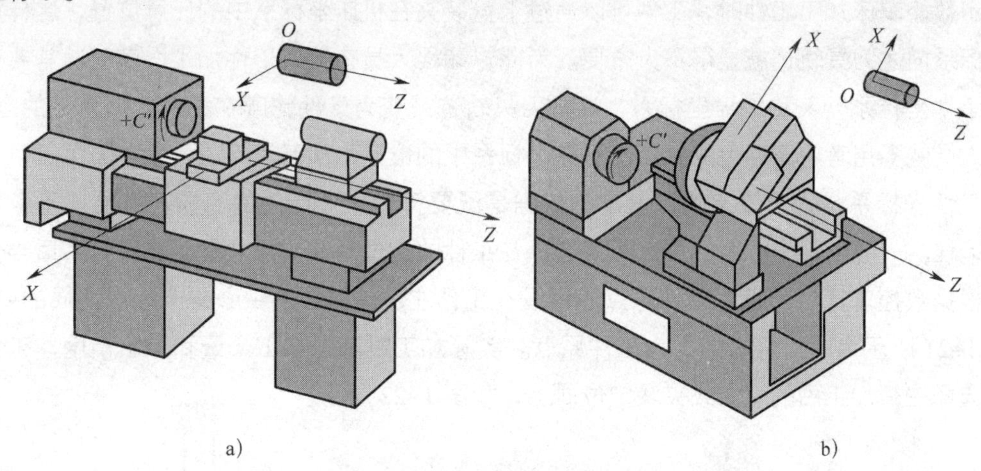

图 1–19　卧式数控车床的坐标系

a）前置刀架　b）后置刀架

2. X 坐标轴

X 坐标轴平行于工件装夹面，一般在水平面内，它是刀具或工件在定位平面内运动的主要坐标。对于数控车床，X 坐标轴的方向是在工件的径向上，且平行于横向滑板。X 坐标轴的正方向是安装在横向滑板主要刀架上的刀具离开工件回转中心的方向，如图 1–19 所示。

3. Y 坐标轴

在确定了 X 和 Z 坐标轴后，可根据 X 和 Z 坐标轴的正方向，按照右手笛卡儿直角坐标系确定 Y 坐标轴及其正方向。

三、机床坐标系

机床坐标系是数控车床的基本坐标系，它是以机床原点为坐标原点建立起来的 X、Z 轴直角坐标系，如图 1–20 所示。机床原点是由生产厂家确定的，是数控车床上的一个固定点。卧式数控车床的机床原点一般取在主轴右端面与中心线交点处，但这个点不是一个物理点，而是一个定义点，它是通过机床参考点间接确定的。机床参考点是一个物理点，其位置由 X、Z 向的机械挡块

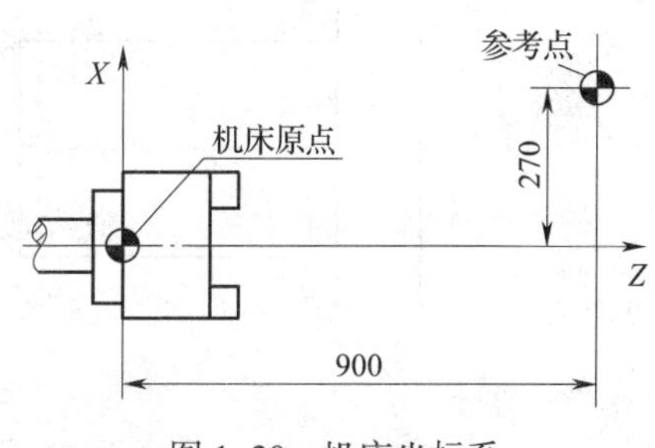

图 1–20　机床坐标系

和行程开关确定。对某台数控车床来说，机床参考点与机床原点之间有严格的位置关系，在机床出厂前已调试准确，确定为某一固定值，这个值就是机床参考点在机床坐标系中的坐标。

在机床每次通电后，必须进行回机床零点操作（简称回零操作），使刀架运动到机床参考点，其位置由机械挡块确定。通过机床回零操作，确定了机床原点，从而准确地建立机床坐标系。

四、工件坐标系

用数控车床加工工件时，工件可以通过卡盘装夹在机床坐标系中的任意位置，这样用机床坐标系描述刀具轨迹就显得不大方便。为此，编程人员在编写工件加工程序时通常要选择一个工件坐标系，又称编程坐标系，这样刀具轨迹就变为工件轮廓在工件坐标系下的坐标。编程人员就不用考虑工件上的各点在机床坐标系中的位置，从而使问题大大地简化。

工件坐标系是人为设定的，设定的依据是既要符合尺寸标注的习惯，又要便于坐标计算和编程。一般工件坐标系的原点最好选择在工件的定位基准、尺寸基准或夹具的适当位置上。根据数控车床的特点，工件原点通常设在工件左、右端面的中心或卡盘右端面的中心。如图 1–21 所示为以工件右端面为工件原点。实际加工时考虑加工余量和加工精度，工件原点应选择在精加工后的端面或夹紧定位面上，如图 1–22 所示。

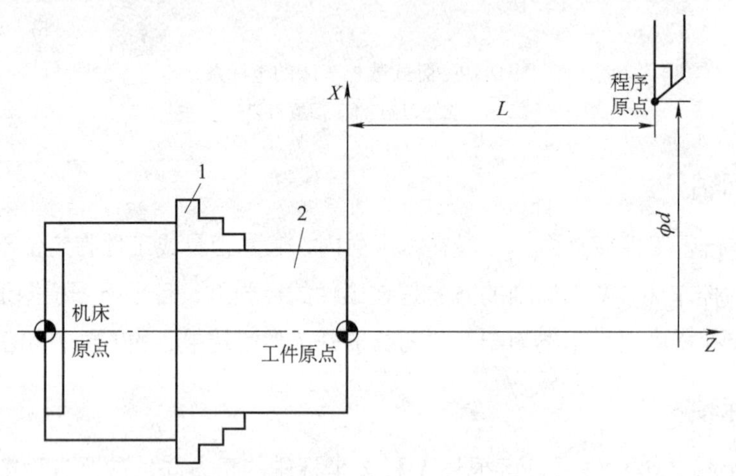

图 1–21　工件原点和工件坐标系

1—卡盘　2—工件

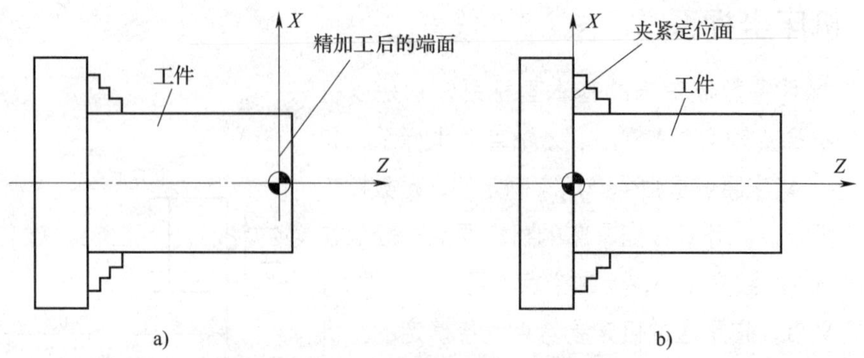

图 1–22　实际加工时的工件坐标系

提示

GSK980TDi数控系统通过G50指令设置工件坐标系。当工件装夹到车床上后，根据工件的尺寸用G50指令设置刀具当前位置的绝对坐标，在数控系统中建立工件坐标系。工件坐标系一旦建立便一直有效，直到被新的工件坐标系所取代为止。

用G50指令设定工件坐标系的当前位置称为程序零点，执行程序回零操作后就回到此位置。注意：在上电后如果没有用G50指令设定工件坐标系，请不要执行回程序零点的操作，否则会产生报警。

五、刀具相关点

1. 刀位点

刀具在机床上的位置是由刀位点的位置来表示的。刀位点是指刀具的定位基准点，不同的刀具其刀位点不同，各类车刀的刀位点如图1–23所示。

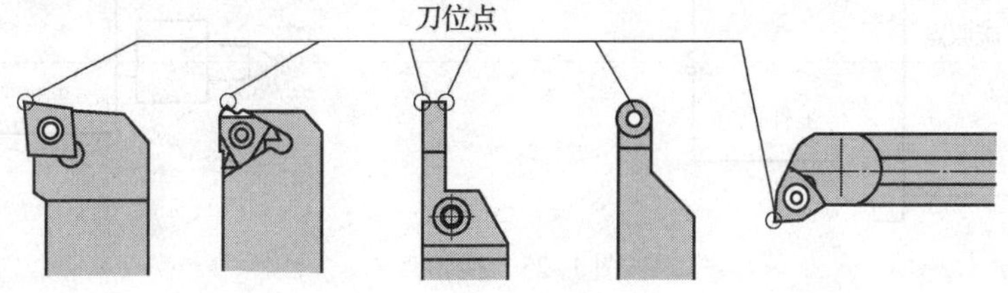

图1–23 刀位点

2. 对刀点

对刀点是指数控加工中刀具相对于工件运动的起点，也可以叫作程序起点或起刀点。通过对刀点，可以确定机床坐标系和工件坐标系之间的相互位置关系。对刀点可选在工件上，也可选在工件外面（如夹具或机床上），但必须与工件的定位基准有一定的尺寸关系，如图1–24所示为车削工件时的对刀点。对刀点选择的原则是找正容易，编程方便，对刀误差小，加工过程中检查方便、可靠。

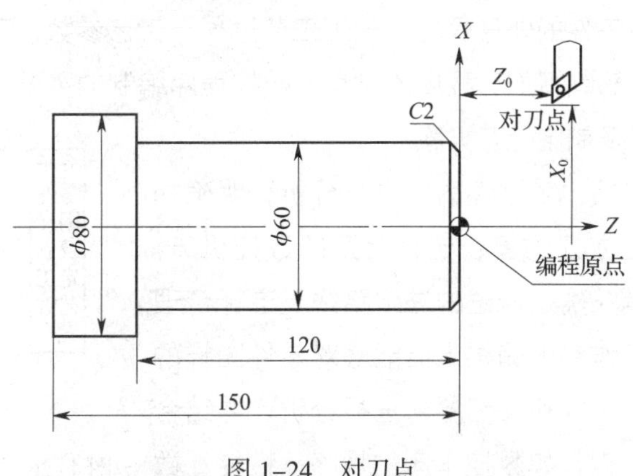

图1–24 对刀点

提示

对刀是数控加工中一项很重要的准备工作。所谓对刀，是指使刀位点与对刀点重合的操作。

3. 换刀点

换刀点是指工件开始加工或加工过程中更换刀具的相关点，如图 1–25 所示。设立换刀点的目的是在更换刀具时让刀具处于一个比较安全的区域，换刀点可在远离工件和尾座处，也可在便于换刀的任何地方，但该点与程序原点之间必须有确定的坐标关系。

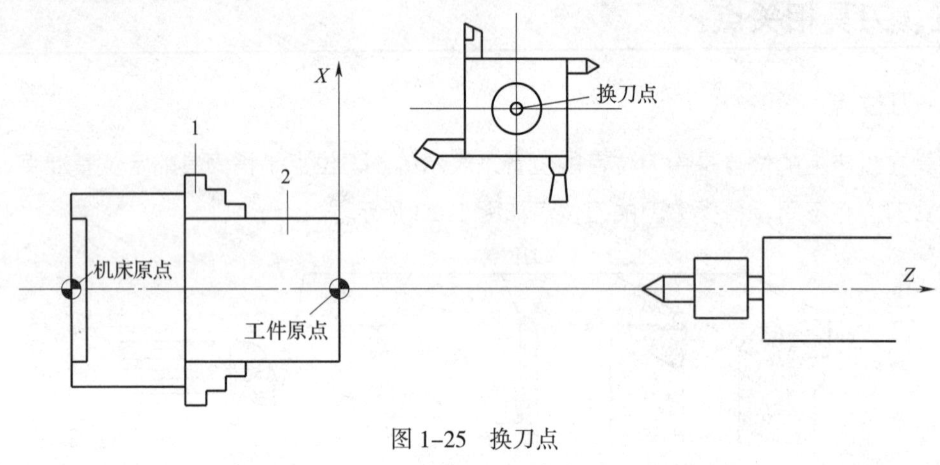

图 1–25　换刀点
1—卡盘　2—工件

第三节　数控车削编程基本知识

一、数控编程概述

1. 数控编程的概念和步骤

数控编程是指利用工件的外形尺寸、加工工艺过程、工艺参数、刀具参数等信息，按照数控系统专用的编程代码编写加工程序的过程。数控程序编制的主要步骤如图 1–26 所示。

（1）分析零件图样及制定工艺方案

这项工作的内容包括：对零件图样进行分析，明确加工的内容和要求；确定加工方案；选择合适的数控机床；选择或设计刀具和夹具；确定合理的进给路线及选择合理的切削用量等。这一工作要求编程人员能够对零件图样的技术特性、几何形状、尺寸和工艺要求进行分析，并结合数控车床使用的基础知识，如数控车床的规格、性能、数

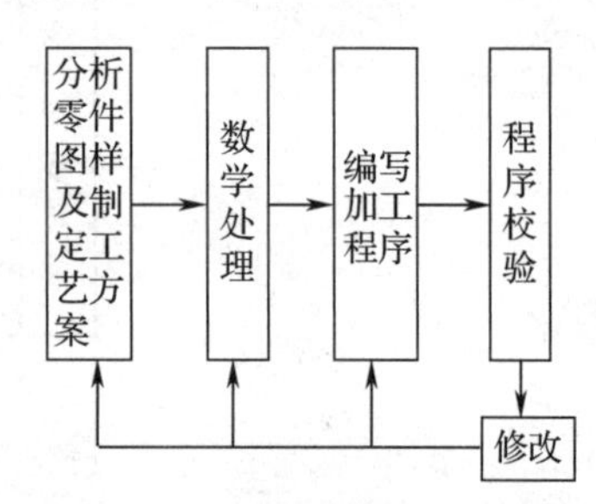

图 1–26　数控程序编制的主要步骤

控系统的功能等，确定加工方法和加工路线。

（2）数学处理

在确定了工艺方案后，就需要根据工件的几何尺寸、加工路线等计算刀具刀位点的运动轨迹，以获得刀位点的数据。数控系统一般均具有直线插补与圆弧插补功能，加工由圆弧和直线组成的较简单的工件时，只需计算出工件轮廓上相邻几何元素交点或切点的坐标值，得出各几何元素的起点、终点、圆弧的圆心坐标值等，就能满足编程要求。当工件的几何形状与控制系统的插补功能不一致时，就需要进行较复杂的数值计算，一般需要使用计算机辅助计算；否则，计算工作量较大，难以完成。

（3）编写加工程序

在完成上述工艺处理及数值计算工作后，即可编写加工程序。编程人员使用数控系统的程序指令，按照规定的程序格式，逐段编写加工程序。编程人员应对数控车床的功能、程序指令和代码十分熟悉，才能编写出正确的加工程序。

（4）程序校验

将编写好的加工程序输入数控系统，就可以控制数控机床的加工工作。一般在正式加工前要对程序进行校验。通常可采用机床空运转的方式检查机床动作和运动轨迹的正确性，以校验程序。在具有图形模拟显示功能的数控机床上，可通过显示走刀轨迹或模拟刀具对工件的切削过程对程序进行校验。对于形状复杂和要求高的工件，也可采用铝件、塑料或石蜡等易切削材料进行试切来校验程序。通过检查试件，不仅可确认程序是否正确，还可知道加工精度是否符合要求。若能采用与被加工工件材料相同的材料进行试切削，则更能反映实际加工效果。当发现所加工的工件不符合加工技术要求时，可修改程序或采取尺寸补偿等措施。

2. 数控程序编制的方法

数控程序的编制方法主要有手工编程和自动编程两种。

（1）手工编程

手工编程是指编程的各阶段均由人工完成。在加工形状简单的工件（如直线与直线或直线与圆弧组成的轮廓）时，手工编程快捷、简便，不需要具备特别的条件（如自动编程所需的计算机和软件等），对机床操作或程序员无特殊要求，还具有较大的灵活性和编程费用少等优点。手工编程的缺点是耗费时间较长，容易出现错误，无法给形状复杂的工件编程。

手工编程目前仍是广泛采用的编程方式，即使在自动编程高速发展的今天，手工编程的重要地位也不可取代。在自动编程中，许多重要的经验都来源于手工编程，手工编程一直是自动编程的基础，并不断丰富及推动自动编程的发展。

（2）自动编程

自动编程是指利用计算机专用软件编制数控加工程序。编程人员只需根据零件图样的要求，使用数控语言，由计算机自动进行数值计算及后置处理，即可编写出零件加工程序。自动编程使得一些计算烦琐、手工编程困难或无法编出的程序能够顺利地完成。

按计算机专用软件的不同，自动编程可分为数控语言自动编程、图形交互自动编程和语音提示自动编程等。

目前应用较广泛的是图形交互自动编程。它直接利用 CAD 模块生成几何图形，采用人机交互的实时对话方式，在计算机屏幕上指定被加工部位，输入相应的加工参数，计算机便可自动进行必要的数学处理并编制出数控加工程序，同时在计算机屏幕上动态显示出刀具的加工轨迹。

二、数控加工程序的构成

为了完成零件的自动加工，用户需要按照数控系统的编程格式编写零件程序（简称程序）。数控系统执行程序完成机床进给运动、主轴的启动和停止、刀具的选择、冷却、润滑等控制，从而实现零件的加工。为了便于理解，下面以图 1–27 所示的零件为例编写一个简单的程序（本书以 GSK980TDi 数控系统为例，下同）。

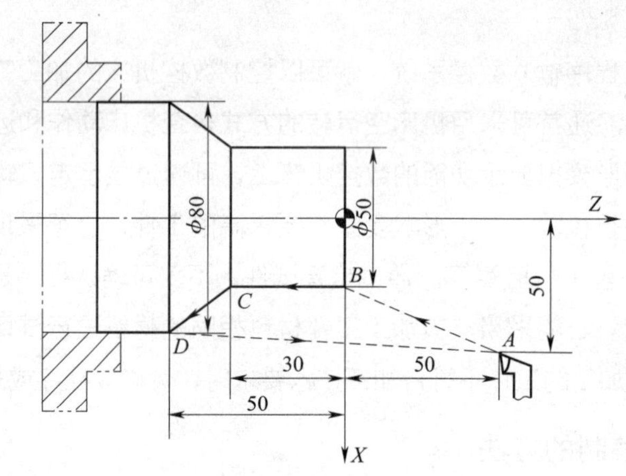

图 1–27　简单零件

O0001;	程序名
N0010 G00 X100.0 Z50.0;	快速定位至 *A* 点
N0020 M12;	夹紧工件
N0030 T0101;	调用 01 号刀具，执行 01 号刀补
N0040 M03 S600;	主轴正转，转速为 600 r/min
N0050 M08;	切削液开
N0060 G01 X50.0 Z0 F600;	以 600 mm/min 的速度靠近 *B* 点
N0070 W–30.0 F200;	从 *B* 点切削至 *C* 点
N0080 X80.0 W–20.0 F150;	从 *C* 点切削至 *D* 点
N0090 G00 X100.0 Z50.0;	快速退回 *A* 点
N0100 T0100;	取消刀补
N0110 M05;	主轴停止

N0120 M09;　　　　　　　　关切削液

N0130 M13;　　　　　　　　松开工件

N0140 M30;　　　　　　　　程序结束并复位

执行完上述程序，刀具将沿轨迹 $A \to B \to C \to D \to A$ 完成加工。

由上述实例可知，数控加工程序是由以“O××××”（程序名）开头的若干行程序段构成的。程序段是由以程序段号“N”开始（可省略）、以“；”结束的若干个代码字构成的。数控加工程序的构成如图 1–28 所示。

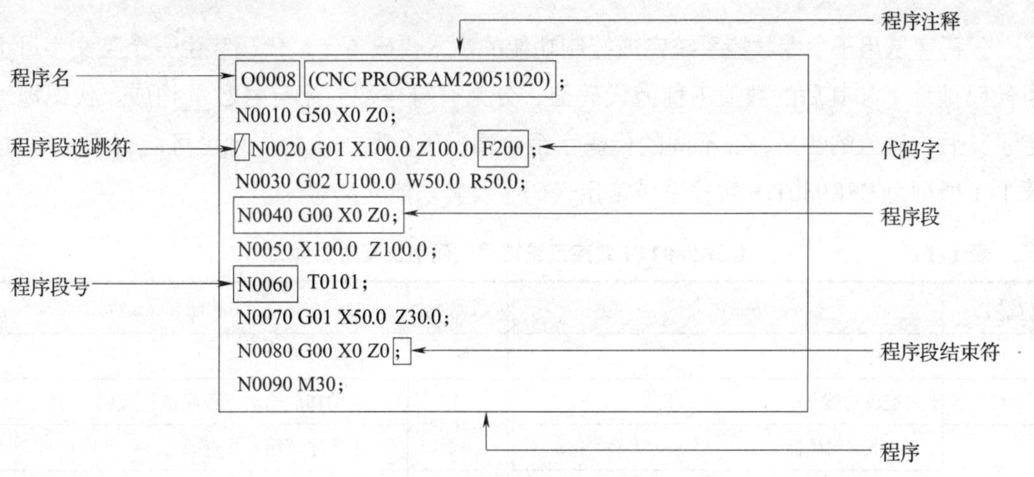

图 1–28　数控加工程序的构成

1. 程序名

GSK980TDi 数控系统最多可以存储 10 000 个程序，为了识别及区分各程序，每个程序都有唯一的程序名（程序名不允许重复），程序名位于程序的开头，由 O 及其后面的四位数字构成，如图 1–29 所示。

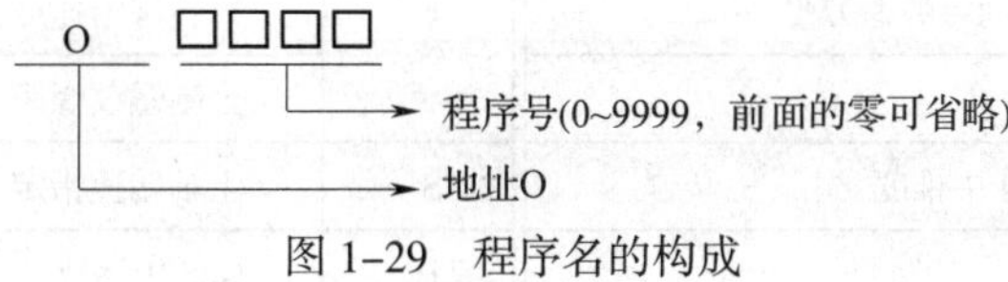

图 1–29　程序名的构成

2. 程序段

程序段由若干个代码字构成，以“；”结束，是数控系统程序运行的基本单位，如图 1–30 所示。

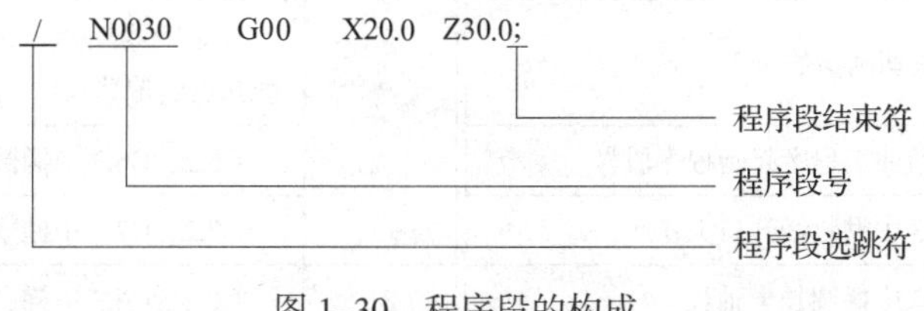

图 1–30　程序段的构成

一个程序段中可输入若干个代码字，也允许无代码字而只有结束符“；”号（EOB 键）。有多个代码字时，代码字之间必须输入一个或一个以上空格。

在同一程序段中，除 N、G、S、T、H、L 等地址外，其他的地址只能出现一次；否则将产生报警（代码字在同一个程序段中被重复指令）。代码字 N、S、T、H、L 在同一程序段中重复输入时，相同地址的最后一个代码字有效。同组的 G 代码在同一程序段中重复输入时，最后一个 G 代码有效。

3. 代码字

代码字是用于命令数控系统完成控制功能的基本代码单元，代码字由一个英文字母（称为代码地址）和其后的数值（称为代码值，分为有符号数或无符号数）构成。代码地址规定了其后代码值的含义，在不同的代码字组合情况下，同一个代码地址可能有不同的含义。表 1–1 所列为 GSK980TDi 数控系统常用代码字及其功能含义。

表 1–1　GSK980TDi 数控系统常用代码字及其功能含义

代码字	功能含义	代码字	功能含义
O	程序名	N	程序段号
G	准备功能	M	辅助功能输出、程序执行流程
X	*X* 轴绝对坐标		子程序调用
	暂停时间	Z	*Z* 轴绝对坐标
U	*X* 轴增量坐标	W	*Z* 轴增量坐标
	暂停时间	I	圆弧中心相对于起点在 *X* 轴矢量
R	圆弧半径		英制螺纹牙数
	G71、G72 中循环退刀量	K	圆弧中心相对于起点在 *Z* 轴矢量
	G73 中粗车循环次数	F	每分钟进给速度
	G74、G75 中切削后的退刀量		每转进给速度
	G76 中精加工余量		公制螺纹螺距（或导程）
	G90、G92、G94 中锥度	S	主轴转速指定
T	刀具功能	H	G65 中运算符
P	暂停时间	Q	复合循环精加工程序结束程序段号
	调用的子程序号		G74、G75 中 *Z* 轴循环移动量
	子程序调用次数		G76 中第一次切入量
	G74、G75 中 *X* 轴循环移动量		G76 中最小切入量
	G76 中螺纹切削参数		G32 中起始角，指主轴一转信号与螺纹切削起点的偏移角度
	复合循环精加工程序起始程序段号		G6.2、G6.3 中椭圆长轴与 *Z* 轴的夹角
	G7.2、G7.3 中抛物线开口大小		G7.2、G7.3 中抛物线长轴与 *Z* 轴的夹角
A	G6.2、G6.3 中椭圆长半轴长	B	G6.2、G6.3 中椭圆短半轴长

4. 程序段号

程序段号由地址 N 和后面四位数构成，即 N0000 ~ N9999，前面的零可省略。程序段号应位于程序段的开头，否则无效。

程序段号可以不输入，但程序调用、跳转的目标程序段必须有程序段号。程序段号的顺序可以是任意的，其间隔也可以不相等，为了便于查找及分析程序，建议程序段号按编程顺序递增或递减。如果在开关设置界面将“自动序号”设置为“开”，将在插入程序段时自动生成递增的程序段号，程序段号增量由系统参数设定。

5. 程序段选跳符

如在执行程序时不想执行某一程序段（而又不想删除该程序段），就在该程序段前插入选跳符“/”，并打开程序段选跳开关。执行程序时此程序段将被跳过而不执行。如果程序段选跳开关未打开，即使程序段前有选跳符“/”，该程序段仍会被执行。

6. 程序注释

为便于用户查找、阅读程序，每段程序后可编辑程序注释。程序注释位于程序名后的括号内，在数控系统上只能用英文字母和数字编辑程序注释；在计算机上可用中文编辑程序注释，程序下载至数控系统后，数控系统可以显示中文程序注释。

三、常用代码字简介

1. 准备功能字

准备功能字的地址符是 G，所以又称 G 功能，它是设立机床工作方式或控制系统工作方式的一种命令。在程序段中 G 功能字一般位干尺寸字的前面。表 1–2 列出了 GSK980TDi 数控系统常用 G 代码及其功能。

表 1–2 GSK980TDi 数控系统常用 G 代码及其功能

<table>
<tr><th>指令字</th><th>组别</th><th>功能</th><th>备注</th></tr>
<tr><td>G00</td><td rowspan="8">01</td><td>快速移动</td><td>初态 G 代码</td></tr>
<tr><td>G01</td><td>直线插补</td><td rowspan="7">模态 G 代码</td></tr>
<tr><td>G02</td><td>圆弧插补（顺时针）</td></tr>
<tr><td>G03</td><td>圆弧插补（逆时针）</td></tr>
<tr><td>G05（G05.1）</td><td>三点圆弧插补</td></tr>
<tr><td>G6.2</td><td>椭圆插补（顺时针）</td></tr>
<tr><td>G6.3</td><td>椭圆插补（逆时针）</td></tr>
<tr><td>G7.2</td><td>抛物线插补（顺时针）</td></tr>
</table>

续表

指令字	组别	功能	备注
G7.3	01	抛物线插补（逆时针）	模态 G 代码
G32		螺纹切削	
G32.1		刚性螺纹切削	
G33		Z 轴攻螺纹循环	
G34		变螺距螺纹切削	
G84		端面刚性攻螺纹	
G88		侧面刚性攻螺纹	
G90		轴向切削循环	
G92		螺纹切削循环	
G94		径向切削循环	
G04	00	暂停、准停	非模态 G 代码
G7.1		圆柱插补	
G10		数据输入方式有效	
G11		取消数据输入方式	
G28		返回机床第 1 参考点	
G30		返回机床第 2、3、4 参考点	
G31		跳转插补	
G36		自动刀具补偿测量 X	
G37		自动刀具补偿测量 Z	
G50		坐标系设定	
G65		宏代码	
G70		精加工循环	
G71		轴向粗车循环	
G72		径向粗车循环	
G73		封闭切削循环	
G74		轴向切槽多重循环	
G75		径向切槽多重循环	
G76		多重螺纹切削循环	
G20	06	英制单位选择	模态 G 代码
G21		公制单位选择	
G96	02	恒线速度开	
G97		恒线速度关	初态 G 代码

续表

指令字	组别	功能	备注
G98	03	每分钟进给	初态G代码
G99		每转进给	模态G代码
G40	07	取消刀尖圆弧半径补偿	初态G代码
G41		刀尖圆弧半径左补偿	模态G代码
G42		刀尖圆弧半径右补偿	
G17	16	*XY*平面	
G18		*ZX*平面	初态G代码
G19		*YZ*平面	模态G代码
G12.1	21	极坐标插补	非模态G代码
G13.1		极坐标插补取消	

注：1. G代码分为00、01、02、03、06、07、09、12、14、15、16、21组。

2. G代码执行后，其定义的功能或状态保持有效，直到被同组的其他G代码改变，这种G代码称为模态G代码。模态G代码执行后，其定义的功能或状态被改变前，后续的程序段执行该G代码时不必再次输入该G代码。

3. G代码执行后，其定义的功能或状态一次性有效，每次执行该G代码时，必须重新输入该G代码，这种G代码称为非模态G代码。

4. 系统上电后，未经执行其功能或状态就有效的模态G代码称为初态G代码。上电后不输入G代码时，按初态G代码执行。

提示

由于各数控系统生产厂家及功能要求不同，系统中的G功能指令名称、格式、参数含义可能存在很大差别。因此，在编制程序时必须预先了解所使用的数控系统本身所具有的G功能指令，不能生搬硬套。

2. 进给功能字

进给功能字的地址符为F，所以又称F功能或F指令，它的功能是指定切削的进给速度。现代数控机床一般都能使用直接指定方式，即可用F后面的数字直接指定进给速度，为用户编程带来方便。

提示

GSK980TDi数控系统的进给量单位用G98和G99指令指定，系统开机默认G98。G98指令表示进给速度与主轴转速无关的每分钟进给量，单位为mm/min或in/min；G99表示进给速度与主轴转速有关的主轴每转进给量，单位为mm/r或in/r。

3. 主轴转速功能字

主轴转速功能字的地址符为 S，所以又称 S 功能或 S 指令，它主要用来指定主轴转速或速度，单位为 r/min 或 m/min。中档以上数控车床的主轴驱动已采用主轴伺服控制单元，其主轴转速采用直接指定方式，如 S1500 表示主轴转速为 1 500 r/min。

对于中档以上的数控车床，还有一种使切削速度保持不变的恒线速度功能。这意味着在切削过程中，如果切削部位的回转直径不断变化，那么主轴转速也要不断地做相应变化，此时 S 指令是指定车削加工的线速度。在程序中用 G96 或 G97 指令配合 S 指令指定主轴的速度。G96 为恒线速度控制指令，如用“G96 S200”表示主轴的恒线速度为 200 m/min，“G97 S200”表示主轴的转速为 200 r/min。

提示

GSK980TDi 数控系统的恒线速度控制指令为 G96，恒转速控制指令为 G97，系统开机默认 G97。恒线速度控制有效时，“G50 S××××”可限制主轴最高转速（r/min），当按线速度和 *X* 轴坐标值计算的主轴转速高于“G50 S××××”设置的主轴最高转速限制值时，实际主轴转速为主轴最高转速限制值。数控系统上电时，主轴最高转速限制值未设定，主轴最高转速限制功能无效。“G50 S××××”定义的主轴最高转速限制值在重新指定前被保持，最高转速限制功能在 G96 状态下有效，在 G97 状态下“G50 S××××”设置的主轴最高转速不起限制作用，但主轴最高转速限制值仍然保持。

4. 刀具功能字

刀具功能字的地址符为 T，所以又称 T 功能或 T 指令，它主要用来指定加工中所用刀具号和自动补偿编组号。其自动补偿内容主要指刀具的刀位偏差或长度补偿和刀尖圆弧半径补偿。

提示

（1）GSK980TDi 数控系统的刀具功能（T 代码）具有两个作用，即自动换刀和执行刀具偏置。自动换刀的控制逻辑由 PLC 梯形图处理，刀具偏置的执行由数控系统处理。

（2）GSK980TDi 数控系统的刀具代码为 T□□ ○○，前两位数字为刀具号，后两位数字为刀具偏置号。系统执行该功能时，自动刀架换刀到目标刀具号刀位，并按代码的刀具偏置号执行刀具偏置。刀具偏置号可以与刀具号相同，也可以不同，即一把刀具可以对应多个刀具偏置号。在执行刀具偏置后，再执行 T□□○○，数控系统将按当前的刀具偏置反向偏移，数控系统由已执行刀具偏置状态改变为未补偿状态，这个过程称为取消刀具偏置。上电时，T 代码显示的刀具号、刀具偏置号均为掉电前的状态。

（3）在一个程序段中只能有一个 T 代码，当程序段中出现两个或两个以上的 T 代码时，数控系统产生报警。

5. 辅助功能字

辅助功能又称 M 功能或 M 指令，它用以指定数控机床中辅助装置的开关动作或状态，如主轴启、停，切削液通、断，更换刀具等。与 G 指令一样，M 指令由地址符 M 和其后的两位数字组成，从 M00 ~ M99 共 100 种。GSK980TDi 数控系统常用的 M 指令及其功能见表 1–3。

表 1–3 GSK980TDi 数控系统常用的 M 指令及其功能

代码	功能	备注
M00	程序暂停	执行 M00 指令后，程序运行停止，显示“暂停”字样，按循环起动键后，程序继续运行
M01	程序选择停	功能与 M00 相似。不同的是 M01 只有在机床操作面板上的“选择停止”开关处于“ON”状态时才有效。M01 常用于关键尺寸的检验和临时暂停
M02	程序结束	该指令表示加工程序全部结束，光标不返回程序开头。M02 使主轴运动、进给运动、切削液供给等停止，机床复位
M03	主轴正转	功能互锁，状态保持
M04	主轴反转	
*M05	主轴停止	
M08	切削液开	功能互锁，状态保持
*M09	切削液关	
M10	尾座进	功能互锁，状态保持
M11	尾座退	
M12	卡盘夹紧	功能互锁，状态保持
M13	卡盘松开	
M14	主轴位置控制	功能互锁，状态保持
*M15	主轴速度控制	
M20	主轴夹紧	功能互锁，状态保持
*M21	主轴松开	
M30	程序结束	执行 M30 指令，程序自动运行结束，光标返回程序开头
M32	润滑开	功能互锁，状态保持
*M33	润滑关	
*M41	主轴自动换挡	功能互锁，状态保持
M42		
M43		
M44		
M98	子程序调用	该指令用于子程序调用
M99	子程序结束	该指令表示子程序运行结束，返回主程序

* 表示数控系统开机后的默认状态。

四、编程规则

1. 绝对值编程和增量值编程

数控车床编程时，可以采用绝对值编程、增量值（又称相对值）编程或混合编程。

绝对值编程是指根据已设定的工件坐标系计算出工件轮廓上各点的绝对坐标值进行编程的方法，程序中常用 X、Z 表示。增量值编程是指用相对前一个位置的坐标增量来表示坐标值的编程方法，程序中用 U、W 表示，其正、负由行程方向确定，当行程方向与工件坐标轴方向一致时为正；反之为负。混合编程是指将绝对值编程和增量值编程混合起来进行编程的方法。

如图 1–31 所示从起点 *A*→终点 *B* 的位移，用绝对值编程为：

X70.0 Z40.0；（*A*→*B*）

用增量值编程为：

U40.0 W–60.0；（*A*→*B*）

混合编程为：

X70.0 W–60.0；或 U40.0 Z40.0；（*A*→*B*）

当 X、U 或 Z、W 在一个程序段中同时指令时，后面的指令有效。

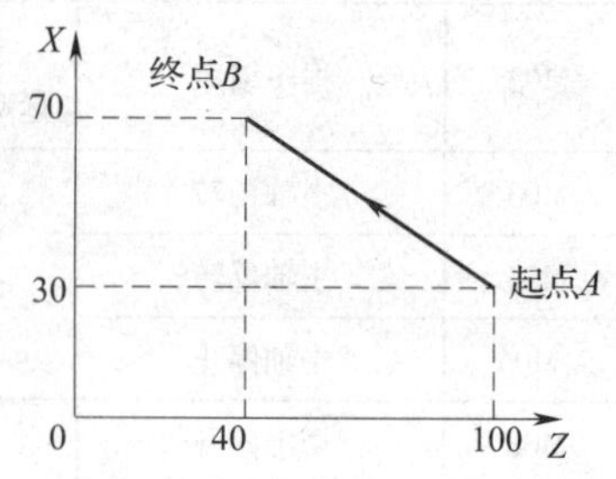

图 1–31　绝对值编程和增量值编程

2. 直径编程和半径编程

因为车削零件的横截面一般都为圆形，所以其尺寸有直径指定和半径指定两种方法。用直径指定尺寸时称为直径编程，用半径指定尺寸时称为半径编程。具体采用直径指定还是半径指定，可以用参数进行设置。

提示

（1）在后面的编程中，凡是没有特别指出是直径编程还是半径编程的，均为直径编程。

（2）当车削外圆时，如用直径编程，位置偏置值的变化量与工件外圆直径的变化量相同，即刀具位置偏置值变化 10 mm，则工件外圆的直径也变化 10 mm。

五、主程序和子程序

为简化编程，当需要多次使用相同或相似的加工轨迹、控制过程时，就可以把该部分的程序指令编辑为独立的程序进行调用。调用该程序的程序称为主程序，被调用的程序（以 M99 结束）称为子程序。子程序和主程序一样占用系统的程序容量和存储空间，子程序必须有自己独立的程序名，子程序可以被其他任意主程序调用，也可以独立运行。子程序结束后就返回主程序中继续执行，程序运行顺序如图 1–32 所示。

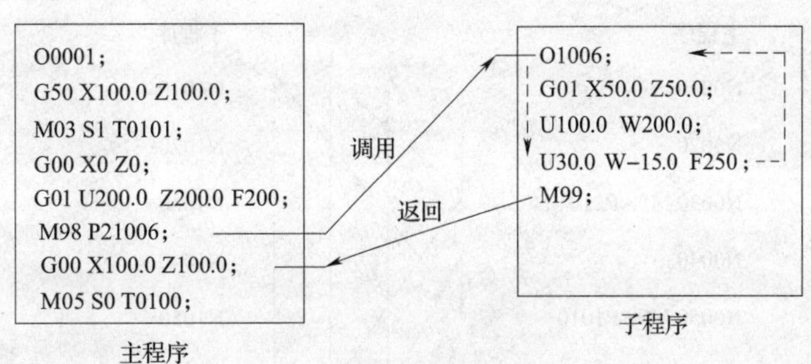

图 1-32　程序运行顺序

1. 子程序的编写

在子程序的开头，在地址符 O 后写上子程序号，子程序的最后是 M99 指令。子程序的格式如图 1-33 所示。

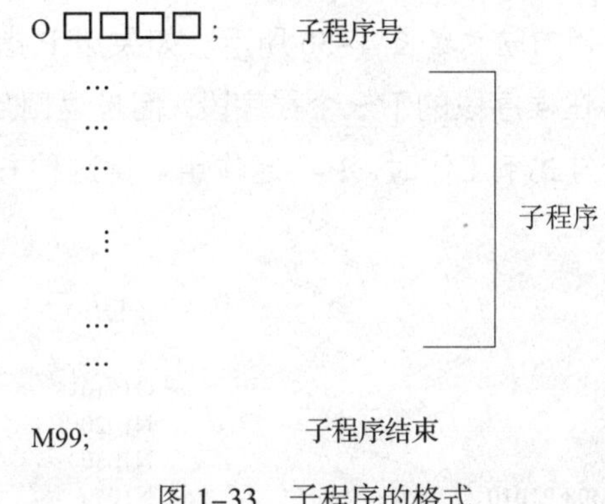

图 1-33　子程序的格式

2. 子程序的调用

子程序由主程序或子程序调用指令调出执行。子程序的调用格式如图 1-34 所示。

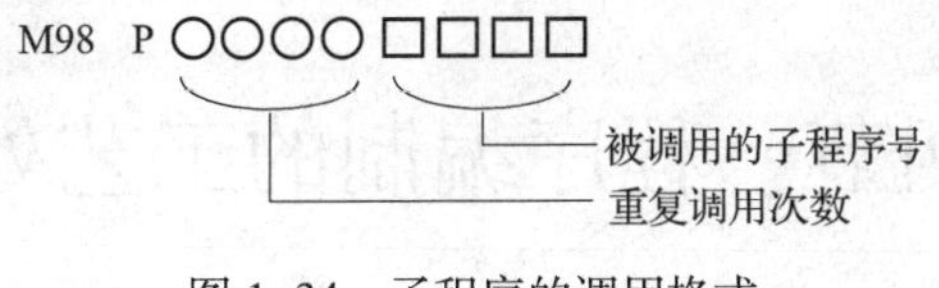

图 1-34　子程序的调用格式

子程序调用说明如下：

（1）如果省略了重复次数，则认为调用次数为 1 次。

例如，“M98 P1002；”表示 1002 号子程序被调用 1 次。

（2）“M98 P__”也可以与移动指令同时存在于一个程序段中。

例如，“G00 X100.0 M98 P1200；”表示 *X* 轴移动完成后调用 1200 号子程序。

（3）主程序调用子程序执行的顺序如图 1-35 所示。在子程序中调用子程序与在主程序中调用子程序的情况一样。

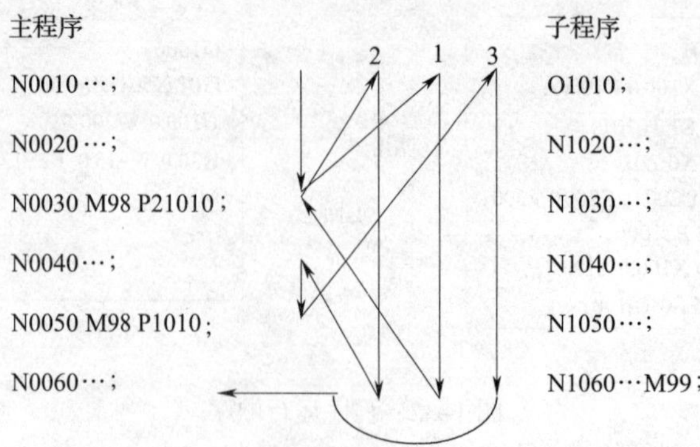

图 1–35　主程序调用子程序执行的顺序

注：1. 当检索不到用地址符 P 指定的子程序号时，产生报警（PS 078）。

2. 用 MDI 输入“M98 P0000；”时，不能调用子程序。

3. 特殊的使用方法

子程序也可有特殊的使用方法，如图 1–36 所示。如果用 P 指定顺序号，当子程序结束时，不返回调用此子程序所在程序段的下一个程序段，而是返回用 P 指定顺序号的程序段，但是主程序在非存储器运转方式下工作时，P 不起作用。用这种方法返回主程序与一般方法相比要用较多的时间。

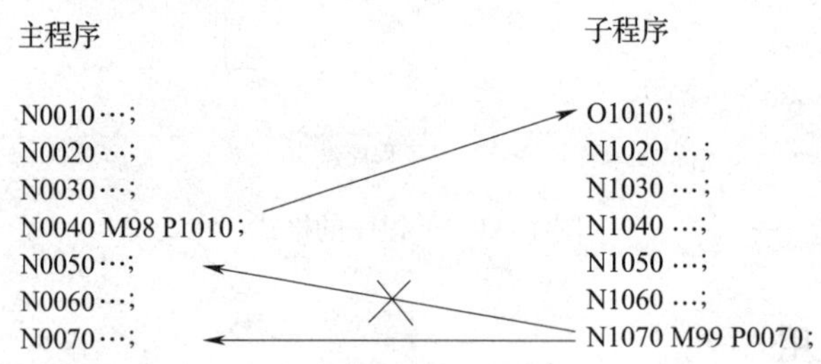

图 1–36　子程序特殊的使用方法

注：在主程序中，如果执行 M99，则返回主程序的开头继续反复执行。

第四节　程序编制的工艺处理

数控车削工艺是以普通车削工艺为基础，结合数控车床的特点，综合运用多方面的知识解决数控车削过程中的工艺问题。

一、工艺分析

工艺分析是数控车削的前期工艺准备工作。工艺制定得合理与否，对程序编制、机床的加工效率和工件的加工精度都有重要的影响。因此，数控车削工艺分析除应遵循一般机械加工工艺的基本原则外，还要结合数控车床的特点，着重进行零件图样分析、装夹方案的确定、刀具的选择、切削用量的确定等。

1. 零件图样分析

零件图样分析是制定数控车削工艺的首要工作，主要包括以下内容：

（1）尺寸标注方法分析

零件图上的尺寸标注方法应适应数控车床加工的特点，以同一基准标注尺寸或直接给出坐标尺寸，如图 1-37 所示。这种标注方法既便于编程，又有利于设计基准、工艺基准、测量基准和编程原点的统一。

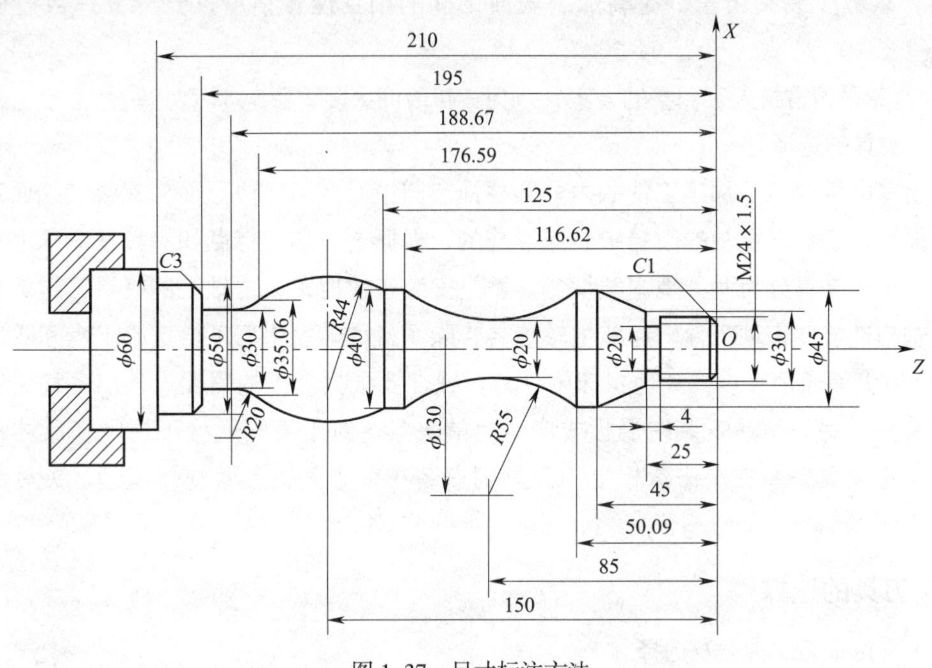

图 1-37　尺寸标注方法

（2）轮廓几何要素分析

在手工编程时，要计算每个基点坐标；在自动编程时，要对构成工件轮廓的所有几何元素进行定义。因此，在分析零件图时，要分析几何元素的给定条件是否充分。例如，圆弧与直线、圆弧与圆弧在图样上相切，但根据图样上给出的尺寸，在计算相切条件时，变成了相交或相离状态，这是由于构成工件几何元素的条件不充分，遇到这种情况时，应与设计人员协商解决。

（3）精度和技术要求分析

对被加工零件的精度和技术要求进行分析，是工件工艺性分析的重要内容，只有在分析工件尺寸精度和表面粗糙度的基础上，才能正确、合理地选择加工方法、装夹方式、刀具和切削用量等。精度和技术要求分析的主要内容包括：分析精度和各项技术要求是否齐全、合理；分析本工序的数控车削加工精度能否达到图样要求，若达不到，需采取其他措施（如磨削等）弥补时，则应给后续工序留有加工余量；找出图样上有位置精度要求的表面，这些表面应在一次装夹下完成加工；对表面质量要求较高的表面，应确定用恒线速度切削。

2. 装夹方案的确定

（1）定位与装夹方案的确定

确定工件的定位基准与装夹方案时应注意以下三点：

1）力求设计基准、工艺基准与编程原点统一，以减少基准不重合误差和数控编程中的计算工作量。

2）设法减少装夹次数，尽可能做到一次装夹后能加工出工件上全部或大部分待加工表面，以减少装夹误差，提高加工表面之间的相互位置精度，充分发挥数控机床的效率。

3）避免采用占机人工调整的方案，以免占机时间太多，影响加工效率。

（2）夹具的选择

数控车床主要用于加工工件的内外圆柱面、圆锥面、回转成形面、螺纹和端面等。上述各表面都是绕机床主轴的回转中心而形成的，根据这一加工特点和夹具在车床上安装的位置，将车床夹具分为两种基本类型：一类是安装在数控车床主轴上的夹具，这类夹具与机床主轴相连接并带动工件一起随主轴旋转，除了各种卡盘（三爪自定心卡盘和四爪单动卡盘）、顶尖等通用夹具或其他机床附件外，往往要根据加工的需要设计出各种心轴或其他专用夹具；另一类是安装在滑板或床身上的夹具，对于某些形状不规则和尺寸较大的工件，常把夹具安装在车床滑板上，刀具则安装在车床主轴上做旋转运动，夹具做进给运动。

3. 刀具的选择

（1）常用车刀的种类及选择

数控车削常用车刀一般分为尖形车刀、圆弧形车刀和成形车刀三类。

1）尖形车刀。尖形车刀是以直线形切削刃为特征的车刀。这类车刀的刀尖（同时也为其刀位点）由直线形的主、副切削刃构成，如 90° 内、外圆车刀，左、右端面车刀，切断刀（切槽刀）以及刀尖倒棱很小的各种外圆和内孔车刀。

用这类车刀加工工件时，所加工工件的轮廓形状主要由一个独立的刀尖或一条直线形主切削刃产生位移后得到，它与用另两类车刀加工时所得到工件轮廓形状的原理是截然不同的。

尖形车刀几何参数（主要是几何角度）的选择方法与普通车削时基本相同，但应结合数控加工的特点（如加工路线、加工干涉等）进行全面考虑，并应兼顾刀尖本身的强度。

2）圆弧形车刀。圆弧形车刀是以一圆度误差或线轮廓度误差很小的圆弧形切削刃为特征的车刀，如图 1–38 所示。这类车刀圆弧刃上每一点都是圆弧形车刀的刀尖，因此，刀位点不在圆弧上，而在该圆弧的圆心上。

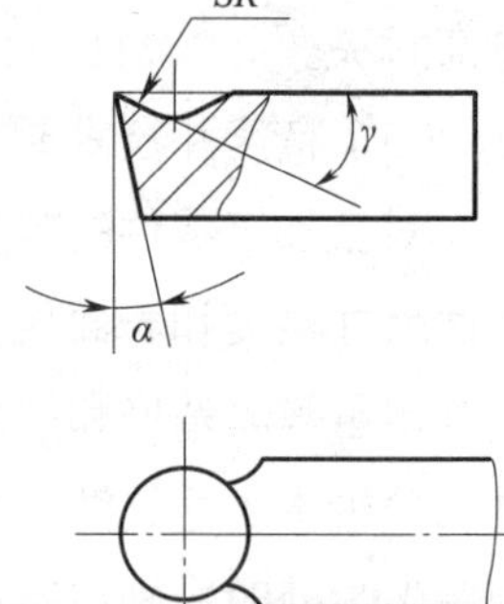

图 1–38 圆弧形车刀

当某些尖形车刀或成形车刀（如螺纹车刀等）的刀尖具有一定的圆弧形状时，也可作为这类车刀使用。

圆弧形车刀可用于车削内、外表面，特别适用于车削各种光滑连接的成形面。选择车刀圆弧半径时应考虑两点：一是车刀切削刃的圆弧半径应小于或等于工件凹形轮廓上的最小曲率半径，以免发生加工干涉；二是该半径不宜选择得太小，否则不但制造困难，还会因刀具强度太低或刀体散热能力差而导致车刀损坏。

3）成形车刀。成形车刀俗称样板车刀，所加工工件的轮廓形状完全由车刀切削刃的形状和尺寸决定。在数控车削加工中，常见的成形车刀有小半径圆弧车刀、非矩形槽车刀和螺纹车刀等。在数控加工中，应尽量少用或不用成形车刀，当确有必要选用时，则应在工艺准备文件或加工程序单上进行详细说明。

（2）机夹可转位车刀的选用

为了减少换刀时间及方便对刀，便于实现机械加工的标准化，在数控车削加工时应尽量采用机夹刀和机夹刀片。数控车床常用的机夹可转位车刀的结构如图 1–39 所示。

1）刀片材料的选择。常见刀片材料有高速钢、硬质合金、涂层硬质合金、陶瓷、立方氮化硼和金刚石等，其中应用最多的是硬质合金刀片和涂层硬质合金刀片。选择刀片材料主要依据的是被加工工件的材料、被加工表面的精度、表面质量要求、切削载荷的大小以及切削过程中有无冲击和振动等。

2）刀片尺寸的选择。刀片尺寸的大小取决于车刀的有效切削刃长度 L。有效切削刃长度与背吃刀量 a_p 和车刀的主偏角 κ_r 有关（见图 1–40），使用时可查阅有关刀具手册选取。

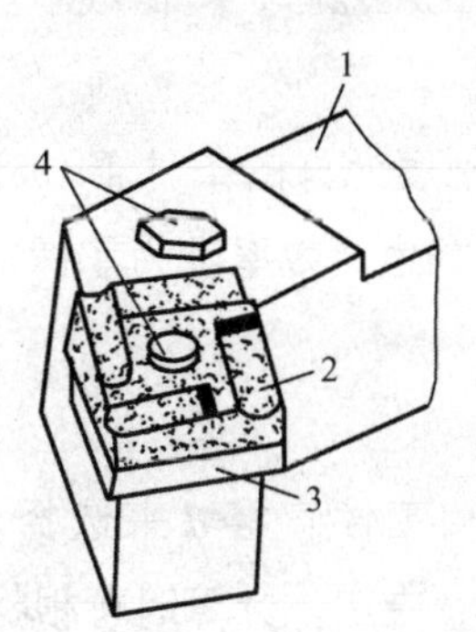

图 1–39　机夹可转位车刀的结构

1—刀柄　2—刀片　3—刀垫　4—夹紧元件

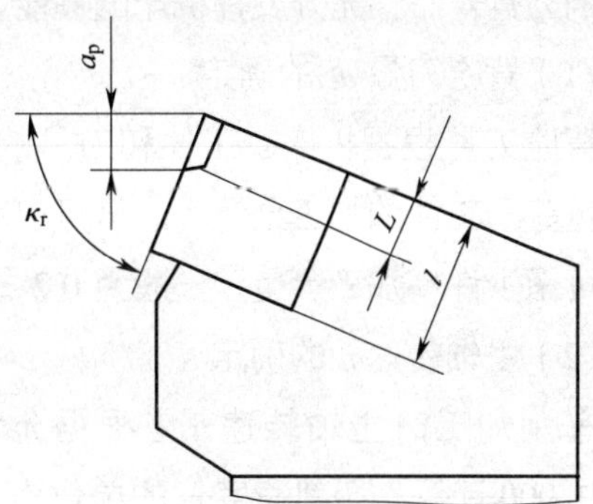

图 1–40　有效切削刃长度与背吃刀量和主偏角的关系

3）刀片形状的选择。刀片形状主要依据被加工工件的表面形状、切削方法、刀具寿命和刀片的转位次数等因素选择。常见可转位车刀刀片的形状和角度如图 1–41 所示。特别需要注意：加工凹形轮廓表面时，若主偏角和副偏角选得太小，会导致加工时刀具主后面、副后面与工件发生干涉，因此，必要时需作图检验。

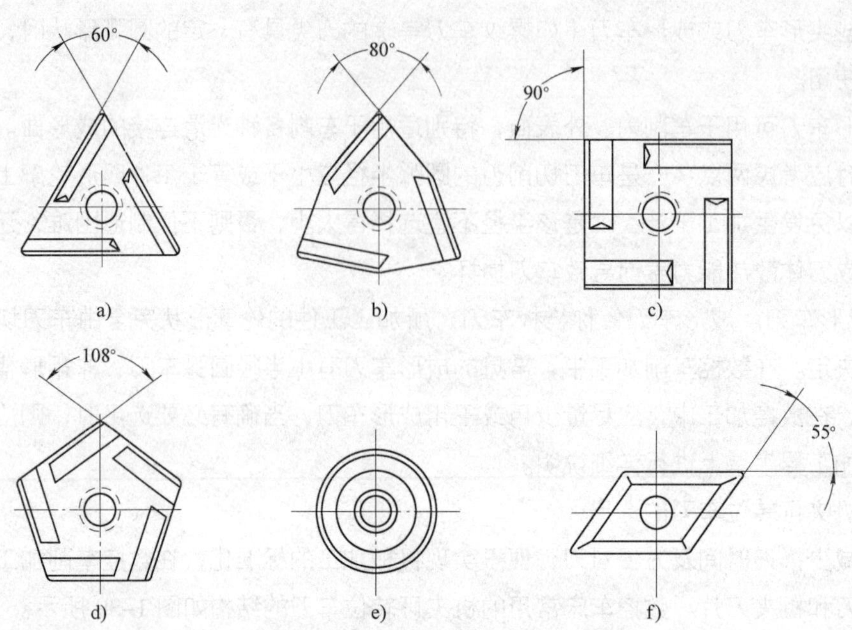

图 1–41　常见可转位车刀刀片的形状和角度

a）T 型　b）W 型　c）S 型　d）P 型　e）R 型　f）D 型

4. 切削用量的确定

数控编程时，编程人员必须确定每道工序的切削用量，并以指令的形式写入程序中。切削用量的选择原则如下：保证工件加工精度和表面粗糙度，充分发挥刀具的切削性能，保证合理的刀具寿命；充分发挥机床的性能，最大限度地提高生产效率，降低成本。

（1）背吃刀量 a_p 的确定

背吃刀量根据机床、工件和刀具的刚度来确定。在刚度允许的条件下，应尽可能使背吃刀量等于工件的加工余量，这样可以减少进给次数，提高生产效率。为了保证工件表面质量，可留少许精加工余量，一般为 0.2 ~ 0.5 mm。

（2）主轴转速 n 的确定

车削加工时主轴转速 n 应根据允许的切削速度 v_c 和工件直径 d 来选择，按公式 $v_c=\pi dn/1\,000$ 计算。切削速度 v_c 的单位为 m/min，由刀具寿命决定，计算时可根据表 1–4 所列的硬质合金外圆车刀切削速度的参考值或切削用量手册选取。对有级变速的车床，须按车床说明书选择与所计算转速 n 接近的转速。

用数控车床加工螺纹时，因数控车床传动链的改变，原则上主轴的转速只要能保证主轴每转一周时刀具沿主进给轴（多为 Z 轴）方向移动一个螺距即可，不应受到限制。但实际上在数控车床上车削螺纹时会受到以下几个方面的影响：

1）螺纹加工程序段中指令的螺距值相当于以进给量 f（mm/r）表示的进给速度 F，如果将机床的主轴转速选择得过高，其换算后的进给速度 v_f（mm/min）必定大大超过正常值。

2）刀具在其移动过程的始终都将受到伺服驱动系统升、降频率和数控装置插补运算速度

表 1-4 硬质合金外圆车刀切削速度的参考值

<table>
<tr><th rowspan="3">工件材料</th><th rowspan="3">热处理状态</th><th>a_p=0.3 ~ 2 mm</th><th>a_p=2 ~ 6 mm</th><th>a_p=6 ~ 10 mm</th></tr>
<tr><th>f=0.08 ~ 0.3 mm/r</th><th>f=0.3 ~ 0.6 mm/r</th><th>f=0.6 ~ 1 mm/r</th></tr>
<tr><th colspan="3">v_c /(m/min)</th></tr>
<tr><td>低碳钢
易切削钢</td><td>热轧</td><td>140 ~ 180</td><td>100 ~ 120</td><td>70 ~ 90</td></tr>
<tr><td rowspan="2">中碳钢</td><td>热轧</td><td>130 ~ 160</td><td>90 ~ 110</td><td>60 ~ 80</td></tr>
<tr><td>调质</td><td>100 ~ 130</td><td>70 ~ 90</td><td>50 ~ 70</td></tr>
<tr><td rowspan="2">合金结构钢</td><td>热轧</td><td>100 ~ 130</td><td>70 ~ 90</td><td>50 ~ 70</td></tr>
<tr><td>调质</td><td>80 ~ 110</td><td>50 ~ 70</td><td>40 ~ 60</td></tr>
<tr><td>工具钢</td><td>退火</td><td>90 ~ 120</td><td>60 ~ 80</td><td>50 ~ 70</td></tr>
<tr><td rowspan="2">灰铸铁</td><td><190HBW</td><td>90 ~ 120</td><td>60 ~ 80</td><td>50 ~ 70</td></tr>
<tr><td>190 ~ 225HBW</td><td>80 ~ 110</td><td>50 ~ 70</td><td>40 ~ 60</td></tr>
<tr><td>高锰钢
(w_{Mn}=13%)</td><td>—</td><td>—</td><td>10 ~ 20</td><td>—</td></tr>
<tr><td>铜及铜合金</td><td>—</td><td>200 ~ 250</td><td>120 ~ 180</td><td>90 ~ 120</td></tr>
<tr><td>铝及铝合金</td><td>—</td><td>300 ~ 600</td><td>200 ~ 400</td><td>150 ~ 200</td></tr>
<tr><td>铸造铝合金
(w_{Si}=13%)</td><td>—</td><td>100 ~ 180</td><td>80 ~ 150</td><td>60 ~ 100</td></tr>
</table>

注：切削钢和灰铸铁时刀具寿命约为 60 min。

的约束，由于升、降频率特性满足不了加工需要等原因，则可能因主进给运动产生的“超前”和“滞后”而导致部分牙型的螺距不符合要求。

3）车削螺纹必须通过主轴的同步运行功能才能实现，即车削螺纹需要有主轴脉冲发生器（编码器）。当主轴转速选择得过高时，通过编码器发出的定位脉冲（主轴每转一周时所发出的一个基准脉冲信号）将可能因“过冲”（特别是当编码器的质量不稳定时）而导致工件螺纹产生乱牙（俗称“烂牙”）。

鉴于上述原因，用不同的数控系统车削螺纹时推荐使用不同的主轴转速范围。大多数经济型数控车床的数控系统推荐车削螺纹时主轴转速 n 为：

$$n \leqslant n_{允}/P$$

式中 $n_{允}$——编码器允许的最高工作转速，r/min；

P——被加工螺纹的螺距，mm。

（3）进给速度 v_f 的确定

进给速度 v_f 是数控车床切削用量中的重要参数，其大小直接影响表面粗糙度值和车削效率。进给速度主要根据工件的加工精度和表面粗糙度要求以及刀具、工件的材料性质选取。最大进给速度受车床刚度和进给系统的性能限制。确定进给速度的原则如下：

1）当工件的质量要求能够得到保证时，为提高生产效率，可选择较高的进给速度，一般在 100 ~ 200 mm/min 范围内选取。

2）在切断、加工深孔或用高速钢刀具加工时，宜选择较低的进给速度，一般在 20 ~ 50 mm/min 范围内选取。

3）当加工精度、表面质量要求较高时，进给速度应选小些，一般在 20 ~ 50 mm/min 范围内选取。

4）刀具空行程时，特别是远距离“回零”时，可以选择该机床数控系统设定的最高进给速度。

计算进给速度时，可参考表 1–5 所列的硬质合金车刀粗车外圆和端面的进给量、表 1–6 所列的按表面粗糙度选择进给量的参考值或查阅切削用量手册选取每转进给量 f，然后按公式 $v_f = nf$ 计算进给速度。

表 1–5　　硬质合金车刀粗车外圆和端面的进给量

工件材料	车刀刀柄尺寸 $B \times H$ /（mm × mm）	工件直径 d_w/mm	背吃刀量 a_p/mm				
			≤ 3	3 ~ 5	5 ~ 8	8 ~ 12	>12
			进给量 f/（mm/r）				
碳素结构钢、合金结构钢及耐热钢	16 × 25	20	0.3 ~ 0.4	—	—	—	—
		40	0.4 ~ 0.5	0.3 ~ 0.4	—	—	—
		60	0.5 ~ 0.7	0.4 ~ 0.6	0.3 ~ 0.5	—	—
		100	0.6 ~ 0.9	0.5 ~ 0.7	0.5 ~ 0.6	0.4 ~ 0.5	—
		400	0.8 ~ 1.2	0.7 ~ 1.0	0.6 ~ 0.8	0.5 ~ 0.6	—
	20 × 30 25 × 25	20	0.3 ~ 0.4	—	—	—	—
		40	0.4 ~ 0.5	0.3 ~ 0.4	—	—	—
		60	0.5 ~ 0.7	0.5 ~ 0.7	0.4 ~ 0.6	—	—
		100	0.8 ~ 1.0	0.7 ~ 0.9	0.5 ~ 0.7	0.4 ~ 0.7	—
		400	1.2 ~ 1.4	1.0 ~ 1.2	0.8 ~ 1.0	0.6 ~ 0.9	0.4 ~ 0.6
铸铁及铜合金	16 × 25	40	0.4 ~ 0.5	—	—	—	—
		60	0.5 ~ 0.8	0.5 ~ 0.8	0.4 ~ 0.6	—	—
		100	0.8 ~ 1.2	0.7 ~ 1.0	0.6 ~ 0.8	0.5 ~ 0.7	—
		400	1.0 ~ 1.4	1.0 ~ 1.2	0.8 ~ 1.0	0.6 ~ 0.8	—
	20 × 30 25 × 25	40	0.4 ~ 0.5	—	—	—	—
		60	0.5 ~ 0.9	0.5 ~ 0.8	0.4 ~ 0.7	—	—
		100	0.9 ~ 1.3	0.8 ~ 1.2	0.7 ~ 1.0	0.5 ~ 0.8	—
		400	1.2 ~ 1.8	1.2 ~ 1.6	1.0 ~ 1.3	0.9 ~ 1.1	0.7 ~ 0.9

注：1．加工断续表面及有冲击的工件时，进给量 f 应乘以系数 k，k =0.75 ~ 0.85。

2．在无外皮加工时，进给量 f 应乘以系数 k，k =1.1。

3．加工耐热钢及其合金时，进给量 f 不大于 1 mm/r。

4．加工淬硬钢时，进给量 f 应减小。当钢的硬度为 44 ~ 56HRC 时，进给量 f 应乘以系数 k，k=0.8；当钢的硬度为 57 ~ 62HRC 时，进给量 f 应乘以系数 k，k=0.5。

表 1–6 按表面粗糙度选择进给量的参考值

工件材料	表面粗糙度 Ra/μm	切削速度范围 v_c/（m/min）	刀尖圆弧半径 $r_ε$/mm		
			0.5	1.0	2.0
			进给量 f/（mm/r）		
铸铁、青铜、铝合金	5 ~ 10	不限	0.25 ~ 0.40	0.40 ~ 0.50	0.50 ~ 0.60
	2.5 ~ 5		0.15 ~ 0.25	0.25 ~ 0.40	0.40 ~ 0.60
	1.25 ~ 2.5		0.10 ~ 0.15	0.15 ~ 0.20	0.20 ~ 0.35
碳钢及合金钢	5 ~ 10	≤ 50 >50	0.30 ~ 0.50 0.40 ~ 0.55	0.45 ~ 0.60 0.55 ~ 0.65	0.55 ~ 0.70 0.65 ~ 0.70
	2.5 ~ 5	≤ 50 >50	0.18 ~ 0.25 0.25 ~ 0.30	0.25 ~ 0.30 0.30 ~ 0.35	0.30 ~ 0.40 0.30 ~ 0.50
	1.25 ~ 2.5	≤ 50 50 ~ 100 >100	0.10 0.11 ~ 0.16 0.16 ~ 0.20	0.11 ~ 0.15 0.16 ~ 0.25 0.20 ~ 0.25	0.15 ~ 0.22 0.25 ~ 0.35 0.25 ~ 0.35

注：$r_ε$=0.5 mm，用 12 mm × 12 mm 以下刀柄；$r_ε$=1 mm，用 30 mm × 30 mm 以下刀柄；$r_ε$=2 mm，用 30 mm × 45 mm 及以上刀柄。

二、工艺路线的拟定

数控车削工艺路线的拟定是制定数控车削工艺规程的重要内容之一，其主要内容包括加工方法的选择、加工阶段的划分、工序的划分、车削工序的安排以及确定进给路线等。

1. 加工方法的选择

机械零件的结构和形状是多种多样的，但它们都是由平面、外圆柱面、内圆柱面或曲面、成形面等基本表面组成的。每一种表面都有多种加工方法，在数控车床上，能够完成车削内外回转体表面、钻孔、车孔、铰孔和攻螺纹等加工操作，具体应根据工件的加工精度、表面粗糙度、材料、结构和形状、尺寸及生产类型等因素，选用相应的加工方法和加工方案。

2. 加工阶段的划分

当工件的加工质量要求较高时，往往不可能用一道工序来满足其要求，而要用几道工序逐步达到所要求的加工质量。为保证加工质量及合理地使用设备、人力，工件的加工过程通常按工序性质不同分为粗加工、半精加工、精加工和光整加工四个阶段，其主要工作任务和目的见表 1–7。

表 1–7　加工阶段的主要工作任务和目的

阶段	主要工作任务	目的
粗加工	切除毛坯上大部分多余的金属	使毛坯在形状和尺寸上接近工件成品，提高生产效率
半精加工	使主要表面达到一定的精度，留有一定的精加工余量；同时可完成一些次要表面的加工，如扩孔、攻螺纹、铣键槽等	为主要表面的精加工（如精车、精磨等）做好准备
精加工	保证各主要表面达到规定的尺寸精度和表面粗糙度要求	全面保证加工质量
光整加工	对工件上精度和表面质量要求很高（IT6 级以上，表面粗糙度 $Ra \leqslant 0.2$ μm）的表面需进行光整加工	提高尺寸精度，减小表面粗糙度值。一般不用于提高位置精度

3. 工序的划分

（1）工序划分的原则

工序的划分可以采用两种不同的原则，即工序集中原则和工序分散原则。

1）工序集中原则。工序集中原则是指每道工序包括尽可能多的加工内容，从而使工序的总数减少。采用工序集中原则的优点如下：有利于采用高效的专用设备和数控机床，提高生产效率；减少工序数目，缩短工艺路线，简化生产计划和生产组织工作；减少机床数量、操作工人数和占地面积；减少工件装夹次数，不仅保证了各加工表面间的相互位置精度，而且减少了夹具数量和装夹工件的辅助时间。但专用设备和工艺装备投资大，调整及维修比较麻烦，生产准备周期较长，不利于转产。

2）工序分散原则。工序分散原则是指将工件的加工分散在较多的工序内进行，每道工序的加工内容很少。采用工序分散原则的优点如下：加工设备和工艺装备结构简单，调整及维修方便，操作简单，转产容易；有利于选择合理的切削用量，减少机动时间。但工艺路线较长，所需设备和工人人数多，占地面积大。

（2）工序划分的方法

工序划分主要考虑生产纲领、所用设备及工件本身的结构和技术要求等。在数控车床上加工工件时，一般应按工序集中的原则划分工序，在一次装夹下尽可能完成大部分甚至全部表面的加工。根据工件的结构和形状不同，通常选择外圆、端面或内孔、端面进行装夹，并力求设计基准、工艺基准和编程原点统一。在批量生产中常用下列两种方法划分工序：

1）按工件加工表面划分。将位置精度要求较高的表面安排在一次装夹下完成，以免多次装夹所产生的安装误差影响位置精度。如图 1–42 所示的轴承内圈，其内孔对小端面的垂直度、滚道和大挡边对内孔回转中心的角度差以及滚道与内孔间的壁厚差均有严格的要求，精加工时划分成两道工序，用两台数控车床完成。第一道工序采用图 1–42a 所示的以大端面和大外圆装夹的方案，将滚道、小端面和内孔等安排在一次装夹下车出，很容易保证上述位置精度。第二道工序采用图 1-42b 所示的以内孔和小端面装夹的方案，车削大外圆和大端面。

2）按粗、精加工划分。对毛坯余量较大和加工精度要求较高的工件，应将粗车和精车分开，划分成两道或更多的工序。将粗车安排在精度较低、功率较大的数控车床上，将精车安排在精度较高的数控车床上。

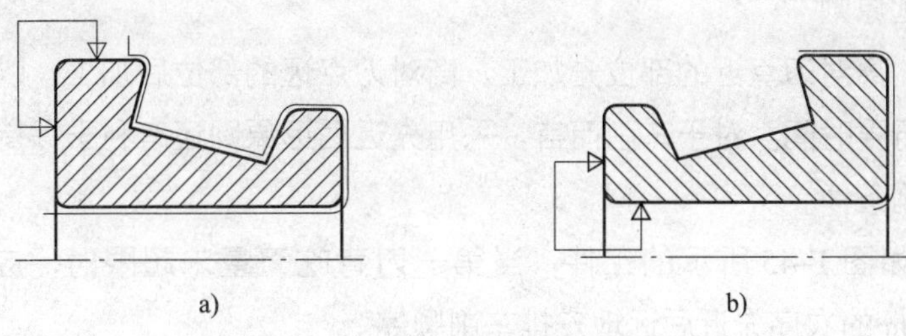

图 1-42　轴承内圈加工方案

例如，加工图 1-43a 所示的手柄，毛坯为 ϕ32 mm 的棒料，批量生产，用一台数控车床加工，要求划分工序并确定装夹方式。

工序 1：如图 1-43b 所示，夹住外圆柱面，车 ϕ12 mm、ϕ20 mm 两圆柱面→车圆锥面（粗车掉 *R*42 mm 圆弧部分余量）→留出总长余量后切断。

工序 2：如图 1-43c 所示，用 ϕ12 mm 外圆柱面和 ϕ20 mm 端面装夹，车 30° 锥面→所有圆弧表面半精车→所有圆弧表面精车成形。

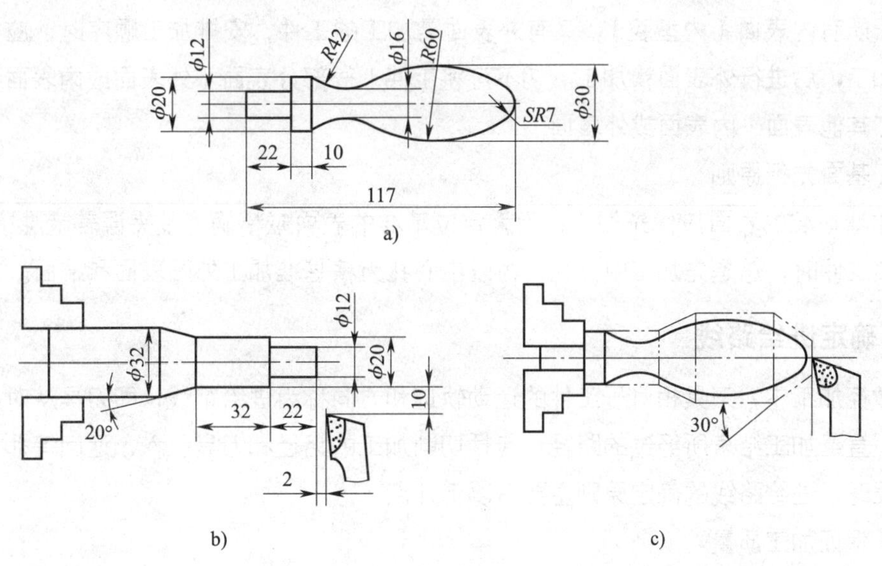

图 1-43　手柄的加工

4. 车削工序的安排

制定工件车削工序一般遵循下列原则：

（1）先粗后精原则

按照粗车→半精车→精车的顺序进行，逐步提高加工精度，如图 1-44 所示。粗车时将在较短的时间内将工件表面的大部分加工余量（图 1–44 中细双点画线内的部分）切掉，一方面提高金属切除率，另一方面满足精车的余量均匀性要求。若粗车后所留余量的均匀性满足不了精车的要求，则要安排半精车，为精车做准备。精车要保证加工精度，按图样尺寸一刀车出工件轮廓。

（2）先近后远原则

一般情况下，离对刀点近的部位先加工，离对刀点远的部位后加工，以便于缩短刀具移动距离，减少空行程时间。对于车削而言，采用先近后远原则还有利于保持毛坯或半成品的刚度，改善其切削条件。

例如，加工如图 1–45 所示的工件，当第一刀背吃刀量未超限时，应该按 ϕ34 mm→ϕ36 mm→ϕ38 mm 的次序先近后远地安排车削顺序。

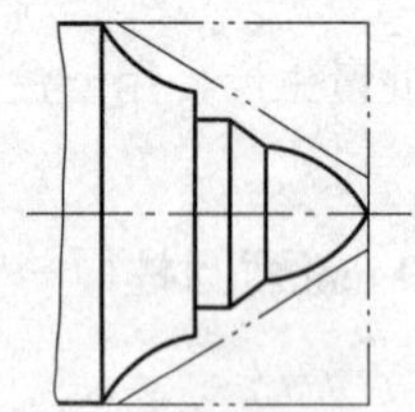

图 1–44　先粗后精车削示例

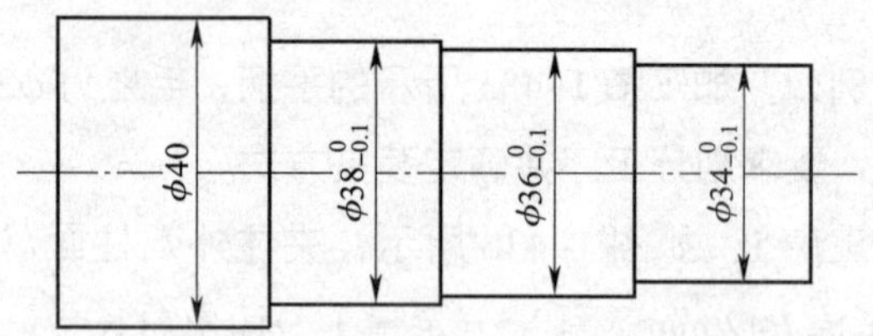

图 1–45　先近后远车削示例

（3）内外交叉原则

对于既有内表面（内型腔），又有外表面需加工的工件，安排加工顺序时，应先进行内表面粗加工，后进行外表面精加工。切不可将工件上一部分表面（外表面或内表面）加工完毕再加工其他表面（内表面或外表面）。

（4）基面先行原则

用作精基准的表面应优先加工，因为定位基准的表面越精确，装夹误差就越小。例如，加工轴类工件时，总是先加工中心孔，再以中心孔为精基准加工外圆表面和端面。

5. 确定进给路线

在数控加工中，刀具相对于工件的运动轨迹和方向称为进给路线，即刀具从对刀点开始运动起，直至加工结束所经过的路径，包括切削加工的路径和刀具引入、返回等非切削空行程。编程时，进给路线的确定原则主要有以下几点：

（1）保证加工质量

进给路线应以保证工件的精度和表面质量为前提。

（2）程序段越少越好

在加工程序的编制过程中，为使程序简洁，减少出错率及提高编程工作的效率等，总是希望以最少的程序段实现对工件的加工。

由于机床数控装置具有直线和圆弧插补等运算功能，除非圆曲线等特殊插补功能要求外，精加工程序的段数一般可由构成工件的几何要素和由工艺路线确定的各条程序段直接得到。这时应重点考虑使工件粗车的程序段数和辅助程序段数为最少。例如，在粗加工时采用机床数控系统的固定循环等功能可大大减少其程序段数；在编程中应尽量避免刀具每次进给后均返回对刀点或机床的固定原点位置，以减少辅助程序的段数等。

（3）进给路线越短越好

确定进给路线的重点主要在于确定粗加工和空行程路线，因精加工切削过程的进给路线基本上都是沿工件轮廓顺序进行的。

在保证加工质量的前提下，使加工程序具有最短的进给路线，不仅可以节省整个加工过程的执行时间，还能减少一些不必要的刀具消耗及机床进给机构滑动部件的磨损等。

在安排粗加工或半精加工的切削进给路线时，应同时兼顾到工件的刚度及加工的工艺要求，不要顾此失彼。

如图 1–46 所示为粗车工件时安排的几种不同切削进给路线。其中，图 1–46a 表示利用数控系统的复合循环功能，控制车刀每次均按与工件轮廓相同的轨迹进给；图 1–46b 表示利用数控系统的程序循环功能安排的三角形进给路线；图 1–46c 表示利用数控系统的固定（矩形）循环功能安排的矩形进给路线。

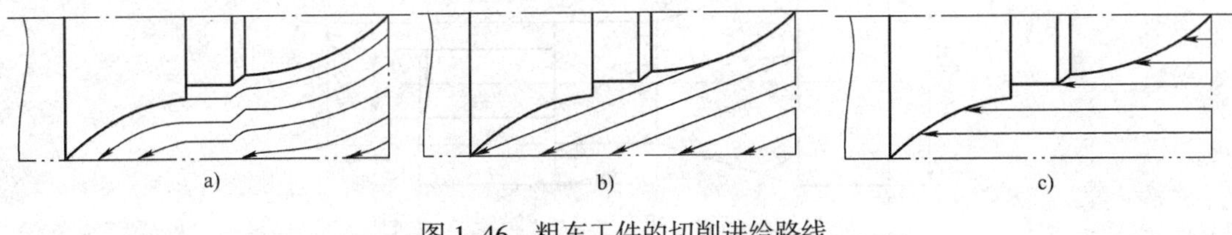

图 1–46　粗车工件的切削进给路线

对以上三种切削进给路线，经分析及判断后可知矩形循环进给路线的进给长度总和为最短。因此，在同等条件下，其切削所需时间（不含空行程）为最短，刀具的损耗小。另外，矩形循环加工的程序段格式较简单。所以，矩形进给路线的安排在制定加工方案时应用较多。

第五节　手工编程的数学处理

在手工编程工作中，数学处理不仅占有相当大的比例，有时甚至成为工件加工成败的关键。它不仅要求编程人员具有较扎实的数学基础知识，还要掌握一定的计算技巧，并具有灵活处理问题的能力，才能准确、快捷地完成数学处理工作。

对图形的数学处理一般包括两个方面：一方面，要根据零件图给出的形状、尺寸和公差等直接通过数学方法（如三角函数、几何与解析几何法等）计算出编程时所需要的有关各点的坐标值、圆弧插补所需要的圆弧圆心的坐标；另一方面，当按照零件图给出的条件不能直接计算出编程时所需要的所有坐标值，也不能按零件图给出的条件直接根据工件轮廓几何要素进行自动编程时，就必须根据所采用的具体工艺方法、工艺装备等加工条件，对零件图及有关尺寸进行必要的数学处理或改动，才能进行各点的坐标计算和编程工作。

一、数值换算

在很多情况下，因图样上的尺寸基准与编程所需要的尺寸基准不一致，故应先将图样上的尺寸换算为编程坐标系中的尺寸（即要选择编制加工程序时所使用的编程原点确定编程坐标系中的尺寸），再进行下一步数学处理工作。

1. 直接换算

直接换算是指直接通过图样上的标注尺寸即可获得编程尺寸的一种方法。

进行直接换算时，可将图样上给定的公称尺寸或极限尺寸的中值经过简单的加、减运算后完成。

例如，在图 1–47b 中，除尺寸 42.1 mm 外，其余尺寸均属于直接按图 1–47a 标注尺寸经换算后得到的编程尺寸，其中 ϕ59.94 mm、ϕ20 mm 和 140.08 mm 三个尺寸分别为取两极限尺寸平均值后得到的编程尺寸。

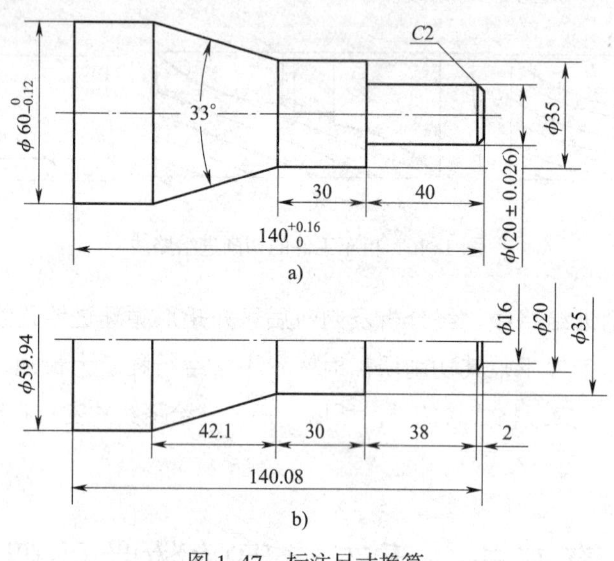

图 1–47 标注尺寸换算

在取极限尺寸中值时，如果遇到有第三位小数值（或更多位小数），基准孔按照“四舍五入”的方法处理，基准轴则将第三位进上一位，例如：

（1）当孔尺寸为 $\phi 20^{+0.052}_{0}$ mm 时，其中值尺寸取 ϕ20.03 mm。

（2）当轴尺寸为 $\phi 16^{0}_{-0.033}$ mm 时，其中值尺寸取 ϕ15.99 mm。

（3）当孔尺寸为 $\phi 16^{+0.027}_{0}$ mm 时，其中值尺寸取 ϕ16.01 mm。

2. 间接换算

间接换算是指需要通过平面几何、三角函数等计算方法进行必要的计算后才能得到编程尺寸的一种方法。用间接换算方法所换算出来的尺寸可以是直接编程时所需的基点坐标尺寸，也可以是为计算某些基点坐标值所需要的中间尺寸。例如，图 1–47b 中的尺寸 42.1 mm 就属于间接换算后所得到的编程尺寸。

二、坐标值计算

编制加工程序时，需要进行的坐标值计算工作包括基点的直接计算、节点的拟合计算及刀尖圆弧中心轨迹的计算等。

1. 基点的直接计算

（1）基点的含义

构成工件轮廓的不同几何素线的交点或切点称为基点（见图 1–48），它可以直接作为运动轨迹的起点或终点。如图 1–48 中的 A、B、C、D、E、F 各点都是该工件轮廓上的基点。

（2）基点直接计算的内容

基点直接计算的内容主要包括计算每条运动轨迹（线段）的起点或终点在选定坐标系中的坐标值和圆弧运动轨迹的圆心坐标值。基点直接计算的方法比较简单，一般根据零件图所给的已知条件由人工完成。

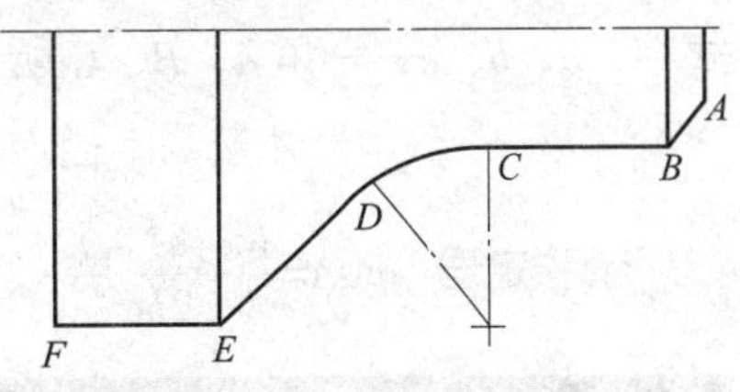

图 1–48　工件轮廓上的基点

2. 节点的拟合计算

（1）节点的含义

当采用不具备非圆曲线插补功能的数控机床加工非圆曲线轮廓的工件时，在加工程序的编制工作中，常需要用直线或圆弧去近似代替非圆曲线，称为拟合处理。拟合线段的交点或切点称为节点。例如，数控机床上加工椭圆、双曲线、抛物线、阿基米德螺旋线或用一系列坐标点表示的列表曲线时，就要用直线或圆弧去逼近被加工曲线，这时，逼近线段与被加工曲线的交点即为节点。当图 1–49 中的曲线用直线逼近时，A、B、C、D、E 等即为该工件轮廓上的节点。

（2）节点拟合计算的内容

节点拟合计算的难度和工作量都很大，故宜通过计算机完成。必要时，也可由人工计算完成，但对编程者的数学处理能力要求较高。拟合结束后，还必须通过相应的计算对每条拟合线段的拟合误差进行分析。

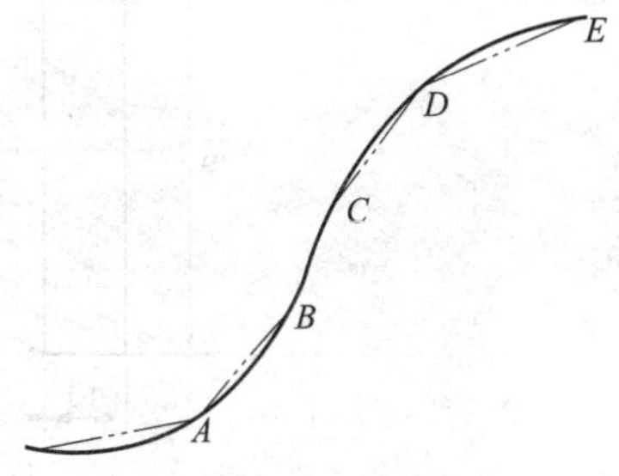

图 1–49　工件轮廓上的节点

三、三角函数计算法

三角函数计算法简称三角计算法。在手工编程工作中，因为这种方法比较容易掌握，所以应用十分广泛，是进行数学处理时应重点掌握的方法之一。

三角函数计算法主要应用三角函数关系式和部分定理，下面将有关定理的表达式列出。

1. 对于直角三角形

角的正弦：$\sin\alpha=\dfrac{对边}{斜边}$　　角的余弦：$\cos\alpha=\dfrac{邻边}{斜边}$

角的正切：$\tan\alpha=\dfrac{对边}{邻边}$　　角的余切：$\cot\alpha=\dfrac{邻边}{对边}$

勾股定理：$a^2+b^2=c^2$

$$a=\sqrt{c^2-b^2} \qquad b=\sqrt{c^2-a^2} \qquad c=\sqrt{a^2+b^2}$$

式中　a、b、c——直角三角形的边长，其中 c 为斜边。

2. 对于任意三角形

正弦定理：$\dfrac{a}{\sin A}=\dfrac{b}{\sin B}=\dfrac{c}{\sin C}=2R$

式中　a、b、c——角 A、B、C 所对边的边长；

R——三角形外接圆半径。

余弦定理：$\cos A=\dfrac{b^2+c^2-a^2}{2bc}$

提示

正弦定理一般用于已知两边一角求另两个角或已知两角一边求另两边；而余弦定理一般用于已知三边求角度。

例 1　如图 1-50a 所示的工件，用三角函数计算法求基点和圆心的坐标。

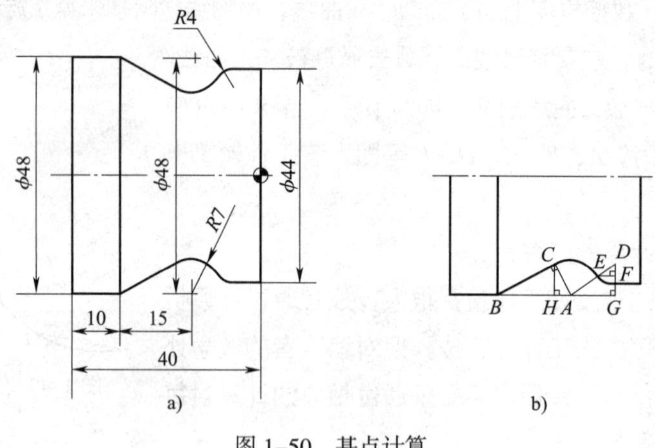

图 1-50　基点计算

（1）分析

1）图 1-50b 中的直线 BC 与 $R7$ mm 圆弧相切，$R7$ mm 与 $R4$ mm 圆弧相切，$R4$ mm 圆弧与 $\phi44$ mm 外圆相切。

2）根据图中的关系作相关的辅助线：连接 $R4$ mm、$R7$ mm 的圆心交于切点 E，过 $R7$ mm

的圆心作辅助线与锥体垂直交于切点 C；再将相关的辅助线连接起来，如图 1–50b 所示。

3）图中没有给出 C、E 两点的坐标，就必须求出 AG、DE、EF、CH、AH 的长度。

（2）解题方法

根据已知条件，可以利用三角形相似和勾股定理进行计算。

（3）解题步骤

1）求 AG 的长度。已知 $AE=7$，$DE=4$，则 $AD=AE+DE=7+4=11$

$$DG = \frac{48-44}{2} + 4 = 6$$

根据勾股定理可得：

$$AG = \sqrt{AD^2 - DG^2} = \sqrt{11^2 - 6^2} \approx 9.22$$

2）求 DF、EF 的长度。在 Rt△ADG 与 Rt△EDF 中，∠ADG=∠EDF

所以△ADG∽△EDF

那么$\frac{DF}{DG}=\frac{DE}{AD}$，则$\frac{DF}{6}=\frac{4}{11}$，$DF \approx 2.18$

$\frac{EF}{AG}=\frac{DE}{AD}$，则$\frac{EF}{9.22}=\frac{4}{11}$，$EF \approx 3.35$

3）求 AH、CH 的长度。已知 $AC=7$，$AB=15$

在 Rt△ACH 与 Rt△ABC 中，∠ACH=∠ABC

所以△ACH∽△ABC

那么$\frac{AH}{AC}=\frac{AC}{AB}$，则$\frac{AH}{7}=\frac{7}{15}$，$AH \approx 3.27$

在△ACH 中，根据勾股定理可得：

$$CH=\sqrt{AC^2-AH^2}=\sqrt{7^2-3.27^2} \approx 6.19$$

4）E 点坐标

$$\begin{aligned} X_E{}^{①} &= 36+2DF \\ &= 36+4.36 \\ &= 40.36 \end{aligned}$$

$$\begin{aligned} Z_E &= -(40-10-AB-AG+EF) \\ &= -(40-10-15-9.22+3.35) \\ &= -9.13 \end{aligned}$$

所以 E 点坐标为（X40.36，Z–9.13）。

5）C 点坐标

$$\begin{aligned} X_C &= 48-2CH \\ &= 48-12.38 \\ &= 35.62 \end{aligned}$$

① 由于在编程时均采用直径编程，因此，程序中的 X 值均为直径值。

$$Z_C=-[40-(10+AB-AH)]$$
$$=-(40-10-15+3.27)$$
$$=-18.27$$

所以 C 点坐标为（X35.62，Z−18.27）。

四、平面解析几何计算法

三角函数计算法虽然在应用中具有分析直观、计算结果简便等优点，但有时为计算一个简单图形却需要添加若干条辅助线，并分析数个三角形间的关系后才能进行计算。而应用平面解析几何计算法可省掉一些复杂的三角形关系，用简单的数学方程即可准确地描述工件轮廓的几何图形，使分析及计算的过程都得到简化，并可减少多层次的中间运算，使计算误差大大减小，计算结果更加准确，且不易出错。因此，在数控车床的手工编程中，平面解析几何计算法是应用较普遍的计算方法之一。

平面解析几何主要利用直线和圆弧的方程进行计算，有关定理的表达式如下：

1. 直线方程的形式

$$Ax+By+C=0$$

式中 A、B、C——任意实数，并且 A、B 不能同时为零。

2. 直线方程的标准形式（斜截式）

$$y=kx+b$$

式中 k——直线的斜率，即直线与 X 轴正向夹角的正切值 $\tan\theta$，如图 1–51 所示。

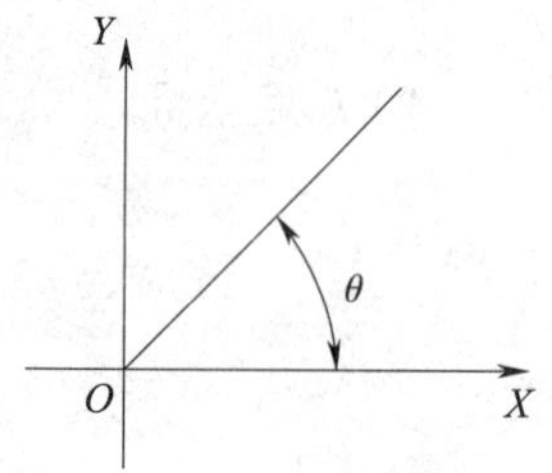

图 1–51 直线的斜率

3. 直线方程的点斜式

$$y-y_1=k(x-x_1)$$

式中 x_1、y_1——直线通过已知点的坐标。

4. 直线方程的截距式

$$\frac{x}{a}+\frac{y}{b}=1$$

式中 a、b——直线在 X、Y 轴上的截距。

5. 点到直线的距离公式

点 P（x_0，y_0）到直线 $Ax+By+C=0$ 的距离（见图 1–52）：

$$d=\frac{|Ax_0+By_0+C|}{\sqrt{A^2+B^2}}$$

化简得

$$Ax_0+By_0+C\pm d\sqrt{A^2+B^2}=0$$

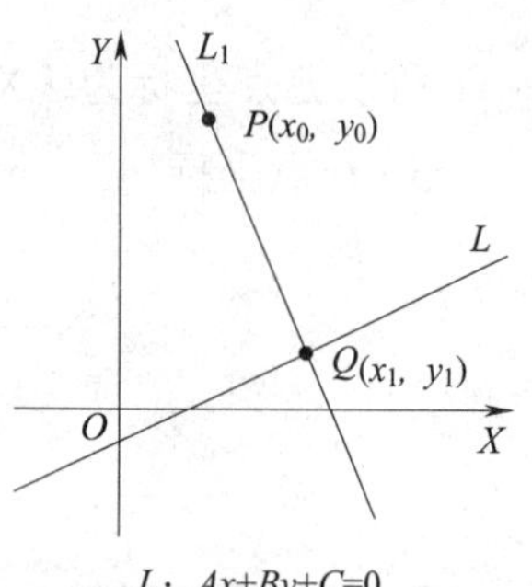

图 1–52 点到直线的距离

6. 圆的标准方程

$$(x-a)^2+(y-b)^2=R^2$$

式中　a——圆心横坐标；

b——圆心纵坐标；

R——圆的半径。

圆心在坐标原点上的圆方程：

$$x^2+y^2=R^2$$

7. 一元二次方程 $ax^2+bx+c=0$（$a\neq 0$）的求根公式

$$x=\frac{-b\pm\sqrt{b^2-4ac}}{2a}$$

例 2　如图 1-53a 所示的工件，用平面解析几何计算法求基点和圆心的坐标。

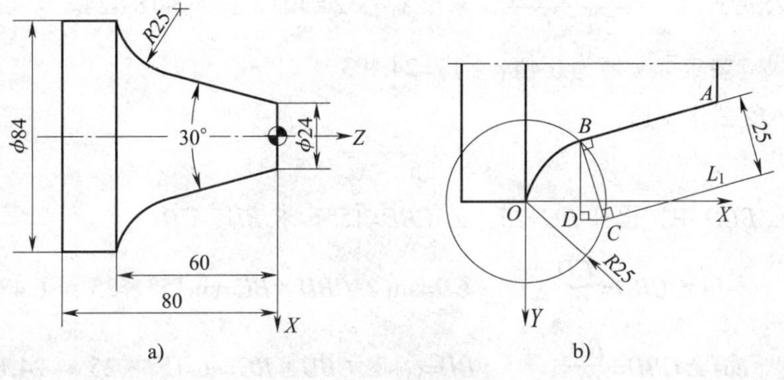

图 1-53　基点计算

（1）分析

1）该工件为圆弧与直线相切的例子，解题的重点是求出 R25 mm 圆弧的圆心坐标。

2）将已知直线 AB 向下平移 25 mm 得直线 L_1，以 O 点为圆心作 R25 mm 的圆弧；圆弧与直线的交点 C 则为 R25 mm 圆弧的圆心。

（2）解题方法

根据已知条件，用直线 L_1 与 R25 mm 圆弧组成方程求出 C 点的坐标，再利用三角函数进行计算。

（3）解题步骤

1）设直角坐标系（以 O 为原点）如图 1-53b 所示，A 点坐标为（60，30），建立 AB 的点斜式直线方程：

$$y-30=\tan15°(x-60)$$

化简得

$$y\approx 0.268x+13.923$$

2）根据点到直线的距离公式，建立 L_1 的直线方程：

$$y=0.268x+13.923\pm 25\sqrt{0.268^2+1^2}$$

由于直线向下平移，点到直线的距离取负值。

所以 $$y\approx 0.268x-11.959$$

3）建立 $R25$ mm 圆弧方程：

$$x^2+y^2=25^2$$

4）建立 L_1 与 $R25$ mm 圆弧方程组：

$$\begin{cases} y=0.268x-11.959 & ① \\ x^2+y^2=25^2 & ② \end{cases}$$

把①式代入②式

$$x^2+(0.268x-11.959)^2=25^2$$

化简得

$$1.072x^2-6.410x-481.982=0$$

代入求根公式 $x=\dfrac{-b\pm\sqrt{b^2-4ac}}{2a}$，求出 $x_1\approx 24.403$，$x_2\approx -18.424$。

根据图形尺寸要求取 x 值为正值，则 $x=24.403$

把 x 值代入②式求 y 值：

$$y=\sqrt{25^2-x^2}\approx 5.431$$

5）在 Rt △ BCD 中，已知 $BC=25$，$\angle CBD=15°$，求 BD、CD。

$$\sin\angle CBD=\frac{CD}{BC} \qquad CD=\sin\angle CBD\times BC=\sin 15°\times 25\approx 6.47$$

$$\cos\angle CBD=\frac{BD}{BC} \qquad BD=\cos\angle CBD\times BC=\cos 15°\times 25\approx 24.15$$

6）B 点的坐标：

$$X_B=84-2(BD-5.431)=84-2\times 18.719=46.562$$

$$Z_B=-[60-(24.403-CD)]=-42.067$$

所以 B 点坐标为（X46.562，Z–42.067）。

第六节　刀具补偿功能

刀具补偿功能是用来补偿刀具实际安装位置（或实际刀尖圆弧半径）与理论编程位置（刀尖圆弧半径）之差的一种功能。刀具补偿功能是数控车床的一种主要功能，它分为刀具位置补偿（刀具偏移补偿）和刀尖圆弧半径补偿两种功能。

一、刀具位置补偿

1. 刀具位置补偿的设定

当采用不同尺寸的刀具加工同一轮廓尺寸的工件，或同一名义尺寸的刀具因换刀重调、磨损以及切削力使工件、刀具、机床变形引起工件尺寸变化时，为加工出合格的工件必须进行刀具位置补偿。如图 1–54 所示，车床的刀架装有不同尺寸的刀具，设图示刀架的中心位置 P 为各刀具的换刀点，并以 1 号刀具的刀尖 B 点为所有刀具的编程起点。当 1 号刀具从 B 点运动到 A 点时其增量值为：

$$U_{BA}=X_A-X_1$$

$$W_{BA}=Z_A-Z_1$$

当换 2 号刀具加工时，2 号刀具的刀尖在 C 点位置，要想运用 A、B 两点的坐标值实现从 C 点到 A 点的运动，就必须知道 B 点和 C 点的坐标差值，利用这个差值对 B 点到 A 点的位移量进行修正，就能实现从 C 点到 A 点的运动。为此，将 B 点（作为基准刀尖位置）对 C 点的位置差值用以 C 点为原点的直角坐标系 I、K 来表示，如图 1–54 所示。

当从 C 点到 A 点时：

$$U_{CA}=(X_A-X_1)+I_\Delta$$

$$W_{CA}=(Z_A-Z_1)+K_\Delta$$

式中，I_Δ、K_Δ 分别为 X 轴、Z 轴的刀补量，可由键盘输入数控系统。由上式可知，从 C 点到 A 点的增量值等于从 B 点到 A 点的增量值加上刀具补偿值。

当 2 号刀具加工结束时，刀架中心位置必须回到 P 点，也就是 2 号刀的刀尖必须从 A 点回到 C 点，但程序是以刀尖回到 B 点来编制的，只给出了 A 点到 B 点的增量，因此，也必须用刀具补偿值来修正，即：

$$U_{AC}=(X_1-X_A)-I_\Delta$$

$$W_{AC}=(Z_1-Z_A)-K_\Delta$$

从以上分析可以看出，数控系统进行刀具位置补偿，就是用刀具补偿值对刀补建立程序段的增量值进行“加修正”，对刀补撤销段的增量值进行“减修正”。

这里的 1 号刀是标准刀，只要在加工前输入与标准刀的位置差 I_Δ、K_Δ 即可。在这种情况下，标准刀磨损后，整个刀库中的刀具补偿值都要改变。为此，有的数控系统要求刀具位置补偿的基准点为刀具相关点。因此，每把刀具都要输入 I_Δ、K_Δ，其中 I_Δ、K_Δ 是刀尖相对于刀具相关点的位置差，如图 1–55 所示。

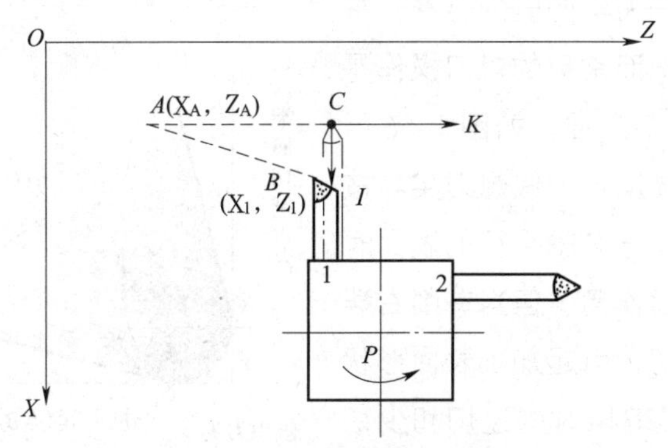

图 1–54　刀具位置补偿示意图

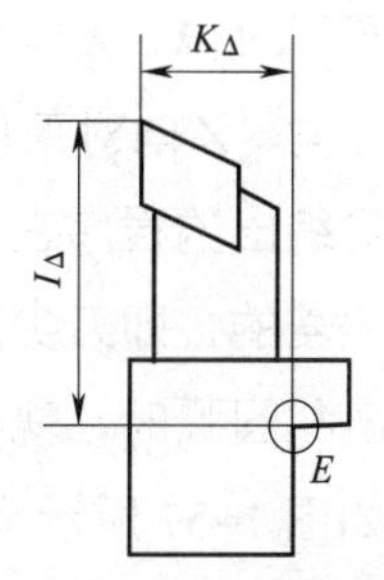

图 1–55　刀具位置补偿

2. 刀具位置补偿代码

（1）代码格式

在字母T后用四位数字表示T功能，前两位数字表示刀架的刀位号，后两位数字表示刀具的补偿号。

（2）说明

1）工件加工完成后要将刀补取消，刀补号00为取消刀具位置补偿。例如，T□□00表示取消□□号刀上的刀具位置补偿。

2）坐标系变换后，补偿坐标和补偿值也需改变。

3）用T代码对刀具进行补偿一般是在换刀指令后第一个含有移动指令（如G00、G01等）的程序段中进行的，而取消刀具的补偿则是在完成该刀的加工工序后，返回换刀点的程序段中执行的。

二、刀尖圆弧半径补偿

数控车削加工是以假想刀尖进行编程的，而实际切削加工中，由于刀尖圆弧半径的存在，实际切削点与假想刀尖不重合，从而产生加工误差。为满足加工精度要求，又要方便编程，需对刀尖圆弧半径进行补偿。

1. 刀尖圆弧半径补偿的目的

数控机床是按照程序指令控制刀具运动的。在编制数控车床加工程序时，都是把车刀的刀尖当成一个点来考虑的，即假想刀尖，如图1–56所示的O'点。但实际车刀尤其是精车刀，在其刀尖部分都存在一个刀尖圆弧，刀尖圆弧一方面可以提高刀尖的强度，另一方面可以改善加工表面的表面质量。由于刀尖圆弧的存在，车削时实际起作用的切削刃是圆弧各切点。而常用的对刀操作是以刀尖圆弧上X、Z方向相应的最突出点为准，如图1–56所示，在X向、Z向对刀所获得的刀尖位置是一个假想刀尖。按假想刀尖编出的程序在车削外圆、内孔等与Z轴平行的表面时是没有误差的，即刀尖圆弧的大小并不起作用；但当车削右端面、锥面和圆弧时，就会造成过切或少切，引起加工表面形状误差，如图1–57所示为以假想刀尖位置编程时的过切和少切现象。

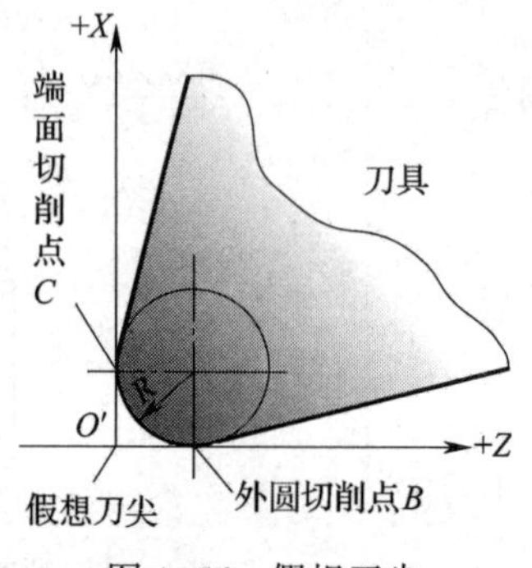

图1–56 假想刀尖

编程时若以刀尖圆弧中心编程，可避免产生过切和少切的现象，但刀位点的计算比较麻烦；同时，如果刀尖圆弧半径值发生变化，还需修改程序。

数控系统的刀尖圆弧半径补偿功能正是为解决这个问题而设定的。它允许编程者不必考虑具体刀具的刀尖圆弧半径，而以假想刀尖按工件轮廓编程，在加工时将刀具的半径值 R 存入相应的存储单元，系统会自动读入，与工件轮廓偏移一个半径值，生成刀具路径，即将原来控制假想刀尖的运动转换成控制刀尖圆弧中心的运动轨迹，则可以加工出相对准确的轮廓。这种偏移称为刀尖圆弧半径补偿。

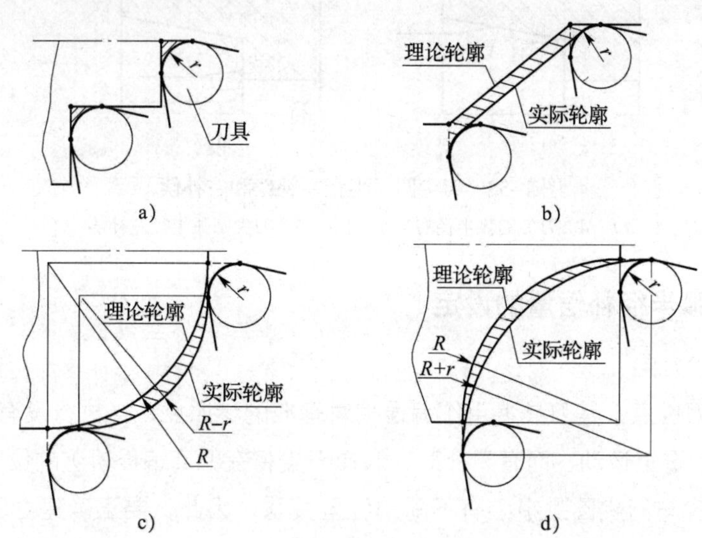

图 1–57　以假想刀尖位置编程时的过切和少切现象

a）加工台阶面或端面　b）加工锥面　c）加工凸圆弧面　d）加工凹圆弧面

2. 刀尖圆弧半径补偿指令

现代数控机床基本具有刀具补偿功能，为编程提供了方便。刀尖圆弧半径补偿是通过 G41、G42、G40 指令及 T 代码指定的假想刀尖号加入或取消的。

（1）刀尖圆弧半径左补偿指令 G41

如图 1–58b、c 所示，顺着刀具运动方向看，刀具在工件的左边，称为刀尖圆弧半径左补偿，用 G41 指令编程。

（2）刀尖圆弧半径右补偿指令 G42

如图 1–58a、d 所示，顺着刀具运动方向看，刀具在工件的右边，称为刀尖圆弧半径右补偿，用 G42 指令编程。

（3）刀尖圆弧半径取消补偿指令 G40

如需要取消刀尖圆弧半径左补偿和右补偿，可用 G40 指令。

应用刀尖圆弧半径补偿，必须根据刀架位置、刀尖与工件相对位置确定补偿方向，具体如图 1–58 所示。为快速判断补偿方向，可采用以下简便方法：

从右向左加工，车外圆表面时刀尖圆弧半径补偿指令用 G42，车孔时刀尖圆弧半径补偿指令用 G41；从左向右加工，车外圆表面时刀尖圆弧半径补偿指令用 G41，车孔时刀尖圆弧半径补偿指令用 G42。

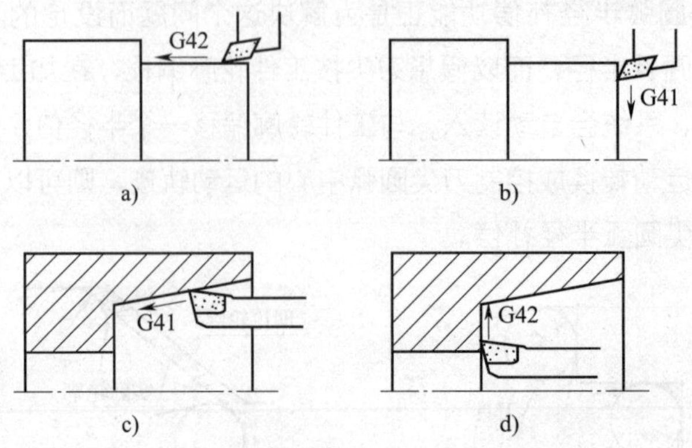

图 1–58 刀尖圆弧半径左补偿和右补偿

a）、d）刀尖圆弧半径右补偿 b）、c）刀尖圆弧半径左补偿

3. 刀尖圆弧半径补偿量的设定

（1）假想刀尖方向

假想刀尖（刀位点）是刀具上用作编程相对基准的参照点，当执行没有刀补的程序时，假想刀尖在编程轨迹上运动；而有刀补时，假想刀尖将在偏离编程轨迹的位置上运动。实际加工中，假想刀尖与刀尖圆弧中心有不同的位置关系，因此，要正确建立假想刀尖的刀尖方向（即对刀点是刀具的哪个位置）。假想刀尖号是对不同形式刀具的一种编码，从刀尖中心往假想刀尖的方向看，由切削中刀具的方向确定假想刀尖号。如图 1–59 所示，假想刀尖分别用参数 0 ~ 9（T0 ~ T9）表示，共表达了 9 个方向的位置关系。图 1–59 说明了刀尖与起刀点的关系，箭头终点是假想刀尖，需特别注意：即使是同一刀尖，方向号在不同坐标系（后置刀架坐标系与前置刀架坐标系）表示的刀尖方向也是不一样的。T0 与 T9 是刀尖圆弧中心与假想刀尖点重叠时的情况。此时，机床将以刀尖圆弧中心为刀位点进行计算补偿。

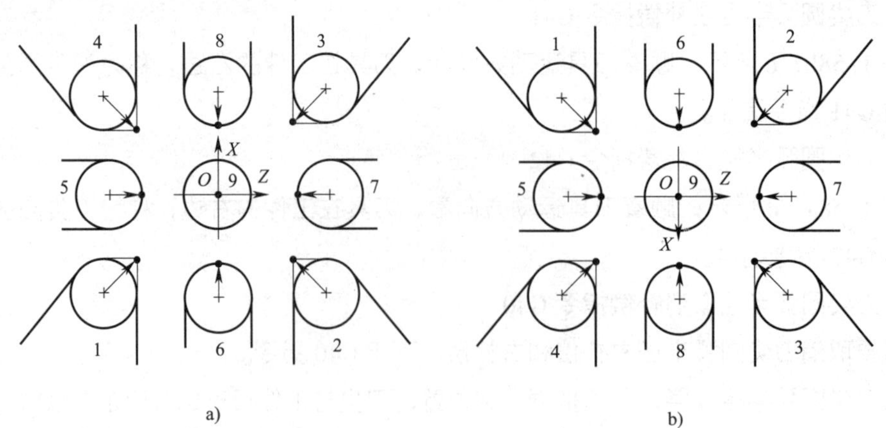

图 1–59 假想刀尖

a）后置刀架 b）前置刀架

（2）补偿参数的设置

刀尖圆弧半径补偿量可以通过数控系统的“刀具偏置磨损”界面设定。T 指令要与刀尖圆弧半径补偿号相对应，并且要输入假想刀尖号。以 GSK980TDi 数控系统为例，根据所选的刀具形状及在刀架上的安装刀位，在“刀具偏置磨损”界面下设置，R 为刀尖圆弧半径补偿值，T 为假想刀尖号，如图 1–60 所示。

刀具偏置磨损　O0003 N0000

序号	X	Z	R	T
00	0.000	0.000	0.000	3
	-----	-----	-----	
01	-259.991	-395.937	0.200	3
	[illegible]	[illegible]	0.000	
02	0.000	0.000	0.000	3
	0.000	[illegible]	0.000	
03	0.000	0.000	0.000	3
	0.000	0.000	0.000	
04	0.000	0.000	0.000	3
	0.000	0.000	0.000	

相对坐标
U 0.000
W -63.431

绝对坐标
X 0.000
Z -63.431

01偏置

机械回零　S 0600 T 0100

图 1–60　GSK980TDi 数控系统“刀具偏置磨损”界面

注意：在进行对刀操作时，当选择了 T*n*（*n*=0 ~ 9）号假想刀尖时，对刀点一定也要选择 T*n* 号假想刀尖点。

4. 刀尖圆弧半径补偿的实现过程

实现刀尖圆弧半径补偿要经过刀补建立、刀补执行和刀补取消三个步骤，如图 1–61 所示。

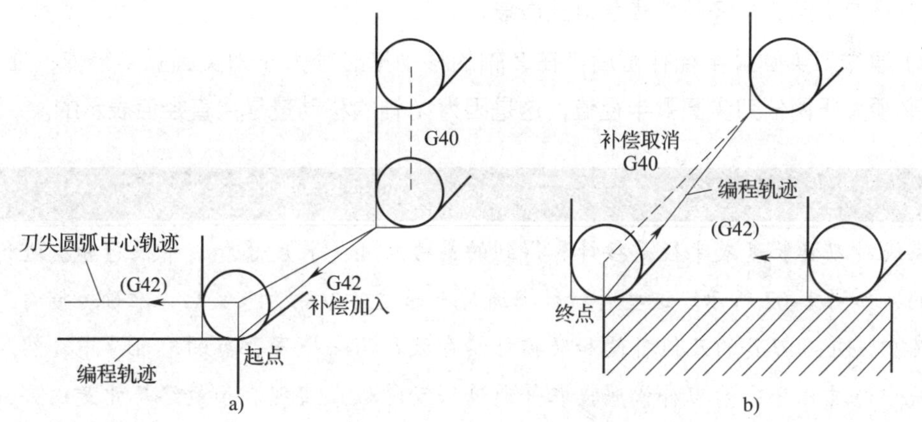

图 1–61　刀补的建立、执行与取消

（1）刀补建立（又称起刀）

在偏置取消方式下，刀具由起刀点开始接近工件，刀补建立程序段执行刀尖圆弧半径补偿过渡运动。在刀补建立程序段的终点即下一程序段的起点，刀尖圆弧中心定位于与下一程序段前进方向的垂直线上，由刀补指令 G41 和 G42 决定刀尖圆弧中心是往左还是往右偏离编程轨迹一个刀尖圆弧半径值。刀补建立程序段不能用于工件加工，动作指令只能用 G00 或 G01 指令来完成。

（2）刀补执行

刀补一旦建立则一直维持下去，直至 G40 指令出现。在刀补执行期间，刀尖圆弧中心轨迹始终偏离编程轨迹一个刀尖圆弧半径值的距离。

（3）刀补取消

刀补取消即刀具撤离工件，使假想刀尖轨迹的终点与编程轨迹的终点重合。与刀补建立一样，刀补取消时刀尖圆弧中心轨迹也要比编程轨迹伸长或缩短一个刀尖圆弧半径值的距离。刀补取消是刀补建立的逆过程。同刀补建立程序段一样，刀补取消程序段也不能进行工件加工，且此时的移动也只能用 G00 或 G01 指令完成。

5. 注意事项

使用刀尖圆弧半径补偿指令时应注意以下几点：

（1）刀尖圆弧半径补偿只能在 G00 或 G01 的运动中建立或取消。即 G41、G42 和 G40 指令只能与 G00 或 G01 指令一起使用，且当轮廓切削完成后要用 G40 指令取消补偿。另外，刀补建立与刀补取消轨迹的长度还必须大于刀尖圆弧半径补偿值；否则，系统会产生刀具补偿无法建立的情况。

（2）工件有锥度或圆弧时，必须在精车圆锥面或圆弧面前一程序段建立刀尖圆弧半径补偿，一般在切入工件时的程序段建立刀尖圆弧半径补偿。

（3）当执行 G71 ~ G76 固定循环指令时，在循环过程中，不执行刀尖圆弧半径补偿，刀尖圆弧半径补偿暂时取消。在后面程序段中出现 G00、G01、G02、G03 和 G70 指令，数控系统会将刀尖圆弧半径补偿模式自动恢复。

（4）建立刀尖圆弧半径补偿后，在 Z 轴的移动量必须大于刀尖圆弧半径值；在 X 轴的移动量必须大于两倍刀尖圆弧半径值，这是因为 X 轴的移动量是用直径值表示的。

提示

系统对刀具长度或半径是按计算得到的最终尺寸（长度总和、半径总和）进行磨损补偿的，如图 1-62 所示。这些补偿数据通常是通过对刀测量采集后，准确地储存到刀具数据库中，并且刀具的几何补偿和磨损补偿存放在同一个寄存器的地址号中。然后在数控系统中通过程序中的刀补代码提取并通过移动滑板来实现。而最终尺寸是由公称尺寸和磨损尺寸相减而得到的。因此，当一把刀具使用一段时间有一定的磨损后，实际尺寸发生了变化，此时可以直接修改刀具位置补偿值，也可以加入一个磨损量，使最终补偿量与实际刀具尺寸相一致，从而仍能加工出合格的工件。

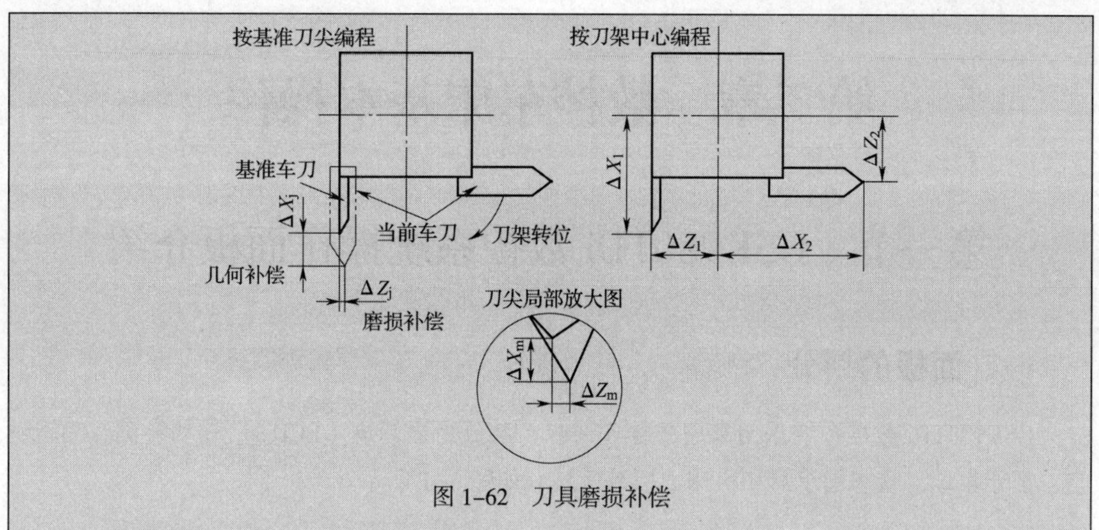

图 1–62　刀具磨损补偿

在工件试加工等过程中，由于对刀等误差的影响，执行一次程序加工结束，不一定能保证工件符合图样要求，有可能出现误差。如果工件有误差但还有余量，则可以进行修正。此时可利用原来的刀具和加工程序的一部分（精加工部分），不需要对程序中的任何坐标值做修改，而只需在刀具磨损补偿中增加一磨损量后，再补充加工一次，即可将余量切去。此时，实际刀具并没有磨损，故称为虚拟磨损量。

对于刀具的磨损补偿，有的数控车床专门用一个存储器存储，有的数控车床与刀具的位置补偿合并在一起用一个存储器存储。

第二章　数控车床基本操作

第一节　GSK980TDi 数控系统操作面板介绍

一、面板的划分

GSK980TDi 数控系统采用集成式操作面板，共分为显示屏（LCD）、软功能键、编辑键盘、显示菜单、状态指示灯和机床面板等区域，如图 2–1 所示。

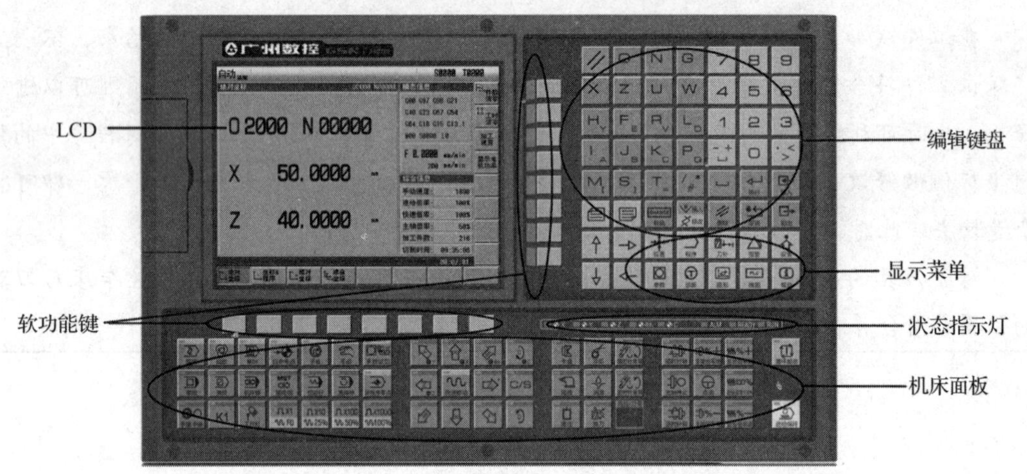

图 2–1　GSK980TDi 数控系统操作面板

二、面板功能说明

1. 状态指示灯

GSK980TDi 数控系统操作面板右上侧为系统状态指示灯区，各指示灯的功能见表 2–1。

表 2–1　　GSK980TDi 数控系统状态指示灯的功能

指示灯	功能
X　Y　Z　4th　C	坐标轴回零结束指示灯
ALM　READY　RUN	系统状态指示灯，ALM 为系统报警指示灯，READY 为系统准备好指示灯，RUN 为系统运行指示灯

2. 编辑键盘

如图 2–2 所示为 GSK980TDi 数控系统编辑键盘，各编辑键的名称及其功能见表 2–2。

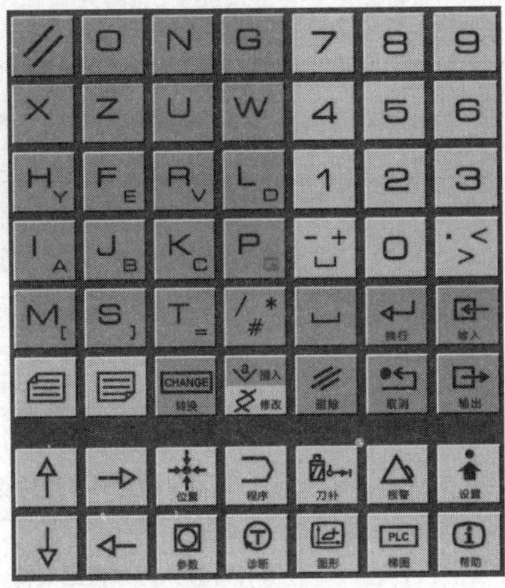

图 2–2　GSK980TDi 数控系统编辑键盘

表 2–2　　编辑键的名称及其功能

按键	名称	功能
//	复位键	数控系统复位，进给、输出停止等
O N G X Z U W	地址键	用于输入地址
H Y F E R V L D I A J B K C P Q M [S] T =	地址键	双地址键，反复按键时可在两者间切换
- + ␣ / * #	符号键	三符号键，反复按键时可相互切换
7 8 9 4 5 6 1 2 3 0	数字键	用于输入数字

续表

按键	名称	功能
. < >	小数点	用于输入小数点
输入	输入键	用于确定参数、补偿量等数据的输入
输出	输出键	按输出键，系统弹出计算器窗口，计算完毕，输出键将计算结果发送到光标处，并关闭计算器窗口
CHANGE 转换	转换键	信息、显示的切换
插入 修改 删除 取消	编辑键	编辑程序时，用于程序段和程序字等的插入、修改、删除、取消（插入与修改为复合键）
换行	换行键	用于输入程序段结束符
	光标移动键	控制光标移动
	翻页键	实现同一显示界面下界面的切换

3. 显示菜单

GSK980TDi 数控系统显示菜单中包含了位置、程序、设置共 10 个功能键，如图 2–3 所示，每个功能键对应一个界面集，每个界面集下又有多个子界面和操作软键，各键的功能见表 2–3。

图 2–3　GSK980TDi 数控系统显示菜单功能键

4. 机床面板

GSK980TDi 数控系统面板中按键的功能是由 PLC 程序（梯形图）定义的，各按键具体功能可参阅机床厂家的说明书。GSK980TDi 数控系统标准 PLC 程序定义的面板中各按键的名称及其功能见表 2–4。

表 2–3 **GSK980TDi 数控系统显示菜单功能键的功能**

菜单键	功能
位置	按此键进入位置界面。位置界面有绝对坐标、坐标 & 程序、相对坐标、综合坐标、手轮中断共五个子界面
程序	按此键进入程序界面。程序界面有程序内容、MDI 程序、本地目录、U 盘目录、轨迹预览共五个界面
刀补	按此键进入刀补界面。刀补界面有刀偏设置、宏变量、工件坐标系、宏变量注释、刀具寿命共五个界面
报警	按此键进入报警界面。报警界面有报警信息和报警日志两个界面。当报警已取消时，按复位键可清除报警内容；当操作权限处于 2 级或以上时，可以清除全部报警和提示信息的历史记录
设置	按此键进入设置界面。设置界面有 CNC 设置、系统时间、文件管理、机床功能调试、GSKlink、设置 IP 共六个界面
参数	按此键进入参数界面。参数界面有状态参数、数据参数、分类参数、螺距补偿参数、伺服参数共五个界面
诊断	按此键进入 CNC 诊断界面。诊断界面有系统诊断、系统信息、机床诊断、伺服诊断共四个界面
图形	按此键进入图形界面。在此界面可显示程序加工的图形轨迹，可对图形轨迹进行放大或缩小，可调整图形轨迹的移动距离，也可清除当前的图形轨迹
PLC 梯图	按此键进入梯图界面。梯图界面有 PLC 状态、PLC 数据、PLC 监控、程序列表共四个界面
帮助	按此键进入帮助界面。通过该界面可查找系统帮助信息

表 2–4 **GSK980TDi 数控系统面板各按键的名称及其功能**

按键	名称	功能
编辑	编辑键	在编辑操作方式下，可以进行加工程序的建立、删除和修改等操作
自动	自动键	在自动操作方式下，自动运行程序
MDI	录入键	在录入操作方式下，可进行参数的输入以及代码段的输入和执行
回参考点	回参考点键	在机床回零操作方式下，可分别执行进给轴回机床零点操作
手脉	手脉 / 单步键	在手脉 / 单步进给方式中，数控系统按选定的增量进行移动

续表

按键	名称	功能
手动	手动键	在手动操作方式下，可进行手动进给、手动快速、进给倍率调整、快速倍率调整、主轴启 / 停、冷却液开 / 关、润滑液开 / 关、主轴点动、手动换刀等操作
回程序零点	回程序零点键	在程序回零操作方式下，可分别执行进给轴回程序零点操作
Trial 手脉试切	手脉试切键	在手脉试切方式下，可以通过转动手脉控制程序的执行速度，从而达到检测加工程序是否正确的目的
进给保持	进给保持键	按此键，系统停止自动运行
循环起动	循环起动键	按此键，程序自动运行
	进给倍率旋钮	在手动或自动进给时，通过进给倍率旋钮可修改手动或自动进给倍率，倍率从 0 ~ 150%，共 16 级
X1 F0 X10 25% X100 50% X1000 100%	增量选择和快速倍率键	在手脉 / 单步工作方式下，可选择移动增量，移动增量有 0.000 1 mm、0.001 mm、0.01 mm、0.1 mm 四种。在手动快速移动时，可按快速倍率键修改手动快速移动的倍率，快速倍率有 F0、25%、50%、100% 四挡
换刀	换刀键	按此键，进行相对换刀
润滑	润滑液开关键	按此键，进行机床润滑液开 / 关转换
冷却	切削液开关键	按此键，进行切削液开 / 关转换
液压	液压控制键	任何方式下，按此键，液压泵输出在打开 / 关闭之间切换
点动	点动开关键	按此键，可实现主轴点动状态开 / 关

续表

按键	名称	功能
逆时针转 主轴停止 顺时针转	主轴控制键	可进行主轴正转（逆时针旋转）、停止、反转（顺时针旋转）控制
卡盘	卡盘控制键	任何方式下，按此键，卡盘在松开 / 夹紧之间切换
尾座	尾座控制键	任何方式下，按此键，机床尾座在进 / 退之间切换
X Z 	进给轴及方向键	可选择进给轴及进给方向
快速移动	快速移动键	手动状态下，此键指示灯亮时，可使 *X* 轴或 *Z* 轴向负向或正向快速移动，快速倍率实时修调有效；此键指示灯不亮时，快速移动无效
选择停	选择停键	此键指示灯亮时，选择停有效
单段	单段键	按此键使其指示灯亮，系统单段运行功能有效
跳段	跳段键	程序段跳段开关用于程序段首标有“/”号的程序段是否跳过状态的切换
机床锁	机床锁住键	按此键使机床锁住指示灯亮，机床进给锁住
MST 辅助锁	辅助功能锁住键	按此键使辅助功能锁住指示灯亮，M、S、T 功能锁住
空运行	空运行键	按此键使空运行指示灯亮，空运行功能有效，常用于检验加工程序

5. 附加面板

如图 2–4 所示为 GSK980TDi 车床数控系统附加面板，该面板是为有特殊需求的用户设计的选配件，图 2–4 中从左至右依次为手轮、进给保持按钮、循环起动按钮、机床断电按钮、机床上电按钮、急停按钮。

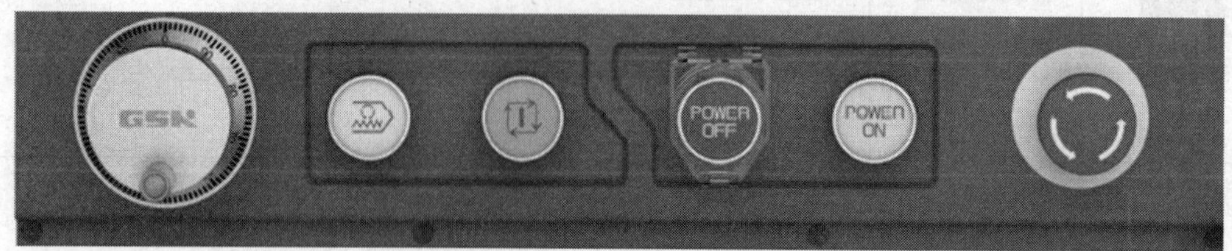

图 2–4 GSK980TDi 车床数控系统附加面板

第二节 GSK980TDi 数控车床基本操作

一、开机、关机及安全防护

1. 开机

系统上电前，应检查机床状态是否正常，电源电压是否符合要求，接线是否正确等。开机步骤如下：合上机床电源开关→按下机床上电按钮→开启急停按钮（顺时针旋转急停按钮即可开启）。

图 2–5 系统自检、初始化界面

接通电源后系统自检、初始化，此时液晶显示器显示的界面如图 2–5 所示。系统自检正常、初始化完成后，显示“绝对坐标”位置界面，如图 2–6 所示。

2. 关机

关机前，应确认数控车床的 X 轴、Z 轴是否处于停止状态，辅助功能（如主轴、切削液泵等）是否关闭。关机时先切断数控系统电源，再切断机床电源。

3. 安全防护

在加工过程中，由于用户编程、操作以及产品故障等原因，可能会出现一些意想不到的结果，此时必须使 GSK980TDi 数控系统立即停止工作。

（1）复位

GSK980TDi 数控系统出现异常输出、坐标轴异常动作时，按“复位”键 ，使数控系统处于复位状态。此时，所有轴停止运动，M、S 功能输出无效，自动运行结束。

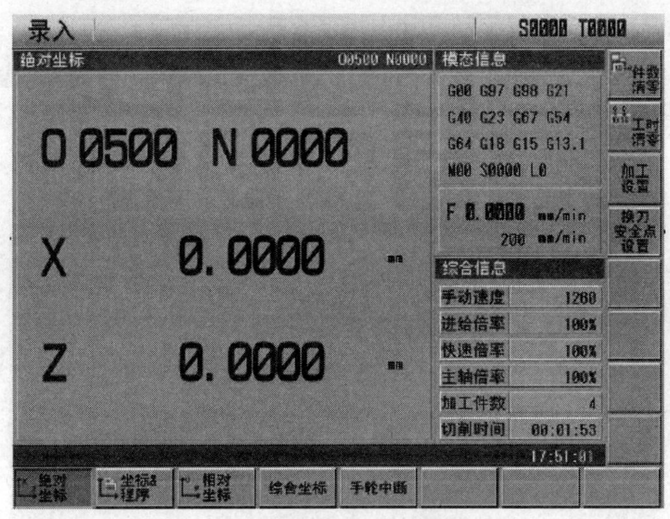

图 2–6　“绝对坐标”位置界面

（2）紧急停止

机床运行过程中在危险或紧急情况下按急停按钮（外部急停信号有效时），数控机床即进入急停状态，此时机床进给运动停止，主轴的转动、切削液等输出全部关闭。松开急停按钮，解除急停报警，数控机床进入复位状态。

机床在运动中产生急停报警，报警解除后应重新执行回机床零点操作，以确保坐标位置的正确性；在上电和关机前按下急停按钮可减少设备的电冲击。

（3）进给保持

机床运行过程中可按进给保持按钮使程序运行暂停。需要特别注意的是在螺纹切削、攻螺纹循环中，此功能不能使运行立即停止。

（4）切断电源

机床运行过程中在危险或紧急情况下可立即切断机床电源，以防事故的发生。但必须注意，在未使用绝对式编码器电动机时，切断电源后数控系统显示坐标与实际位置可能有较大偏差，必须重新进行对刀等操作。

二、回零操作

1. 程序回零

当工件装夹到机床上后，根据刀具与工件的相对位置用 G50 指令设置刀具当前位置的绝对坐标，就在数控机床中建立了工件坐标系。刀具当前位置称为程序零点，执行程序回零操作后刀具就回到此位置。程序回零的操作步骤如下：

（1）按“回程序零点”键，系统进入程序回零操作方式，显示如图 2–7 所示的“程序零点”界面。

（2）按 X 轴、Z 轴的任意方向键，刀具向 X 轴和 Z 轴程序零点方向移动，刀具回到程序零点后，坐标轴停止移动，程序回零状态指示灯亮。

进行程序回零操作后，系统不改变当前的刀具偏置状态，如有刀具偏置，则回到的位置是用 G50 指令设定的含有刀具偏置的位置。

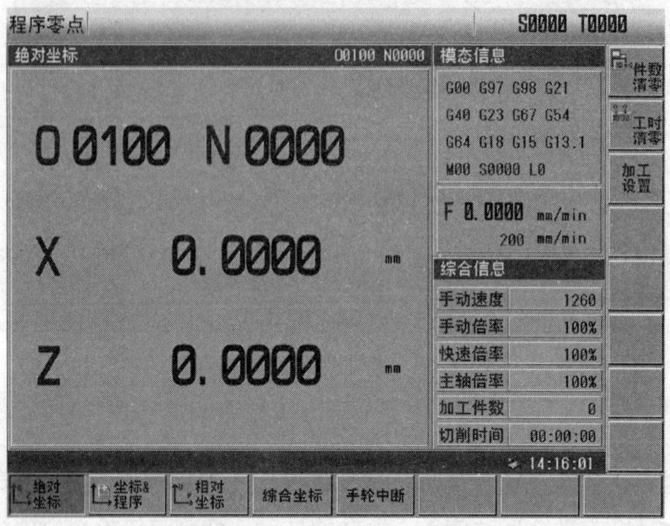

图 2–7 “程序零点”界面

2. 机械回零

机械零点（或机床参考点）是由安装在机床上的零点开关（行程开关）决定的，通常数控车床的零点开关安装在各轴正方向的最大行程处。机械回零的操作步骤如下：

（1）按“回参考点”键，进入机床返回机械零点的操作方式，界面的左上角显示“机械零点”，如图 2–8 所示。

（2）按“+X”或“+Z”键，选择机械回零坐标轴。

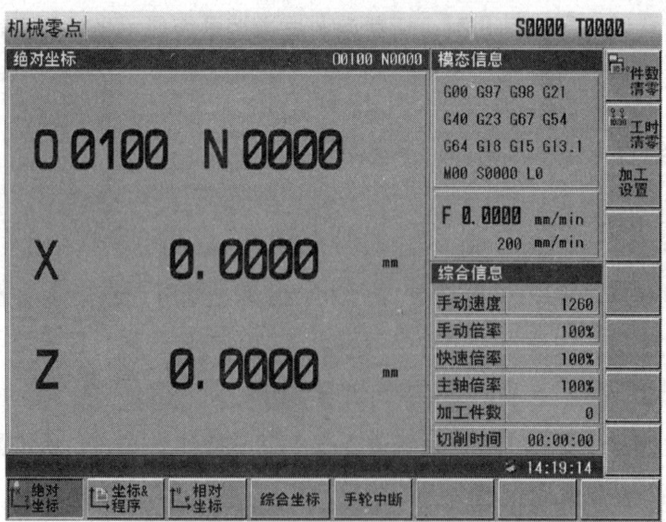

图 2–8 “机械零点”界面

（3）刀具向机械零点方向移动，配增量式编码器电动机时，经过减速信号、零点信号检测后回到机械零点；配绝对式编码器电动机时，直接以机械回零的速度定位到设定的机械零点处，此时坐标轴停止移动，回零状态指示灯亮。

提示

（1）如果数控机床未设置机械零点，不得使用机床回零操作。

（2）回零指示灯在下列情况下熄灭：从零点移出；数控系统断电。

（3）进行回机械零点操作后，数控系统取消刀具补偿。

（4）执行机械回零操作后，原工件坐标系被重置，需要重新用 G50 指令进行设置。

三、手动操作

在手动操作方式下可进行坐标轴移动、主轴控制操作、刀架的转位操作等。

1. 坐标轴移动

在手动操作方式下，可以使两坐标轴手动进给和手动快速移动。

（1）手动进给

按“进给轴及方向”键、、、可使 *X* 轴或 *Z* 轴向负向或正向进给，松开按键时坐标轴停止运动。

（2）手动快速移动

按“快速移动”键，其指示灯亮，再按“进给轴及方向”键、、、可使 *X* 轴或 *Z* 轴向负向或正向快速移动，松开坐标轴移动键时，坐标轴停止移动。在进行手动快速移动时，快速倍率实时修调有效。当进行手动快速移动时，再按“快速移动”键，使其指示灯熄灭，快速移动无效。

（3）速度修调

在手动进给时，可按进给倍率旋钮修改手动进给倍率，倍率从 0 ~ 150%，共 16 级。

在手动快速移动时，可按“增量选择和快速倍率”键、、、修改手动快速移动的倍率，快速倍率有 F0、25%、50%、100% 四挡。快速倍率选择在下列情况有效：G00 快速移动、固定循环中的快速移动、G28 时的快速移动、手动快速移动。

2. 主轴控制操作

在手动操作方式下，可手动控制主轴的正转、反转和停止。主轴手动控制启动前，必须事先在录入方式设定主轴转速。按“主轴控制”键、、可控制主轴正转、反转、停止。通过主轴倍率键可对主轴转速进行倍率修调。

3. 刀架的转位操作

装卸刀具、测量切削刀具的位置以及对工件进行试切削时，都要靠手动操作实现刀架的转位。在手动操作方式下，按“换刀”键，回转刀架按顺序依次换刀；若当前为1号刀位，按此键后，刀架换至2号刀位；若当前为4号刀位，按此键后，刀具换至1号刀位。

四、手脉进给操作

1. 单步进给

当系统参数No.001的Bit3位设置为0时，按“手脉/单步”键，系统进入单步操作方式。按“增量选择和快速倍率”键、、、选择移动增量，移动增量会在界面中显示。如按键，在“单步”界面显示单步增量为0.010 0，如图2–9所示。

按一次或键，可使*X*轴向负向或正向按单步增量进给一次；按一次或键，可使*Z*轴向负向或正向按单步增量进给一次。

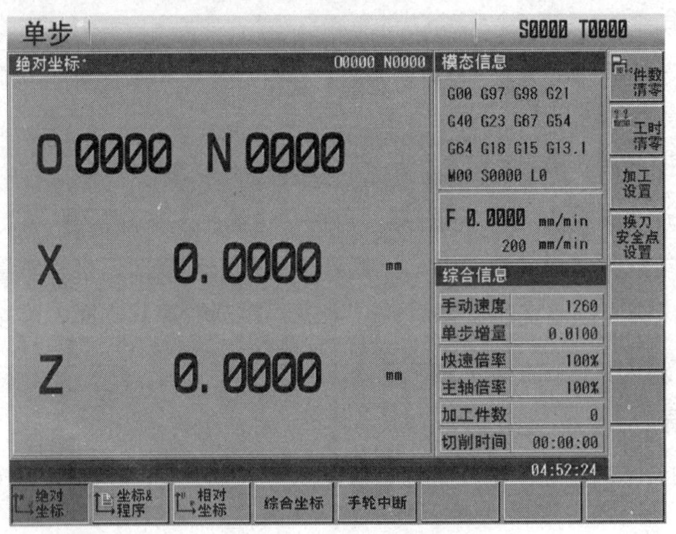

图2–9 “单步”界面

2. 手脉（手摇脉冲发生器）进给

当系统参数No.001的Bit3位设置为1时，按“手脉/单步”键，系统进入手脉操作方式。按“增量选择和快速倍率”键、、、选择移动增量，按或键选择相应的坐标轴。如按*X*轴键，显示如图2–10所示的“手轮”界面。

手脉进给方向由手脉旋转方向决定。一般情况下，手脉顺时针旋转为正向进给，逆时针旋转为负向进给。

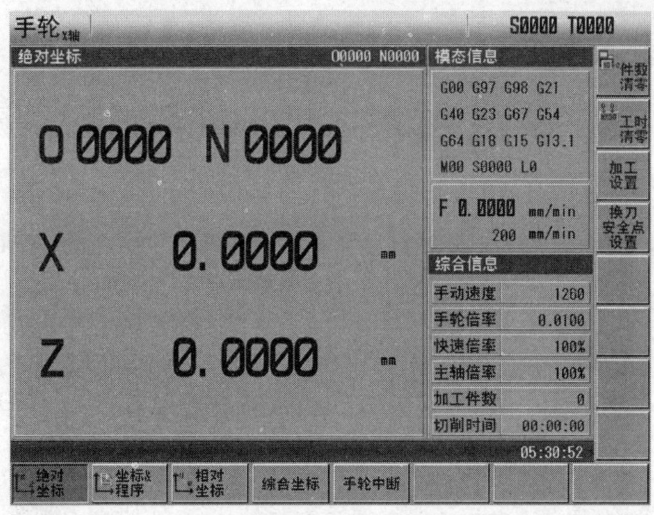

图 2–10 “手轮”界面

3. 手脉试切

在编制完加工程序后，可以使用手脉试切功能检查程序的运行轨迹。在手脉试切方式下，通过转动手摇脉冲发生器控制程序的执行速度，顺时针或逆时针转动手摇脉冲发生器时可以顺序执行程序或回退已执行的程序段，即可简单、方便地检查程序的错误。

选择好加工程序后，按“手脉试切”键 进入手脉试切方式，按下“循环起动”键 ，显示如图 2–11 所示界面。此时，当顺时针转动手摇脉冲发生器时，则程序开始顺序执行；当逆时针旋转手摇脉冲发生器时，可以回退已经执行的程序段。程序的执行速度与手摇脉冲发生器的转速成比例，只要使手摇脉冲发生器快速转动，程序执行的速度就会加快；使手摇脉冲发生器慢速转动，程序执行的速度就会放慢。

当处于手脉试切方式时，如果再次按下“手脉试切”键 ，手脉操作方式返回自动方式。

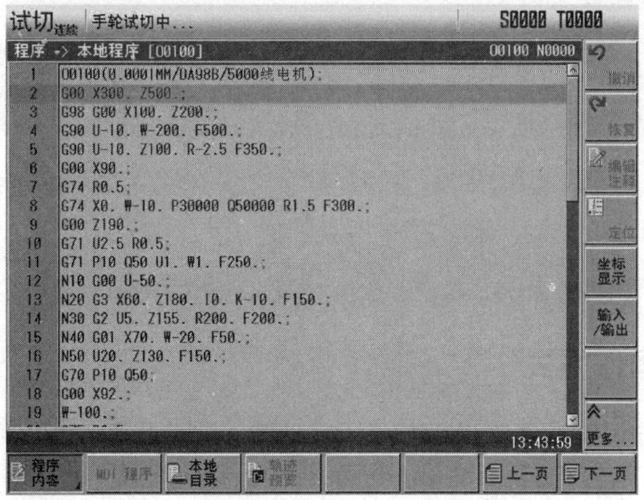

图 2–11 “手脉试切”界面

五、MDI 录入操作

在 MDI 录入方式下，可进行参数的设置、单程序段的输入以及单程序段的执行等操作。

1. 程序段的录入

选择录入方式，进入“程序→ MDI 程序”界面，输入一个程序段“G50 X100.0 Z50.0；”，操作步骤如下：

（1）按“MDI”键，系统切换至录入方式。

（2）按“程序”键，再按“MDI 程序”软键 即进入“MDI 程序”界面，在界面中输入程序段“G50 X100.0 Z50.0；”，如图 2–12 所示。MDI 程序最多可输入 10 段程序。

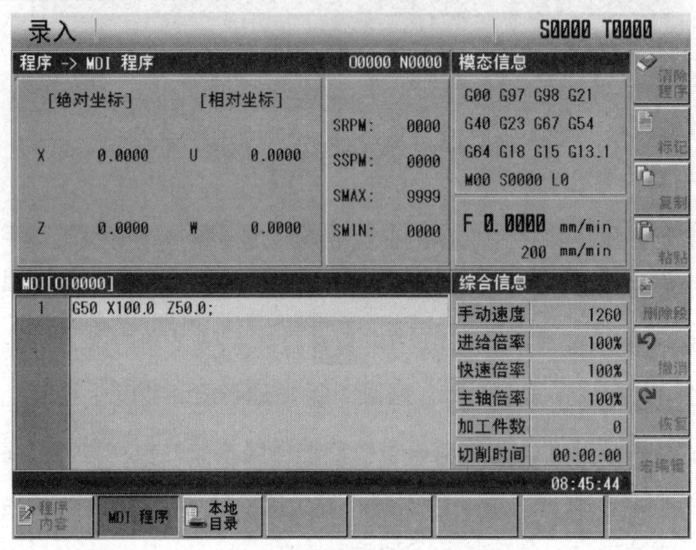

图 2–12 “MDI 程序”界面

2. 程序段的执行

程序段输入后，可移动光标到任意段，按下“输入”键，再按“循环起动”键执行输入的程序段。运行过程中可按“进给保持”键、“复位”键或急停按钮使程序段停止运行。

3. 数据的修改

在 MDI 程序界面有清除程序、标记、复制、粘贴、删除段等编辑操作项，如图 2–13 所示。

六、编辑操作方式

在编辑操作方式下，可建立、打开、修改、复制、删除程序，也可实现数控系统与计算机的双向通信。为防止程序被意外修改、删除，GSK980TDi 数控系统设置了程序开关。编辑程序前，必须打开程序开关。

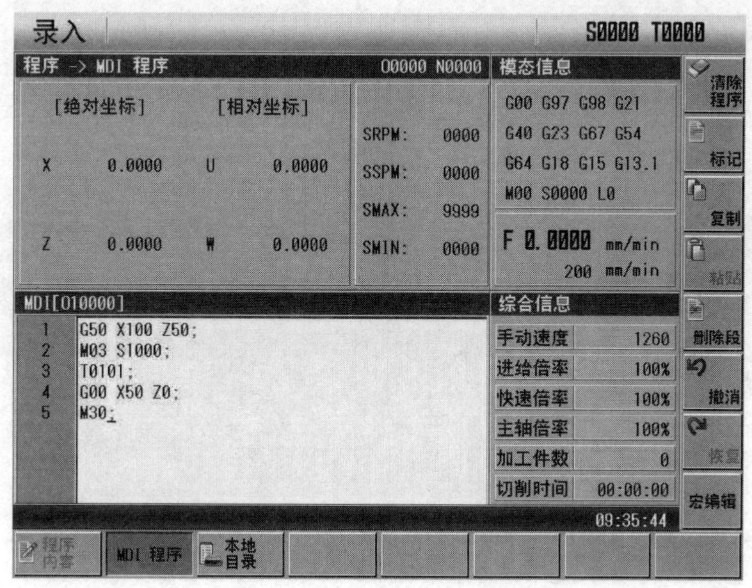

图 2-13 MDI 程序界面选项

1. 程序的建立

（1）程序段号的生成

依次按“设置”键、“CNC 设置”软键和“自动段号开”软键打开程序段号自动生成功能。编辑时，按“换行”键或“输入”键，系统自动生成下一程序段的段号，程序段号的增量值由 CNC 数据参数 No.42 设置。

（2）建立加工程序

按“编辑”键选择编辑工作方式，按“程序”键进入程序界面集，要输入加工程序，首先要建立一个加工程序，建立加工程序的方法如下：

1）按“本地目录”软键进入本地目录子界面，再按“打开新建”软键输入程序名，如输入“O0001”，如图 2-14 所示。

2）按“换行”键（或“输入”键）建立新程序，当前界面自动切换为程序内容界面，如图 2-15 所示。

注：建立加工程序时，如果输入的程序名已经存在，则会打开该文件；否则，自动新建一个文件。

（3）程序的打开

1）按“程序”键进入程序界面，按“本地目录”软键或插入 U 盘后显示的“U 盘目录”软键。

2）按光标和翻页键移动光标到需要打开的程序名处，按“打开选中”软键、“换行”键或“输入”键进入程序。

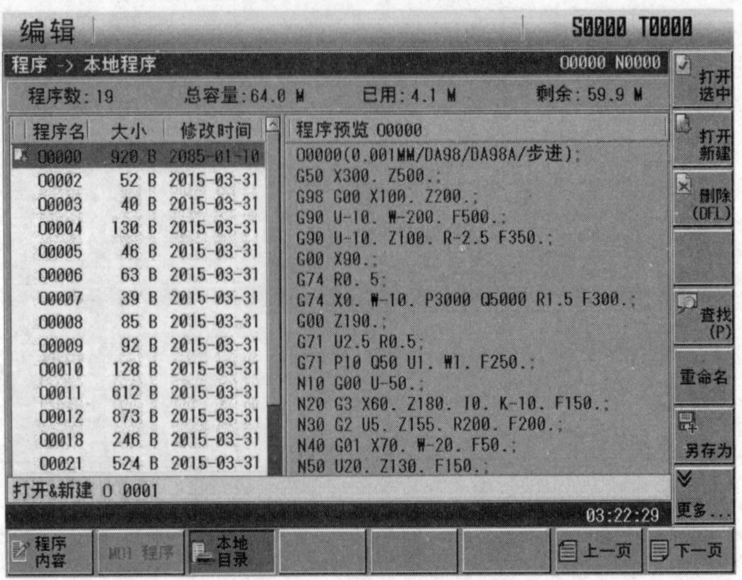

图 2-14　输入程序名

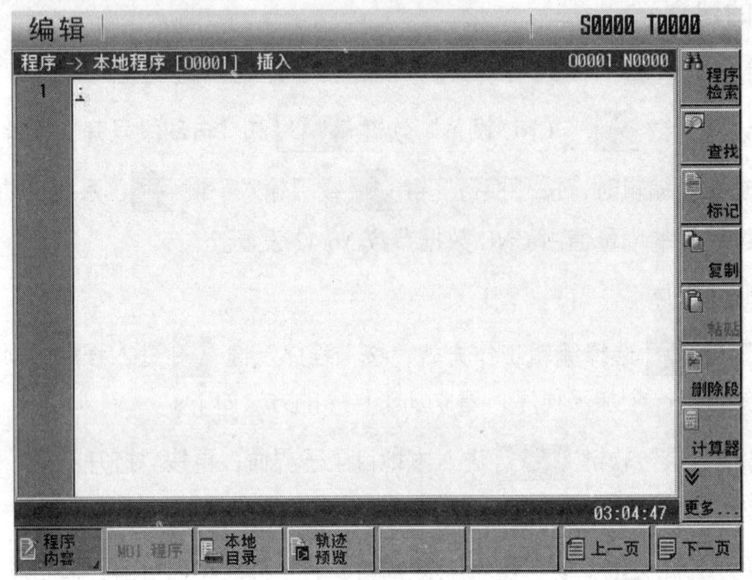

图 2-15　新程序界面

（4）程序内容的输入

打开一个程序后，每输入一个字符，在屏幕上立即显示输入的字符，一个程序段输入完毕，按“换行”键或“输入”键结束。

注：输入程序时如果意外断电，可能导致正在编辑的程序不能完全保存。

（5）字符的检索

按“转换”键或“查找”软键，在弹出的对话框中输入欲查找的字符（也可输入一行程序段），如查找“G00 X90.”，如图 2-16 所示。

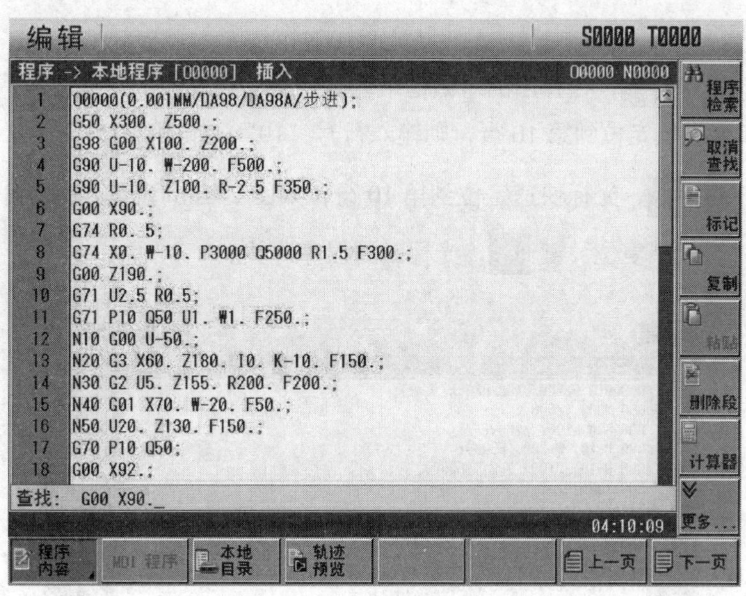

图 2-16　输入查找内容

1）按“光标下移”键 ↓（根据欲查找字符与当前光标所在字符的位置关系确定按“光标上移”键 ↑ 还是“光标下移”键 ↓），结果如图 2-17 所示。

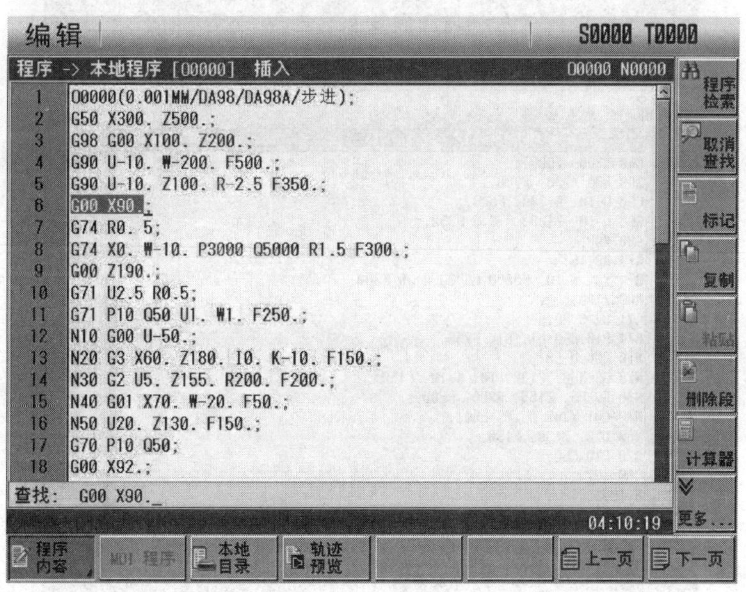

图 2-17　查找结果

2）查找完毕，数控系统仍然处于查找状态，再次按“光标下移”键 ↓ 或“光标上移”键 ↑，可以查找下一位置的字符，也可按“转换”键 CHANGE 退出查找状态。

3）如未查找到，则出现“找不到指定的字符串”提示。

注：在字符检索中，不检索被调用的子程序中的字符，子程序中的字符在子程序中进行检索。

（6）行号的检索

按“定位”软键，在弹出的对话框中输入行号（程序段的物理行号，即左边一列标注的行号），如光标要定位到第 10 行，则输入行号“10”，如图 2–18a 所示；按“换行”键或“输入”键，光标快速定位到第 10 行，如图 2–18b 所示。按“编辑”键进入编辑操作方式，按“复位”键，光标回到程序开头。

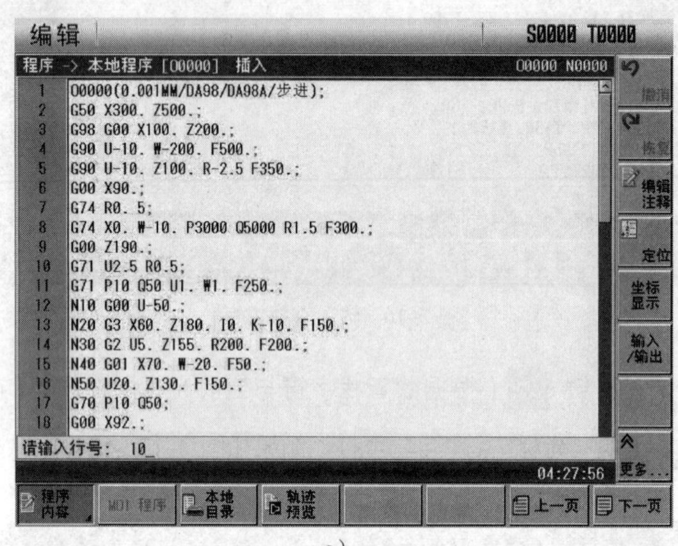

a）

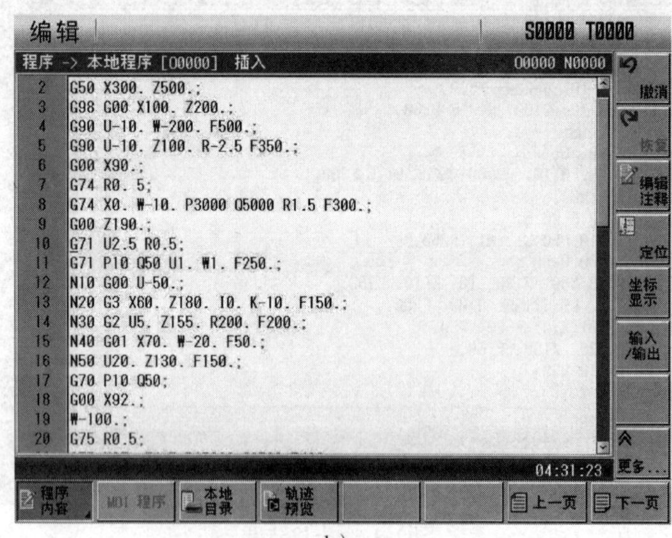

b）

图 2–18 行号的检索

a）输入行号 10 b）快速定位至第 10 行

（7）字符的插入

按“插入 / 修改”键进入插入状态（光标为一下划线，标题栏显示“插入”），如图 2–19a 所示；输入要插入的字符，如在“G50”前插入“G98”代码，结果如图 2–19b 所示。

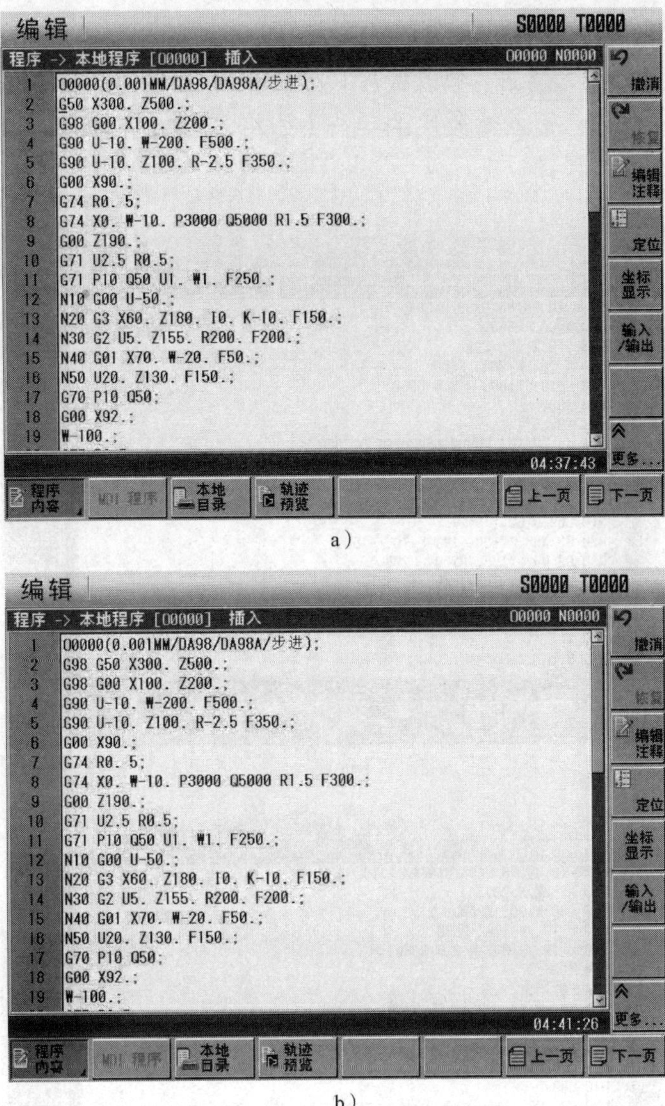

a）

b）

图 2-19　字符的插入

a）插入界面　b）插入结果

提示

（1）在插入状态下，如光标不在行首，插入代码地址时会自动生成空格；如光标在行首，不会自动生成空格，必须手动插入空格。

（2）在插入状态下，若光标前一位为小数点且光标不在行末时，输入地址字，小数点后自动补空格。

（8）字符的删除

按“取消”键 取消光标处的前一字符；按“删除”键 删除光标处的后一字符，如果在插入状态下，则删除光标所在处的字符。

（9）字符的修改

按“插入 / 修改”键进入修改状态（光标为一闪烁的矩形反显框，标题栏显示“修改”），如图 2-20a 所示；输入修改后的字符（如将“X300.”修改成“X250.”），结果如图 2-20b 所示。

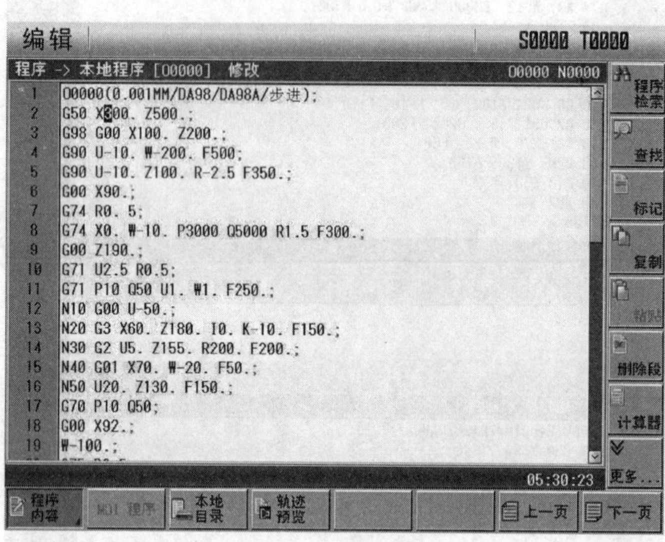

a）

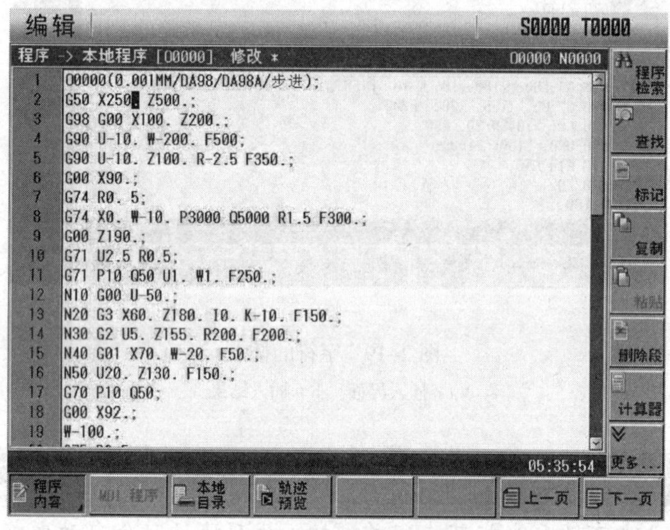

b）

图 2-20　字符的修改

a）修改界面　b）修改结果

（10）程序段的删除

1）单程序段删除。移动光标至要删除的程序段，按“删除段”软键即可。

2）多程序段删除。移动光标至要删除的程序段首段，按“标记”软键，然后移动光标选中程序段，如图 2-21 所示，按“删除”键将所选的程序段删除。

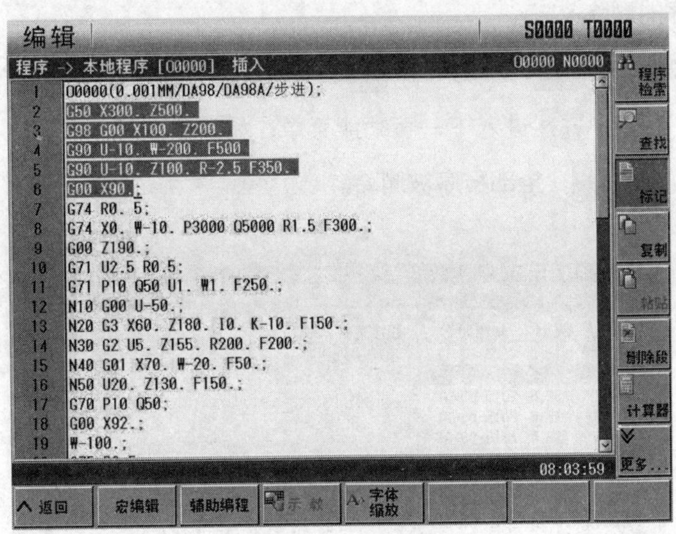

图 2–21　选中多行程序段

2. 程序的删除

（1）单个程序的删除

1）按“编辑”键选择编辑工作方式，按“程序”键进入程序界面，按“本地目录”软键进入本地程序子界面。

2）按光标移动键和翻页键（或上一页和下一页软键），选择要删除的程序，如选择“O0001”程序，如图 2–22 所示。

3）按“删除”软键，弹出“是否删除”对话框，按“输入”键，则“O0001”程序被删除；按“取消”键，则取消删除。

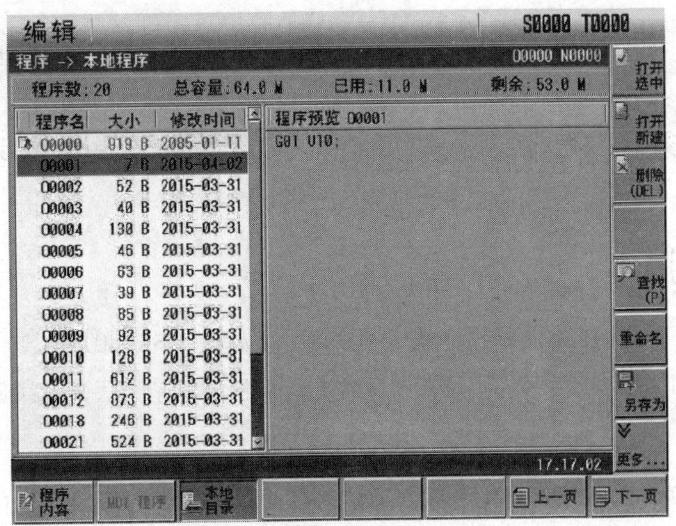

图 2–22　选择要删除的程序

（2）全部程序的删除

1）依次按“编辑”键、“程序”键、“本地目录”软键进入本地程序子界面。

2）按“更多”软键进入下一页功能菜单，如图 2-23 所示。按“删除全部”软键，再按“输入”键，全部程序被删除。

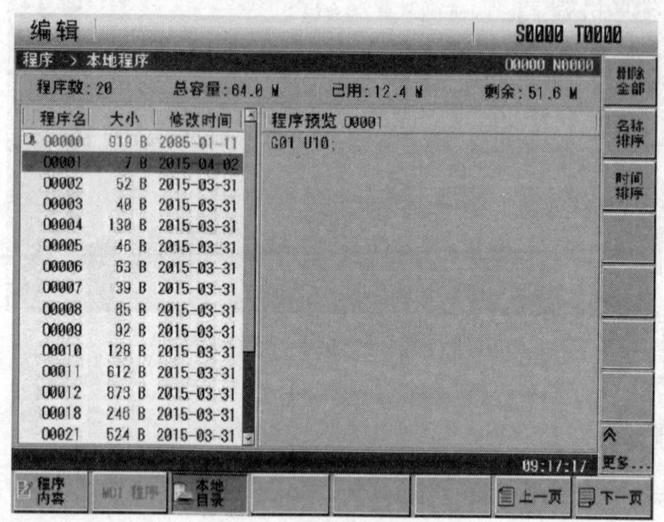

图 2-23 “删除全部”界面

3. 程序的改名

（1）依次按“编辑”键、“程序”键、“本地目录”软键进入本地程序子界面。

（2）将光标移至要修改的程序，按“重命名”软键，在弹出的对话框中输入新的程序名，按“输入”键即完成程序的改名。

4. 程序的复制

（1）依次按“编辑”键、“程序”键、“本地目录”软键进入本地程序子界面。

（2）将光标移至要复制的程序，按“另存为”软键，在弹出的对话框中输入新的程序名，按“输入”键即完成程序的复制。

七、对刀操作

为简化编程，允许在编程时不考虑刀具的实际位置，GSK980TDi 数控系统提供了定点对刀、试切对刀和回机床零点对刀三种对刀方法，通过对刀操作获得刀具偏置数据。本书主要介绍试切对刀。

1. 试切对刀

试切对刀采用的是绝对刀偏法对刀，实质就是使某一把刀的刀位点与工件原点重合时，找出刀架的转塔中心在机床坐标系中的坐标，并把它存储到刀补寄存器中。这种对刀方法是把工件坐标系的建立和刀具补偿值的设置合二为一，在加工程序中不需要进行坐标系的设置及调用，可以在任何安全位置启动加工程序进行自动运行加工。对刀步骤如下：

（1）在手动方式中沿 X 轴负方向试切端面，然后沿 X 轴正方向退刀，不要沿 Z 轴移动，主轴停止旋转，如图 2–24 所示。或直接按“记录 Z 轴坐标”软键，数控系统记录该位置的绝对坐标值，此时可直接移开刀具。

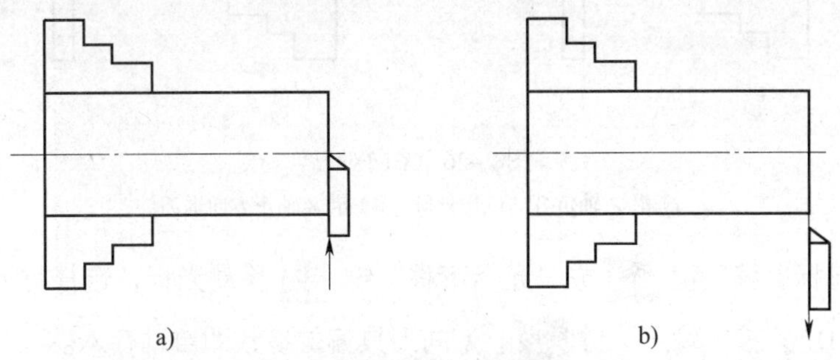

图 2–24　Z 向对刀

a）沿 X 轴负方向试切端面　b）沿 X 轴正方向退刀

（2）测量工件坐标系的 Z 轴零点至试切端面的距离 β（或以试切端面为工件坐标系 Z 轴零点位置）。

（3）按“刀补”键进入“刀补”界面，再按“刀偏设置”软键进入“刀具偏置”界面，如图 2–25 所示。

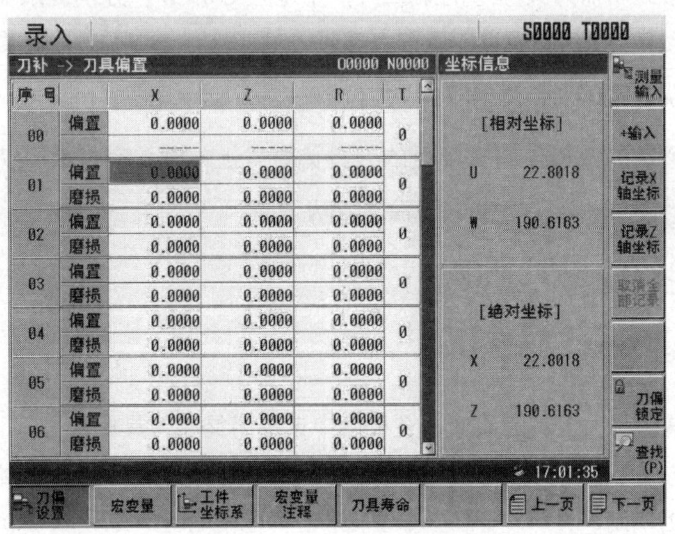

图 2–25　“刀具偏置”界面

（4）按“光标上移”键或“光标下移”键移动光标，选择与刀具号对应的偏置号，输入“Zβ”（或“Z0”）。按“输入”键，Z 向刀具偏置参数即自动存入。

（5）如图 2–26 所示，沿 Z 轴负方向试切工件外圆，然后沿 Z 轴正方向退刀，不要沿 X 轴移动，主轴停止旋转，或直接按“记录 X 轴坐标”软键，数控系统记录该位置的绝对值，此时可直接移开刀具，测量被车削部分的直径 D。

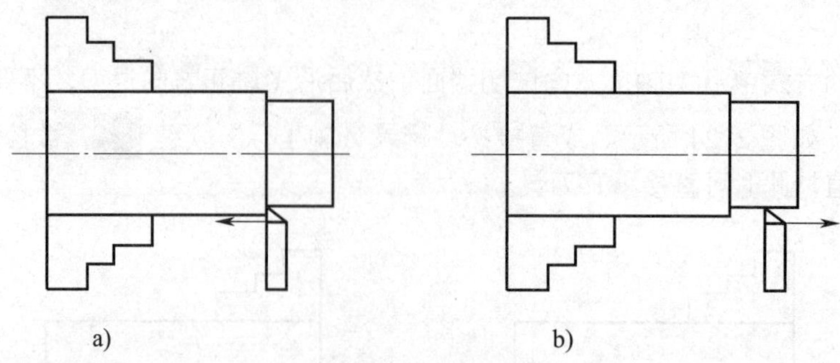

a)　　　　b)

图 2–26　X 向对刀
a）沿 Z 轴负方向试切外圆　b）沿 Z 轴正方向退刀

（6）按“光标上移”键或“光标下移”键移动光标，选择与刀具号对应的偏置号，输入“XD”，按“输入”键，X 向刀具偏置参数即自动存入。

（7）其他刀具按照相同的方法对刀即可。

2. 输入刀具磨损参数

刀具使用一段时间后磨损，会使工件尺寸产生误差，因此，需要对刀具设定磨损量补偿。刀具磨损参数位于刀具偏置序号中的第二行，其输入步骤如下：

（1）通过测量，确定 X 向和 Z 向刀具磨损量。

（2）将光标移到所需刀具序号的第二行，用地址 U 和 W，分别键入 X 向和 Z 向刀具磨损量，按“输入”键，磨损量即被输入指定区域。

3. 输入刀尖圆弧半径 R 和刀尖方位 T

将光标移到所需输入刀尖圆弧半径的刀具偏置号上，键入字母 R 和刀具半径值，然后按“输入”键即可。刀尖方位 T 的输入方法相同。

八、自动操作

1. 自动运行

（1）设定刀具偏置和刀具磨损值，在程序中选择刀具和刀具偏置号。

（2）在编辑方式下，打开选中程序后，在程序编辑界面，移动光标至准备开始运行的程序段处，如图 2–27 所示。

（3）按“自动”键切换至自动连续运行方式，如图 2–28 所示。

（4）按“循环起动”键启动程序，程序自动运行。

（5）必要时，可按“进给保持”键暂停程序，按“循环起动”键后程序继续执行；按“复位”键 // 自动运行结束；按急停按钮，数控机床即进入急停状态，此时机床移动立即停止，所有的输出（如主轴的转动、切削液等）全部关闭。松开急停按钮解除急停报警，数控机床进入复位状态。

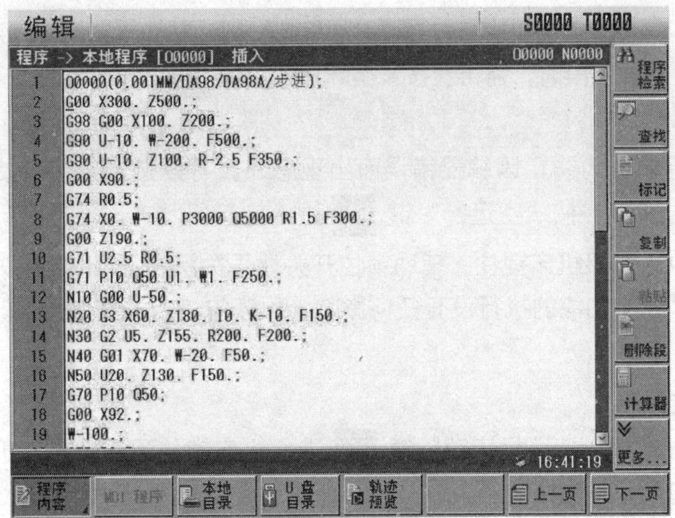

图 2–27　程序编辑界面

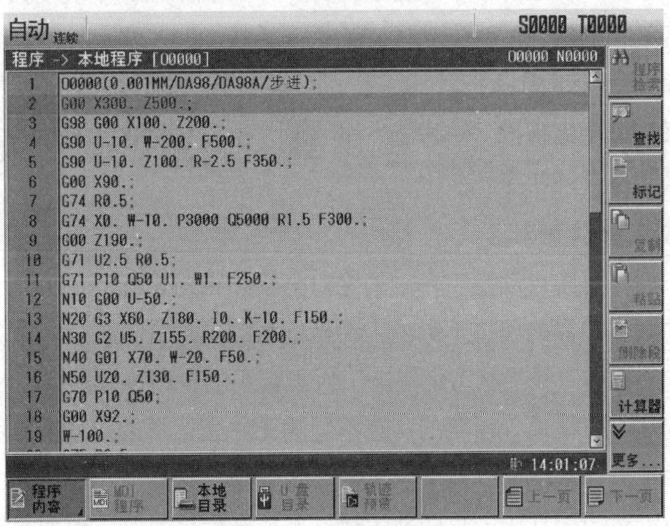

图 2–28　自动连续运行界面

提示

（1）在自动运行过程中转换为机床回零、手脉 / 单步、手动、程序回零方式时，当前程序段需要立即“暂停”。

（2）在自动运行过程中转换为编辑、录入方式时，在运行完当前程序段后系统才“暂停”。

2. 运行时的状态

（1）单段方式运行

首次执行程序时，为防止因编程错误而出现意外，可选择单段方式运行。在自动操作方式下，按“单段”键选择单段运行方式。单段运行时，执行完当前程序段后，程序停止运行；继续执行下一个程序段时，需再次按“循环起动”键，如此反复直至程序运行完毕。

（2）空运行

自动运行程序前，为防止因编程错误而出现意外，可以选择空运行状态进行程序的校验。在自动操作方式下，按“空运行”键进入空运行状态。在空运行状态下，机床进给、辅助功能有效（如果机床锁住、辅助锁住开关处于关状态），也就是说，空运行开关的状态对机床进给、辅助功能的执行没有任何影响，程序中指定的速度无效，运动部件以较快的速度运动。

（3）机床锁住运行

在自动操作方式下，按“机床锁”键进入机床锁住运行状态。机床锁住运行常与辅助功能锁住一起用于程序校验。

1）机床锁住状态下运行程序

①机床滑板不移动，位置界面下综合坐标界面中的机床坐标不改变，相对坐标、绝对坐标和余移动量显示不断刷新，与机床锁住开关处于关状态时一样。

② M、S、T 代码能够正常执行。

③再次按下系统操作面板的“机床锁”键，关闭机床锁，系统自动恢复各轴的绝对坐标值，即工件坐标系自动恢复。

2）机床锁住运行的注意事项

①机床锁关闭后，系统自动恢复各轴的绝对坐标和相对坐标。

②机床锁住前后，刀具的状态不影响工件坐标系的自动恢复。

③机床锁住前后，C 刀补的状态不影响工件坐标系的自动恢复。

④机床锁住前后，系统通、断电的状态不影响工件坐标系的自动恢复。如断电前机床是锁住状态，重新上电后，系统能够自动恢复工件坐标系。

⑤为避免在自动运行过程中刀具间断运行，不能在程序启动后改变机床锁的状态。

（4）辅助功能锁住运行

在自动操作方式下，按“MST 辅助锁”键进入辅助功能锁住运行状态，此时 M、S、T 代码不执行，机床滑板移动。辅助功能锁住通常与机床锁住功能一起用于程序校验。

注：辅助功能锁住有效时，不影响 M00、M01、M02、M29、M30、M98、M99 的执行。

（5）程序段选跳

在程序中不想执行某一段程序而又不想将其删除时，可选择程序段选跳功能。当程序段段首具有“/”符号且程序段选跳开关打开（机床面板按键或程序选跳外部输入有效）时，在自动运行时此程序段跳过不运行。

在自动操作方式下，按“跳段”键 ，系统进入程序跳段有效的状态。

注：当程序段选跳开关未开时，程序段段首具有“/”符号的程序段在自动运行时将不会被跳过。

第三节 数控车床安全操作及维护与保养

在实际生产中，要使数控机床能充分发挥作用，使用时必须严格按照数控机床操作规程去做。同时，数控车床能否达到加工精度高、产品质量稳定、提高生产效率的目标，不仅取决于数控车床本身的精度和性能，还取决于数控车床能否得到正确的维护与保养。做好车床的日常维护与保养工作，可以延长元器件的使用寿命和机械部位的磨损周期，防止意外恶性事故的发生，使数控车床达到良好的技术性能，能长时间稳定工作。

一、数控车床安全操作规程

1. 加工前的检查及准备工作

（1）检查数控车床各手柄、变速杆是否处于正确的位置。手动方式下启动主轴，观察主轴运转情况是否正常。对于手动变速数控车床，变速时应扳动卡盘，确保主轴箱内变速齿轮正确啮合。

（2）检查切削液、液压油、润滑油的量是否充足；自动润滑装置、液压泵、冷却泵是否正常工作；液压系统的压力表是否指示在所要求的范围内；各控制箱的冷却风扇是否运转正常，空气滤清器是否有堵塞现象。

（3）检查机床导轨面是否清洁，切屑槽内的切屑是否清理干净。

（4）在控制系统启动过程中，应检查操作面板上的各指示灯是否正常；各按钮、开关是否处于正确位置；显示屏上是否有报警信息显示，若有问题应及时予以处理。

2. 加工程序的校验与修改

（1）程序输入后，应认真核对代码、指令、地址、数值、正负号、小数点和语法，以确保无误。有图形模拟功能的，应在机床锁住的状态下进行图形模拟，以检查加工轨迹的正确性。

（2）在程序运行中，要观察数控系统上的坐标显示，了解目前刀具运动点在机床坐标系和工件坐标系中的位置。

（3）修改程序时，对修改部分一定要仔细计算及认真核对。

3. 刀具的装夹

（1）检查各刀具的安装顺序是否合理，刀尖是否对中，伸出长度是否合适，刀具是否夹紧。

（2）采用手动方式换刀，以检查换刀动作是否准确，注意刀具与工件、尾座是否有干涉现象。

（3）每把刀首次使用时，必须先验证它的实际位置与所给刀具补偿值是否相符。

（4）试切和加工中，在刃磨或更换刀具后，一定要重新对刀。

4. 工件装夹及工件坐标系的设定

（1）按工艺规程找正、装夹工件。

（2）正确测量试切工件的直径和长度，正确计算坐标输入值，并对所得结果进行验证和验算。

（3）尽管不同的数控系统设定工件坐标系的指令各不相同，但基本原理是一致的。其实质是通过对刀及设定工件坐标系，将工件的位置传送至数控系统。

（4）将工件坐标系输入“刀具偏置”界面，并认真核对坐标、坐标值、正负号、小数点。

5. 首件试切

（1）无论是首次加工的工件，还是周期性重复加工的工件，加工首件时都必须对照图样、工艺规程、程序和刀具调整卡进行单程序段加工。

（2）单段试切时，快速倍率开关必须调至低挡，确认无异常情况后再适当增大。

（3）刀具偏置和补偿量可由小到大，边试边修改，直至达到加工精度要求为止。

（4）进行手摇进给或手动连续进给操作时，必须检查各种开关所选择的位置是否正确，确认手动快速进给按键的开关状态，弄清楚正、负方向，认准按键，然后再进行操作。

6. 工件的加工

（1）加工过程中禁止用手接触刀尖和切屑，应用毛刷和钩子清理切屑。

（2）禁止用手或其他任何方式接触正在旋转的主轴、工件或其他运动部位，严禁在主轴旋转时进行刀具或工件的安装、拆卸及测量。

（3）自动加工过程中不允许打开机床防护门。

（4）加工镁合金工件时应戴防护面罩，并注意及时清理加工中产生的切屑。

（5）严禁盲目操作或误操作。工作时穿好工作服、安全鞋，戴好工作帽、防护眼镜，操作机床时不可戴手套、领带。

7. 加工完成收尾工作

（1）一批工件加工完成后，应核对刀具号、刀具补偿值，使程序、偏置界面、调整卡和工艺中的刀具号、刀具补偿值一致，并做必要的整理和记录。

（2）做好机床卫生清扫工作，擦净导轨面上的切削液，并涂防锈油，以防止导轨生锈。

（3）检查润滑油、切削液情况，及时添加或更换。

（4）依次关闭机床操作面板上的电源开关和总电源开关。

二、数控车床和控制系统的维护与保养

正确的操作是保证数控车床正常使用的前提，同时，必要的维护与保养也是减少数控车床故障率的重要保障。其中，数控系统是数控车床的控制指挥中心，对其进行维护与保养是延长元器件的使用寿命，防止各种故障特别是恶性事故的发生，从而延长整台数控机床使用寿命的有效手段。

1. 数控系统的维护与保养

不同数控车床数控系统的使用与维护在随机所带的说明书中一般都有明确的规定，通常应注意以下几点：

（1）制定严格的设备管理制度，定岗、定人、定机，严禁无证人员随便开机。

（2）制定数控系统日常维护的规章制度。根据各种部件的特点，确定各自的保养条例。

（3）严格执行机床说明书中的通电、断电顺序。一般来说，通电时先强电后弱电；先外围设备（如通信计算机等）后数控系统。断电时，与通电顺序相反。

（4）应尽量少开数控装置柜和电气控制柜的柜门。因为机加车间空气中一般都含有油雾、飘浮的灰尘甚至金属粉末，一旦它们落在数控装置内的印制电路板或电子元器件上，容易使元器件间绝缘电阻下降，并导致元器件和印制电路板损坏。为使数控系统能长期工作，采取打开数控装置柜柜门散热的降温方法更不可取，其最终结果是导致数控系统加速损坏。因此，除进行必要的调整和维修外，不允许随便开启柜门，更不允许敞开柜门进行加工。

（5）定时清理数控装置的散热通风系统。应每天检查数控装置上各冷却风扇工作是否正常。视工作环境的状况，每半年或每季度检查一次风道过滤网是否有堵塞现象。如过滤网上灰尘积聚过多，需及时清理；否则将会引起数控装置内部温度过高（一般不允许超过55 ℃），致使数控系统不能可靠地工作，甚至发生过热报警现象。

（6）定期维护数控系统的输入、输出装置。软驱及通信接口等是数控装置与外部进行信息交换的重要途径。如有损坏，将导致读入信息出错。为此，软驱仓门应及时关闭；通信接口应有防护盖，以防止落入灰尘和切屑。

（7）经常监视数控装置用的电网电压。数控装置通常允许电网电压在额定值的 ±15% 范围内，频率在 ±2 Hz 内波动，如果超出此范围就会导致数控系统不能正常工作，甚至会引起数控系统内的电子元件损坏。必要时可增加交流稳压器。

（8）定期更换存储器电池。存储器一般采用随机存取存储器，设有可充电电池维持电路，以防止断电期间数控系统丢失存储的信息。在正常电路供电时，由电压为 5 V 的电源经一个二极管向存储器供电，同时对可充电电池进行充电。停电时，则改由电池供电，以保证存储器中的信息不丢失。一般情况下，即使电池尚未失效，也应每年更换一次，以确保数控系统能正常工作。更换电池时应在数控装置通电状态下进行，以免数控系统数据丢失。

（9）数控系统长期不用时的维护。若数控系统处在长期闲置的情况下，要经常给其通电，特别是在环境湿度较大的梅雨季节更是如此。在机床锁住不动的情况下让数控系统空运行，一般每月通电 2 ~ 3 次，通电运行时间不少于 1 h。利用电气元件本身的发热驱散数控装置内的潮气，以保证元器件性能的稳定、可靠及充电电池的电量。实践表明，在空气湿度较大的地区，经常通电是降低故障率的一个有效措施。

（10）备用印制电路板的维护。印制电路板长期不用很容易出故障。因此，对于已购置的备用印制电路板，应定期将其装到数控装置上通电运行一段时间，以防止损坏。

2. 数控车床的维护与保养

数控车床工作效率的高低、各附件的故障率、使用寿命的长短等很大程度上取决于用户的正确使用与维护。良好的工作环境、技术水平高的操作者和维护者将大大延长数控车床无故障工作时间，提高生产效率，同时可减少机械部件的磨损，避免不必要的失误。

为了使数控车床保持良好状态，除发生事故应及时修理外，经常坚持维护与保养是十分重要的。坚持定期保养，经常维护，可以把许多故障隐患消灭在发生之前，防止或减少事故的发生。不同型号的数控车床要求不完全一样，各种机床的具体维护要求在其说明书中都有明确规定。数控车床的通用维护要求见表 2–5。某数控车床具体维护与保养要求见表 2–6。

表 2–5　　数控车床的通用维护要求

<table>
<tr><th colspan="2">维护类型</th><th>具体要求</th></tr>
<tr><td colspan="2">日常维护</td><td>1. 擦拭机床丝杠和导轨的外露部分，用轻质油洗去污物和切屑
2. 擦拭全部外露限位开关周围的区域，仔细擦拭各传感器的齿轮、齿条、连杆和检测头
3. 检查润滑油箱和液压油箱及油压、油温、油雾的油量
4. 使电气系统和液压系统至少升温 30 min，检查各参数是否正常，气压压力是否正常，有无泄漏
5. 空运转使各运动部件得到充分润滑，防止出现卡死现象
6. 检查刀架转位、定位情况</td></tr>
<tr><td rowspan="2">定期维护</td><td>每月维护</td><td>1. 清理控制柜内部
2. 检查、清洗或更换通风系统的空气滤清器
3. 检查按钮和指示灯是否正常
4. 检查全部电磁铁和限位开关是否正常
5. 检查并紧固全部电线接头，看其有无腐蚀、破损现象
6. 全面检查安全防护设施是否完整、牢固</td></tr>
<tr><td>每两月维护</td><td>1. 检查并紧固液压管路接头
2. 查看电源电压是否正常，看其有无缺相和接地不良现象
3. 检查所有电动机，并按要求更换电刷
4. 检查液压马达是否有渗漏，并按要求更换油封
5. 开动液压系统，打开放气阀，排出液压缸和管路中的空气
6. 检查联轴器、带轮和传动带是否松动、磨损
7. 清洗或更换滑块和导轨的防护毡垫</td></tr>
</table>

续表

<table>
<tr><th colspan="2">维护类型</th><th>具体要求</th></tr>
<tr><td rowspan="2">定期维护</td><td>每季度维护</td><td>1．清洗切削液箱，更换切削液
2．清洗或更换液压系统和伺服控制系统的过滤器
3．清洗主轴箱的齿轮，重新注入新润滑油
4．检查联锁装置、定时器和开关能否正常工作
5．检查继电器接触压力是否合适，并根据需要清洗及调整触点
6．检查齿轮箱和传动部件的工作间隙是否合适</td></tr>
<tr><td>每半年维护</td><td>1．对液压油进行化验，根据化验结果，对液压油箱进行清洗、换油；疏通油路，清洗或更换过滤器
2．检查机床工作台是否处于水平位置，检查锁紧螺钉和调整垫铁是否锁紧，并按要求调整水平
3．检查镶条、滑块的调整机构并调整间隙
4．检查并调整全部传动丝杠负荷，清洗滚珠丝杠并涂新润滑油
5．拆卸、清扫电动机，加注润滑脂，检查电动机轴承并予以更换
6．检查、清洗并重新装好机械式联轴器
7．检查、清洗及调整平衡系统，并更换钢缆或钢丝绳
8．清扫电气控制柜、数控装置柜和印制电路板，更换维持随机存取存储器信息的失效电池</td></tr>
</table>

表 2–6　某数控车床具体维护与保养要求

<table>
<tr><th>序号</th><th>周期</th><th>维护与保养部位</th><th>维护与保养项目和方法</th></tr>
<tr><td>1</td><td rowspan="11">每日</td><td>机床外表</td><td>清理切屑和油污</td></tr>
<tr><td>2</td><td>主轴头</td><td>清理主轴头、锥孔和卡盘夹紧装置</td></tr>
<tr><td>3</td><td>X 轴、Z 轴导轨面</td><td>清除切屑和污物，检查润滑油是否充足，导轨面有无划伤、损坏</td></tr>
<tr><td>4</td><td>滚珠丝杠</td><td>清理导轨和滚珠丝杠，滑板移动应无异常噪声</td></tr>
<tr><td>5</td><td>操作面板</td><td>面板清洁，指示灯指示正常，各按键、按钮、转动开关灵敏、可靠</td></tr>
<tr><td>6</td><td>显示屏</td><td>检查是否有报警提示，若有应及时处理</td></tr>
<tr><td>7</td><td>液压系统</td><td>油压表指示压力正常，油泵运转声音正常。油管、管接头无泄漏。无异常噪声，工作油面高度正常</td></tr>
<tr><td>8</td><td>液压平衡系统</td><td>平衡压力指示正常，快速移动时平衡阀工作正常</td></tr>
<tr><td>9</td><td>电气控制柜</td><td>柜门关好，冷却风扇工作正常，风道过滤网无堵塞</td></tr>
<tr><td>10</td><td>刀架</td><td>刀具无损伤，正确地夹紧在刀架上。刀架选刀及转位正确、可靠，落刀压实</td></tr>
<tr><td>11</td><td>数控柜</td><td>检查数控柜上各排风扇工作是否正常，风道过滤网是否被灰尘堵塞</td></tr>
</table>

续表

序号	周期	维护与保养部位	维护与保养项目和方法
12	每日	导轨润滑油箱	检查油标、油量，及时添加润滑油，润滑泵能正常工作
13		压缩空气气源压力	气动控制系统压力应在正常范围内
14		自动空气干燥器、气源自动分水滤气器	及时清理分水滤气器中滤出的水分，保证自动空气干燥器正常工作
15		气液转换器和增压器油面	如油面高度不够，应及时补充油液
16		主轴润滑恒温油箱	工作正常，油量充足
1	每周	各种防护装置	各种防护装置应无松动、漏水现象
1	每月	主轴机构	主轴径向、轴向间隙适当，若松动应拆开主轴箱加以调整。各挡变速应平稳、可靠，如不正常应检查油压指示或箱体拨叉、齿轮状况
2		*X* 轴、*Z* 轴导轨和滚珠丝杠	清理切屑和油污，检查滑道有无磨损，疏通润滑油路，清洗防尘油毡
3		电气开关	清理脚踏开关，*X* 轴、*Z* 轴行程开关和刀库定位开关。检查、调节行程撞块位置
4		冷却系统	疏通冷却管路，清洗切削液箱
1	每半年	主轴系统	检查锥孔径向圆跳动误差；检查及调整主轴传动用 V 带、编码器用同步齿形带的张力
2		润滑油油位指示开关	检查润滑装置的浮子开关动作情况，浮子落于下限位时，操作面板上应有报警显示
3		*X* 轴、*Z* 轴直流伺服电动机	检查换向器表面，吹掉粉尘，去掉毛刺，更换磨损后过短的电刷，跑合后使用
4		电气控制柜	检查各插头、插座、电缆、继电器触点接触状况，检查及清理印制电路板、电源变压器、伺服变压器
5		液压系统	检查及清理过滤器、油泵、溢流阀、电磁换向阀。检查油质，清理油箱，更换新油
6		主轴润滑恒温油箱	清洗过滤器，更换润滑油
7		滚珠丝杠	清洗滚珠丝杠上的旧油脂，更换新油脂
8		液压油路	清洗液压阀、过滤器、油箱等，更换或过滤液压油
9		机床精度	按机床说明书的要求调整机床的几何精度
1	每年	直流伺服电动机电刷	检查换向器表面，吹净碳粉，去除毛刺，更换磨损的电刷，跑合后使用
2		润滑油泵、滤油器	清理润滑油箱，清洗油泵，更换润滑油

续表

序号	周期	维护与保养部位	维护与保养项目和方法
1	不定期	各轴导轨上镶条、压紧滚轮松紧状态	按机床说明书进行调整
2		切削液箱	检查液面高度，切削液过脏时清洗切削液箱底部，清洗过滤器
3		排屑器	清理切屑，检查有无卡住情况
4		废油池	清理废油池中的废油，以防止废油外溢
5		主轴传动带松紧程度	按机床说明书进行调整

表 2-6 中只列出了某数控车床常规检查内容，不同的数控车床应按机床说明书中规定的内容进行维护与保养。总之，只有做好日常维护与保养工作，才能使数控车床的故障率大幅度降低，提高其利用率，充分发挥机床的性能。

第三章 数控车仿真加工

随着数控加工在机械制造业中的广泛应用，企业急需大量经过专门培训的数控车床操作工。传统的数控编程和操作培训都只能在实际机床上进行，这既占用了设备加工时间，又具有风险，培训中的误操作经常会导致昂贵设备的损坏。目前，随着计算机的发展，尤其是虚拟技术和理念的发展，产生了可以模拟实际设备加工环境及其工作状态的计算机仿真加工系统。用计算机仿真加工系统进行培训，不仅可以迅速提高操作者的素质，而且安全、可靠、费用低。同时，也比较适合企业对新产品的开发和试制工作，减少大量前期准备工作，提高数控机床的利用率，缩短了新产品的开发、试制和生产周期。

第一节 数控车仿真界面介绍

目前，国内使用的数控仿真软件较多，如上海宇龙、北京斐克、南京斯沃、南京宇航等数控加工仿真软件，这些软件各具特色。本书以上海宇龙为例介绍数控仿真软件的功能和应用。

一、启动数控加工仿真系统

1. 启动加密锁管理程序

单击“开始”→“程序”→“数控加工仿真系统”→“加密锁管理程序”，如图 3–1 所示。加密锁管理程序启动后，屏幕右下方的工具栏中将出现“加密锁管理程序”小图标。

2. 设置数控加工仿真系统的运行状态

用鼠标右键单击“加密锁管理程序”小图标，将弹出如图 3–2 所示的菜单，通过该快捷菜单可以设置练习、授课或考试等运行状态。

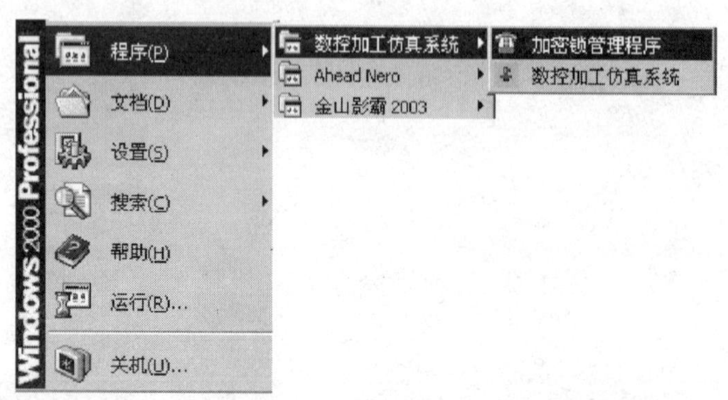

图 3–1 启动加密锁管理程序

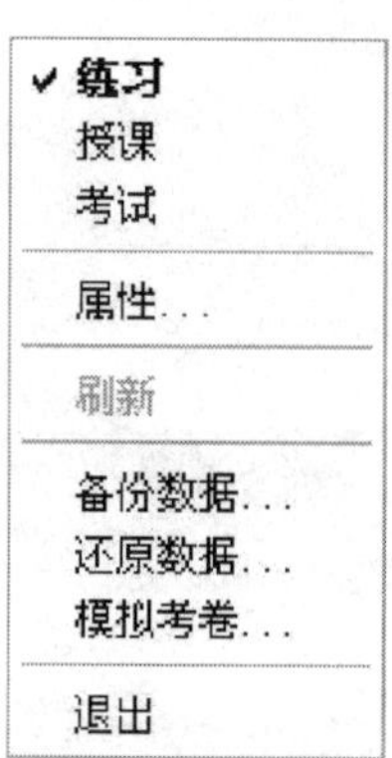

图 3–2 设置仿真系统的运行状态

3. 启动数控加工仿真系统

双击计算机桌面上的“数控加工仿真”快捷图标，或单击“开始”→“程序”→“数控加工仿真系统”→“数控加工仿真系统”，系统将弹出如图 3-3 所示的用户登录界面。

图 3-3 用户登录界面

此时，可以通过单击“快速登录”按钮进入数控加工仿真系统，或者输入用户名和密码后再单击“登录”按钮，进入数控加工仿真系统。

提示

在局域网内使用本软件时，必须按上述方法先在教师机上启动“加密锁管理程序”。待教师机屏幕右下方的工具栏中出现小图标后，才可以在学生机上依次单击“开始”→“程序”→“数控加工仿真系统”→“数控加工仿真系统”，或双击计算机桌面上的“数控加工仿真”快捷图标，登录到软件的操作界面。

二、宇龙数控加工仿真系统软件简介

上海宇龙数控加工仿真系统操作界面如图 3-4 所示。

1. 菜单栏

如图 3-5 所示，菜单栏由“文件”“视图”“机床”等菜单组成，几乎包括了数控加工仿真系统全部的功能和命令，各菜单的功能见表 3-1。

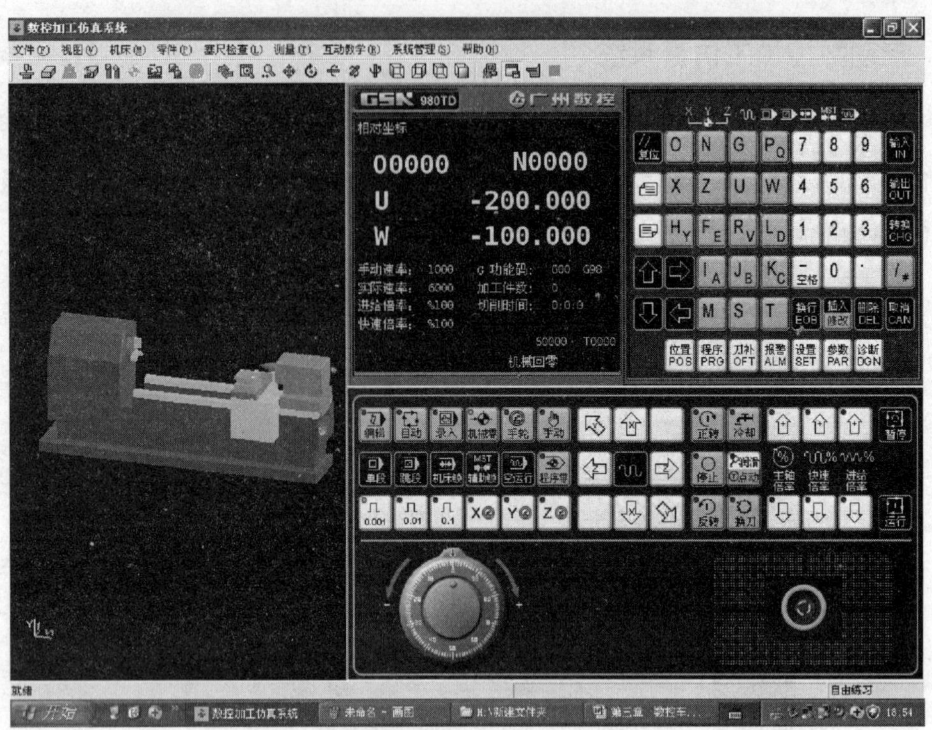

图 3–4　上海宇龙数控加工仿真系统操作界面

文件(F)　视图(V)　机床(M)　零件(P)　塞尺检查(L)　测量(T)　互动教学(R)　系统管理(S)　帮助(H)

图 3–5　菜单栏

表 3–1　　各菜单的功能

菜单项	名称	功能说明
文件(F) 新建项目(N)　Ctrl+N 打开项目(O)...　Ctrl+O 保存项目(S)　Ctrl+S 另存项目(A)... 导入零件模型...(I) 导出零件模型...(E) 开始记录(R) 结束记录(E) 演示...(S) 退出(X)	新建项目	新建的项目会将本次操作所选用的毛坯、刀具、数控程序等记载下来，以后再加工同样的工件时，只要打开这个项目文件就可以进行加工，而不必再重新进行设置
	打开项目	如果打开的是一个已经完成加工工序的项目，则主窗口中毛坯已经装夹完毕，工件坐标原点已设好，数控程序已被导入，这时只需打开机械面板，按下开关键即可进行加工。如果打开的是一个未完成的项目，则主窗口内将显示上一次保存项目时的样子
	保存项目	将当前工作状态保存为一个文件，供以后继续使用
	另存项目	将当前工作状态另存到一个文件，供以后继续使用
	导入零件模型	到存放零件模型的文件夹中寻找文件（即用户已存放的文件，此代码文件路径是个人规定的）。文件的后缀名为“prt”，不要更改后缀名

续表

菜单项	名称	功能说明
	导出零件模型	将当前工作状态下加工的零件保存到一个指定的文件内。文件的后缀名为“prt”，不要更改后缀名
	开始记录	可以进行即时操作录像，以便用于实际教学演示
	演示	将录制好的操作过程进行回放
	退出	结束数控加工仿真系统程序
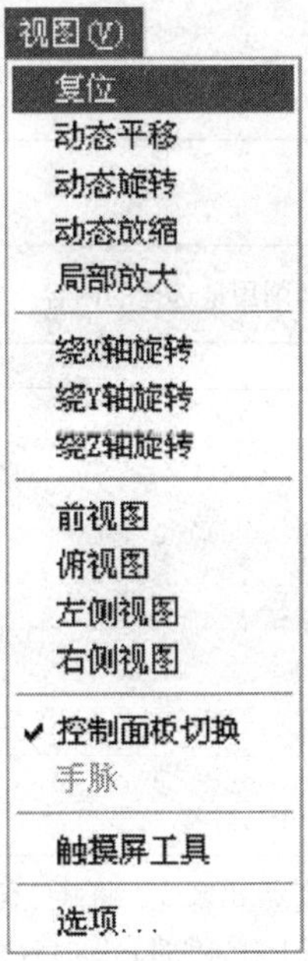 视图(V) 复位 动态平移 动态旋转 动态放缩 局部放大 绕X轴旋转 绕Y轴旋转 绕Z轴旋转 前视图 俯视图 左侧视图 右侧视图 ✔ 控制面板切换 手脉 触摸屏工具 选项...	复位	显示复位就是将机床图像设成初始大小和位置。无论当前机床图像放大或缩小了多少，方位如何调整，只要使用“复位”选项，都可使图像恢复到初始大小，也就是刚进入系统时的状态
	动态平移	将机床图像进行任意位置的水平移动
	动态旋转	将机床图像进行空间任意方位的旋转
	动态放缩	将机床图像进行任意大小的缩放
	局部放大	将机床图像上任意部位放大，以便于清晰地显示该形状
	绕 X 轴、Y 轴、Z 轴旋转	将机床图像分别围绕 X 轴、Y 轴、Z 轴进行任意旋转
	前视图	可快速地使机床的正面正对主窗口
	俯视图	可快速地使机床的上面正对主窗口
	左侧视图	可快速地将机床的左侧面正对主窗口
	右侧视图	可快速地使机床的右侧面正对主窗口
	控制面板切换	将显示屏上机床的控制面板进行功能转换
	触摸屏工具	将显示屏上机床控制面板的操作转换成触摸式
	选项	包括加工声音的开关、机床和零件显示的方式、仿真加工倍率、显示报警信息等

续表

菜单项	名称	功能说明
机床(M) 选择机床... 选择刀具... 基准工具... 拆除工具 调整刀具高度... DNC传送... 检查NC程序 移动尾座 移动刀塔 轨迹显示 开门	选择机床	根据不同要求和实际机床的系统、型号，选择合适的仿真机床的机型、系统和操作面板
	选择刀具	根据需要选择正确的刀具以满足加工需要
	拆除工具	拆除辅助工具
	DNC 传送	实现在线传输功能，将已经编好的程序传送到数控装置中
	检查 NC 程序	进行数控程序的检查
	移动尾座	通过该功能实现尾座的伸缩和移动
	轨迹显示	通过该功能显示加工轨迹
零件(P) 定义毛坯... 安装夹具... 放置零件... 移动零件... 拆除零件 安装压板 移动压板 拆除压板	定义毛坯	根据零件图样的要求设定零件毛坯的外形
	放置零件	安装、放置已经设定好的零件毛坯
	移动零件	根据需要移动零件，以满足加工需要
	拆除零件	将机床上已安装的零件拆除
测量(T) 剖面图测量... 工艺参数...	剖面图测量	对已加工的零件进行尺寸测量
	工艺参数	显示当前状态下机床、刀具、切削用量选择的内容
互动教学(R) 自由练习 (F) 结束自由练习 (N) 观察学生当前操作 (C) 结束观察当前操作 (E) 打开对话窗口 (CTRL+Q) 读取操作记录 (A) 查询 评分标准 交卷(L) 导出程序... ✔ 鼠标同步 (M)	自由练习	教师机专用
	结束自由练习	
	观察学生当前操作	
	结束观察当前操作	
	打开对话窗口	
	读取操作记录	可以将前边录制好的操作过程读取出来或者将某一位学生的操作过程调出来进行回放，以便于对学生进行即时监测
	查询	查询仿真操作成绩（仅限于教师使用）
	评分标准	教师机专用
	交卷	考试时使用
	鼠标同步	将学生机与教师机的鼠标同步，使教师机的操作过程同步显示到每台学生机上，便于进行教学演示

续表

菜单项	名称	功能说明
系统管理(S) 机床管理... 用户管理... 批量用户管理... 铣刀具库管理... 车刀库管理... 系统设置...	机床管理	教师机专用
	用户管理	
	批量用户管理	
	刀库管理	
	系统设置	各种系统的设定、功能的选择等

2. 工具栏

工具栏位于菜单栏的下方，主要用于调整数控机床的显示方式等，如图 3–6 所示。

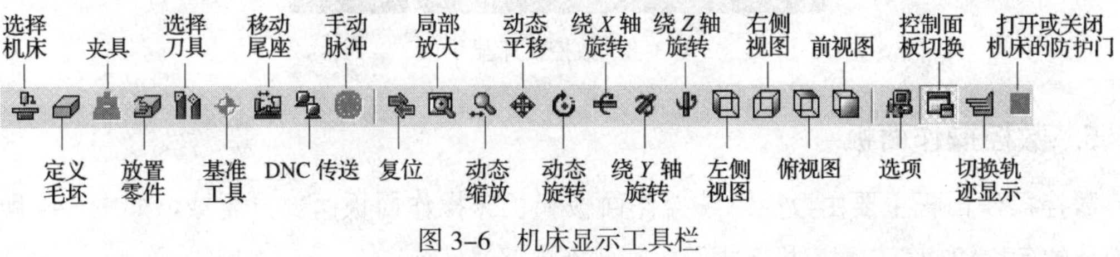

图 3–6　机床显示工具栏

3. 报警信息栏

报警信息栏用于显示在操作过程中的警告、通知信息等，如图 3–7 所示。

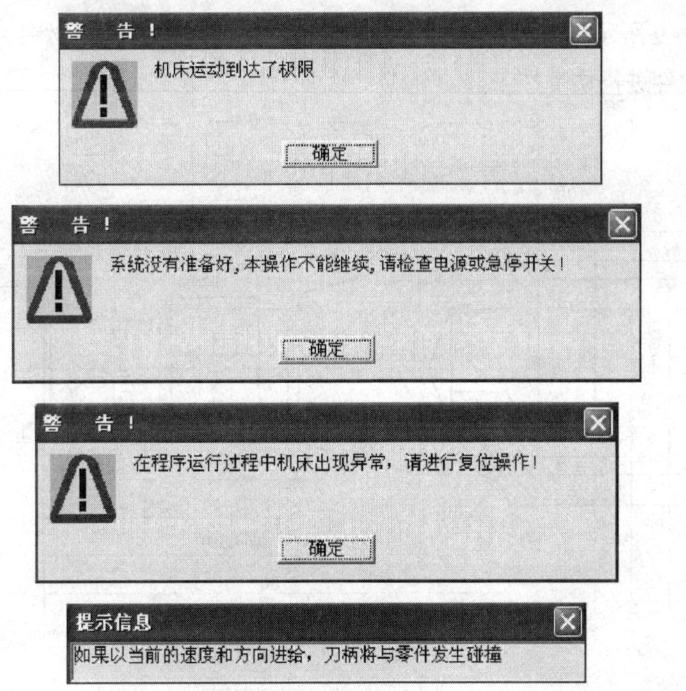

图 3–7　报警信息栏

4. 数控机床显示区

在数控机床显示区显示一台模拟的机床，操作者可以在该机床上进行工件装夹、刀具选择、对刀、工件加工等方面的操作，如图 3-8 所示。

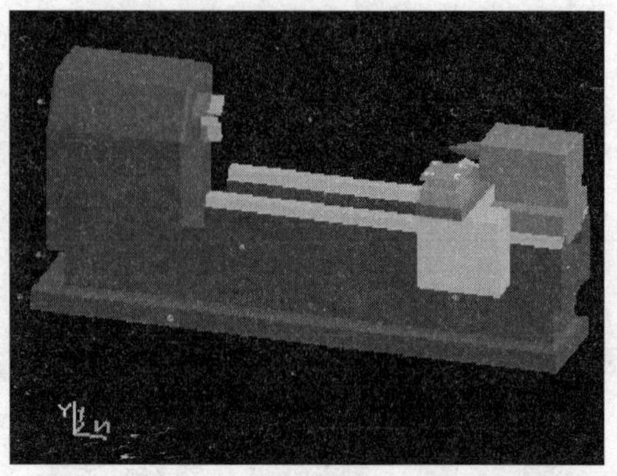

图 3-8　数控机床显示区

5. 数控操作面板

数控操作面板主要由数控系统操作面板和机床操作面板两部分组成，如图 3-4 所示，各部分的名称和功能与真实机床相同，在此不再赘述。

第二节　数控车仿真操作加工实例

加工如图 3-9 所示的工件，毛坯为 ϕ50 mm×97 mm 的棒料，材料为 35 钢。采用上海宇龙数控仿真软件进行仿真加工。

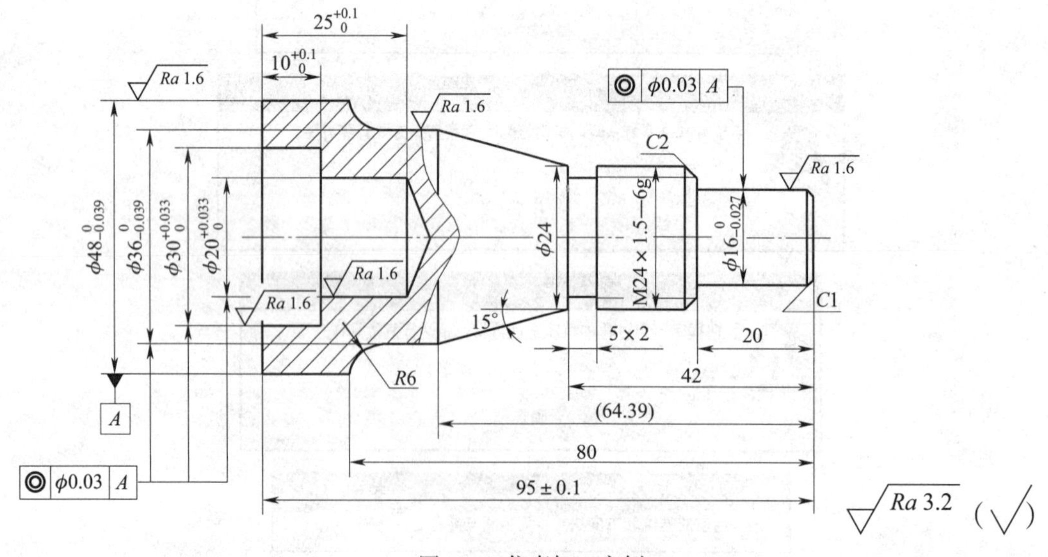

图 3-9　仿真加工实例

一、选择机床和数控系统

单击主菜单中“机床”→“选择机床...”菜单，系统弹出“选择机床”对话框，在对话框中选择控制系统类型（广州数控）和机床类型（车床），如图 3–10 所示。单击“确定”按钮，进入如图 3–4 所示的操作界面。

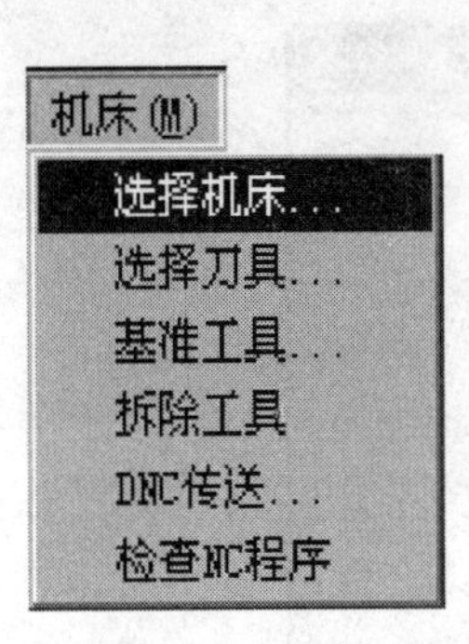

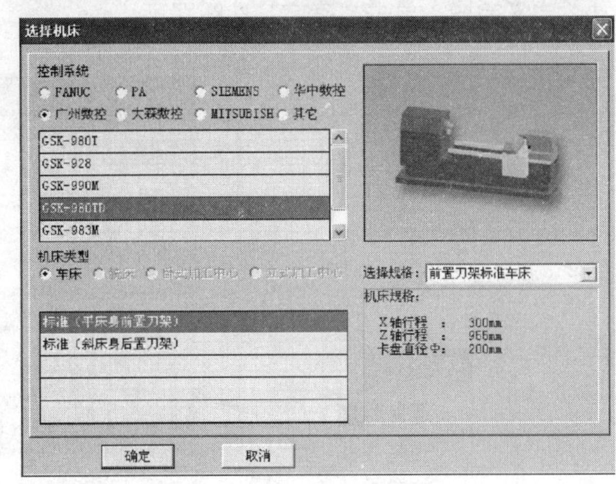

图 3–10 “选择机床”对话框

二、仿真加工系统基本操作

1. 启动机床

单击操作面板上的急停按钮，使其松开至状态。

2. 机床回零

（1）单击“机械零”按钮，系统进入机床回零工作方式。

（2）单击“+X”向按钮，此时刀架沿 X 轴回零，刀架到达 X 轴零点后，操作面板上的 X 轴零点指示灯亮起，同时显示屏上的 U 坐标变为“0.000”，如图 3–11 所示。

（3）再单击“+Z”向按钮，刀架将沿 Z 轴回零，刀架到达 Z 轴零点后，操作面板上的 Z 轴零点指示灯亮起，同时显示屏上的 W 坐标变为“0.000”，如图 3–11 所示。

图 3–11 机械回零界面

3. 装夹工件

（1）定义毛坯

单击菜单栏中“零件”→“定义毛坯...”菜单，或单击工具栏上的“定义毛坯”按钮，系统弹出“定义毛坯”对话框，如图 3–12 所示，可根据需要定义毛坯的名字、材料、形状和尺寸，定义完毕，单击“确定”按钮即可。

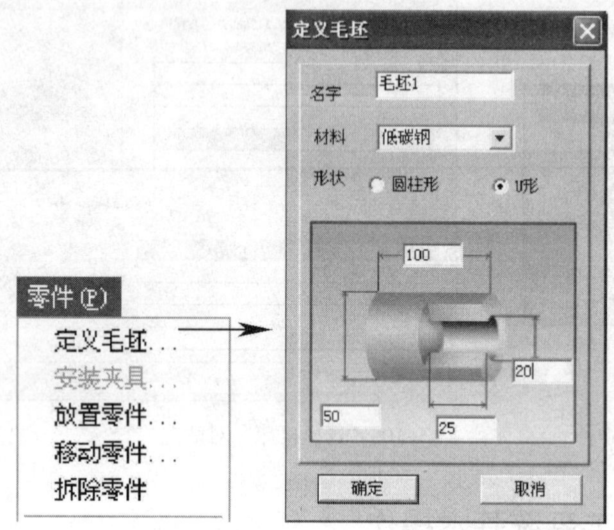

图 3–12 “定义毛坯”对话框

（2）放置零件

单击菜单栏中“零件”→“放置零件...”菜单，或单击工具栏上的“放置零件”按钮，系统弹出“选择零件”对话框，如图 3–13 所示。在列表中单击所需的零件，选中的零件信息加亮显示，单击“确定”按钮，系统自动关闭对话框，毛坯将被放到机床上，同时弹出控制零件左右移动的操作对话框（见图 3–14），通过该对话框可对已装夹的毛坯进行左右

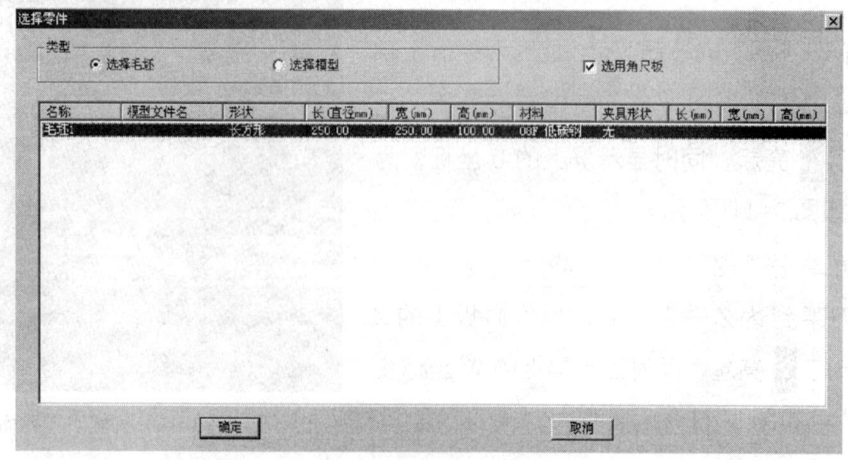

图 3–13 “选择零件”对话框

移动来达到加工的需要。单击按钮一次，毛坯向右移动 10 mm；单击按钮一次，毛坯向左移动 10 mm；单击"掉头"按钮，毛坯掉头。调整结束后，单击"退出"按钮，关闭该面板，此时毛坯装夹结束。

图 3–14 零件装夹及移动操作框

（3）零件显示模式

1）当零件有内部结构时，为了能更好地观察及加工，可通过更改零件显示模式来表达清楚零件的内部结构。单击工具栏上的"选项"按钮，系统弹出"视图选项"对话框（见图 3–15）；或在当前状态下单击鼠标右键显示"控制面板切换"选项（见图 3–16），单击"选项…"进入"视图选项"对话框。

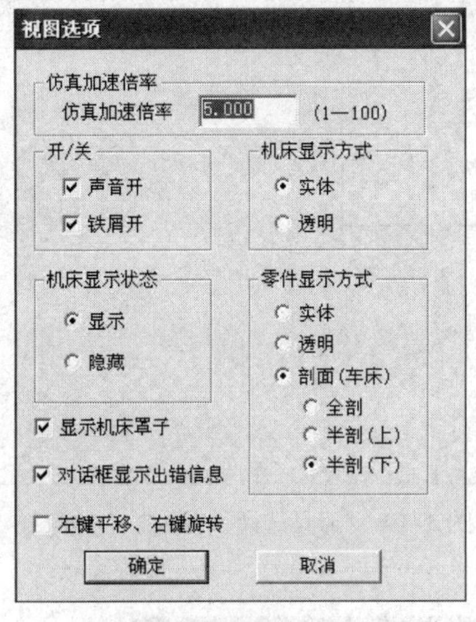

图 3–15 "视图选项"对话框

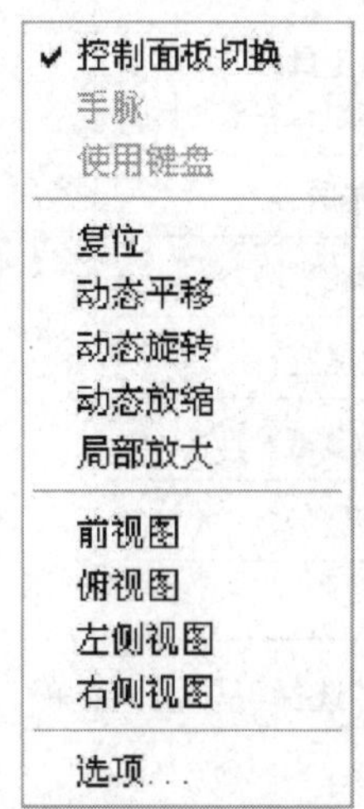

图 3–16 "控制面板切换"选项

2）在"视图选项"对话框中，可根据显示的需要进行相应的设置。如按图 3–15 进行设置，单击"确定"按钮后，主显示界面上的零件显示为半剖（下）模式，如图 3–17 所示。

4. 安装刀具

单击菜单栏中"机床"→"选择刀具 ..."菜单（见图 3–18），或单击工具栏中的"选择刀具"按钮，系统弹出"刀具选择"对话框，如图 3–19 所示。

（1）设置 T01 号外圆车刀

1）在"刀具选择"对话框中，单击 1 号刀位，1 号刀位变亮，如图 3–20 所示。

2）根据工件加工工艺要求，在"选择刀片"栏中选择刀尖角为 35° 的刀片，同时对话框中显示刀片的具体参数，选择序号为"6"的刀片，如图 3–20 所示为 T01 号外

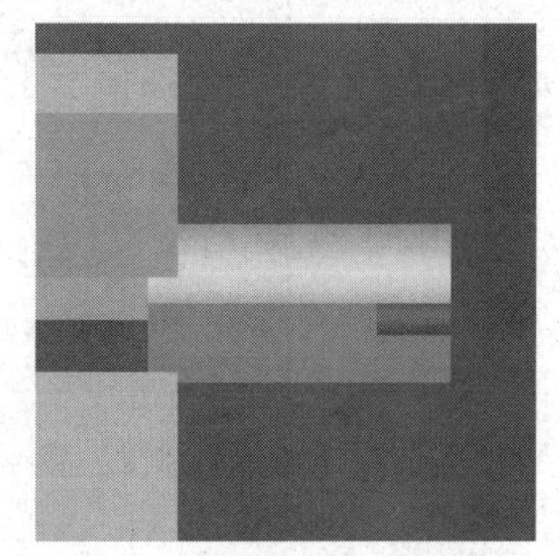

图 3–17 零件半剖（下）显示模式

圆车刀刀片选择界面。

3）在“选择刀柄”栏中单击按钮 ，对话框中显示出三种具体参数，选择主偏角为95° 的刀柄，显示界面显示出选择好的刀具效果图，如图 3-21 所示。

4）设置完成后，单击“确定”按钮，完成 T01 号刀的设置。

（2）设置 T02、T03、T04 号车刀

重复上述操作，完成 T02、T03、T04 号刀具的设置。T02 号刀具是宽度为 3 mm 的切槽刀，T03 号刀具为 60° 外螺纹车刀，T04 号刀具为 91° 内孔车刀，如图 3-22 所示。

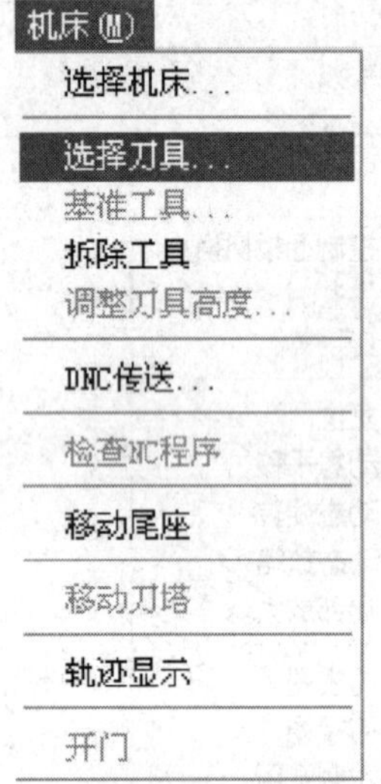

图 3-18 “选择刀具 ...”菜单

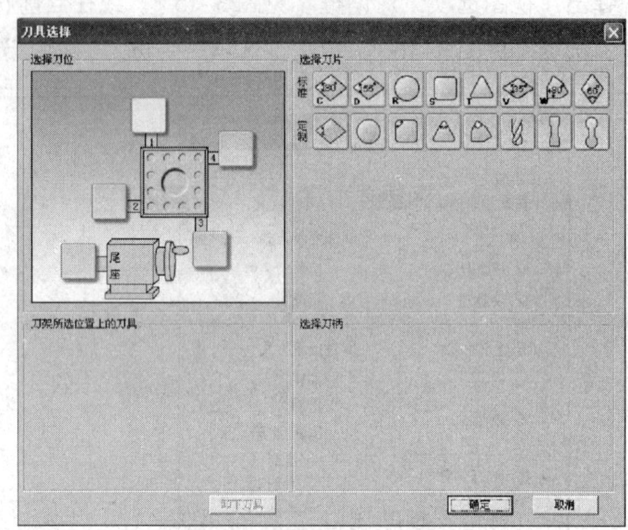

图 3-19 “刀具选择”对话框

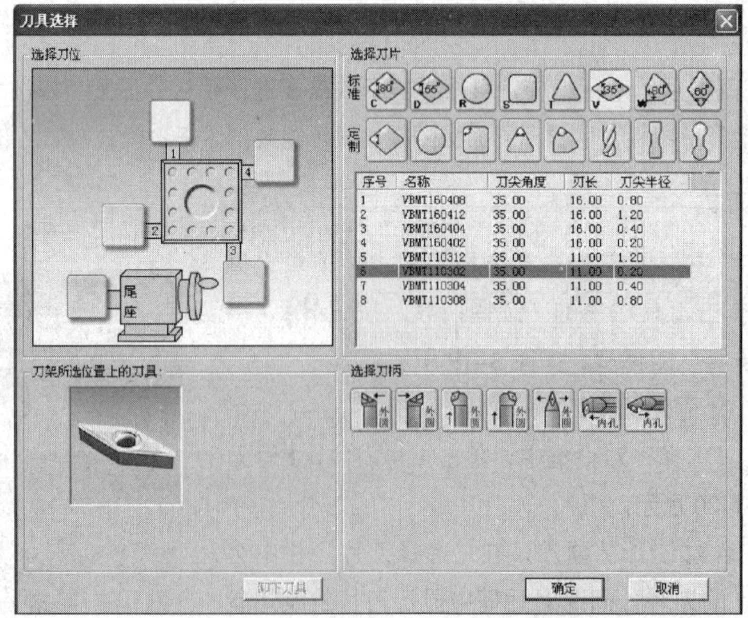

图 3-20 T01 号外圆车刀刀片选择界面

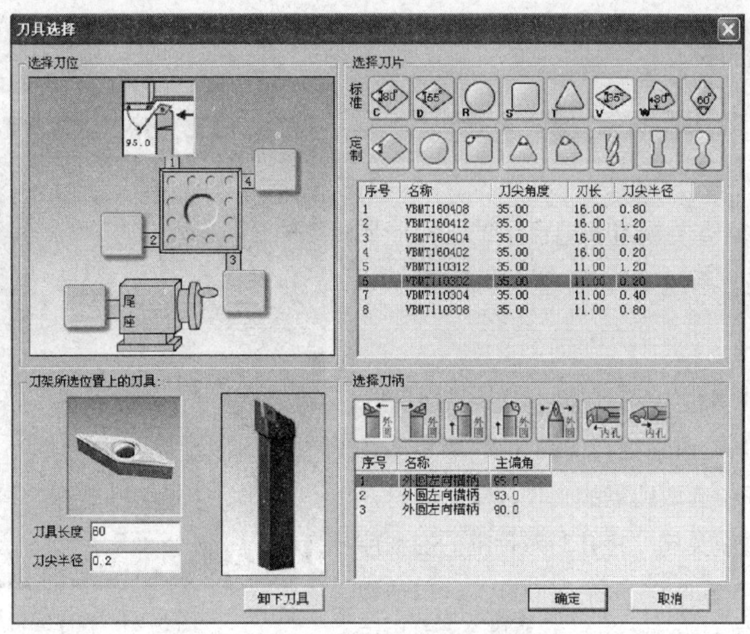

图 3–21 选择 95° 外圆车刀

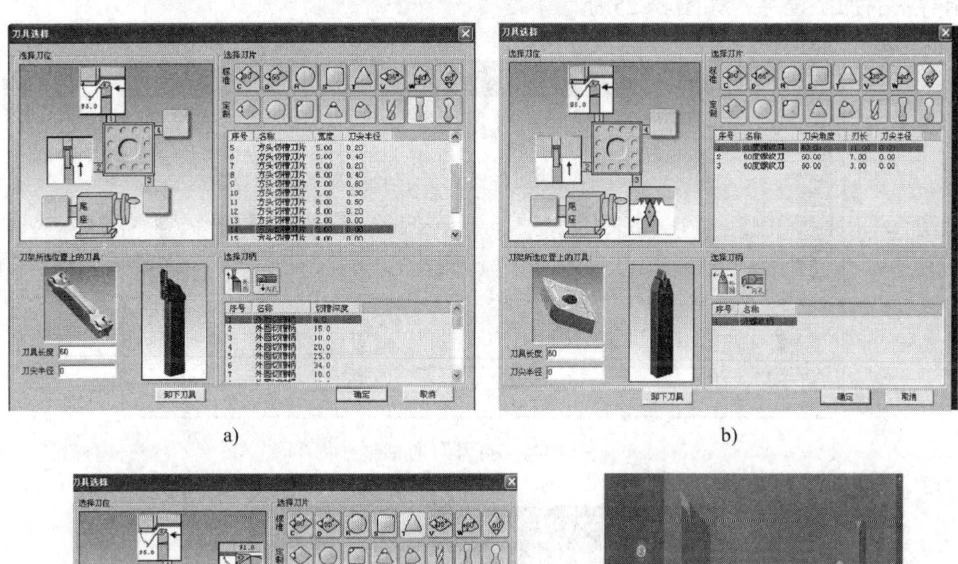

a) b)

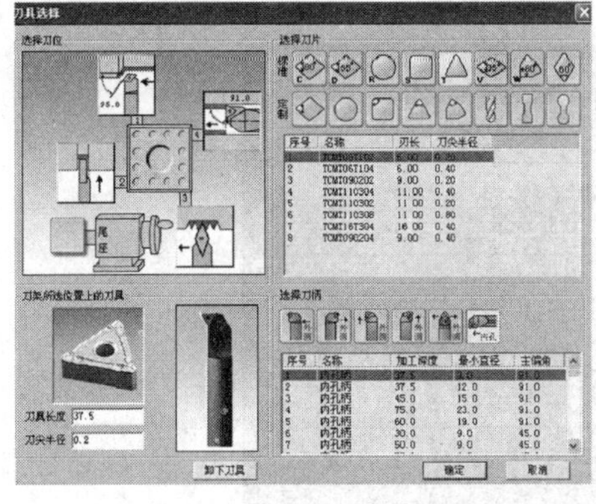

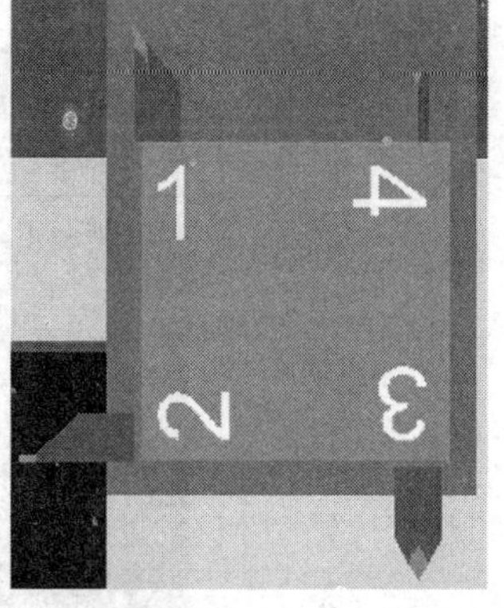

c) d)

图 3–22 设置 T02、T03、T04 号刀具

a）T02 号宽 3 mm 切槽刀参数 b）T03 号 60° 外螺纹车刀参数

c）T04 号 91° 内孔车刀参数 d）刀具安装效果图

5. 输入程序

（1）单击“编辑”按钮，系统进入编辑工作方式。

（2）单击编辑面板MDI键盘上的“程序显示”按钮，系统显示程序编辑界面，如图3–23所示。

图3–23 程序编辑界面

（3）单击工具栏中的“DNC传送”按钮，系统弹出“打开”对话框，如图3–24所示。在“打开”对话框中选取所需的文件，单击“打开(O)”按钮，系统关闭“打开”对话框。在程序编辑界面，输入零件程序名“O0001”，单击数控系统操作界面中的“输入”键，此时界面上显示导入的加工程序，如图3–25所示。

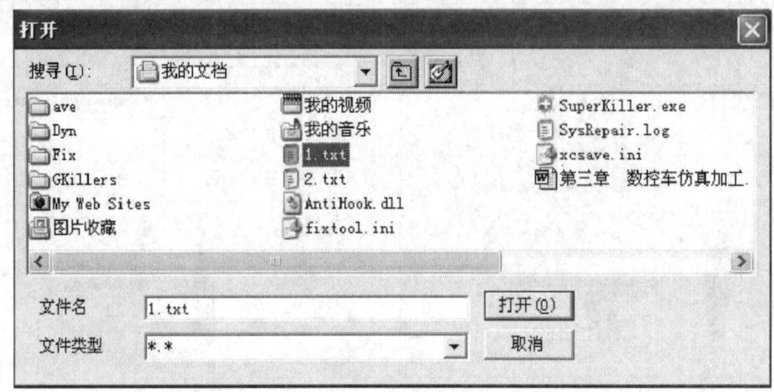

图3–24 “打开”对话框

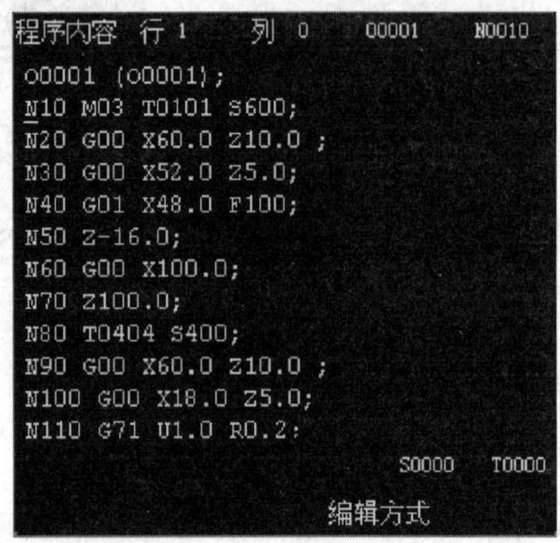

图3–25 导入程序

三、编制加工程序

根据图 3–9 所示的工件，编制工件加工程序，见表 3–2。O0001 为工件左侧加工程序，O0002 为工件右侧加工程序。

表 3–2　　仿真实例加工程序

工件左侧加工程序	工件右侧加工程序
O0001;	O0002;
N10 M03 T0101 S600;	N10 M03 S600;
N20 G00 X60.0 Z10.0;	N20 T0101;
N30 G00 X52.0 Z5.0;	N30 G00 X52.0 Z2.0;
N40 G01 X48.0 F100;	N40 G71 U2.0 R1.0 F100;
N50 Z–16.0;	N50 G71 P60 Q170 U0.5 W0;
N60 G00 X100.0;	N60 G01 X14.0 F80;
N70 Z100.0;	N70 G01 Z1.0;
N80 T0404 S400;	N80 X16.0 Z–1.0;
N90 G00 X60.0 Z10.0;	N90 Z–20.0;
N100 G00 X18.0 Z5.0;	N100 X20.0;
N110 G71 U1.0 R0.2;	N110 X23.8 W–2.0;
N120 G71 P130 Q180 U–0.2 W0;	N120 Z–42.0;
N130 G00 X30.0;	N130 X24.0;
N140 G01 Z2.0 F40;	N140 X36.0 Z–64.39;
N150 Z–10.0;	N150 Z–74.0;
N160 X20.0;	N160 G02 X48.0 W–6.0 R6.0;
N170 Z–25.0;	N170 G01 X52.0;
N180 X18.0;	N180 G70 P60 Q170;
N190 G70 P130 Q180;	N190 G00 X100.0 Z100.0;
N200 G00 Z100.0;	N200 T0202 M03 S400;
N210 X150.0;	N210 G00 X50.0 Z5.0;
N220 M30;	N220 G00 X26.0 Z–40.0;
	N230 G94 X20.0 W0 F50;
	N240 X20.0 Z–42.0;
	N250 G00 X150.0 Z100.0;
	N260 T0303 M03 S600;
	N270 G00 X50.0 Z5.0;
	N280 G00 X26.0 Z–15.0;
	N290 G92 X23.0 Z–39.0 F1.5;
	N300 X22.5;
	N310 X22.38;
	N320 G00 X150.0 Z100.0;
	N330 M30;

四、用试切法对刀

1. T01 号外圆车刀的对刀

（1）单击“手动”按钮，系统进入手动操作方式状态，按“–Z，–X”方向键，将刀具移到工件附近。

（2）单击“主轴正转”按钮，沿“–Z”方向试切工件外圆（见图 3–26），并沿“+Z”方向退刀。刀具退出工件后，按“主轴停止”按钮，主轴停转。

图 3–26　试切外圆

（3）单击菜单栏中“测量”→“剖面图测量 ...”菜单，系统弹出“请您作出选择！”对话框（见图 3–27），单击“否”，打开“车床工件测量”对话框，单击外圆加工部位，选中部位变色并显示出实际尺寸，同时对话框下侧相应尺寸参数变为蓝色亮条显示，如图 3–28 所示。

图 3–27　“请您作出选择！”对话框

（4）单击系统面板 MDI 键盘上的刀补按钮，系统打开“刀具偏置”界面，如图 3–29 所示。

（5）单击光标方向键，将光标移到 001 位置，在控制面板上输入“X49.26”，单击“输入”键，系统自动换算出 X 轴相应刀具偏置值，如图 3–30 所示。

（6）用相同的方法，沿“–X”方向试切工件端面，并沿“+X”方向退刀。在“刀具偏置”界面输入“Z0”，系统自动计算出 Z 轴相应的刀具偏置值，如图 3–31 所示。

2. T04 号内孔车刀的对刀

按照上述方法，完成 T04 号刀的对刀，其“刀具偏置”界面如图 3–32 所示。

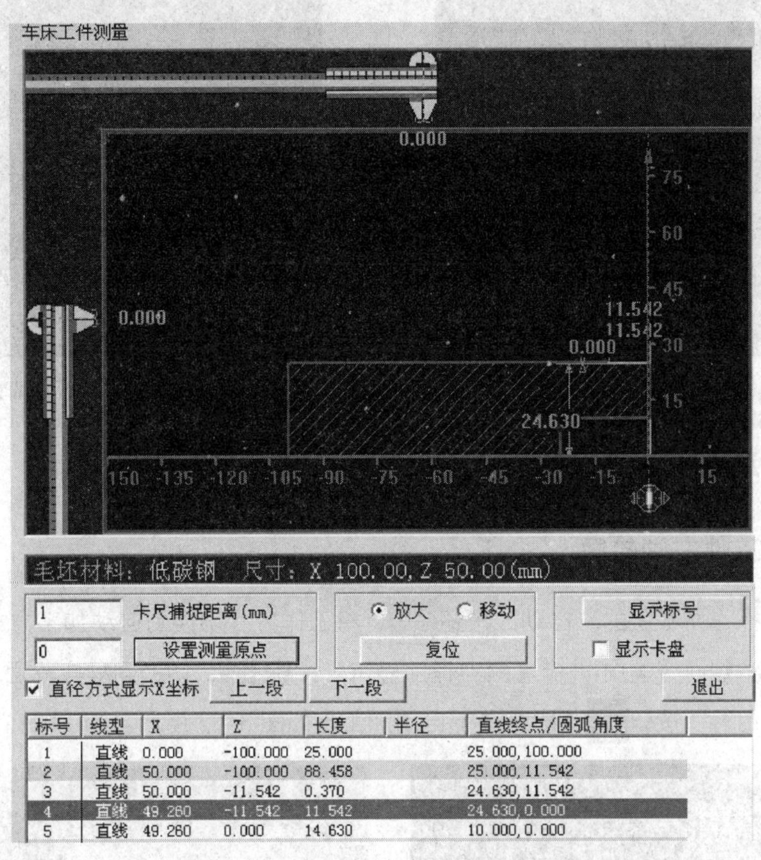

图 3-28 “车床工件测量”对话框

刀具偏置　　O0001　　N0010

序号	X	Z	R	T
000	0.000	0.000	0.000	0
001	0.000	0.000	0.000	0
002	0.000	0.000	0.000	0
003	0.000	0.000	0.000	0
004	0.000	0.000	0.000	0
005	0.000	0.000	0.000	0
006	0.000	0.000	0.000	0
007	0.000	0.000	0.000	0

相对坐标
U　-327.800　W　-568.700
序号 000　　S0000　T0000
手动方式

图 3-29 “刀具偏置”界面

刀具偏置　　O0001　　N0010

序号	X	Z	R	T
000	0.000	0.000	0.000	0
001	-389.463	0.000	0.000	0
002	0.000	0.000	0.000	0
003	0.000	0.000	0.000	0
004	0.000	0.000	0.000	0
005	0.000	0.000	0.000	0
006	0.000	0.000	0.000	0
007	0.000	0.000	0.000	0

相对坐标
U　-340.203　W　-868.004
序号 001　　S0000　T0000
手动方式

图 3-30　*X* 向对刀

刀具偏置　　O0001　　N0010

序号	X	Z	R	T
000	0.000	0.000	0.000	0
_ 001	-389.463	-869.382	0.000	0
002	0.000	0.000	0.000	0
003	0.000	0.000	0.000	0
004	0.000	0.000	0.000	0
005	0.000	0.000	0.000	0
006	0.000	0.000	0.000	0
007	0.000	0.000	0.000	0

相对坐标
U　-277.608　W　-869.382
序号 001　　S0000　T0000
手动方式

图 3-31　*Z* 向对刀

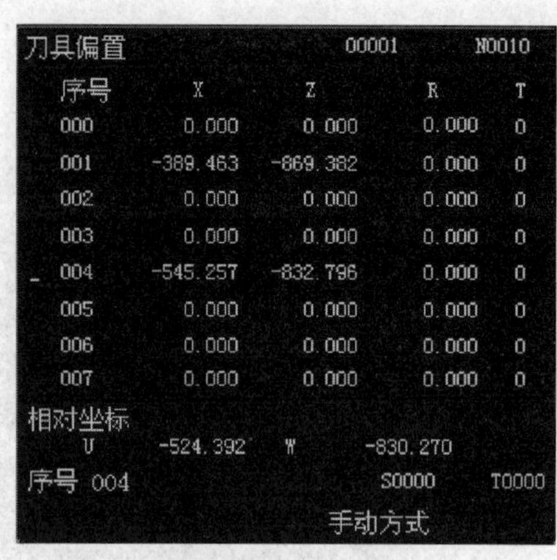
刀具偏置　　O0001　　N0010

序号	X	Z	R	T
000	0.000	0.000	0.000	0
001	-389.463	-869.382	0.000	0
002	0.000	0.000	0.000	0
003	0.000	0.000	0.000	0
_ 004	-545.257	-832.796	0.000	0
005	0.000	0.000	0.000	0
006	0.000	0.000	0.000	0
007	0.000	0.000	0.000	0

相对坐标
U　-524.392　W　-830.270
序号 004　　S0000　T0000
手动方式

图 3-32　T04 号刀“刀具偏置”界面

五、自动加工

1．加工工件左端轮廓

（1）单击操作面板上的“自动”按钮，将工作方式切换到自动加工方式。

（2）单击编辑面板 MDI 键盘上的“程序显示”按钮，切换到程序界面，单击机床操作面板上的“运行”按钮，即可进行自动加工，如图 3-33 所示。

程序内容　行 1　列 0　O0001　N0010

```
O0001 (O0001);
N10 M03 T0101 S600;
N20 G00 X60.0 Z10.0 ;
N30 G00 X52.0 Z5.0;
N40 G01 X48.0 F100;
N50 Z-16.0;
N60 G00 X100.0;
N70 Z100.0;
N80 T0404 S400;
N90 G00 X60.0 Z10.0 ;
N100 G00 X18.0 Z5.0;
N110 G71 U1.0 R0.2:
```

S0000　T0004
自动方式连续

a)

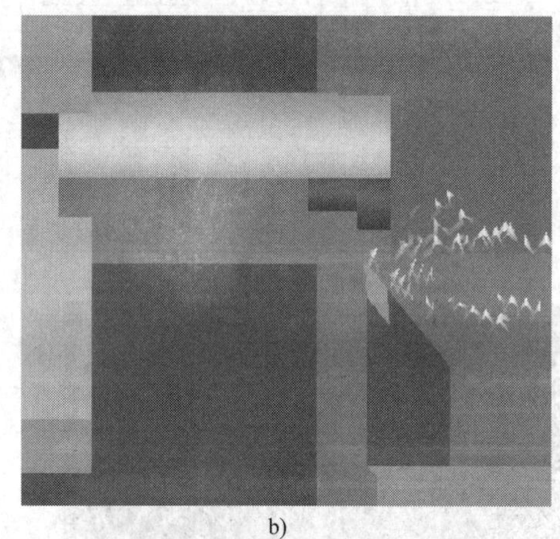
b)

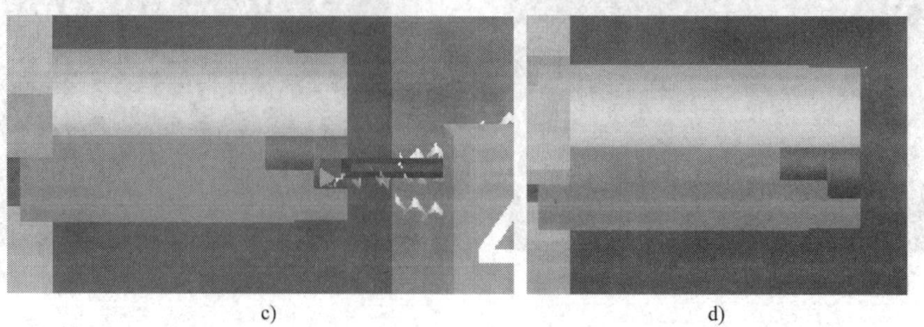
c)　d)

图 3-33　加工工件左端

a）显示程序　b）加工左端外圆　c）加工左端内孔　d）左端仿真结果

2. 加工工件右端轮廓

（1）工件掉头

左端加工完毕，单击主菜单中“零件”→“移动零件 ...”菜单，弹出“移动零件”对话框（见图 3-34），单击“掉头”按钮，然后单击“退出”按钮，工件掉头装夹，如图 3-35 所示。

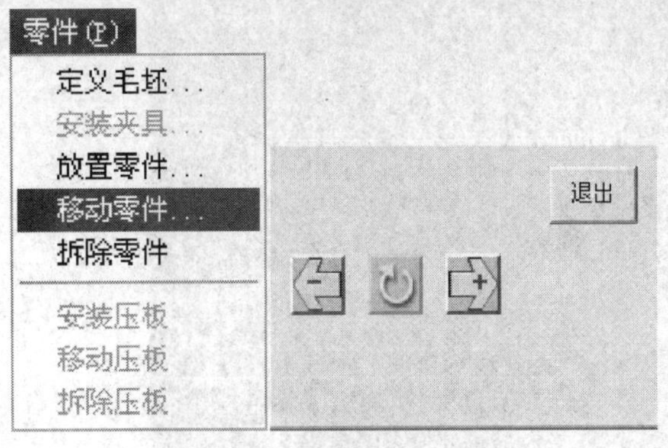

图 3-34 “移动零件”对话框

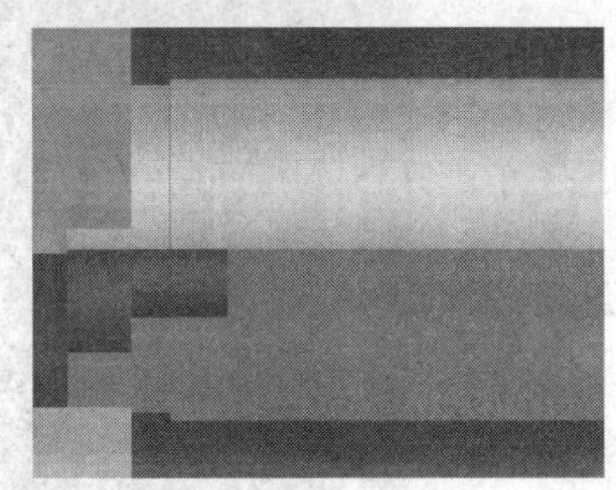

图 3-35 工件掉头

（2）T01、T02、T03 号刀具对刀

由于工件有长度尺寸要求，工件掉头后，需要对 T01、T02、T03 号三把刀具进行对刀。根据上面的对刀方法，完成 T01、T02、T03 号刀具对刀工作，刀具偏置参数如图 3-36 所示。

（3）导入工件右端加工程序

根据工件左端加工程序导入方法，将工件右端加工程序导入数控加工仿真系统。

（4）加工工件右端轮廓

按照工件左端轮廓自动加工步骤，加工工件右端轮廓，仿真结果如图 3-37 所示。

刀具偏置 O0001 N0010

序号	X	Z	R	T
000	0.000	0.000	0.000	0
001	-389.463	-874.096	0.000	0
002	-388.634	-875.000	0.000	0
003	-388.564	-887.567	0.000	0
004	-545.257	-832.796	0.000	0
005	0.000	0.000	0.000	0
006	0.000	0.000	0.000	0
007	0.000	0.000	0.000	0

相对坐标
U -338.913 W -883.653
序号 003 S0000 T0004
手动方式

图 3-36 T01、T02、T03 号刀具偏置参数

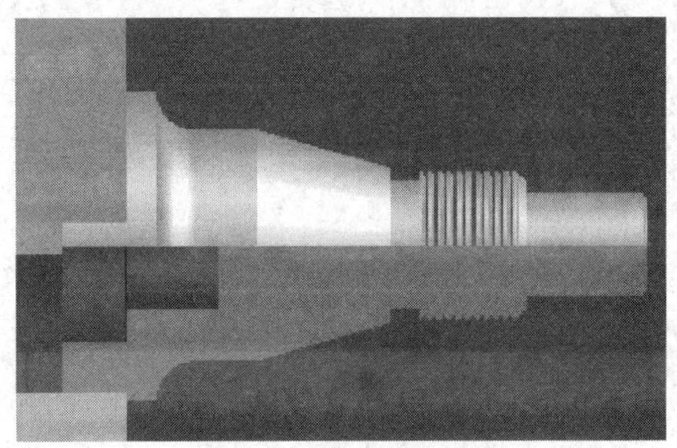

图 3-37 仿真结果

六、尺寸检测

工件加工完成后，利用菜单栏中“测量”菜单，对仿真结果进行轮廓观察和尺寸检测，以便校验加工程序和加工中操作的正确性，如图 3-38 所示。

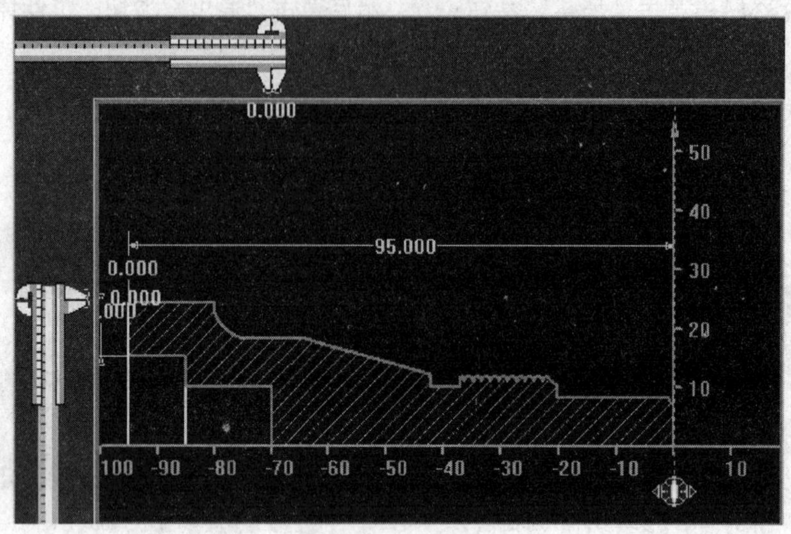

图 3-38 尺寸检测

第四章　外轮廓加工

第一节　外圆与端面加工

一、常用外圆与端面加工指令

1. 快速点定位指令 G00

G00 指令使刀具以点定位控制方式从刀具所在点快速运动到下一个目标位置。它只是快速定位，而无运动轨迹要求，且无切削加工过程，一般用于加工前的快速定位或加工后的快速退刀。

（1）指令格式

G00 X（U）__ Z（W）__；

式中　X__、Z__——刀具目标点的绝对坐标值；

U__、W__——刀具目标点相对于起始点的增量坐标值。

（2）指令说明

1）G00 为模态指令，可由 G01、G02、G03 或 G33 指令注销。

2）移动速度不能用程序指令设定，而是由厂家通过机床参数预先设置的，它可由操作面板上的进给修调旋钮修正。

3）G00 指令的执行过程如下：刀具由程序起始点加速到最大速度，然后快速移动，最后减速到达终点，实现快速点定位。

4）执行 G00 指令时，*X* 轴、*Z* 轴同时以各轴的快进速度从当前点开始向目标点移动，一般各轴不能同时到达终点，其行走路线可能为折线，如图 4–1 所示。使用时应注意刀具是否会与工件发生干涉。

（3）示例

如图 4–1 所示，要求刀具从 *A* 点快速移到 *B* 点，编程格式如下：

1）绝对值编程为：

G00 X50.0 Z80.0；

2）增量值编程为：

G00 U–40.0 W–40.0；

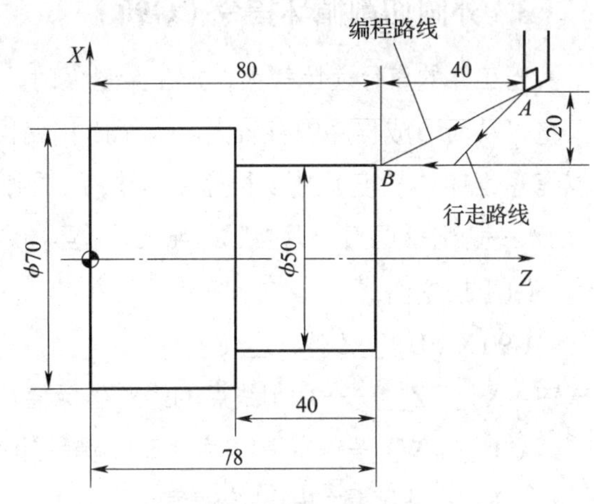

图 4–1　G00 指令应用示例

2. 直线插补指令 G01

G01 指令是直线插补指令，规定刀具在两坐标间以插补联动方式按指定的进给速度做任意斜率的直线运动。

（1）指令格式

G01 X（U）__ Z（W）__ F__；

式中 X__、Z__——刀具目标点的绝对坐标值；

U__、W__——刀具目标点相对于起始点的增量坐标值；

F__——刀具切削进给速度，单位为 mm/min 或 mm/r。

（2）指令说明

1）G01 指令格式中必须含有 F 指令，进给速度由 F 指令决定。F 指令是模态指令，不必在每个程序段中都写入 F 指令。如果在 G01 指令之前的程序段没有 F 指令，且现在的 G01 指令程序段中也没有 F 指令，则机床不运动。

2）G01 为模态指令，可由 G00、G02、G03 或 G33 指令注销。

（3）示例

用 G01 指令编写如图 4-2 所示 $A \rightarrow B \rightarrow C$ 的刀具轨迹。

1）绝对值编程为：

G01 X25.0 Z35.0 F100；　　$A \rightarrow B$

Z13.0；　　$B \rightarrow C$

2）增量值编程为：

G01 U-25.0 F100；　　$A \rightarrow B$

W-22.0；　　$B \rightarrow C$

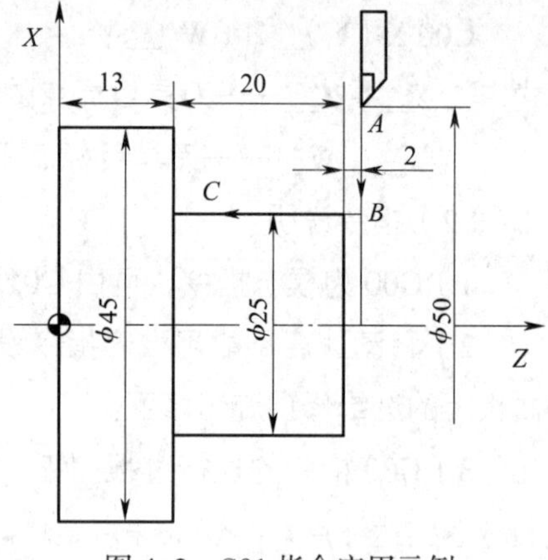

图 4-2 G01 指令应用示例

3. 外圆切削循环指令（G90）

当工件的直径差比较大，加工余量大时，需要多次重复同一路径循环加工才能去除全部余量，从而造成程序内存较大。为了简化编程，数控系统提供了不同形式的固定循环功能，以缩短程序的长度，减少程序所占内存。固定切削循环通常是指一系列连续加工动作，如“切入→切削→退刀→返回”，用一个循环指令完成，使程序得以简化。

（1）指令格式

G90 X（U）__ Z（W）__ F__；

式中 X__、Z__——切削终点的绝对坐标值；

U__、W__——切削终点相对于循环起点的增量坐标值；

F__——刀具切削进给速度。

（2）指令说明

1）如图 4–3 所示为 G90 指令的运动轨迹，刀具从循环起点 A 出发，第 1 段沿 X 轴负方向快速移动，到达切削起点 B，第 2 段以 F 指令的进给速度切削到达切削终点 C，第 3 段沿 X 轴正方向切削进给到 D 点，第 4 段快速退回循环起点 A，完成一个切削循环。

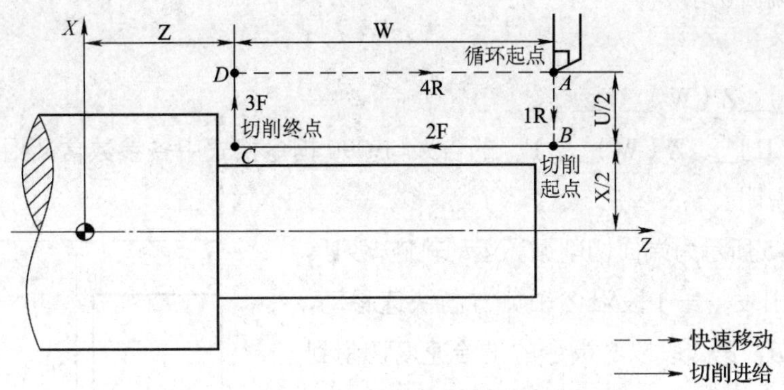

图 4–3 G90 指令的运动轨迹

2）G90 指令循环每一次切削加工结束后刀具均返回循环起点。G90 指令循环第一步移动为 X 轴方向移动。

（3）示例

如图 4–4 所示，其加工程序如下：

…

N50 G90 X40.0 Z20.0 F100；　$A \rightarrow B \rightarrow C \rightarrow D \rightarrow A$

N60 X30.0；　$A \rightarrow E \rightarrow F \rightarrow D \rightarrow A$

N70 X20.0；　$A \rightarrow G \rightarrow H \rightarrow D \rightarrow A$

…

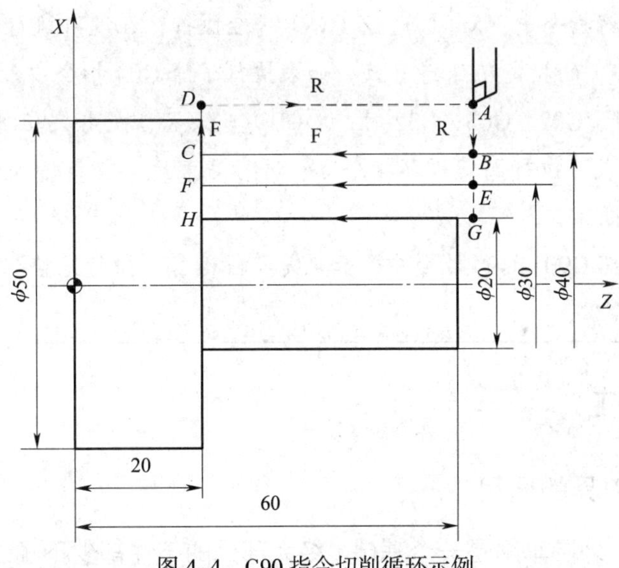

图 4–4 G90 指令切削循环示例

4. 端面切削循环指令（G94）

这里的端面是指与 X 轴平行的端面。G94 与 G90 指令的使用方法类似，G90 指令主要用于轴类工件的内孔、外圆切削，G94 指令主要用于大、小径之差较大而轴向台阶长度较短的盘类工件的端面切削。

（1）指令格式

G94 X（U）__ Z（W）__ F__ ;

式中，X（U）__、Z（W）__、F__的含义与 G90 指令格式中各参数含义相同。

（2）指令说明

1）如图 4–5 所示为端面切削循环运动轨迹，刀具从循环起点 A 出发，第 1 段沿 Z 轴负方向快速移动，到达切削起点 B，第 2 段以 F 指令的进给速度切削到达切削终点 C，第 3 段沿 Z 轴正方向切削进给到 D 点，第 4 段快速退回循环起点 A，完成一个切削循环。

2）G94 指令的特点是选用刀具的端面切削刃作为主切削刃，以车端面的方式进行循环加工。G90 指令与 G94 指令的区别如下：G90 指令是在工件径向进行分层粗加工，而 G94 指令是在工件轴向进行分层粗加工。G94 指令第一步先沿 Z 轴方向移动，而 G90 指令则是先沿 X 轴方向移动。

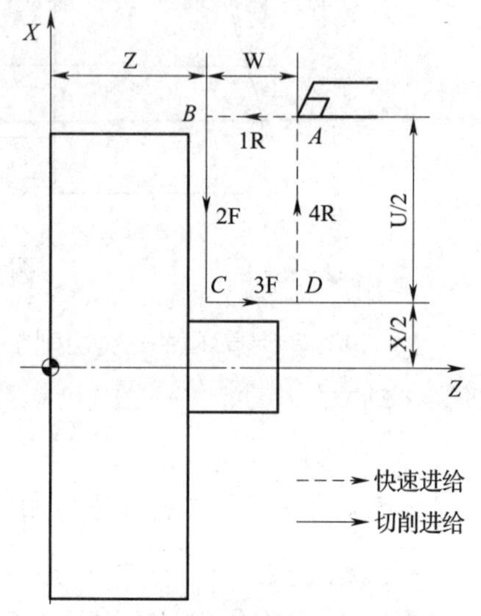

图 4–5 端面切削循环运动轨迹

提示

应用固定循环指令的注意事项如下：

（1）在固定循环指令中，X（U）、Z（W）一经执行，在没有执行新的固定循环指令时，X（U）、Z（W）的指定值保持有效。如果执行了除 G04 指令以外的非模态（00 组）G 指令或 G00、G01、G02、G03、G32 时，X（U）、Z（W）的指定值被清除。

（2）在录入方式下执行固定循环指令时，运行结束后，重新输入固定循环指令可以按原轨迹执行固定循环。

（3）在固定循环 G90、G94 指令中，如果是单段运行，执行完整个固定循环后，程序停止运行。

二、外圆加工

1. 车削外圆刀具的选用

在车削加工中，外圆车削是一个基础，绝大部分的工件都少不了这道工序。如图 4–6

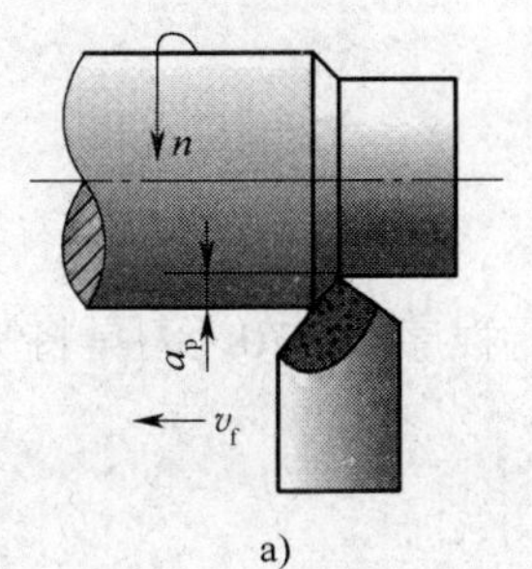

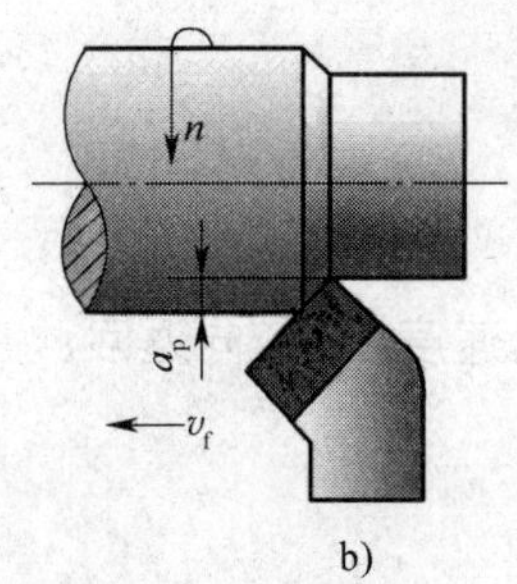

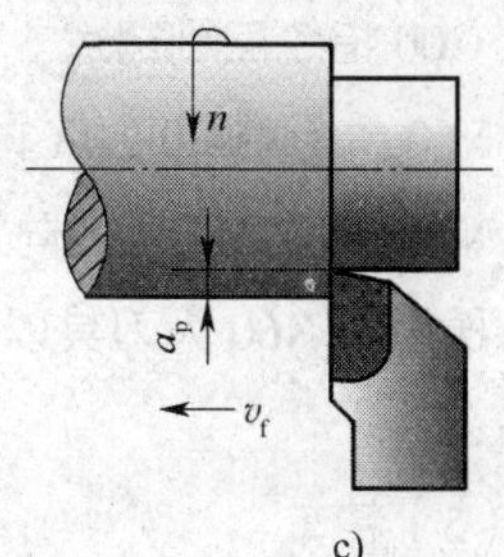

图 4-6　车削外圆

a）75° 车刀　b）45° 车刀　c）90° 车刀

所示，常用的外圆车刀有以下三种：

（1）75° 车刀

75° 车刀强度较高，常用于粗车外圆。

（2）45° 车刀（弯头刀）

45° 车刀适用于车削不带台阶的光轴。

（3）90° 车刀（偏刀）

90° 车刀适用于车削台阶轴和细长工件的外圆。

2. 用 G01 指令车削外圆

如图 4-7 所示，用 G01 指令车削ϕ45 mm 的外圆，毛坯直径为 50 mm，外圆有 5 mm 的余量。工件右端面中心为编程坐标系原点，选用 90° 车刀，刀具起始点在换刀点（X100.0，Z100.0）处。

（1）刀具切削起点

编程时，对刀具快速接近工件加工部位的点应精心设计，应保证刀具在该点与工件的轮廓有足够的安全间隙。如图 4-7 所示，可设计刀具切削起点为（X54.0，Z2.0）。

（2）刀具靠近工件

首先将刀具以 G00 指令运动到起点（X54.0，Z2.0），然后沿 *X* 轴负方向移到 X46.0 处，准备进行粗加工。

N10 T0101；（调用 01 号刀具，执行 01 号刀补）

N20 M03 S700；（主轴正转，转速为 700 r/min）

N30 G00 X54.0 Z2.0 M08；（快速靠近工件）

N40 X46.0；（*X* 向进刀）

（3）粗车

N50 G01 Z-20.0 F100；（粗车）

刀具以 F 指令的进给速度切削到指定的长度位置。

（4）刀具的返回

刀具返回时，先沿 +*X* 向退到工件之外，再沿 +*Z*

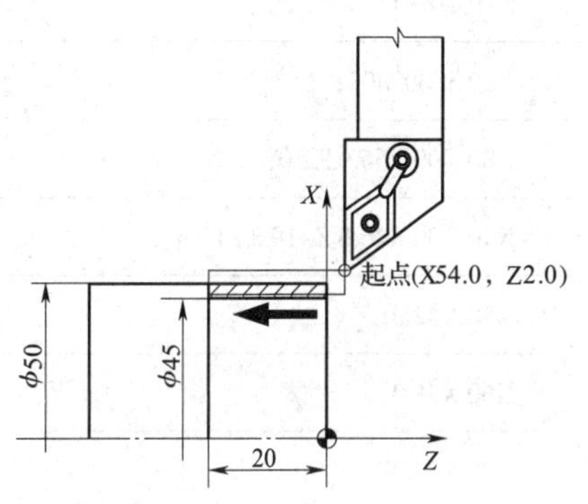

图 4-7　用 G01 指令车削外圆

向以 G00 指令回到起点。

N60 G01 X54.0；（*X* 向返回）

N70 G00 Z2.0；（*Z* 向返回）

程序段 N60 为刀具以指定进给速度沿 +*X* 向返回，完成后执行程序段 N70，刀具将快速离开工件。

（5）精车

N80 X45.0；（*X* 向进刀）

N90 G01 Z–20.0 S900 F80；（精车，主轴转速为 900 r/min，进给速度为 80 mm/min）

N100 X54.0；（*X* 向退刀）

（6）返回换刀点

N110 G00 X100.0 Z100.0；（刀具返回换刀点）

（7）程序结束

N120 M30；（程序结束并复位）

3. 用 G90 指令车削外圆

如图 4–8 所示，用 G90 指令车削 ϕ30 mm 的外圆，毛坯尺寸为 ϕ50 mm×40 mm，ϕ30 mm 外圆有 20 mm 的余量。设工件右端面中心为编程坐标系原点，选用 90° 车刀，刀具起始点设在换刀点（X100.0，Z100.0）处，刀具切削起点设在与工件具有安全间隙的（X55.0，Z2.0）点。

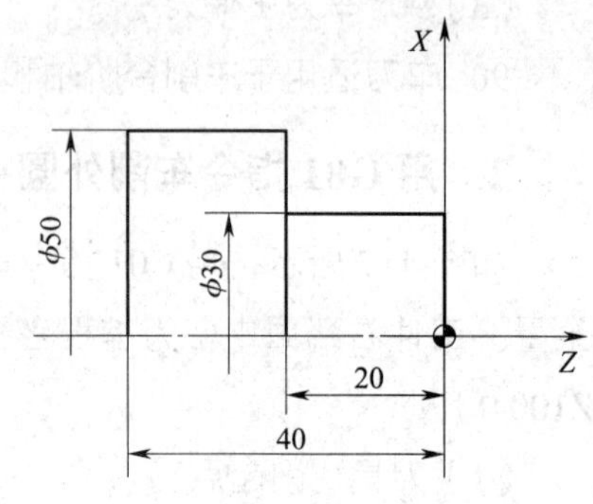

图 4–8　用 G90 指令车削外圆

用 G90 指令车削外圆参考程序见表 4–1。

表 4–1　　用 G90 指令车削外圆参考程序

参考程序	注释
O4001；	程序名
N10 T0101；	调用 01 号刀具，执行 01 号刀补
N20 S800 M03；	主轴正转，转速为 800 r/min
N30 G00 X55.0 Z2.0；	快速运动至循环起点
N40 G90 X46.0 Z–19.8 F150；	*X* 向单边背吃刀量为 2 mm，端面留余量 0.2 mm
N50 X42.0；	G90 指令有效，刀具沿 –*X* 向切削至 42 mm
N60 X38.0；	G90 指令有效，刀具沿 –*X* 向切削至 38 mm
N70 X34.0；	G90 指令有效，刀具沿 –*X* 向切削至 34 mm
N80 X31.0；	*X* 向留单边余量 0.5 mm 用于精加工

续表

参考程序	注释
N90 M03 S1200;	提高主轴转速
N100 G90 X30.0 Z–20.0 F100;	精车
N110 G00 X100.0 Z100.0;	快速退至安全点
N120 M30;	程序结束并复位

三、端面加工

1. 车削端面刀具的选用

车削端面时可以选用 90° 偏刀或 45° 车刀。

（1）用左偏刀由外圆向中心进给车削端面，这时起主要切削作用的是副切削刃，由于其前角较小，切削不顺利；同时，受切削力方向的影响，刀尖容易扎入工件而形成凹面，影响工件表面质量，如图 4–9a 所示。

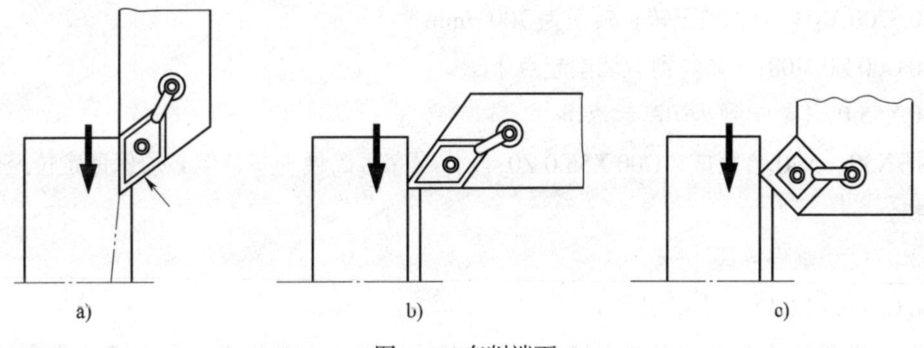

图 4–9　车削端面

a）用左偏刀副切削刃车削端面　b）用右偏刀主切削刃车削端面　c）用 45° 车刀车削端面

（2）用右偏刀由外圆向中心进给车削端面，这时是用主切削刃进行切削的，切削顺利；同时，切屑流向待加工表面，加工后工件表面粗糙度值较小，适用于车削具有较大平面的工件，如图 4–9b 所示。

（3）用 45° 车刀车削端面，这时是用主切削刃进行切削的，切削顺利，工件表面粗糙度值较小，工件中心的凸台是逐步切去的，不易损坏刀尖，如图 4–9c 所示。45° 车刀的刀尖角为 90°，刀头强度较高，适用于车削较大的平面，并能倒角。

车削工件端面时，刀具为横向车削，由于车刀刀尖在工件端面的运动轨迹是一条阿基米德螺旋线，刀具越靠近中心或进给量越大时，车刀实际工作前角越大，后角越小。车刀前角过大，后角过小时，刀尖容易断裂并影响加工质量。因此，车削端面时不宜选用过大的横向进给量。

G96 恒线速度指令可以使主轴旋转速度随直径的改变而自动发生改变，该指令非常适用于车削端面。

2. 用 G01 指令单次车削端面

如图 4–10 所示，毛坯直径为 50 mm，工件右端面为 Z0，右端面有 0.5 mm 的余量，工件右端面中心为编程坐标系原点，选用 90° 偏刀，刀具刀位点在换刀点（X100.0，Z100.0）处。

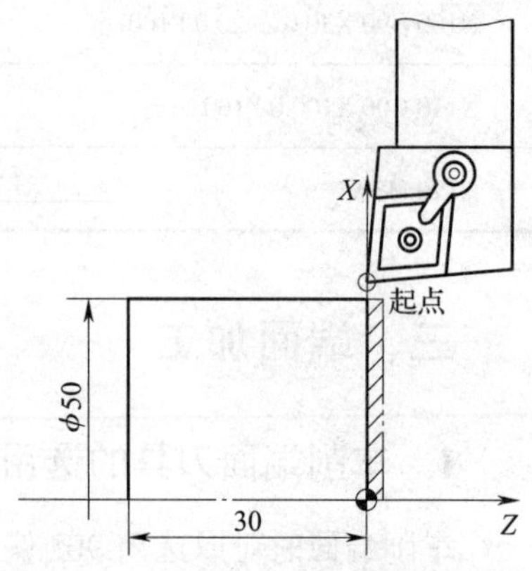

图 4–10　用 G01 指令单次车削端面

（1）刀具切削起点

编程时，对刀具快速接近工件加工部位的点应精心设计，应保证刀具在该点与工件轮廓有足够的安全间隙。如图 4–10 所示，可设计刀具切削起点为（X55.0，Z0）。

（2）刀具靠近工件

刀具先沿 *Z* 向移到起点，然后沿 *X* 向移到起点。这样可减小刀具趋近工件时发生碰撞的可能性。

N10 T0101；（调用 01 号刀具，执行 01 号刀补）

N20 S700 M03；（主轴正转，转速为 700 r/min）

N30 G00 Z0 M08；（*Z* 向到达切削起点）

N40 X55.0；（*X* 向到达切削起点）

若把 N30、N40 合写成“G00 X55.0 Z0；”，程序可简便一些，但必须保证定位路线上没有障碍物。

（3）刀具切削程序段

N50 G01 X–1.0 F50；（车端面）

由于刀尖圆弧的存在，当 *X* 向切削到 X0 时，端面中心常留下小凸台不能完全被切掉。*X* 向切削到 X–1.0，即可避免这种情况的发生。

（4）刀具的返回运动

刀具返回时，应先沿 *Z* 向退出。

N60 G00 Z2.0；（*Z* 向退出）

N70 X100.0 Z100.0；（返回换刀点）

（5）程序结束

N80 M30；（程序结束并复位）

3. 用 G94 指令单一循环切削端面

用 G94 循环指令编写如图 4–11 所示工件的端面切削程序。设刀具的起点为与工件具有安全间隙的 *S* 点（X55.0，Z2.0）。用 G94 指令车削端面参考程序见表 4–2。

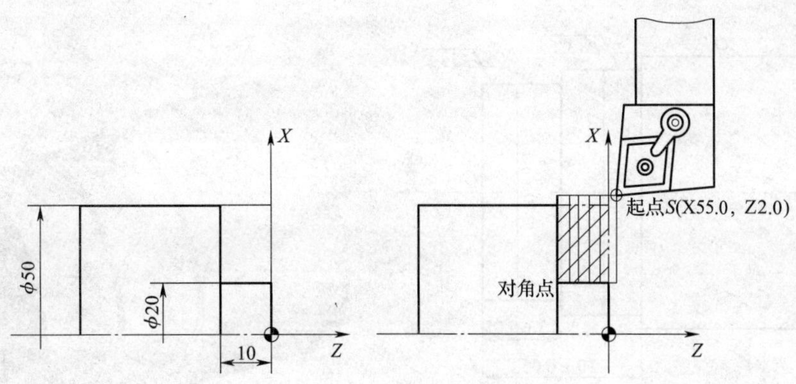

图 4–11　用 G94 指令车削端面

表 4–2　　用 G94 指令车削端面参考程序

参考程序	注释
O4002；	程序名
N10 T0101；	调用 01 号刀具，执行 01 号刀补
N20 G00 X55.0 Z2.0 S500 M03；	快速靠近工件
N30 G94 X20.2 Z–2.0 F50；	粗车第一刀，Z 向切入深度为 2 mm，X 向留 0.2 mm 的余量
N40 Z–4.0；	粗车第二刀
N50 Z–6.0；	粗车第三刀
N60 Z–8.0；	粗车第四刀
N70 Z–9.8；	粗车第五刀
N80 X20.0 Z–10.0 F30 S900；	精加工
N90 G00 X100.0 Z100.0 M05；	返回换刀点，主轴停止
N100 M30；	程序结束并复位

四、实训练习

加工如图 4–12 所示的工件，毛坯尺寸为 ϕ50 mm×65 mm，材料为 45 钢。

1. 确定加工工艺

（1）工艺分析

该工件需要加工端面以及 $\phi 40_{-0.039}^{\ 0}$ mm 和 $\phi 45_{-0.039}^{\ 0}$ mm 的外圆柱面，同时还要控制长度尺寸（15±0.05）mm 和（30±0.05）mm。工件尺寸标注完整，轮廓描述清楚。工件材料为 45 钢，无热处理和硬度要求。

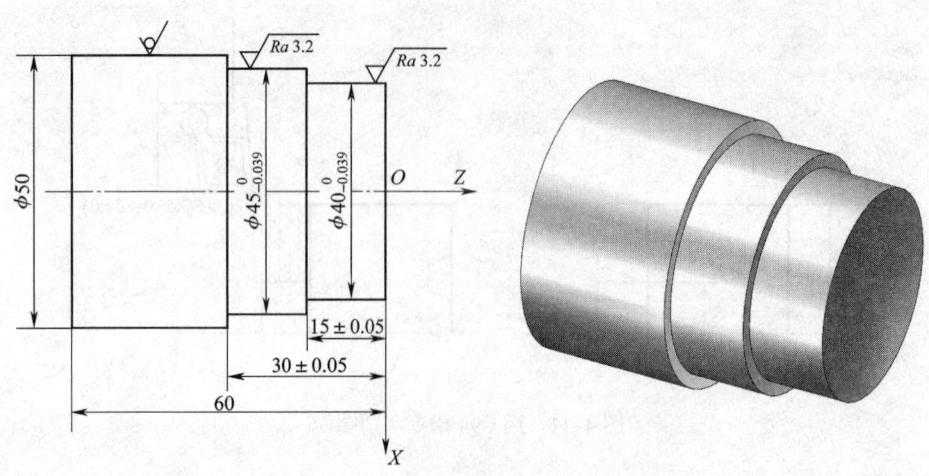

图 4–12　外圆与端面加工实训零件图

通过上述分析，可采取以下两点工艺措施：

1）对图样上的给定尺寸，编程时全部取其公称尺寸即可。

2）为了便于确定总长，应先车削毛坯左端面，再夹持左端加工右端面及$\phi 40_{-0.039}^{0}$ mm 和$\phi 45_{-0.039}^{0}$ mm 的外圆。

（2）选择设备

根据零件图的要求，选用经济型数控车床即可。故选用 CK0630 型卧式数控车床。

（3）确定工件的定位基准和装夹方式

1）定位基准。确定毛坯轴线和左端面为定位基准。

2）装夹方式。采用三爪自定心卡盘装夹。

（4）确定加工顺序和进给路线

根据工件形状和加工部位，先加工端面，再加工外圆。加工外圆时，按由粗到精、由近到远（由右到左）的原则确定加工顺序，即先从右到左进行粗车，直径留 0.5 mm 的精车余量，然后从右到左进行精车。

（5）确定刀具

由于该工件为单件生产，车端面、粗车及精车外圆均选用一把 90° 硬质合金右偏刀即可。

（6）选择切削用量

1）背吃刀量的选择。轮廓粗车时选 a_p=2.25 mm，精车时选 a_p=0.25 mm。

2）主轴转速的选择。查表 1–4 选粗车切削速度 v_c=100 m/min、精车切削速度 v_c=120 m/min，然后利用公式 $v_c=\pi dn/1\ 000$ 计算主轴转速 n（粗车直径 d=50 mm，精车工件直径取平均值 42.5 mm），经查表圆整后取粗车时 n=600 r/min，精车时 n=900 r/min。

3）进给速度的选择。查表 1–5、表 1–6 选择粗车、精车每转进给量，再根据加工的实际情况确定粗车每转进给量为 0.4 mm/r，精车每转进给量为 0.15 mm/r，最后根据公式 $v_f=nf$ 确定粗车、精车进给速度分别为 240 mm/min 和 135 mm/min。

综合前面分析的各项内容，并将其填入表 4–3 的数控加工工艺卡。此表是编制加工程序的主要依据和操作人员配合数控程序进行数控加工的指导性文件。主要内容包括工步号、工步内容、各工步所用的刀具和切削用量等。

表 4–3　　数控加工工艺卡

<table>
<tr><td rowspan="2">单位名称</td><td rowspan="2" colspan="2"></td><td colspan="2">产品名称或代号</td><td colspan="2">零件名称</td><td colspan="2">零件图号</td></tr>
<tr><td colspan="2"></td><td colspan="2"></td><td colspan="2"></td></tr>
<tr><td>工序号</td><td colspan="2">程序编号</td><td colspan="2">夹具名称</td><td colspan="2">使用设备</td><td colspan="2">车间</td></tr>
<tr><td>001</td><td colspan="2"></td><td colspan="2">三爪自定心卡盘</td><td colspan="2">数控车床</td><td colspan="2">数控加工车间</td></tr>
<tr><td>工步号</td><td colspan="2">工步内容</td><td>刀具号</td><td>刀具规格</td><td>主轴转速 /（r/min）</td><td>进给速度 /（mm/min）</td><td>背吃刀量 /mm</td><td>备注</td></tr>
<tr><td>1</td><td colspan="2">粗、精车端面</td><td>T01</td><td>25 mm × 25 mm</td><td>600</td><td>80</td><td>1.0</td><td>自动</td></tr>
<tr><td>2</td><td colspan="2">粗车轮廓</td><td>T01</td><td>25 mm × 25 mm</td><td>600</td><td>240</td><td>2.25</td><td>自动</td></tr>
<tr><td>3</td><td colspan="2">精车轮廓</td><td>T01</td><td>25 mm × 25 mm</td><td>900</td><td>135</td><td>0.25</td><td>自动</td></tr>
<tr><td>编制</td><td></td><td>审核</td><td></td><td>批准</td><td></td><td>年　月　日</td><td>共　页</td><td>第　页</td></tr>
</table>

（7）确定工件坐标系、对刀点和换刀点

确定以工件右端面和轴线的交点 *O* 为工件原点，建立 *XOZ* 工件坐标系，如图 4–12 所示。采用手动试切对刀方法把点 *O* 作为对刀点。换刀点设置在工件坐标系（X100.0，Z50.0）处。

2. 编制加工程序

外圆与端面加工参考程序见表 4–4。

表 4–4　　外圆与端面加工参考程序

参考程序	注释
O4003；	程序名
N10 S600 M03；	主轴正转，转速为 600 r/min
N20 T0101；	调用 01 号刀具，执行 01 号刀补
N30 G00 X52.0 Z6.0；	快速靠近工件
N40 G94 X0 Z3.0 F80；	粗车右端面，第一刀
N50 Z2.0；	第二刀

续表

参考程序	注释
N60 Z1.0;	第三刀
N70 Z0;	第四刀
N80 G00 Z1.0;	靠近工件
N90 G90 X45.5 Z–30.0 F200;	粗车图样上 $\phi45_{-0.039}^{0}$ mm 外圆至 ϕ45.5 mm
N100 X40.5 Z–15.0;	粗车图样上 $\phi40_{-0.039}^{0}$ mm 外圆至 ϕ40.5 mm
N110 M05;	主轴停止
N120 M00;	程序暂停
N130 T0101 M03 S900;	主轴正转，转速为 900 r/min
N140 G01 X40.0 F120;	*X* 向进刀
N150 Z–15.0;	精车 $\phi40_{-0.039}^{0}$ mm 外圆
N160 X45.0;	精车端面
N170 Z–30.0;	精车 $\phi45_{-0.039}^{0}$ mm 外圆
N180 X52.0;	精车端面
N190 G00 X100.0 Z50.0;	快速退刀至换刀点
N200 M05;	主轴停止
N210 M30;	程序结束并复位

3. 程序校验

将程序输入仿真系统中，校验程序的正误。

4. 工件加工

（1）程序输入与检查

将校验后的程序通过面板输入数控系统中，并检查输入的正确性。

（2）对刀

1）设置主轴转动指令，使主轴转动。

2）*X* 向对刀。在手动、手轮方式下车削外圆，沿 +*Z* 向退刀，按下主轴停止键，测量所车外圆的直径；按下“刀补”键 刀补 OFT，系统显示刀具偏置参数窗口，将光标移至 01 号偏置处，通过 MDI 键盘输入“Xα”，按“输入”键 输入 IN 输入，系统自动完成 *X* 向对刀。

3）Z 向对刀。在手动、手轮方式下沿 $-X$ 向车削端面，沿 $+X$ 向退刀，按下主轴停止键，测量工件的长度，将光标移至 01 号偏置处，输入“Zβ（根据工件长度确定）”，按“输入”键 输入，系统自动完成 Z 向对刀。

（3）自动加工

将数控车床设置为自动加工方式，按“循环起动”键 ，自动执行程序加工工件。

当程序执行到 N120 段时，主轴停转，程序暂停。此时，可测量工件粗车尺寸是否符合要求。如有偏差，则要在精车前及时修正，如采用 T01 号刀粗车后，实际尺寸比工件要求的外径大 0.02 mm，则按下“刀补”键 ，进入刀具偏置参数窗口，用↓键或↑键移动光标至 T01 号刀对应刀补号 01 所在行，输入 U–0.02，按“输入”键 输入，完成刀具磨损补偿；反之，若加工后的实际尺寸比工件要求的尺寸小，则输入正的刀偏值。

通过上述修正后再进行精加工，即可达到尺寸要求。

五、加工质量分析

1. 外圆加工质量分析

外圆加工常见问题现象的产生原因和解决方法见表 4–5。

表 4–5　　外圆加工常见问题现象的产生原因和解决方法

问题现象	产生原因	解决方法
工件外圆尺寸超差	1. 刀具数据不准确 2. 切削用量选择不当，产生让刀现象 3. 程序错误 4. 工件尺寸计算错误	1. 调整或重新设定刀具数据 2. 合理选择切削用量 3. 检查及修改加工程序 4. 正确计算工件尺寸
外圆表面粗糙度值太大	1. 切削速度过低 2. 刀尖过高 3. 切屑控制较差 4. 刀尖产生积屑瘤 5. 切削液选用不合理	1. 调高主轴转速 2. 调整刀尖高度 3. 选择合理的刀具几何角度和背吃刀量 4. 选择合适的切削速度范围 5. 选择正确的切削液并充分浇注
台阶处不清根或呈圆角	1. 程序错误 2. 刀具选择错误 3. 刀具损坏	1. 检查及修改加工程序 2. 正确选择刀具 3. 更换刀片
加工过程中扎刀	1. 进给量过大 2. 切屑堵塞 3. 工件装夹不合理 4. 刀具角度选择不合理	1. 降低进给速度 2. 采取断屑、排屑方式切入 3. 检查工件装夹情况，提高装夹刚度 4. 正确选择刀具
工件圆度超差或产生锥度	1. 车床主轴间隙过大 2. 程序错误 3. 工件没有夹紧	1. 调整车床主轴间隙 2. 检查及修改加工程序 3. 检查工件装夹情况，提高装夹刚度

2. 端面加工质量分析

端面加工常见问题现象的产生原因和解决方法见表 4–6。

表 4–6　　端面加工常见问题现象的产生原因和解决方法

问题现象	产生原因	解决方法
端面加工时长度尺寸超差	1. 刀具数据不准确 2. 尺寸计算错误 3. 程序错误	1. 调整或重新设定刀具数据 2. 正确计算工件尺寸 3. 检查及修改加工程序
端面表面粗糙度值太大	1. 切削速度过低 2. 刀尖过高 3. 切屑控制较差 4. 刀尖产生积屑瘤 5. 切削液选用不合理	1. 调高主轴转速 2. 调整刀尖高度 3. 选择合理的刀具几何角度和背吃刀量 4. 选择合适的切削速度范围 5. 选择正确的切削液并充分浇注
端面中心处有凸台或凹凸不平	1. 程序错误 2. 刀尖过高或过低 3. 刀具损坏 4. 机床主轴间隙过大 5. 切削用量选择不当	1. 检查及修改加工程序 2. 调整刀尖高度 3. 更换刀片 4. 调整机床主轴间隙 5. 合理选择切削用量
台阶处不清根或呈圆角	1. 程序错误 2. 刀具选择错误 3. 刀具损坏	1. 检查及修改加工程序 2. 正确选择刀具 3. 更换刀片

第二节　外圆锥面加工

一、常用圆锥面加工指令

在圆锥面的加工过程中，如果加工余量不大，可以直接使用 G01 指令进行编程加工；如果加工余量较大，这时一般采用圆锥面切削循环指令 G90、G94。G01 指令格式在上一节中已讲述，在此不再赘述。

1. 圆锥面切削循环指令 G90

（1）指令格式

G90 X（U）__ Z（W）__ R__ F__ ；

式中　X__、Z__——圆锥面切削终点绝对坐标值，即图 4–13 所示 *C* 点在编程坐标系中的坐标值。

U__、W__——圆锥面切削终点相对于循环起点的增量值，即图 4–13 所示 *C* 点相对于 *A* 点的增量坐标值。

R__——切削起点与切削终点 *X* 轴绝对坐标的差值（半径值），带方向，当 R 与 U 的符号不一致时，要求| R | ≤ | U/2 |；R=0 或缺省输入时，进行圆柱切削，否则进行圆锥切削。

F__——切削进给速度。

（2）指令说明

1）如图 4–13 所示为圆锥面切削循环运动轨迹，刀具从 *A*→*B* 为快速进给，因此，在编程时 *A* 点在轴向和径向上要离开工件一段距离，以保证快速进刀时的安全；刀具从 *B*→*C* 为切削进给，按照指令中的 F 值进给；刀具从 *C*→*D* 时也为切削进给，为了提高生产效率，*D* 点在径向上不要离工件太远；刀具从 *D* 点快速返回起点 *A*，循环结束。

2）图 4–13 中的 U、W、R 反映切削终点与起点的相对位置，图 4–14 所示为 U、W、R 在符号不同时的刀具轨迹。

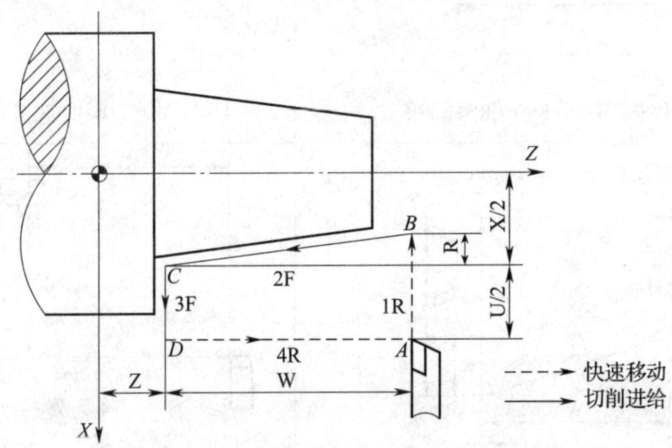

图 4–13　圆锥面切削循环运动轨迹

2. 圆锥端面切削循环指令 G94

（1）指令格式

G94 X（U）__ Z（W）__ R__ F__；

式中　X__、Z__——圆锥面切削终点绝对坐标值，即图 4–15 所示 *C* 点在编程坐标系中的坐标值；

U__、W__——圆锥面切削终点相对于循环起点的增量值，即图 4–15 所示 *C* 点相对于 *A* 点的增量坐标值；

R__——切削起点与切削终点 *Z* 轴绝对坐标的差值，当 R 与 U 的符号不同时，要求 | R | ≤ | W |；

F__——切削进给速度。

（2）指令说明

1）如图 4–15 所示为圆锥端面切削循环运动轨迹，刀具从 *A*→*B* 为快速进给，因此，

在编程时 A 点在轴向和径向上要离开工件一段距离，以保证快速进刀时的安全；刀具从 $B \rightarrow C$ 为切削进给，按照指令中的 F 值进给；刀具从 $C \rightarrow D$ 时也为切削进给，为了提高生产效率，D 点在轴向上不要离工件太远；刀具从 D 点快速返回起点 A，循环结束。

2）进行编程时，应注意 R 的符号，确定 R 符号的方法如下：锥面起点坐标大于终点坐标时为正；反之为负，如图 4-16 所示为 U、W、R 在符号不同时的刀具轨迹。

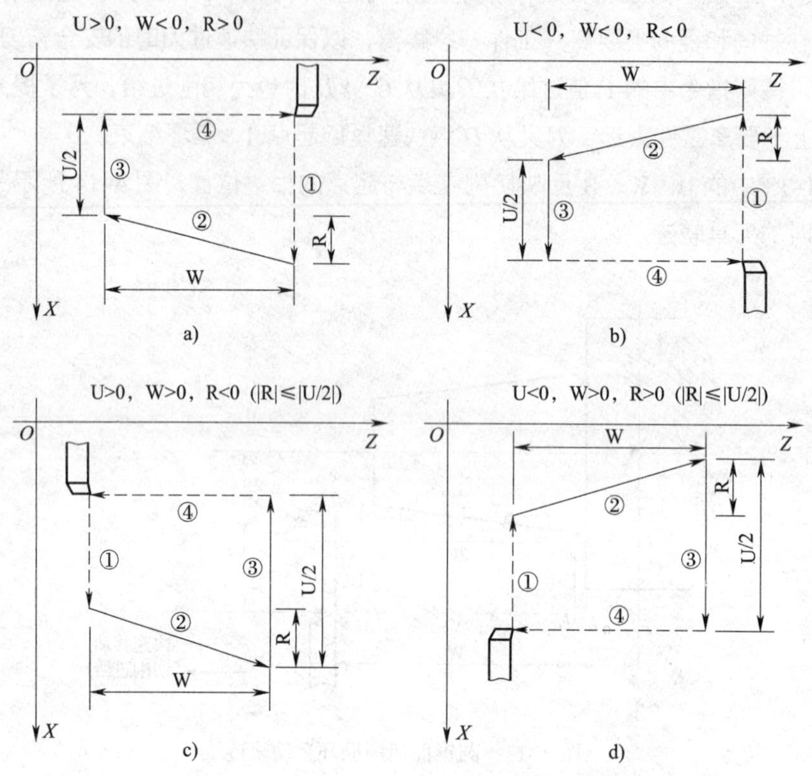

图 4-14　U、W、R 在符号不同时的刀具轨迹

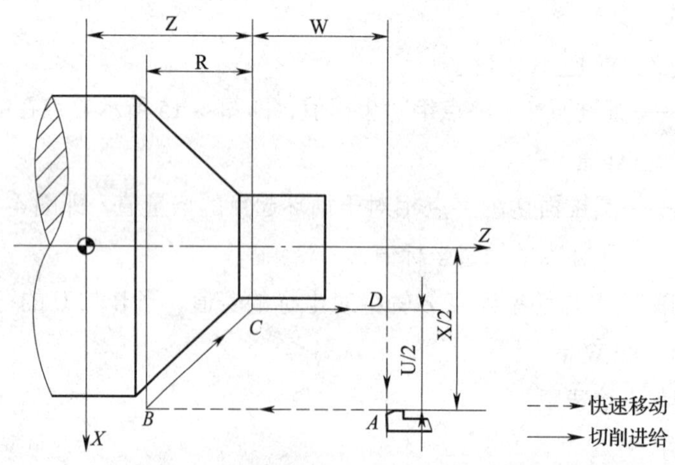

图 4-15　圆锥端面切削循环运动轨迹

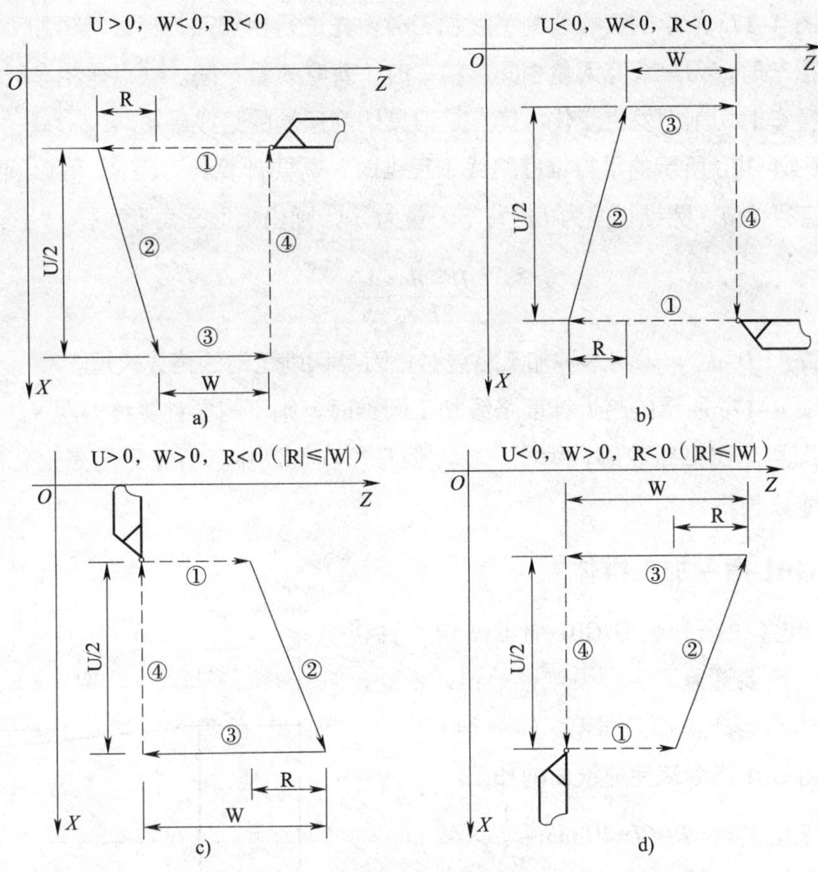

图 4–16 U、W、R 在符号不同时的刀具轨迹

二、外圆锥面加工

1. 圆锥车削加工路线

在数控车床上车削外圆锥时可以分为车削正锥和车削倒锥两种情况，而每一种情况又各有三种加工路线。如图 4–17 所示为车削正锥的三种加工路线。

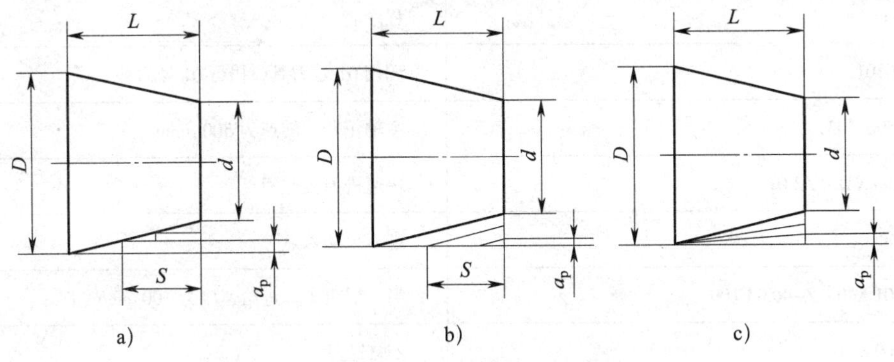

图 4–17 车削正锥的三种加工路线

a）阶梯切削路线 b）平行锥度路线 c）趋近锥度路线

（1）按图 4–17a 所示的阶梯切削路线加工时，先进行粗加工，再进行精加工。在这种加工路线中，粗车时，刀具背吃刀量相同；精车时，背吃刀量不同。缺点是粗车时终点坐标需精确计算，精车时切削力发生变化；优点是刀具切削运动的路线最短。

（2）按图 4–17b 所示的平行锥度路线车正锥时，需要计算终刀距 S。假设圆锥大端直径为 D，小端直径为 d，圆锥长度为 L，背吃刀量为 a_p，则由相似三角形可得：

$$\frac{D-d}{2L}=\frac{a_p}{S}$$

则 $S=2La_p/(D-d)$，采用这种加工路线时，刀具切削运动的路线较短。

（3）按图 4–17c 所示的趋近锥度路线加工圆锥时，则不需要计算终刀距 S，只要确定背吃刀量 a_p，即可车出圆锥轮廓，编程方便。但在每次切削中，背吃刀量是变化的，而且切削运动的路线较长。

2. 用 G01 指令加工锥体

可以应用直线插补指令 G01 加工圆锥工件，但在加工中一定要注意刀尖圆弧半径补偿；否则，加工出的锥体将会产生加工误差。如图 4–18 所示的工件，应用 G01 指令来完成锥面的加工。

由图可知，$X_C=d=D-CL=40\text{ mm}-\frac{1}{5}\times 42\text{ mm}=31.6\text{ mm}$。

由此可以确定粗车第一刀起点坐标为（X35.0，Z2.0），粗车第二刀起点坐标为（X32.6，Z2.0），精车起点坐标为（X31.6，Z2.0）。用 G01 指令加工锥体参考程序见表 4–7。

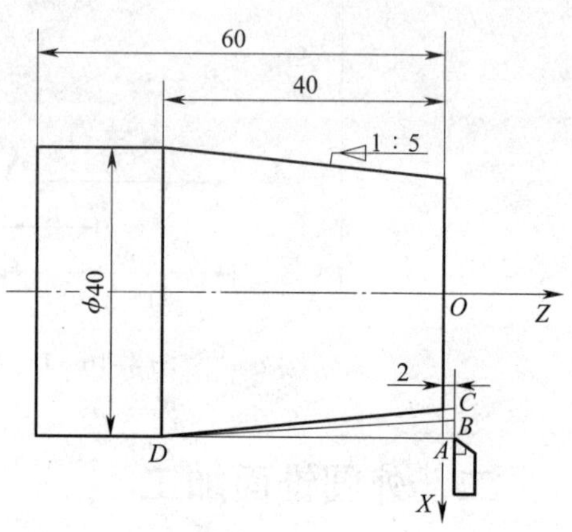

图 4–18 圆锥面车削加工路线

表 4–7 用 G01 指令加工锥体参考程序

参考程序	注释
O4004;	程序名
N10 T0101;	调用 01 号刀具，执行 01 号刀补
N20 S500 M03;	主轴正转，转速为 500 r/mm
N30 G00 X41.0 Z2.0;	快速进刀至起刀点
N40 X35.0;	进刀至切入点
N50 G01 X40.0 Z–40.0 F100;	第一层粗车，进给速度为 100 mm/min
N60 G00 Z2.0;	*Z* 向退刀
N70 X32.6;	*X* 向进刀至切入点

续表

参考程序	注释
N80 G01 X40.0 Z-40.0 F100;	第二层粗车
N90 G00 Z2.0;	Z 向退刀
N100 M03 S1000;	主轴变速，主轴转速为 1 000 r/min
N110 G42 X31.6;	进刀至精加工切入点，并建立刀尖圆弧半径右补偿
N120 G01 X40.0 Z-40.0 F100;	精车锥体
N130 X45.0;	X 向退刀
N140 G40 G00 X100.0 Z100.0;	取消刀尖圆弧半径右补偿，刀具退至换刀点
N150 M30;	程序结束并复位

3. 用 G90 指令加工锥面

如图 4–19 所示，用循环方式编制一个粗车圆锥面的加工程序。圆锥面切削循环（G90）示例参考程序见表 4–8。

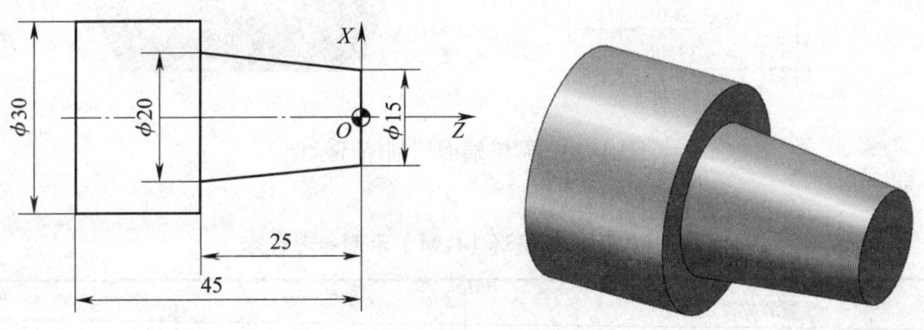

图 4 19　圆锥面切削循环示例

表 4–8　**圆锥面切削循环（G90）示例参考程序**

参考程序	注释
O4005;	程序名
N10 T0101;	调用 01 号刀具，执行 01 号刀补
N20 M03 S800;	主轴正转，转速为 800 r/min
N30 G00 G42 X35.0 Z2.0;	快速靠近工件
N40 G90 X26.0 Z-25.0 R-2.7 F100;	第一次循环加工
N50 X22.0;	第二次循环加工
N60 X20.0;	第三次循环加工
N70 G00 G40 X100.0 Z50.0;	快速返回安全点
N80 M30;	程序结束并复位

4. 用 G94 指令加工锥面

加工如图 4–20 所示的工件，用端面切削循环方式编制其加工程序（毛坯直径为 50 mm）。圆锥端面切削循环（G94）示例参考程序见表 4–9。

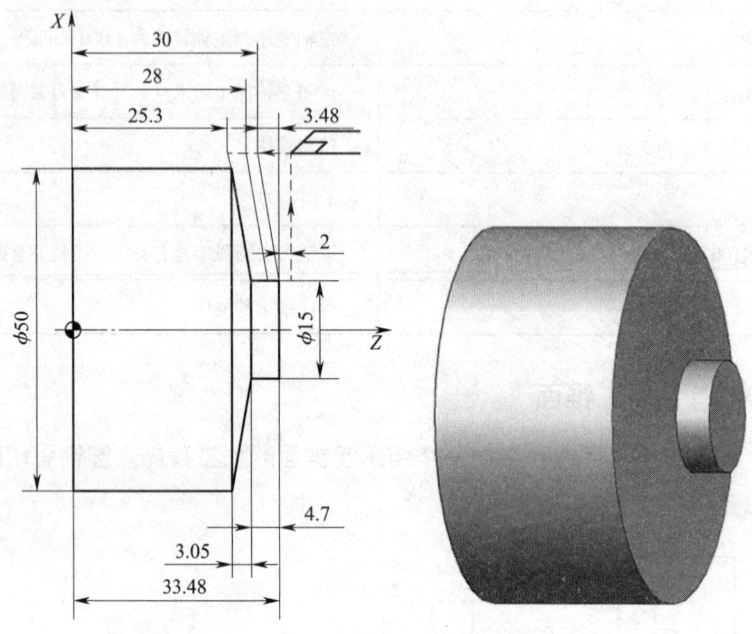

图 4–20　圆锥端面切削循环示例

表 4–9　　圆锥端面切削循环（G94）示例参考程序

参考程序	注释
O4006;	程序名
N10 M03 S600;	主轴正转，转速为 600 r/min
N20 T0101;	调用 01 号刀具，执行 01 号刀补
N30 G41 G00 X55.0 Z35.48;	快速到达循环起点
N40 G94 X15.0 Z33.48 K–3.48 F100;	圆锥面第一次循环加工
N50 Z31.48;	圆锥面第二次循环加工
N60 Z28.78;	圆锥面第三次循环加工
N70 G40 G00 X100.0 Z100.0;	快速返回起刀点
N80 M05;	主轴停止
N90 M30;	程序结束并复位

三、实训练习

加工如图 4–21 所示的工件，毛坯尺寸为 ϕ55 mm×65 mm，材料为 45 钢。

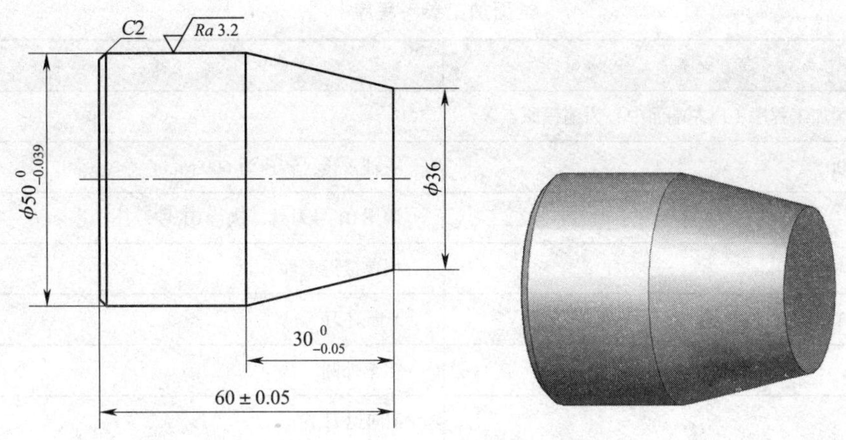

图 4–21 锥面加工实训零件图

1. 确定加工工艺

（1）工艺分析

该工件需要加工 $\phi 50^{\ 0}_{-0.039}$ mm 外圆、锥体、端面和 C2 mm 倒角，同时控制长度 $30^{\ 0}_{-0.05}$ mm 和（60 ± 0.05）mm。工件尺寸标注完整，轮廓描述清楚。工件材料为 45 钢，无热处理和硬度要求。

通过上述分析，可采取以下两点工艺措施：

1）对图样上给定的尺寸，编程时全部取其中值。

2）由于毛坯去除余量不是太大，可按照工序集中的原则确定加工工序。其加工工序如下：车端面，控制总长（60 ± 0.05）mm（可以在普通车床上加工）→粗、精车左端外圆和 C2 mm 倒角→掉头装夹，粗、精车右端锥体。

（2）确定刀具

由于毛坯去除余量不是太大，采用一把 90° 外圆偏刀就能满足加工要求，数控加工刀具卡见表 4–10。

表 4–10 **数控加工刀具卡**

刀具号	刀具规格和名称	数量	加工内容	主轴转速 /（r/min）	进给速度 /（mm/min）	背吃刀量 /mm
T01	90° 外圆偏刀	1	粗车	600	200	2.0
T01	90° 外圆偏刀	1	精车	800	100	0.5
编制	审核	批准		年 月 日	共 页	第 页

2. 编制加工程序

锥面加工参考程序见表 4–11。

表 4–11　　锥面加工参考程序

参考程序	注释
O4007；左端加工程序（以左端面中心为编程原点）	
N10 M03 S600；	主轴正转，转速为 600 r/min
N20 T0101；	调用 01 号刀具，执行 01 号刀补
N30 G00 X56.0 Z1.0；	快速接近工件
N40 G01 X51.0 F200；	*X* 向进刀
N50 Z–32.0；	粗车外圆
N60 X56.0；	*X* 向退刀
N70 G00 Z1.0 S800；	*Z* 向退刀
N80 G01 X43.99 F100；	*X* 向进刀
N90 X49.99 Z–2.0；	加工 *C*2 mm 倒角
N100 Z–32.0；	精车$\phi\ 50^{0}_{-0.039}$ mm 外圆
N110 X56.0；	*X* 向退刀
N120 G00 X100.0 Z50.0；	快速退刀至安全点
N130 M05；	主轴停止
N140 M30；	程序结束并复位
O4008；右端加工程序（以右端面中心为编程原点）	
N10 M03 S600；	主轴正转，转速为 600 r/min
N20 T0101；	调用 01 号刀具，执行 01 号刀补
N30 G00 X56.0 Z2.0；	快速接近工件
N40 G01 X51.0 F200；	*X* 向进刀
N50 Z–30.0；	粗车外圆
N60 G00 X52.0 Z0；	快速退刀
N70 G01 X47.0 F200；	*X* 向进刀
N80 X50.0 Z–30.0；	粗车锥体（第一刀）
N90 G00 Z0；	*Z* 向退刀
N100 G01 X43.0 F200；	*X* 向进刀
N110 X50.0 Z–30.0；	粗车锥体（第二刀）
N120 G00 Z0；	*Z* 向退刀

续表

参考程序	注释
N130 G01 X39.0 F200;	X 向进刀
N140 X50.0 Z–30.0;	粗车锥体（第三刀）
N150 G00 Z0;	Z 向退刀
N160 G01 X37.0 F200;	X 向进刀
N170 X50.0 Z–30.0;	粗车锥体（第四刀）
N180 G00 Z0 S800;	Z 向退刀
N190 G01 G42 X36.0 F100;	X 向进刀，并建立刀尖圆弧半径右补偿
N200 X50.0 Z–30.0;	精车锥体
N210 G00 G40 X100.0 Z50.0;	返回换刀点，并取消刀尖圆弧半径右补偿
N220 M05;	主轴停止
N230 M30;	程序结束并复位

3. 程序校验

将程序输入仿真系统中，校验程序的正误。

4. 工件加工

（1）输入刀尖圆弧半径值和刀尖方位

由于编制加工锥体的程序时采用了刀尖圆弧半径补偿，因此，对刀时需要把刀尖圆弧半径和刀尖方位输入刀具偏置磨损参数表中。在“刀具偏置磨损”界面中，把光标移至 01 参数位置，输入刀尖圆弧半径值 R0.2，按输入键，刀尖圆弧半径值被输入刀具偏置磨损参数表中。按照同样的方法，将刀尖方位 T3 输入参数中，如图 4–22 所示。注意：刀具偏置磨损参数表中的 T 表示刀尖方位，而不是刀具号。

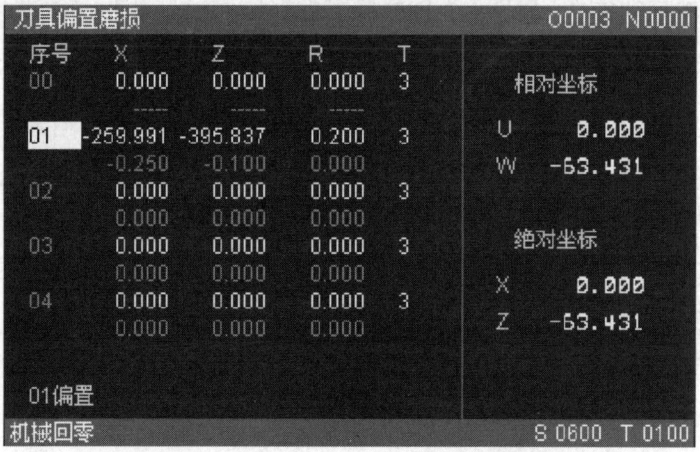

刀具偏置磨损　O0003 N0000

序号	X	Z	R	T
00	0.000	0.000	0.000	3
	-----	-----	-----	
01	-259.991	-395.837	0.200	3
	-0.250	-0.100	0.000	
02	0.000	0.000	0.000	3
	0.000	0.000	0.000	
03	0.000	0.000	0.000	3
	0.000	0.000	0.000	
04	0.000	0.000	0.000	3
	0.000	0.000	0.000	

相对坐标
U 0.000
W -63.431

绝对坐标
X 0.000
Z -63.431

01偏置

机械回零　S 0600 T 0100

图 4–22　输入刀尖圆弧半径和刀尖方位

（2）程序校验与工件加工

将编制好的程序校验无误后，输入机床数控系统中，加工出合格的工件。

四、圆锥面加工质量分析

圆锥面加工常见问题现象的产生原因和解决方法见表 4–12。

表 4–12　圆锥面加工常见问题现象的产生原因和解决方法

问题现象	产生原因	解决方法
锥度不符合要求	1. 程序错误 2. 工件装夹不正确 3. 车刀刀尖过高或过低	1. 检查及修改加工程序 2. 检查工件装夹情况，提高装夹刚度 3. 调整车刀刀尖与工件轴线等高
切削过程中出现干涉现象	工件锥度大于刀具副偏角	1. 正确选择刀具 2. 改变切削方式
切削过程中产生振动	1. 工件装夹不正确 2. 刀具安装不正确 3. 切削参数不正确	1. 正确装夹工件 2. 正确安装刀具 3. 编程时合理选择切削参数
锥面径向尺寸不符合要求	1. 程序错误 2. 刀具磨损 3. 编程时未考虑刀尖圆弧半径补偿	1. 检查及修改加工程序 2. 及时更换磨损严重的刀具 3. 编程时考虑刀尖圆弧半径补偿

第三节　圆弧面加工

一、圆弧面加工指令

1. 圆弧插补指令 G02/G03

圆弧插补指令使刀具相对于工件以指定的速度从当前点（起点）向终点进行圆弧插补。G02 为顺时针圆弧插补指令，G03 为逆时针圆弧插补指令，如图 4–23 所示。

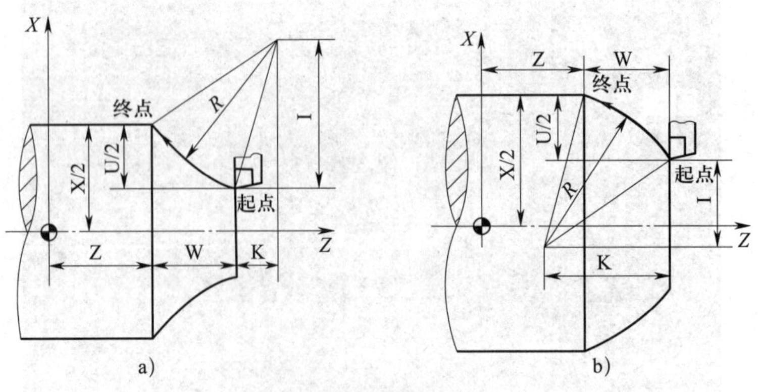

图 4–23　圆弧插补指令

a）G02　b）G03

(1)指令格式

$$\left.\begin{matrix}G02\\G03\end{matrix}\right\}X(U)\_\_\ Z(W)\_\_\ \left\{\begin{matrix}I\_\_\ \ K\_\_\\R\_\_\end{matrix}\right\}F\_\_;$$

圆弧插补指令中各程序字的含义见表 4–13。

表 4–13　圆弧插补指令中各程序字的含义

程序字	指定内容	含义
G02	进给方向	顺时针圆弧插补
G03		逆时针圆弧插补
X__ Z__	终点位置	圆弧终点的绝对坐标值
U__ W__		圆弧终点相对于圆弧起点的增量坐标值
I__ K__	圆心坐标	圆心在 X 轴、Z 轴方向上相对于圆弧起点的增量坐标值
R__	圆弧半径	圆弧半径
F__	进给速度	沿圆弧的进给速度

(2)顺时针圆弧与逆时针圆弧的判别

在使用圆弧插补指令时，需要判断刀具是沿顺时针还是逆时针方向加工工件。判别方法如下：沿垂直于圆弧所在平面（数控车床为 *XZ* 平面）的另一个轴（数控车床为 *Y* 轴）的正方向向负方向看该圆弧，顺时针方向为 G02，逆时针方向为 G03。在判别圆弧的顺、逆方向时，一定要注意刀架的位置和 *Y* 轴的方向，如图 4–24 所示。

(3)圆心坐标的确定

圆心坐标 I、K 值为圆弧起点到圆弧圆心的矢量在 *X* 轴、*Z* 轴方向上的投影，如图 4–25 所示。I、K 为增量值，带有正负号，且 I 值为半径值。I、K 的正负取决于该矢量方向与坐标轴方向的异同，相同为正，相反为负。若已知圆心坐标和圆弧起点坐标，则 $I=X_{圆心}-X_{起点}$（半径差），$K=Z_{圆心}-Z_{起点}$。图 4–25 中 I 值为 –10，K 值为 –20。

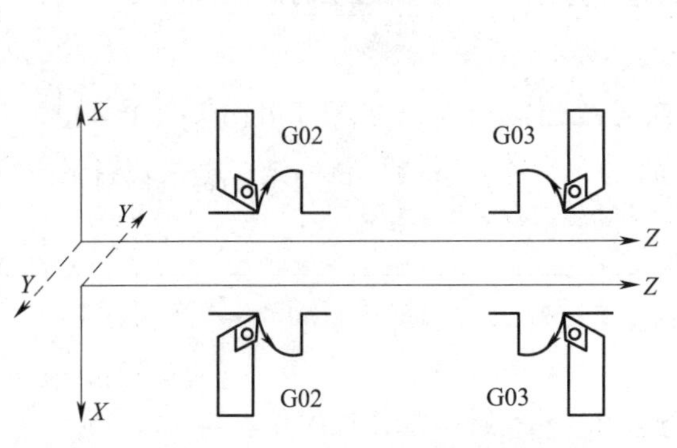

图 4–24　顺时针圆弧与逆时针圆弧的判别

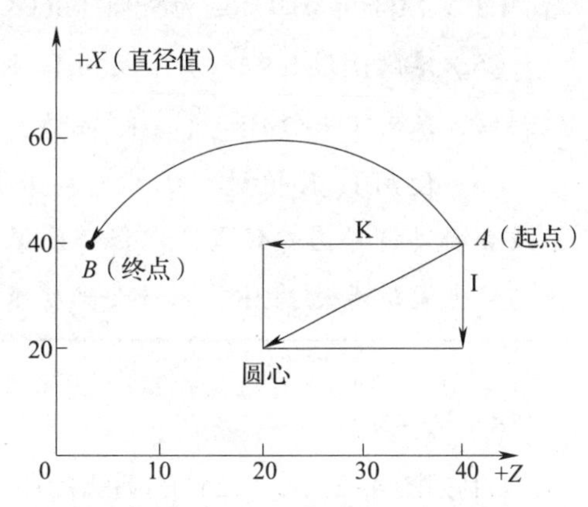

图 4–25　圆心坐标 I、K 值的确定

（4）圆弧半径的确定

圆弧半径R有正值与负值之分。当圆弧所对的圆心角小于或等于180°时（如圆弧1），R取正值；当圆弧所对的圆心角大于180°并小于360°时（如圆弧2），R取负值，如图4–26所示。通常情况下，在数控车床上所加工的圆弧的圆心角小于180°。

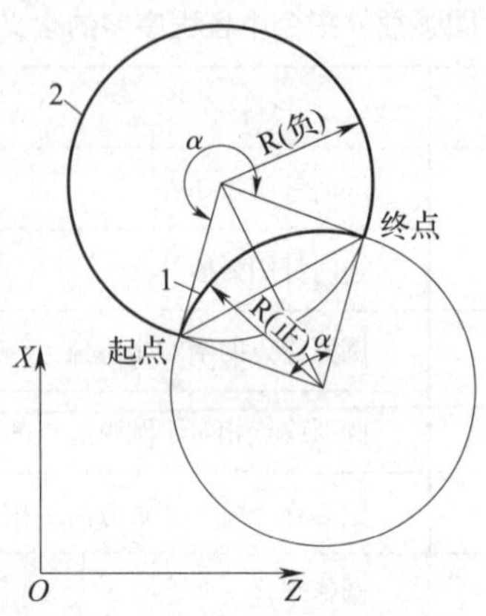

图4–26 圆弧半径R正负的确定

提示

注意事项如下：

（1）当I=0或K=0时，可以省略；但指令地址I、K或R至少必须输入一个；否则，系统将产生报警。

（2）I、K和R同时输入时，R有效，I、K无效。

（3）R值必须等于或大于起点到终点的一半，如果终点不在用R指令定义的圆弧上，系统会产生报警。

（4）地址X（U）、Z（W）可省略一个或全部省略，当省略一个时，表示所省略的轴的起点和终点一致；同时省略，表示终点和起点是同一位置。若用I、K指定圆心时，执行G02或G03指令的轨迹为全圆（360°）；用R指定时，表示0°的圆。

（5）建议使用R编程。当使用I、K编程时，为了保证圆弧运动的起点和终点与指定值一致，系统按半径R=$\sqrt{I^2+K^2}$运动。

（6）使用I、K值进行编程时，若圆心到圆弧终点的距离不等于R（R=$\sqrt{I^2+K^2}$），系统会自动调整圆心位置，以保证圆弧运动的起点和终点与指定值一致。如果圆弧的起点与终点间距离大于2R，系统会产生报警。

（5）编程实例

编制如图4–27所示工件的圆弧精加工程序。$P_1 \rightarrow P_2$圆弧加工程序见表4–14。

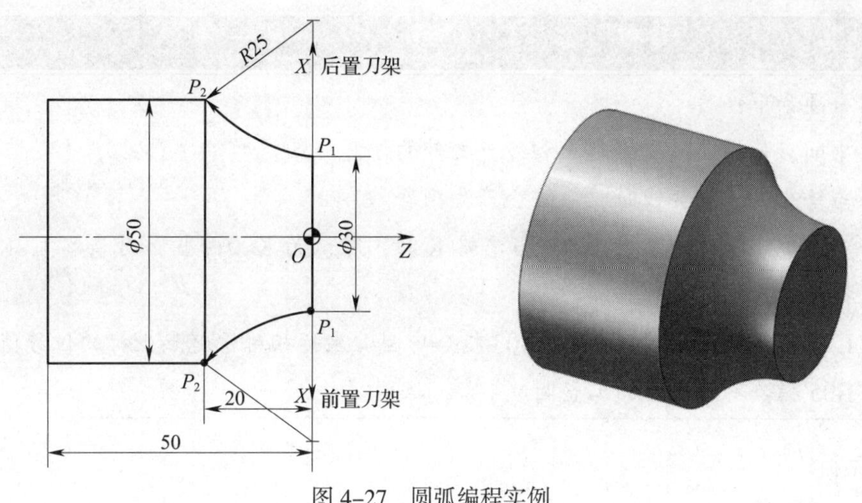

图 4–27 圆弧编程实例

表 4–14 **$P_1 \rightarrow P_2$ 圆弧加工程序**

刀架形式	编程方式	指定圆心 I、K	指定半径 R
后置刀架	绝对值编程	G02 X50.0 Z–20.0 I25.0 K0 F100;	G02 X50.0 Z–20.0 R25.0 F100;
	增量值编程	G02 U20.0 W–20.0 I25.0 K0 F100;	G02 U20.0 W–20.0 R25.0 F100;
前置刀架	绝对值编程	G02 X50.0 Z–20.0 I25.0 K0 F100;	G02 X50.0 Z–20.0 R25.0 F100;
	增量值编程	G02 U20.0 W–20.0 I25.0 K0 F100;	G02 U20.0 W–20.0 R25.0 F100;

提示

从表 4–14 可以看出，刀架前置或后置不影响对工件中圆弧顺逆方向的判别，因此，无论用前置刀架还是后置刀架加工图 4–25 所示的圆弧，其加工程序是相同的。

2. 三点圆弧插补指令 G05

如果圆弧的圆心、半径未知，但已知圆弧轮廓上三个点的坐标，则可使用 G05 指令，通过起点和终点之间的中间点位置确定圆弧方向，如图 4–28 所示。

（1）指令格式

G05 X（U）__ Z（W）__ I__ K__ F__；

（2）指令说明

G05：三点圆弧插补，模态 G 代码；

X__、Z__：圆弧终点的绝对坐标值；

U__、W__：圆弧终点相对于圆弧起点的增量坐标值；

I__：圆弧所经过的中间点相对于起点的增量坐标值（*X* 向）（半径值，带方向）；

K__：圆弧所经过的中间点相对于起点的增量坐标值（*Z* 向，带方向）。

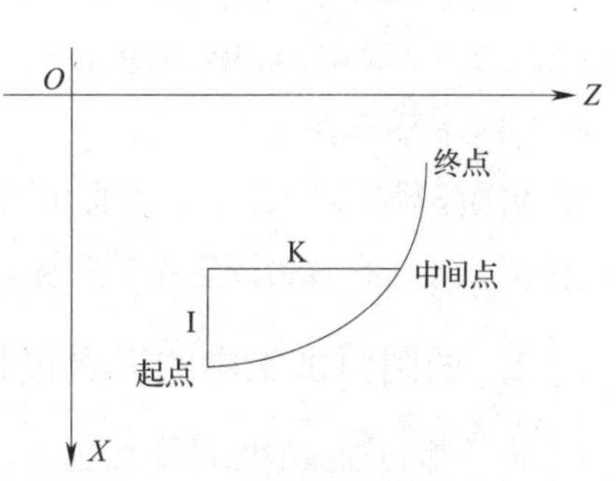

图 4–28 三点圆弧插补指令 G05

提示

注意事项如下：

（1）中间点是指圆弧上除起点和终点之外的任意一点。

（2）当给出的三点共线时，系统会产生报警。

（3）当省略 I 时，即认为 I=0；当省略 K 时，即认为 K=0；当同时省略 I、K 时，系统会产生报警。

（4）I、K 的意义类似于 G02 或 G03 指令中圆心坐标相对于起点坐标的位移值 I、K。

（5）G05 指令不能用于加工整圆。

（3）示例

加工如图 4–29 所示的半圆，参考程序如下：

```
…
N80 G01 X30.0 Z15.0 F100;
N90 G05 X30.0 Z5.0 I–5.0 K–5.0;
…
```

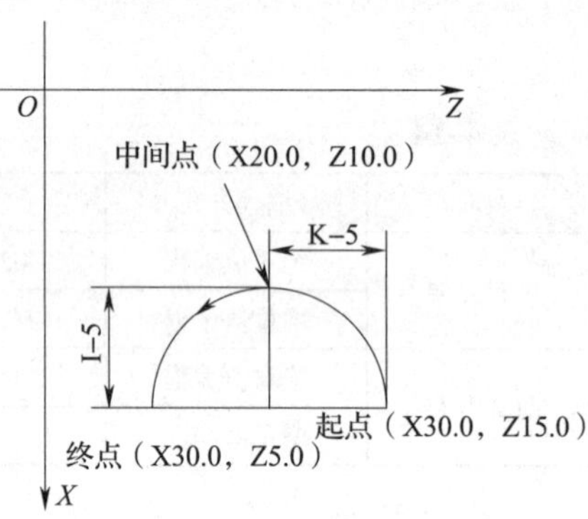

图 4–29　三点圆弧插补示例

二、圆弧面的车削

1. 圆弧车削加工路线

（1）车锥法

车锥法是指根据加工余量，采用圆锥分层切削的方法将加工余量去除后，再进行圆弧精加工，如图 4–30a 所示。采用这种加工路线时，加工效率高，但计算烦琐。

（2）移圆法

移圆法是指根据加工余量，采用相同的圆弧半径，渐进地向车床的某一轴方向移动，最终将圆弧加工出来，如图 4–30b 所示。采用这种加工路线时，编程简单，但若处理不当会出现较多的空行程。

（3）车圆法

车圆法是指在圆心不变的基础上，根据加工余量，采用大小不等的圆弧半径，最终将圆弧加工出来，如图 4–30c 所示。

（4）台阶车削法

台阶车削法是指先根据圆弧面加工出多个台阶，再车削圆弧轮廓，如图 4–30d 所示。这种加工方法在复合固定循环中被广泛应用。

2. 凹圆弧加工中的刀具过切

进行外圆表面的凹圆弧加工时，刀具的选用必须考虑副切削刃的过切问题。凹圆弧切削时的过切现象如图 4–31 所示。

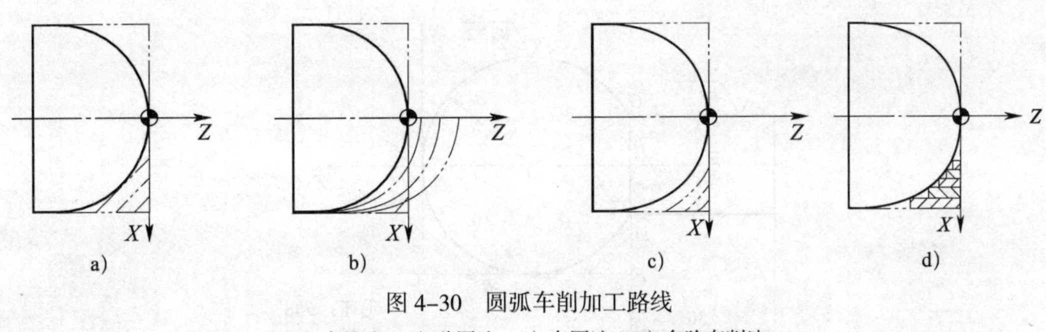

图 4–30　圆弧车削加工路线

a）车锥法　b）移圆法　c）车圆法　d）台阶车削法

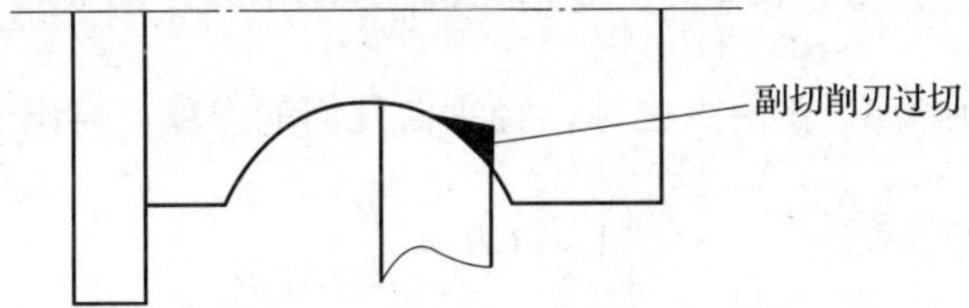

图 4–31　凹圆弧切削时的过切现象

根据外圆车刀刀具几何角度知识可知，决定副切削刃位置的主要刀具角度是刀具的副偏角，因此，选择合理的刀具副偏角成为凹圆弧加工中必须考虑的问题。防止副切削刃过切可以借助几何知识进行简单的计算。如图 4–32 所示，在凹圆弧加工中，对副偏角要求最大的位置在圆弧起点，作该处的圆弧切线，该切线与轴线的夹角就是不产生过切的副偏角。当圆弧的圆心角比较大时，要求刀具的副偏角过大，造成刀尖强度下降，此时，也可用反偏刀进行正反向进给加工凹圆弧，如图 4–33 所示。采用这种方法时，先在凹圆弧中间用切槽刀加工出槽口，再用正向偏刀与反向偏刀进给加工凹圆弧。对于高精度的凹圆弧，一般选用圆弧刀，按刀尖圆弧半径补偿进行高精度的圆弧加工，如图 4–34 所示。

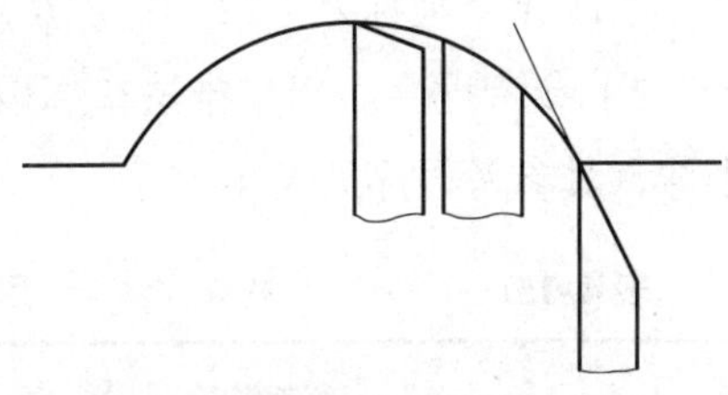

图 4–32　凹圆弧切削时对副偏角的要求

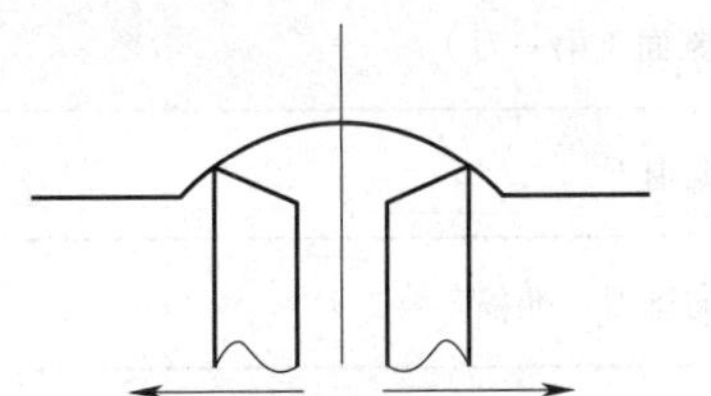

图 4–33　采用正反向进给进行凹圆弧加工

图 4–34　采用圆弧刀对高精度的凹圆弧进行加工

3. 圆弧加工示例

（1）用车锥法加工圆弧

如图 4–35 所示，先用车锥法粗车掉以 AB 为母线的圆锥面外的余量，再用圆弧插补法粗车右半球。

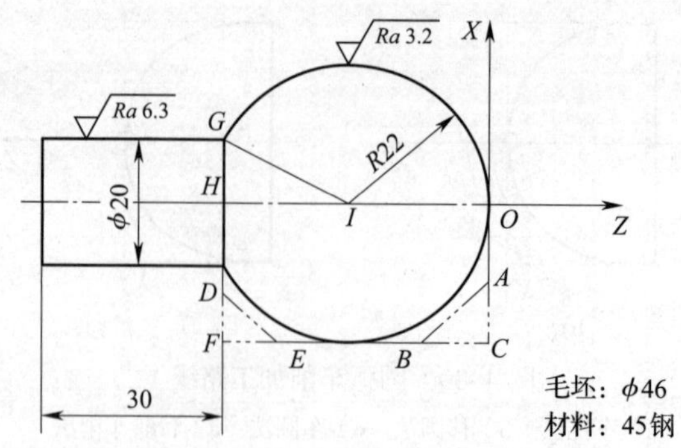

图 4–35　用车锥法加工圆弧示例

1）相关计算。确定点 A、B 两点坐标，经平面几何的推算，得出一简单公式：

$$CA = CB = \frac{R}{2}$$

即 $CA=CB=\frac{22}{2}\ \text{mm}=11\ \text{mm}$

所以 A 点坐标为（22，0），B 点坐标为（44，–11）。

2）参考程序。用车锥法车掉以 AB 为母线的圆锥面外的余量，再用圆弧插补法粗车右半球，其参考程序见表 4–15。

表 4–15　用车锥法加工圆弧参考程序

参考程序	注释
O4009;	程序名
…	
N50 G42 G01 X46.0 Z0 F100;	车刀到达程序起点，并建立刀尖圆弧半径右补偿
N60 U–4.0;	X 向进刀，准备车第一刀
N70 X44.0 Z–1.0;	车锥面（第一刀）
N80 G00 Z0;	Z 向退刀
N90 G01 U–8.0 F100;	X 向进刀，准备车第二刀
N100 X44.0 Z–3.0;	车锥面（第二刀）
N110 G00 Z0;	Z 向退刀
N120 G01 U–12.0 F100;	X 向进刀，准备车第三刀
N130 X44.0 Z–5.0;	车锥面（第三刀）
N140 G00 Z0;	Z 向退刀

续表

参考程序	注释
N150 G01 U-16.0 F100；	*X* 向进刀，准备车第四刀
N160 X44.0 Z-7.0；	车锥面（第四刀）
N170 G00 Z0；	*Z* 向退刀
N180 G01 U-20.0 F100；	*X* 向进刀，准备车第五刀
N190 X44.0 Z-9.0；	车锥面（第五刀）
N200 G00 Z0；	*Z* 向退刀
N210 G01 U-24.0 F100；	*X* 向进刀，准备车第六刀
N220 X44.0 Z-11.0；	车锥面（第六刀）
N230 G00 Z0；	*Z* 向退刀
N240 G01 X0 F100；	*X* 向进刀
N250 G03 X44.0 Z-22.0 R22.0 F100；	用圆弧插补法车削右半球
N260 G00 X100.0；	*X* 向退刀
N270 G40 G00 Z50.0；	*Z* 向退刀，并取消刀尖圆弧半径补偿
…	

用同样的方法车掉以 *DE* 为母线的圆锥面外的余量，再用圆弧插补法车削左半球。此部分加工留给读者自己做练习，要注意所用车刀的角度。

（2）用车圆法加工圆弧

用车圆法加工圆弧圆心不变，圆弧插补半径依次减小（或增大：车凹圆弧）一个背吃刀量，直至达到尺寸要求，如图 4-36 所示。

1）相关计算。*BC* 圆弧的起点坐标为（X20.0，Z0），终点坐标为（X44.0，Z-12.0），半径为 R12；以此类推，可知同心圆的起点、终点和半径：

（X20.0，Z2），（X48.0，Z-12.0），R14；

（X20.0，Z4），（X52.0，Z-12.0），R16；

（X20.0，Z6），（X56.0，Z-12.0），R18；

（X20.0，Z8），（X60.0，Z-12.0），R20。

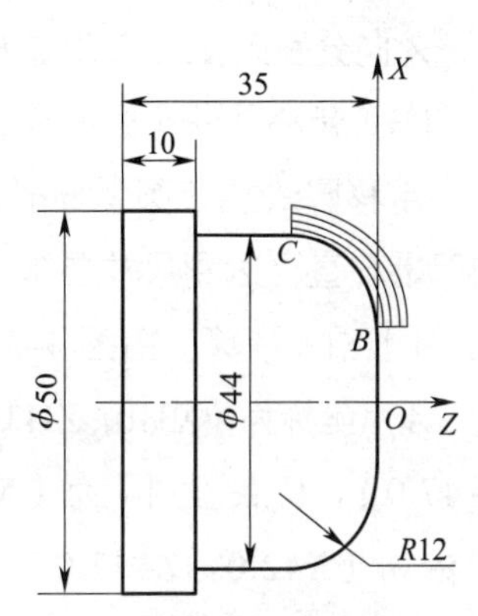

图 4-36　用车圆法加工圆弧示例

2）用车圆法加工圆弧参考程序见表 4–16。

表 4–16　用车圆法加工圆弧参考程序

参考程序	注释
O4010；	程序名
…	
N130 G42 G01 X20.0 Z8.0 F100；	快速到达圆弧加工起点
N140 G03 X60.0 Z–12.0 R20.0；	圆弧插补（第一刀）
N150 G00 Z6.0；	*Z* 向退刀
N160 X20.0；	*X* 向进刀，准备车第二刀
N170 G03 X56.0 Z–12.0 R18.0 F100；	圆弧插补（第二刀）
N180 G00 Z4.0；	*Z* 向退刀
N190 X20.0；	*X* 向进刀，准备车第三刀
N200 G03 X52.0 Z–12.0 R16.0 F100；	圆弧插补（第三刀）
N210 G00 Z2.0；	*Z* 向退刀
N220 X20.0；	*X* 向进刀，准备车第四刀
N230 G03 X48.0 Z–12.0 R14.0 F100；	圆弧插补（第四刀）
N240 G00 Z0；	*Z* 向退刀
N250 X20.0；	*X* 向进刀，准备车第五刀
N260 G03 X44.0 Z–12.0 R12.0 F100；	圆弧插补（第五刀）至要求的尺寸
N270 G01 Z–25.0；	车 ϕ 44 mm 外圆
…	

这种插补方法适用于车削起点、终点正好为四分之一圆弧或半圆弧的工件，每车一刀 *X* 向、*Z* 向分别改变一个背吃刀量。

（3）用移圆法（圆心偏移）加工圆弧面

用移圆法加工圆弧面时，圆心依次偏移一个背吃刀量，直至达到尺寸要求，如图 4–37 所示。

1）相关计算。由图 4–37 可知：

A 点坐标为（X38.0，Z–13.0），*B* 点坐标为（X38.0，Z–47.0），*C* 点坐标为（X42.0，Z–13.0），*D* 点坐标为（X42.0，Z–47.0），*E* 点坐标为（X46.0，Z–13.0），*F* 点坐标为（X46.0，Z–47.0）。

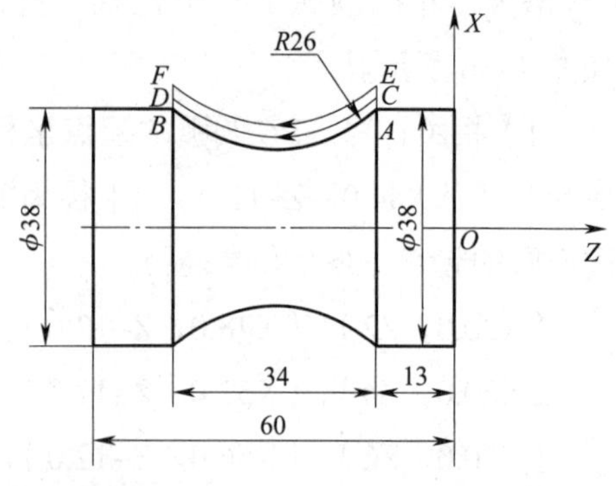

图 4–37　用移圆法加工圆弧示例

2）用移圆法加工圆弧参考程序见表 4–17。

表 4–17　　用移圆法加工圆弧参考程序

参考程序	注释
O4011；	程序名
…	
N90 G00 Z–13.0；	Z 向进刀
N100 G01 X46.0 F300；	X 向进刀
N110 G02 X46.0 Z–47.0 R26.0 F100；	圆弧插补（第一刀）
N120 G00 Z–13.0；	Z 向退刀
N130 G01 X42.0 F300；	X 向进给一个背吃刀量
N140 G02 X42.0 Z–47.0 R26.0 F100；	圆弧插补（第二刀）
N150 G00 Z–13.0；	Z 向退刀
N150 G01 G42 X38.0 F300；	X 向进给一个背吃刀量
N160 G02 X38.0 Z–47.0 R26.0 F100；	圆弧插补（第三刀），至要求的尺寸
…	

采用这种圆弧插补法时，Z 向坐标、圆弧半径 R 不需改变，每车一刀，X 向改变一个背吃刀量即可。

三、实训练习

加工如图 4–38 所示的工件，毛坯尺寸为ϕ 55 mm×65 mm，材料为 45 钢。

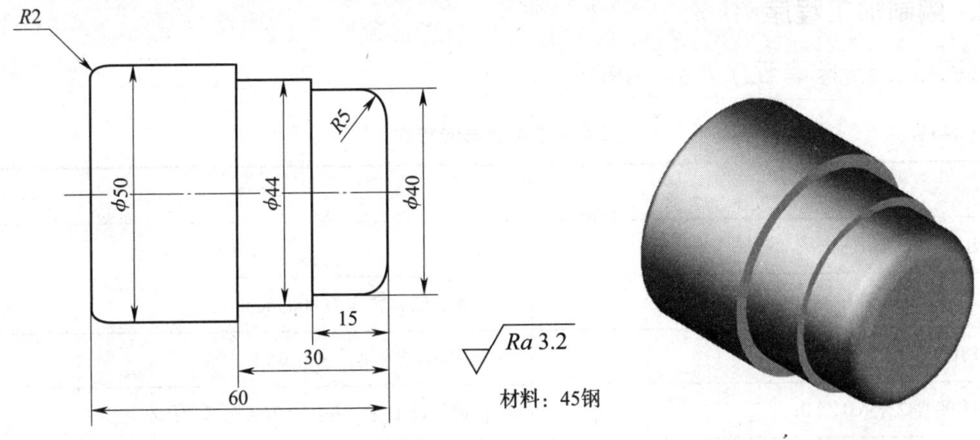

图 4–38　圆弧加工实训零件图

1. 确定加工工艺

（1）工艺分析

该工件需要加工 ϕ50 mm、ϕ44 mm 和 ϕ40 mm 的外圆，*R*5 mm 和 *R*2 mm 的圆弧，以及控制 15 mm、30 mm、60 mm 长度尺寸。工件尺寸未标注公差，表面粗糙度 *Ra* 值为 3.2 μm。

通过上述分析，可采取以下两点工艺措施：

1）对图样上给定的尺寸，编程时全部取其公称尺寸即可。

2）由于毛坯去除余量不是太大，可按照工序集中的原则确定加工工序。其加工工序如下：车端面，控制总长（可以在普通车床上加工）→粗、精车左端 ϕ50 mm 外圆和 *R*2 mm 圆角→掉头装夹，粗、精车右端 *R*5 mm 圆弧、ϕ40 mm 和 ϕ44 mm 外圆。

（2）确定圆弧的起点和终点坐标

1）*R*2 mm 圆弧的起点和终点坐标（以工件左端面与轴线的交点为工件坐标系原点）。起点坐标为（X46.0，Z0），终点坐标为（X50.0，Z–2.0）。

2）*R*5 mm 圆弧的起点和终点坐标（以工件右端面与轴线的交点为工件坐标系原点）。起点坐标为（X30.0，Z0），终点坐标为（X40.0，Z–5.0）。

（3）确定刀具

由于工件外形简单，采用一把 93° 外圆偏刀就能满足加工要求，数控加工刀具卡见表 4–18。

表 4–18　　数控加工刀具卡

刀具号	刀具规格和名称	数量	加工内容	主轴转速 /（r/min）	进给速度 /（mm/min）	背吃刀量 /mm
T01	93° 外圆偏刀	1	粗车工件外轮廓	800	160	2.0
T01	93° 外圆偏刀	1	精车工件外轮廓	G96 S200	100	0.5
编制		审核		批准		年　月　日	共　页	第　页

2. 编制加工程序

圆弧加工实训参考程序见表 4–19。

表 4–19　　圆弧加工实训参考程序

参考程序	注释
O4012；左端加工程序	
N10 G98 M03 S800；	主轴正转，转速为 800 r/min
N20 T0101；	调用 01 号刀具，执行 01 号刀补
N30 G00 G42 X56.0 Z2.0；	快速靠近工件，并建立刀尖圆弧半径右补偿
N40 G90 X51.0 Z–31.0 F160；	用 G90 粗车循环指令粗车 ϕ50 mm 外圆

续表

参考程序	注释
N50 G01 X46.0 Z0 F80；	刀具移至车圆角起点
N60 G03 X50.0 Z–2.0 R2.0；	车 *R*2 mm 圆弧
N70 G01 Z–31.0；	精车 ϕ50 mm 外圆
N80 X56.0；	*X* 向退刀
N90 G00 G40 X100.0 Z50.0；	快速退刀至安全点，取消刀尖圆弧半径补偿
N100 M30；	程序结束并复位
O4013；右端加工程序	
N10 M03 S800；	主轴正转，转速为 800 r/min
N20 T0101；	调用 01 号刀具，执行 01 号刀补
N30 G00 G42 X56.0 Z2.0；	快速靠近工件，并建立刀尖圆弧半径右补偿
N40 G90 X51.0 Z–30.0 F100；	粗加工图样上 ϕ44 mm 外圆至 ϕ51 mm（第一次循环）
N50 X48.0；	粗加工图样上 ϕ44 mm 外圆至 ϕ48 mm（第二次循环）
N60 X45.0；	粗加工图样上 ϕ44 mm 外圆至 ϕ45 mm（第三次循环）
N70 X41.0 Z–15.0；	循环粗加工图样上 ϕ40 mm 外圆至 ϕ41 mm，长度为 15 mm
N80 G01 X36.0 Z0；	进刀至圆弧粗加工起点
N90 G03 X46.0 Z–5.0 R5.0；	粗车 *R*5 mm 圆弧
N100 G01 Z0 F80；	*Z* 向退刀
N110 X31.0；	*X* 向进刀
N120 G03 X41.0 Z–5.0 R5.0；	粗车 *R*5 mm 圆弧
N130 G01 Z0；	*Z* 向退刀
N140 X30.0；	*X* 向进刀
N150 G03 X40.0 Z–5.0 R5.0 F80；	精车 *R*5 mm 圆弧
N160 G01 Z–15.0；	精车 ϕ40 mm 外圆
N170 X44.0；	*X* 向退刀
N180 Z–30.0；	精车 ϕ44 mm 外圆
N190 X51.0；	*X* 向退刀
N200 G00 G40 X100.0 Z50.0；	快速退刀至安全点，取消刀尖圆弧半径补偿
N210 M30；	程序结束并复位

3. 工件加工

将编制好的程序校验无误后，输入机床数控系统中，加工出合格的工件。

四、圆弧加工质量分析

在数控车床上加工圆弧面时会产生很多加工误差，如切削过程中出现干涉现象、圆弧尺寸不符合要求、表面粗糙度达不到要求等。圆弧加工常见问题现象的产生原因和解决方法见表 4–20。

表 4–20　　圆弧加工常见问题现象的产生原因和解决方法

问题现象	产生原因	解决方法
切削过程中出现干涉现象	1. 刀具参数不正确 2. 刀具安装不正确	1. 选择合适的刀具参数 2. 正确安装刀具
圆弧顺逆方向不对	程序不正确	正确编制程序
圆弧尺寸不符合要求	1. 程序不正确 2. 刀具磨损 3. 刀尖圆弧半径没有补偿	1. 正确编制程序 2. 及时更换刀具 3. 考虑刀尖圆弧半径补偿
表面粗糙度达不到要求	1. 车刀刚度不足或伸出太长引起振动 2. 刀具参数选择不合理，如前角过小或后角过大等 3. 切削用量选择不当	1. 正确安装刀具，提高刀具刚度 2. 合理选择刀具角度 3. 进给量不宜过大，合理选择精加工余量

第四节　复合形状固定循环加工

GSK980TDi 数控系统的多重循环指令包括轴向粗车循环指令 G71、径向粗车循环指令 G72、封闭切削循环指令 G73、精加工循环指令 G70、轴向切槽多重循环指令 G74、径向切槽多重循环指令 G75 和多重螺纹切削循环指令 G76。数控系统执行这些指令时，根据编程轨迹、背吃刀量、退刀量等数据自动计算切削次数和切削轨迹，进行多次进刀→切削→退刀→再进刀的加工循环，自动完成工件的粗加工和精加工，指令的起点和终点相同。

G74、G75、G76 循环指令将在后面的章节中介绍。

一、精加工循环指令（G70）

采用复合固定循环指令 G71、G72、G73 进行粗车后，用 G70 指令可进行精车。

1. 指令格式

G70 P（ns）Q（nf）;

式中 ns——精加工程序第一个程序段的段号；

nf——精加工程序最后一个程序段的段号。

2. 指令说明

（1）在精车循环指令 G70 状态下，ns 至 nf 程序中指定的 F、S、T 有效；如果 ns 至 nf 程序中不指定 F、S、T 时，粗车循环中指定的 F、S、T 有效。

（2）执行精加工循环指令 G70 时，刀具沿工件的实际轨迹进行切削，循环结束后刀具返回循环起点。

（3）G70 指令用在 G71、G72、G73 指令的程序内容后，不能单独使用。

提示

在使用 G70 精车循环指令时，要特别注意快速退刀路线，防止刀具与工件发生干涉。

二、轴向粗车复合固定循环指令（G71）

G71 指令有两种粗加工循环，分别是类型Ⅰ和类型Ⅱ。

1. 指令格式

G71 U（Δd）R（e）F__ S__ T__；（1）

G71 P（ns）Q（nf）U（Δu）W（Δw）K__ J__；（2）

类型Ⅰ		类型Ⅱ	
N（ns）G00/G01 X（U）__ …; … N（nf）…;	（3）	N（ns）G00/G01 X（U）__ Z（W）__ …; … N（nf）…;	（3）

G71 指令格式由以下三个部分组成：

（1）给定粗车时的背吃刀量、退刀量和切削速度、主轴转速、刀具功能的程序段。

（2）给定精车轨迹的程序段区间、精车余量的程序段。

（3）给定精车轨迹若干连续的程序段，执行 G71 指令时，这些程序段仅用于计算粗车的轨迹，实际并未被执行。

系统根据精车轨迹、精车余量、背吃刀量、退刀量等数据自动计算粗加工路线，沿与 Z 轴平行的方向切削，通过多次进刀→切削→退刀的切削循环完成工件的粗加工，如图 4–39 所示。G71 指令的起点和终点相同。G71 指令适用于非成形毛坯（棒料）的成形粗车。

2. 相关定义

（1）精车轨迹

由 G71 指令格式的第（3）部分（ns~nf 程序段）给出的工件精加工轨迹，其起点（即 ns 程序段的起点）与 G71 指令粗车的起点、终点相同，简称 A 点；精加工轨迹的第一段

（ns 程序段）只能是 X 轴的快速移动或切削进给，ns 程序段的终点简称 B 点；精加工轨迹的终点（nf 程序段的终点）简称 C 点。精车轨迹为 A 点→ B 点→ C 点，如图 4–39 所示。

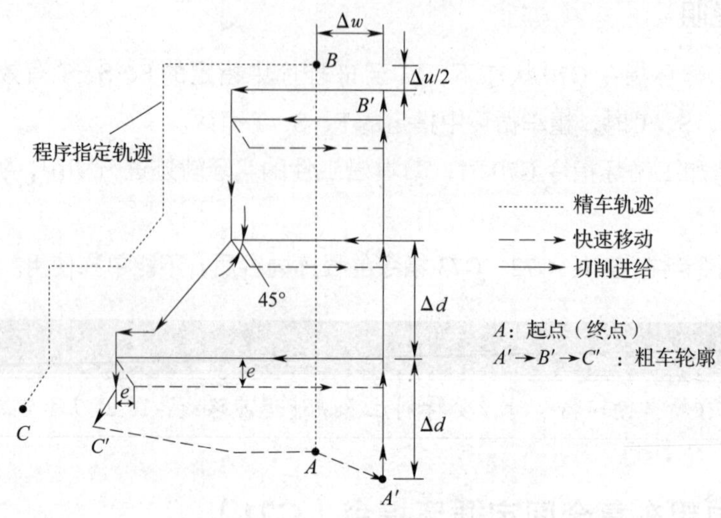

图 4–39 G71 指令循环轨迹

（2）粗车轮廓

粗车轮廓是精车轨迹按精车余量（Δu、Δw）偏移后形成的轮廓，是执行 G71 指令后形成的轨迹轮廓。精加工轨迹的 A、B、C 点经过偏移后对应粗车轮廓的 A′、B′、C′ 点，G71 指令最终的连续切削轨迹为 B′ 点→ C′ 点。

1）Δd：粗车时 X 轴的背吃刀量（单位为 mm 或 in，半径值），无符号，进刀方向由 ns 程序段的移动方向决定。

2）e：粗车时 X 轴的退刀量（单位为 mm 或 in，半径值），无符号，退刀方向与进刀方向相反。

3）ns：精车轨迹第一个程序段的段号。

4）nf：精车轨迹最后一个程序段的段号。

5）Δu：X 轴的精加工余量（直径值），有符号，粗车轮廓相对于精车轨迹的 X 轴坐标偏移，即 A′ 点与 A 点 X 轴绝对坐标的差值。U（Δu）未输入时，系统按 Δu=0 处理，即粗车循环 X 轴不留精加工余量。

6）Δw：Z 轴的精加工余量，有符号，粗车轮廓相对于精车轨迹的 Z 轴坐标偏移，即 A′ 点与 A 点 Z 轴绝对坐标的差值。W（Δw）未输入时，系统按 Δw=0 处理，即粗车循环 Z 轴不留精加工余量。

7）K__：当 K 不输入或者 K 不为 1 时，系统除圆弧、椭圆或抛物线的起点和终点的 Z 值相等或圆弧圆心角大于 180° 外，不检查程序的单调性；当 K=1 时，系统检查程序的单调性。

8）M__、S__、T__、F__：可在第一个 G71 指令或第二个 G71 指令中指定，也可在

ns~nf 程序段中指定。在 G71 循环指令中，ns~nf 程序段中的 M、S、T、F 功能都无效，仅在有 G70 精车循环指令的程序段中才有效。

3. 类型Ⅰ

（1）指令执行过程

1）刀具从起点 A 快速移到 A' 点，X 轴移动 Δu，Z 轴移动 Δw。

2）从 A' 点沿 X 轴移动 Δd（进刀），ns 程序段是按执行 G00 指令时的快速移动速度进刀，执行 G01 指令时按 G71 指令的切削进给速度 F 进刀，进刀方向与 A 点→ B 点的方向一致。

3）Z 轴切削进给到粗车轮廓，进给方向与 B 点→ C 点 Z 轴坐标变化一致。

4）X 轴、Z 轴按切削进给速度退刀 e（45° 直线），退刀方向与各轴进刀方向相反。

5）Z 轴以快速移动速度退回与 A' 点 Z 轴绝对坐标相同的位置。

6）如果 X 轴再次进刀（$\Delta d+e$）后，移动的终点未到达 B' 点，X 轴再次进刀（$\Delta d+e$），然后执行步骤 3）；如果 X 轴再次进刀（$\Delta d+e$）后，移动的终点到达 B' 点，X 轴进刀至 B' 点，然后执行步骤 7）。

7）沿粗车轮廓从 B' 点切削进给至 C' 点。

8）从 C' 点快速移到 A 点，G71 指令执行结束，程序跳转到 nf 程序段的下一个程序段。

（2）留精车余量时坐标偏移方向

Δu、Δw 反映了精车时坐标偏移和切入方向，按 Δu、Δw 的符号有四种不同组合，如图 4–40 所示，图中 $B \to C$ 为精车轨迹，$B' \to C'$ 为粗车轮廓，A 为起刀点。

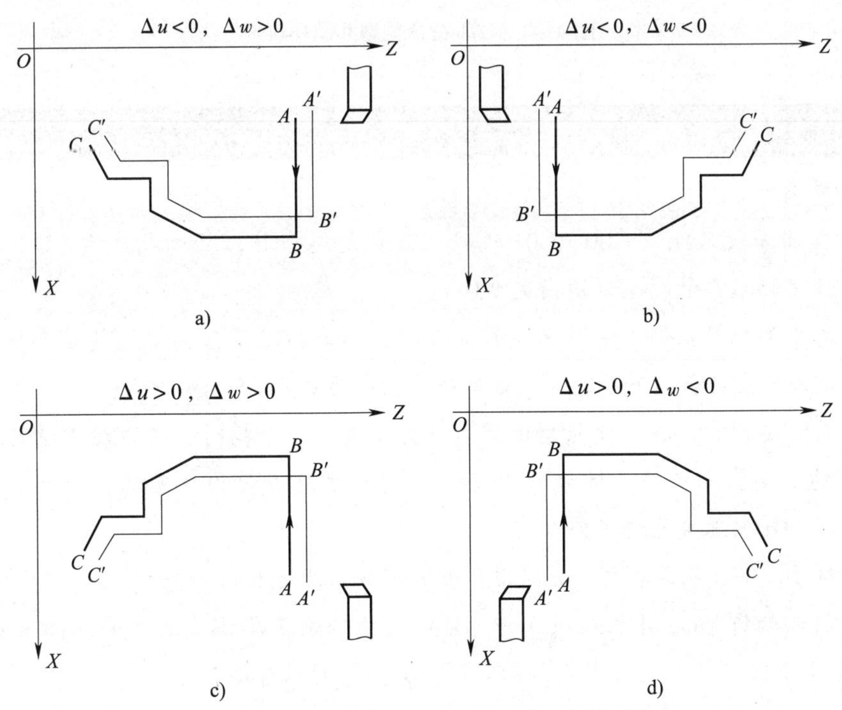

图 4–40 G71 指令中 Δu 和 Δw 的符号

4. 类型Ⅱ

类型Ⅱ不同于类型Ⅰ，其主要特点如下：

（1）类型Ⅱ比类型Ⅰ多一个参数J。当J不输入或者J不为1时，系统不会沿着粗车轮廓再运行一次；当J=1时，系统会沿着粗车轮廓再运行一次。

（2）沿X轴的外形轮廓不必单调递增或单调递减，并且最多可以有10个凹槽，但是，沿Z轴的外形轮廓必须单调递增或单调递减。

（3）第一刀不必垂直，沿Z轴为单调变化的形状即可进行加工。

（4）车削后应退刀，退刀量由R（e）参数指定。

（5）指令执行过程：粗车轨迹为$A\rightarrow1\rightarrow2\rightarrow3\rightarrow\cdots\rightarrow H$，如图4-41所示。

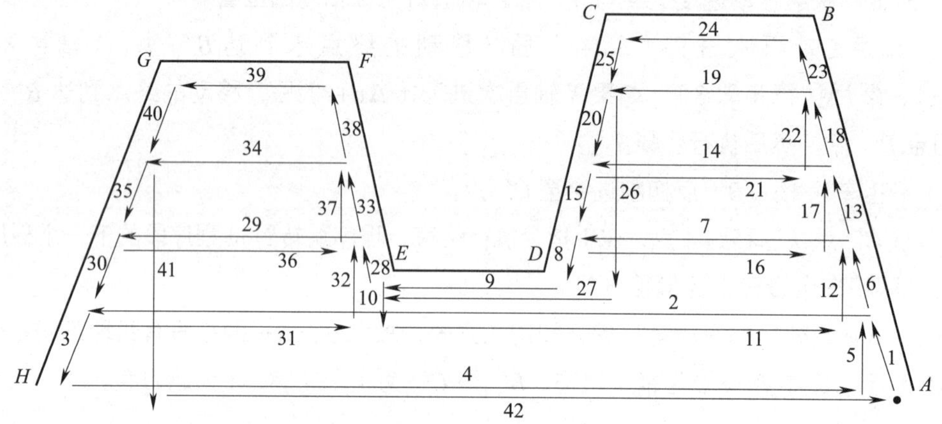

图4-41 G71指令类型Ⅱ循环轨迹

提示

注意事项如下：

（1）ns程序段只能是G00、G01代码，如果是类型Ⅱ，必须指定X（U）和Z（W）两个轴，当Z轴不移动时也必须指定W0。

（2）对于类型Ⅱ，精车余量只能指定X向，如果指定了Z向上的精车余量，则会使整个加工轨迹发生偏移；如果指定，最好将其指定为0。

（3）对于类型Ⅱ，在当前槽切削完成准备切削下一个槽时，留下退刀量的距离，让刀以G01的速度靠向工件（标号为25和26），如果退刀量为0或者剩余距离小于退刀量，系统以G01的速度靠向工件。

（4）对于没有注明是类型Ⅰ还是类型Ⅱ的部分为两者共用。

（5）精车轨迹（ns~nf程序段）中，Z轴尺寸必须是单调变化（一直增大或一直减小）。类型Ⅰ中X轴尺寸也必须是单调变化，类型Ⅱ则不需要。

（6）ns~nf程序段必须紧跟在G71程序段后编写。如果在G71程序段前编写，系统自动搜索到 ns~nf 程序段并执行，执行完成后，按顺序执行 nf 程序段的下一程序，因此会导致重复执行 ns~nf 程序段。

（7）执行 G71 指令时，ns~nf 程序段仅用于计算粗车轮廓，程序段并未被执行。

（8）在 ns~nf 程序段中只能有 G 代码，如 G00、G01、G02、G03、G04、G05、G6.2、G6.3、G7.2、G7.3、G96、G97、G98、G99、G40、G41、G42，不能有子程序调用代码（如 M98、M99）。

（9）G96、G97、G98、G99、G40、G41、G42 代码在执行 G71 循环指令中无效，执行 G70 精加工循环指令时有效。

（10）在 G71 指令执行过程中，可以停止自动运行并通过手动移动，但要再次执行 G71 循环指令时，必须返回手动移动前的位置；如果不返回就继续执行，后面的运行轨迹将错位。

（11）执行进给保持、单段运行的操作时，在运行完当前轨迹的终点后程序暂停。

（12）Δd、Δu 都用同一地址 U 指定，其区分方式是根据该程序段有无指定 P、Q 代码。

（13）在录入方式中不能执行 G71 指令；否则会产生报警。

（14）在同一程序中需要多次使用复合循环指令时，ns~nf 程序段不允许有相同的段号。

（15）退刀点要尽量高或低，以免退刀时碰到工件。

5. 编程示例

如图 4–42 所示为棒料毛坯的加工示意图。粗加工背吃刀量为 2 mm，进给量为 0.3 mm/r，主轴转速为 500 r/min；精加工余量 X 向为 1 mm（直径值），Z 向为 0.5 mm，进给量为 0.15 mm/r，主轴转速为 800 r/min；程序起点如图 4–42 所示。试编写加工程序。

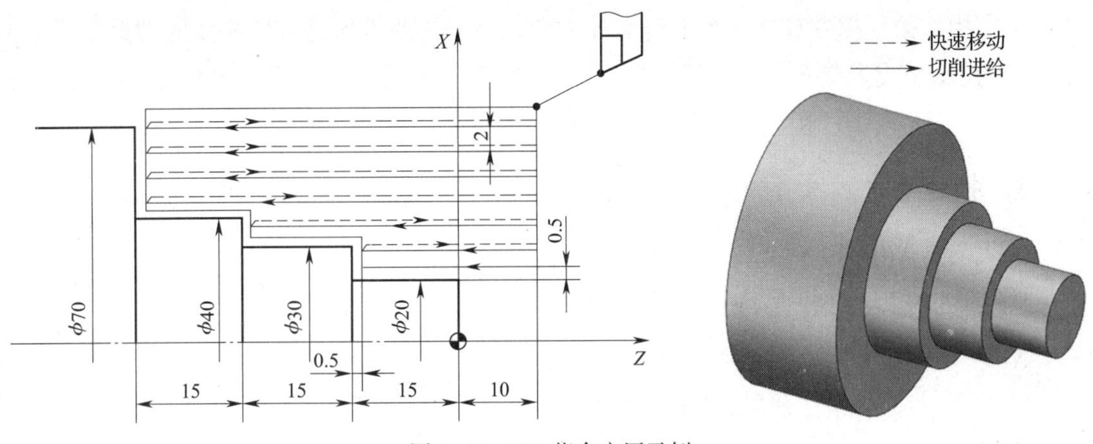

图 4–42 G71 指令应用示例

G71 指令应用示例参考程序见表 4–21。

表 4–21　G71 指令应用示例参考程序

参考程序	注释
O4014；	程序名
N10 G99 M03 S500；	主轴正转，转速为 500 r/min
N20 T0101；	调用 01 号刀具，执行 01 号刀补
N30 G00 X72.0 Z10.0；	快速移到循环起刀点
N40 G71 U2.0 R1.0 F0.3；	背吃刀量为 2 mm，退刀量为 1 mm
N50 G71 P60 Q120 U1.0 W0.5；	精车余量 X 向为 1 mm、Z 向为 0.5 mm
N60 G00 X20.0 S800；	精加工轮廓起点，转速为 800 r/min
N70 G01 Z–15.0 F0.15；	精加工 ϕ20 mm 外圆
N80 X30.0；	精加工端面
N90 Z–30.0；	精加工 ϕ30 mm 外圆
N100 X40.0；	精加工端面
N110 Z–45.0；	精加工 ϕ40 mm 外圆
N120 X72.0；	精加工端面
N130 G70 P60 Q120；	精加工循环指令
N140 G00 X100.0 Z100.0；	退至换刀点
N150 M05；	主轴停止
N160 M30；	程序结束并复位

三、端面粗车复合固定循环指令（G72）

端面粗车循环指令 G72 的含义与 G71 类似，不同之处是采用 G72 指令时刀具平行于 X 轴方向切削，它是从外径方向往轴线方向切削端面的粗车循环，该循环方式适用于对长径比较小的盘类工件端面的粗车。

1. 指令格式

G72 W（Δd）R（e）F__ S__ T__；

G72 P（ns）Q（nf）U（Δu）W（Δw）；

N<u>ns</u>··· F__ S__；
···　　（用以描述精加工轨迹）
N<u>nf</u>···

式中　Δd——Z 向背吃刀量，不带符号，且为模态值；

e——粗车时 Z 向退刀量，其值为模态值；

ns——精车程序第一个程序段的段号；

nf——精车程序最后一个程序段的段号；

Δu——X 向精车余量（直径值），该加工余量具有方向性，即外圆的加工余量为正，内孔的加工余量为负；

Δw——Z 向精车余量值；

F__、S__、T__——粗加工循环中的进给速度、主轴转速和刀具功能。

2. 指令执行过程

端面粗车复合固定循环轨迹如图 4–43 所示。

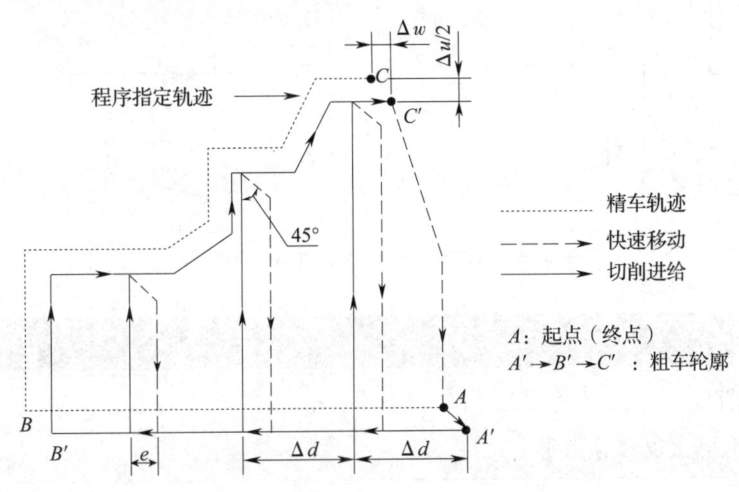

图 4–43 端面粗车复合固定循环轨迹

（1）刀具从起点 A 快速移到 A' 点，X 轴移动 $\Delta u/2$，Z 轴移动 Δw。

（2）刀具从 A' 点沿 Z 轴移动 Δd（进刀），ns 程序段是按执行 G00 指令时的快速移动速度进刀，执行 G01 指令时按 G72 指定的切削进给速度 F 进刀，进刀方向与 A 点→ B 点的方向一致。

（3）X 轴切削进给到粗车轮廓，进给方向与 B 点→ C 点 X 轴坐标变化一致。

（4）X 轴、Z 轴按切削进给速度退刀 e（45° 直线），退刀方向与各轴进刀方向相反。

（5）X 轴以快速移动速度退回与 A' 点 Z 轴绝对坐标相同的位置。

（6）如果 Z 轴再次进刀（$\Delta d+e$）后，移动的终点未到达 B' 点，Z 轴再次进刀（$\Delta d+e$），然后执行步骤（3）；如果 Z 轴再次进刀（$\Delta d+e$）后，移动的终点到达 B' 点，Z 轴进刀至 B' 点，然后执行步骤（7）。

（7）沿粗车轮廓从 B' 点切削进给至 C' 点。

（8）从 C' 点快速移到 A 点，G72 循环指令执行结束，程序跳转到 nf 程序段的下一个程序段。

3. 留精车余量时坐标偏移方向

Δu、Δw 反映了精车时坐标偏移和切入方向，按 Δu、Δw 的符号有四种不同组合，如图 4–44 所示，图中 $B \rightarrow C$ 为精车轨迹，$B' \rightarrow C'$ 为粗车轮廓，A 为起刀点。

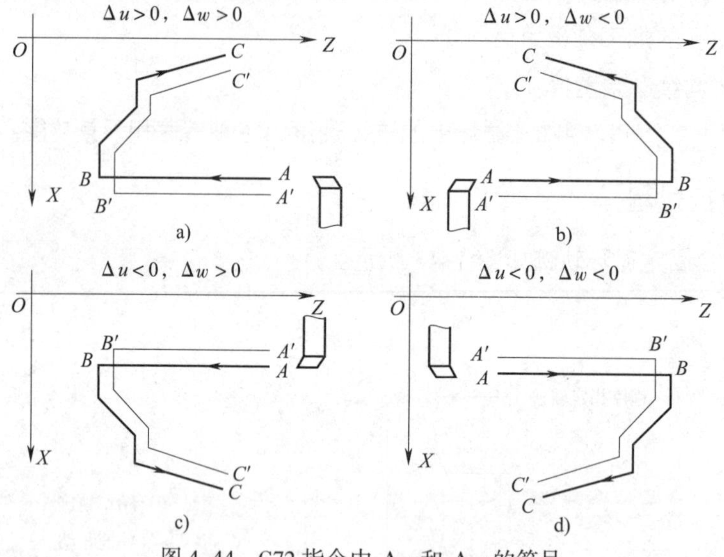

图 4–44 G72 指令中 Δu 和 Δw 的符号

提示

在 GSK980TDi 数控系统的 G72 循环指令中，ns 程序段必须沿 Z 向进刀，且不能出现 X 坐标字；否则会出现程序报警。

4. 编程示例

如图 4–45 所示为棒料毛坯的加工示意图。粗加工背吃刀量为 4 mm，进给量为 0.2 mm/r，主轴转速为 500 r/min；精加工余量 X 向为 0.2 mm（直径值），Z 向为 0.1 mm，进给量为 0.1 mm/r，主轴转速为 800 r/min；程序起点如图 4–45 所示。用端面粗车循环 G72 指令编写加工程序。

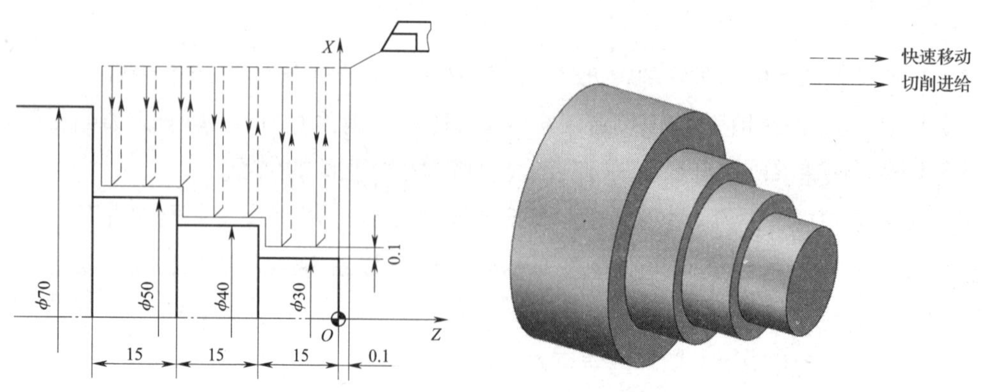

图 4–45 G72 指令应用示例

G72 指令应用示例参考程序见表 4–22。

表 4–22 G72 指令应用示例参考程序

参考程序	注释
O4015；	程序名
N10 G99 M03 S500；	主轴正转，转速为 500 r/min
N20 T0101；	调用 01 号刀具，执行 01 号刀补
N30 G00 X72.0 Z2.0；	快速移到循环起刀点
N40 G72 W4.0 R1.0 F0.2；	粗加工背吃刀量为 4 mm，退刀量为 1 mm
N50 G72 P60 Q120 U0.2 W0.1；	*X* 向精车余量为 0.2 mm，*Z* 向精车余量为 0.1 mm
N60 G00 Z–45.0 S800；	精加工轮廓起点，主轴转速为 800 r/min
N70 G01 X50.0 F0.1；	精加工 ϕ70 mm 端面
N80 Z–30.0；	精加工 ϕ50 mm 外圆
N90 X40.0；	精加工 ϕ50 mm 端面
N100 Z–15.0；	精加工 ϕ40 mm 外圆
N110 X30.0；	精加工 ϕ40 mm 端面
N120 Z2.0；	精加工 ϕ30 mm 外圆
N130 G70 P60 Q120；	精加工循环指令
N140 G00 X100.0 Z100.0；	退至安全点
N150 M05；	主轴停止
N160 M30；	程序结束并复位

四、仿形切削粗车固定循环指令（G73）

G73 指令适用于加工毛坯轮廓形状与工件轮廓形状基本接近的铸、锻毛坯件。

1. 指令格式

G73 U（Δi）W（Δk）R（Δd）F__ S__ T__；

G73 P（ns）Q（nf）U（Δu）W(Δw)；

Nns… F__ S__；
…　　　（用以描述精加工轨迹）
Nnf…

式中 Δi——粗车时径向（*X* 轴）切除的总余量（半径值）；

Δk——粗车时轴向（*Z* 轴）切除的总余量；

Δd——粗车循环次数；

ns——精车轨迹第一个程序段的段号；

nf——精车轨迹最后一个程序段的段号；

Δu——X 向精加工余量；

Δw——Z 向精加工余量；

F__、S__、T__——粗加工时 G73 指令中的 F、S、T 有效，而精加工时处于 ns~nf 程序段之间的 F、S、T 有效。

2. 指令执行过程

G73 指令循环轨迹如图 4–46 所示。

（1）$A \to A_1$：快速移动。

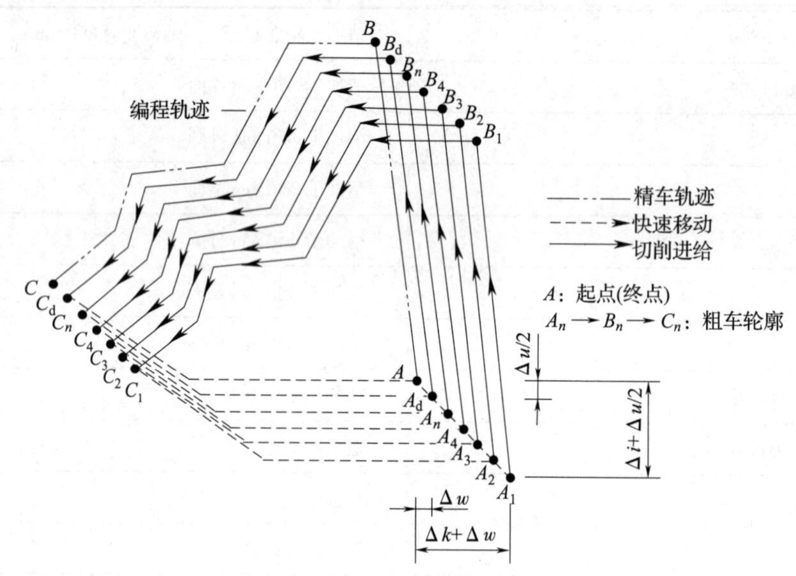

图 4–46　G73 指令循环轨迹

（2）第一次粗车，$A_1 \to B_1 \to C_1$。$A_1 \to B_1$：ns 程序段是按执行 G00 指令时的快速移动速度进刀，执行 G01 指令时按 G73 指定的切削进给速度 F 进刀；$B_1 \to C_1$：切削进给。

（3）$C_1 \to A_2$：快速移动。

（4）第二次粗车，$A_2 \to B_2 \to C_2$。$A_2 \to B_2$：ns 程序段是按执行 G00 指令时的快速移动速度进刀，执行 G01 指令时按 G73 指定的切削进给速度 F 进刀；$B_2 \to C_2$：切削进给。

（5）$C_2 \to A_3$：快速移动。

…

第 n 次粗车，$A_n \to B_n \to C_n$。$A_n \to B_n$：ns 程序段是按执行 G00 指令时的快速移动速度进刀，执行 G01 指令时按 G73 指定的切削进给速度 F 进刀；$B_n \to C_n$：切削进给。

$C_n \to A_{n+1}$：快速移动。

…

最后一次粗车，$A_d \to B_d \to C_d$。$A_d \to B_d$：ns 程序段是按执行 G00 指令时的快速移动速度进刀，执行 G01 指令时按 G73 指定的切削进给速度 F 进刀；$B_d \to C_d$：切削进给。

$C_d \to A$：快速移到起点。

3. 留精车余量时坐标偏移方向

Δi、Δk 反映了粗车时坐标偏移和切入方向，Δu、Δw 反映了精车时坐标偏移和切入方向。Δi、Δk、Δu、Δw 可以有多种组合，一般情况下，通常 Δi 与 Δu 的符号一致，Δk 与 Δw 的符号一致，常用的有四种组合，如图 4–47 所示，图中 A 为起刀点，$B \to C$ 为工件轮廓，$B' \to C'$ 为粗车轮廓，$B'' \to C''$ 为精车轨迹。

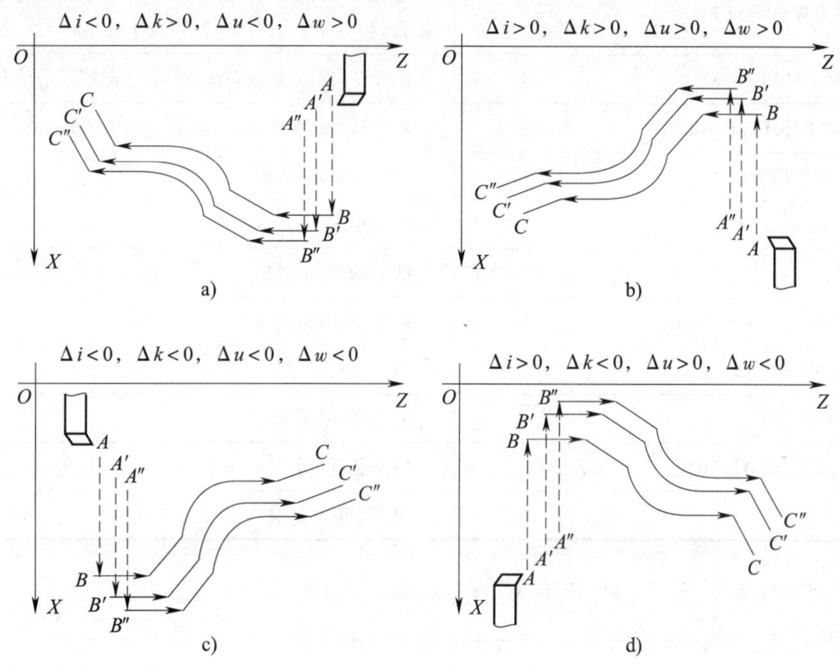

图 4–47　G73 指令中 Δi、Δk、Δu、Δw 的符号

4. 编程示例

加工如图 4–48 所示的工件，其毛坯为锻件，X 向加工余量不大于 5 mm，Z 向加工余量不大于 3 mm。

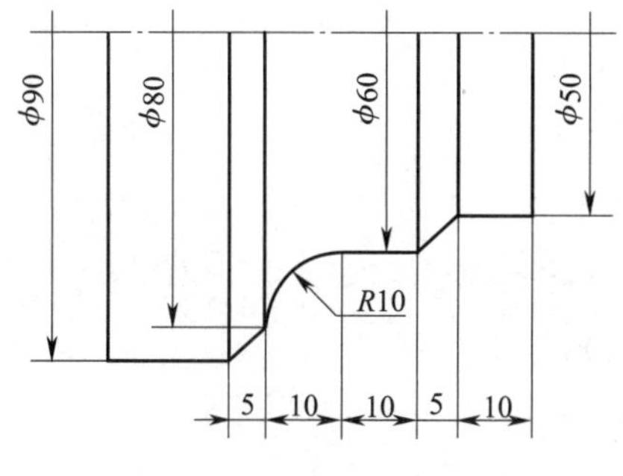

图 4–48　G73 指令应用示例

G73 指令应用示例参考程序见表 4–23。

表 4–23　G73 指令应用示例参考程序

参考程序	注释
O4016；	程序名
N10 T0101；	调用 01 号刀具，执行 01 号刀补
N20 S800 M03；	主轴正转，转速为 800 r/min
N30 G00 X110.0 Z10.0；	刀具快速靠近工件
N40 G73 U5.0 W3.0 R3 F200；	设置 X 向切除余量为 5.0 mm，Z 向总切除余量为 3.0 mm，循环次数为 3 次，进给速度为 200 mm/min
N50 G73 P60 Q110 U0.4 W0.1；	设置 X 向精车余量为 0.4 mm，Z 向精车余量为 0.1 mm
N60 G00 G42 X50.0 Z1.0 S1000；	快速靠近精车起点，主轴转速为 1 000 r/min
N70 G01 Z–10.0 F100；	精车 ϕ50 mm 外圆
N80 X60.0 Z–15.0；	精车锥体
N90 Z–25.0；	精车 ϕ60 mm 外圆
N100 G02 X80.0 Z–35.0 R10.0；	精车 R10 mm 圆弧
N110 G01 X90.0 Z–40.0；	精车锥体
N120 G70 P60 Q110；	调用精车循环指令
N130 G00 G40 X100.0 Z150.0；	快速退至安全点
N140 M30；	程序结束并复位

G73 指令同样可以用于切削没有预加工的棒料毛坯。如图 4–48 所示的工件，如将程序中的 N30~N50 行进行调整，即可采用不同的渐进方式将工件加工成形（由于 G73 指令在每次循环中的走刀路径是确定的，必须使循环起刀点与工件间保持一定距离）。

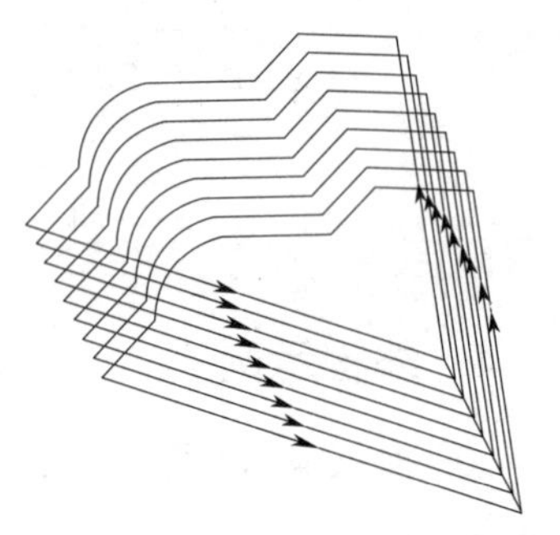

图 4–49　G73 指令 X、Z 向双向进刀

（1）X、Z 向双向进刀（见图 4–49）

N30 G00 X150.0 Z30.0；

N40 G73 U25.0 W10.0 R13 F200；

N50 G73 P60 Q110 U0.4 W0.1；

…

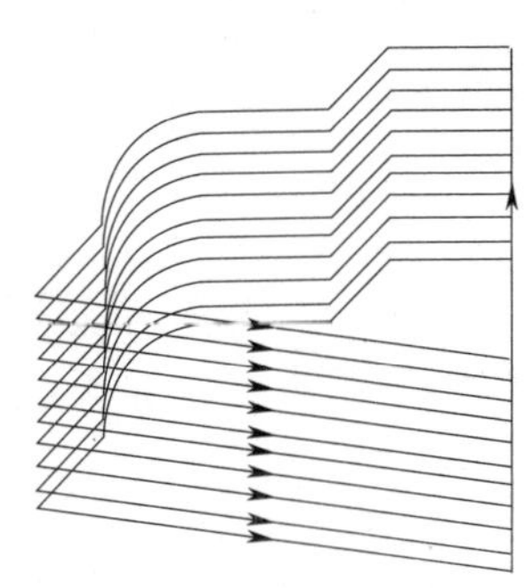

图 4–50　G73 指令 X 向进刀

（2）X 向进刀（见图 4–50）

N30 G00 X150.0 Z1.0；

N40 G73 U25.0 W0 R13 F200；

N50 G73 P60 Q110 U0.4 W0.1；

…

（3）Z向进刀（见图 4–51）

N30 G00 X92.0 Z45.0；

N40 G73 U0 W40.0 R13 F200；

N50 G73 P60 Q110 U0.4 W0.1；

…

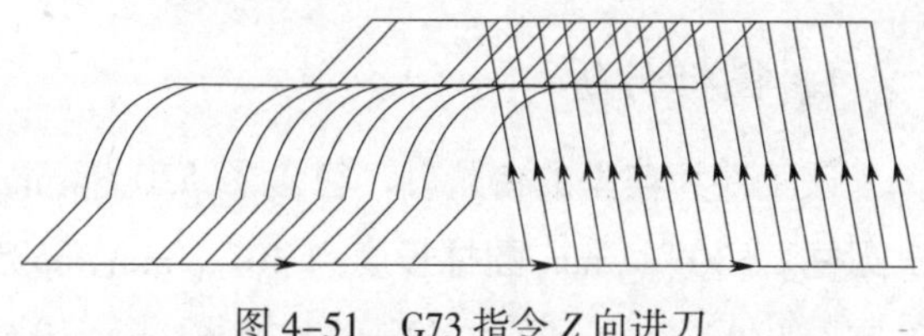

图 4–51　G73 指令 Z 向进刀

提示

建议使用X、Z向双向进刀或X向单向进刀方式，若使用Z向单向进刀，会使整个切削过程中背吃刀量过大。加工内凹型面时，如果使用Z向单向进刀方式，会将凹型轮廓破坏，所以常采用X向单向进刀。

第五节　外轮廓加工综合实例

一、台阶轴

试编制图 4–52 所示台阶轴的加工程序。

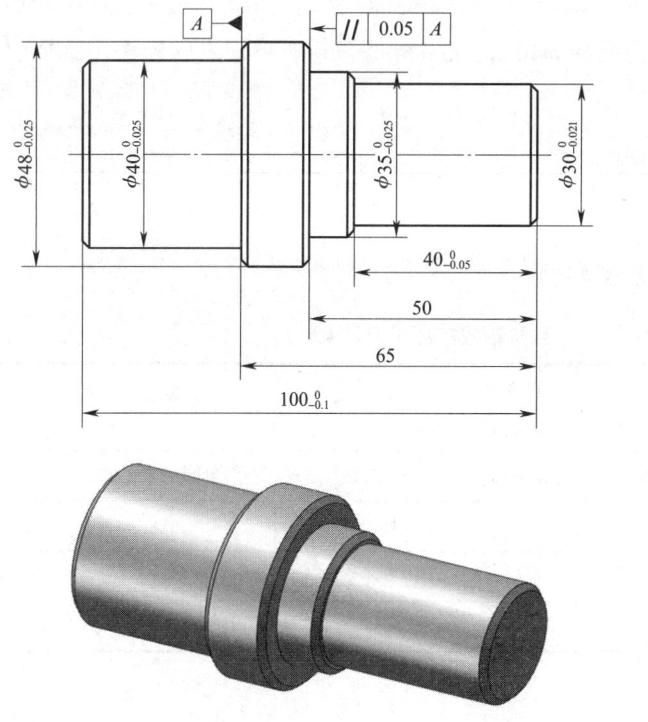

图 4–52　台阶轴零件图

1. 图样分析

该工件为典型的台阶轴，包含了 $\phi30_{-0.021}^{0}$ mm、$\phi35_{-0.025}^{0}$ mm、$\phi40_{-0.025}^{0}$ mm、$\phi48_{-0.025}^{0}$ mm 四个圆柱。$\phi30_{-0.021}^{0}$ mm 圆柱长度为 $40_{-0.05}^{0}$ mm，$\phi35_{-0.025}^{0}$ mm 圆柱长度由长度 50 mm 和 $40_{-0.05}^{0}$ mm 确定，$\phi48_{-0.025}^{0}$ mm 圆柱长度由长度 65 mm 和 50 mm 确定，$\phi40_{-0.025}^{0}$ mm 圆柱长度由总长和长度 65 mm 确定。四个圆柱端面处都有 $C1.5$ mm 倒角。四个圆柱都有严格的表面质量要求，表面粗糙度 Ra 值为 1.6 μm。同时 $\phi48_{-0.025}^{0}$ mm 圆柱右端面还有平行度要求。

2. 工艺分析

该工件虽然形状比较简单，计算量比较少，程序编制比较容易，但四个圆柱有严格的尺寸精度和表面质量要求。该工件的加工难点在于如何确保四个圆柱的尺寸精度和表面质量要求，以及 $\phi48_{-0.025}^{0}$ mm 圆柱右端面的平行度要求。

为了解决上述加工难点问题，制定加工工序时，应按粗、精加工分开的原则进行。先夹住毛坯外圆，粗、精加工工件左端轮廓，然后掉头夹住 $\phi40_{-0.025}^{0}$ mm 外圆，加工工件右端轮廓。掉头装夹时，应使 $\phi48_{-0.025}^{0}$ mm 圆柱左端面紧贴卡爪端面，并用百分表校正，以保证 $\phi48_{-0.025}^{0}$ mm 圆柱右端面的平行度要求。通过上述分析，可制定以下加工路线：

（1）用三爪自定心卡盘夹持毛坯面，粗、精车工件左端轮廓（端面、倒角、外圆）至要求的尺寸。

（2）掉头装夹，以工件 $\phi48_{-0.025}^{0}$ mm 圆柱左端面定位，用铜皮包住已加工表面，并用百分表校正，用三爪自定心卡盘夹持 $\phi40_{-0.025}^{0}$ mm 外圆，粗、精车右端轮廓（端面、倒角、外圆）至要求的尺寸。

3. 相关工艺卡片的填写

（1）数控加工刀具卡

台阶轴数控加工刀具卡见表 4–24。

表 4–24　　台阶轴数控加工刀具卡

<table>
<tr><td colspan="2">产品名称</td><td colspan="2"></td><td>零件名称</td><td>台阶轴</td><td colspan="2">零件图号</td><td colspan="2"></td></tr>
<tr><td>序号</td><td>刀具号</td><td colspan="2">刀具规格和名称</td><td>数量</td><td>加工表面</td><td colspan="2">刀尖圆弧半径 /mm</td><td colspan="2">备注</td></tr>
<tr><td>1</td><td>T01</td><td colspan="2">90° 硬质合金偏刀</td><td>1</td><td>工件外轮廓粗车</td><td colspan="2">0.8</td><td colspan="2">20 mm × 20 mm</td></tr>
<tr><td>2</td><td>T02</td><td colspan="2">93° 硬质合金偏刀</td><td>1</td><td>工件外轮廓精车</td><td colspan="2">0.4</td><td colspan="2">20 mm × 20 mm</td></tr>
<tr><td>编制</td><td></td><td>审核</td><td></td><td>批准</td><td></td><td>年　月　日</td><td colspan="2">共　页</td><td>第　页</td></tr>
</table>

（2）数控加工工艺卡

台阶轴数控加工工艺卡见表 4–25。

表 4-25 台阶轴数控加工工艺卡

<table>
<tr><td rowspan="2">单位名称</td><td rowspan="2"></td><td colspan="2">产品名称或代号</td><td colspan="2">零件名称</td><td colspan="2">零件图号</td></tr>
<tr><td colspan="2"></td><td colspan="2">台阶轴</td><td colspan="2"></td></tr>
<tr><td>工序号</td><td>程序编号</td><td colspan="2">夹具名称</td><td colspan="2">使用设备</td><td colspan="2">车间</td></tr>
<tr><td>001</td><td></td><td colspan="2">三爪自定心卡盘</td><td colspan="2">CK6140</td><td colspan="2">数控加工车间</td></tr>
<tr><td>工步号</td><td>工步内容</td><td>刀具号</td><td>刀具规格</td><td>主轴转速 /（r/min）</td><td>进给速度 /（mm/min）</td><td>背吃刀量 /mm</td><td>备注</td></tr>
<tr><td>1</td><td>车左端面</td><td>T01</td><td>20 mm × 20 mm</td><td>600</td><td>100</td><td>1</td><td>自动</td></tr>
<tr><td>2</td><td>粗车左端外轮廓</td><td>T01</td><td>20 mm × 20 mm</td><td>600</td><td>150</td><td>1.5</td><td>自动</td></tr>
<tr><td>3</td><td>精车左端外轮廓</td><td>T02</td><td>20 mm × 20 mm</td><td>900</td><td>100</td><td>0.5</td><td>自动</td></tr>
<tr><td>4</td><td>车右端面</td><td>T01</td><td>20 mm × 20 mm</td><td>600</td><td>100</td><td>1</td><td>自动</td></tr>
<tr><td>5</td><td>粗车右端外轮廓</td><td>T01</td><td>20 mm × 20 mm</td><td>600</td><td>150</td><td>1.5</td><td>自动</td></tr>
<tr><td>6</td><td>精车右端外轮廓</td><td>T02</td><td>20 mm × 20 mm</td><td>900</td><td>100</td><td>0.5</td><td>自动</td></tr>
<tr><td>编制</td><td colspan="2">审核</td><td colspan="2">批准</td><td colspan="1">年 月 日</td><td>共 页</td><td>第 页</td></tr>
</table>

4. 编制加工程序

（1）编制左端轮廓加工程序

1）建立工件坐标系。加工左端轮廓时，夹住毛坯外圆，工件坐标系设在工件左端面轴线上，如图 4-53 所示。

2）左端各基点的坐标值见表 4-26。

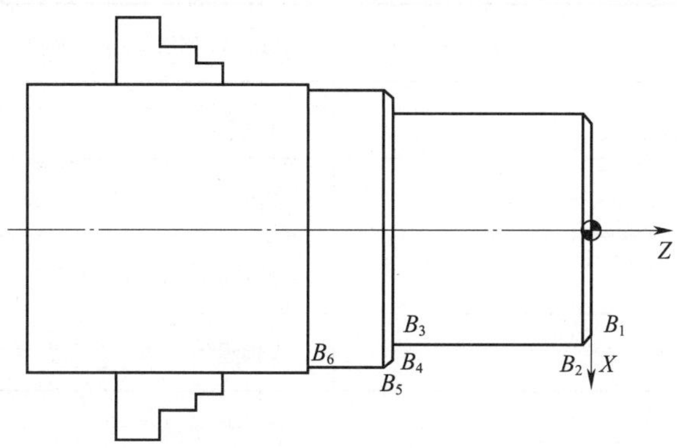

图 4-53 加工左端轮廓工件坐标系和基点

表 4–26　左端各基点的坐标值

基点	坐标值（X，Z）	基点	坐标值（X，Z）
B_1	（37.0，0）	B_4	（45.0，–35.0）
B_2	（40.0，–1.5）	B_5	（48.0，–36.5）
B_3	（40.0，–35.0）	B_6	（48.0，–52.0）

3）左端轮廓加工参考程序见表 4–27。

表 4–27　左端轮廓加工参考程序

参考程序	注释
O4017；	程序名
N10 G40 G98 G21；	程序初始化
N20 T0101 S600 M03；	调用 01 号刀具，执行 01 号刀补，主轴转速为 600 r/min
N30 G00 X51.0 Z0；	快速靠近工件
N40 G01 X0 F100；	车端面
N50 G00 X52.0 Z2.0；	快速到达循环起点
N60 G71 U1.5 R0.5 F150；	调用外圆粗车循环指令，设置加工参数
N70 G71 P80 Q150 U1.0 W0；	
N80 G00 X37.0；	X 向进刀
N90 G01 Z0 F100；	Z 向进刀
N100 X40.0 Z–1.5；	倒角 $C1.5$ mm
N110 Z–35.0；	精加工 $\phi40_{-0.025}^{0}$ mm 外圆
N120 X45.0；	加工端面
N130 X48.0 Z–36.5；	倒角 $C1.5$ mm
N140 Z–52.0；	加工 $\phi48_{-0.025}^{0}$ mm 外圆
N150 X51.0；	X 向退刀
N160 G00 X100.0 Z50.0；	刀具快速退至换刀点
N170 M05；	主轴停止

续表

参考程序	注释
N180 M00;	程序暂停
N190 T0202 S900 M03;	调用精车刀（02 号工具），执行 02 号刀补，主轴转速为 900 r/min
N200 G00 X52.0 Z2.0;	刀具快速靠近工件
N210 G70 P80 Q150;	采用精车循环指令 G70 进行精车
N220 G00 X100.0 Z50.0;	快速退至换刀点
N230 M05;	主轴停止
N240 M30;	程序结束并复位

（2）编制右端轮廓加工程序

1）设置工件坐标系。以工件 $\phi48_{-0.025}^{\ 0}$ mm 圆柱左端面定位，用铜皮包住已加工表面，并用百分表校正，用三爪自定心卡盘夹持 $\phi40_{-0.025}^{\ 0}$ mm 外圆，粗、精车右端轮廓。工件坐标系设在工件右端面轴线上，如图 4–54 所示。

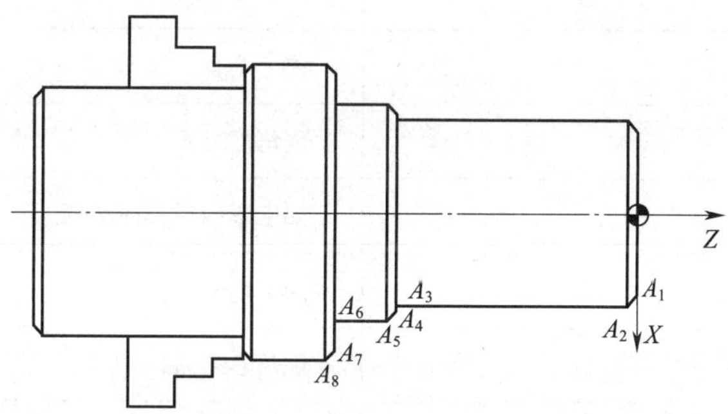

图 4–54　加工右端轮廓工件坐标系和基点

2）右端各基点的坐标值见表 4–28。

表 4–28　右端各基点的坐标值

基点	坐标值（X，Z）	基点	坐标值（X，Z）
A_1	（27.0，0）	A_5	（35.0，–41.5）
A_2	（30.0，–1.5）	A_6	（35.0，–50.0）
A_3	（30.0，–40.0）	A_7	（45.0，–50.0）
A_4	（32.0，–40.0）	A_8	（48.0，–51.5）

3）右端轮廓加工参考程序见表 4–29。

表 4–29　右端轮廓加工参考程序

参考程序	注释
O4018;	程序名
N10 G40 G98 G21;	程序初始化
N20 T0101 S600 M03;	设置刀具、主轴转速
N30 G00 X51.0 Z0;	快速靠近工件
N40 G01 X0 F100;	车端面
N50 G00 X52.0 Z2.0;	快速到达循环起点
N60 G71 U1.5 R0.5 F150;	调用外圆粗车循环指令，设置加工参数
N70 G71 P80 Q170 U1.0 W0;	
N80 G00 X27.0;	X 向进刀
N90 G01 Z0 F100;	Z 向进刀
N100 X30.0 Z–1.5;	倒角 $C1.5$ mm
N110 Z–40.0;	加工 $\phi30_{-0.021}^{0}$ mm 外圆
N120 X32.0;	加工端面
N130 X35.0 Z–41.5;	倒角 $C1.5$ mm
N140 Z–50.0;	加工 $\phi35_{-0.025}^{0}$ mm 外圆
N150 X45.0;	加工端面
N160 X48.0 Z–51.5;	倒角 $C1.5$ mm
N170 X51.0;	X 向退刀
N180 M05;	主轴停止
N190 M00;	程序暂停
N200 T0202 S900 M03;	换精车刀
N210 G00 X52.0 Z2.0;	快速靠近工件
N220 G70 P80 Q170;	采用精车循环指令 G70 进行精车
N230 G00 X100.0 Z50.0;	快速退至换刀点
N240 M05;	主轴停止
N250 M30;	程序结束并复位

5. 工件加工

（1）加工准备

1）检查毛坯尺寸。

2）开机，回参考点。

3）输入程序并校验。把编制好的加工程序输入数控系统，并应用空运行或图形模拟校验所编制的加工程序，验证程序合格后，方能进行以下步骤。

4）装夹工件。用三爪自定心卡盘夹住毛坯外圆，伸出长度为 60 mm 左右，校正并夹紧；掉头装夹时，以工件 $\phi48_{-0.025}^{\ 0}$ mm 圆柱左端面定位，用铜皮包住 $\phi40_{-0.025}^{\ 0}$ mm 外圆，用三爪自定心卡盘夹持，并用百分表校正，粗、精车右端轮廓。

5）装夹刀具。把外圆粗车刀、外圆精车刀按要求依次装入 T01、T02 号刀位。

6）对刀。将上述两把刀具依次对好，并将有关数值输入刀具参数中，如刀尖圆弧半径、刀尖方位等。掉头装夹后，两把刀具应重新进行 Z 向对刀。

（2）工件的自动加工

将数控车床置于自动加工模式，将加工程序调入数控系统，调整好进给倍率进行自动加工，加工过程中要进行精度控制，具体方法如下：

1）外圆和台阶长度控制。左、右两侧轮廓均通过设置外圆精车刀（T02）X 向、Z 向刀具磨损量进行控制，然后运行精加工程序，程序结束后，停车测量。根据测量结果，修调刀具磨损量，重新执行外圆精加工程序，直到达到尺寸要求为止。

2）位置精度控制。该工件的位置精度是 $\phi48_{-0.025}^{\ 0}$ mm 圆柱右端面对左端面的平行度，主要通过工件定位、装夹来控制。在掉头装夹过程中应以 $\phi48_{-0.025}^{\ 0}$ mm 圆柱左端面进行定位，并用百分表校正，保证 $\phi48_{-0.025}^{\ 0}$ mm 圆柱右端面对左端面的平行度要求。

（3）清理及保养机床

加工结束后，按照“6S”管理的要求清理切屑，保养机床。

（4）操作注意事项

1）掉头后，所有刀具都应重新进行 Z 向对刀。

2）该工件只能先加工左端轮廓，再加工右端轮廓。若先加工右端轮廓，再加工左端轮廓，则无法保证 $\phi48_{-0.025}^{\ 0}$ mm 圆柱右端面对左端面的平行度要求。

3）加工过程中，尽量采用试切、试测方法控制尺寸精度。

二、圆锥类零件

试编制图 4–55 所示圆锥类零件的加工程序。

1. 图样分析

该工件由三个锥体和三个圆柱组成。左端锥体长 30 mm，锥体大端直径为 $30_{-0.021}^{\ 0}$ mm，锥度为 1∶4；右端锥体为一顶尖，顶尖角度为 60°，大端直径为 $32_{-0.025}^{\ 0}$ mm，锥体与 $\phi32_{-0.025}^{\ 0}$ mm

圆柱长度为 $42_{-0.1}^{\ 0}$ mm；中间锥体的大端直径为 $40_{-0.025}^{\ \ 0}$ mm，小端直径为 $32_{-0.025}^{\ \ 0}$ mm，长度为 10 mm；三处锥体表面粗糙度 *Ra* 值为 3.2 μm。左端 $\phi30_{-0.021}^{\ \ 0}$ mm 圆柱的长度由左端长度尺寸 $40_{-0.1}^{\ 0}$ mm 和锥体长度确定；右端 $\phi32_{-0.025}^{\ \ 0}$ mm 圆柱长度由右端长度尺寸 $42_{-0.1}^{\ 0}$ mm 和 60° 锥体长度确定；中间 $\phi40_{-0.025}^{\ \ 0}$ mm 圆柱的长度由总长和左、右端长度尺寸确定。左端锥体还有同轴度要求。该工件尺寸标注完整，轮廓描述清楚。工件材料为 45 钢，无热处理和硬度要求，适合在数控车床上加工。

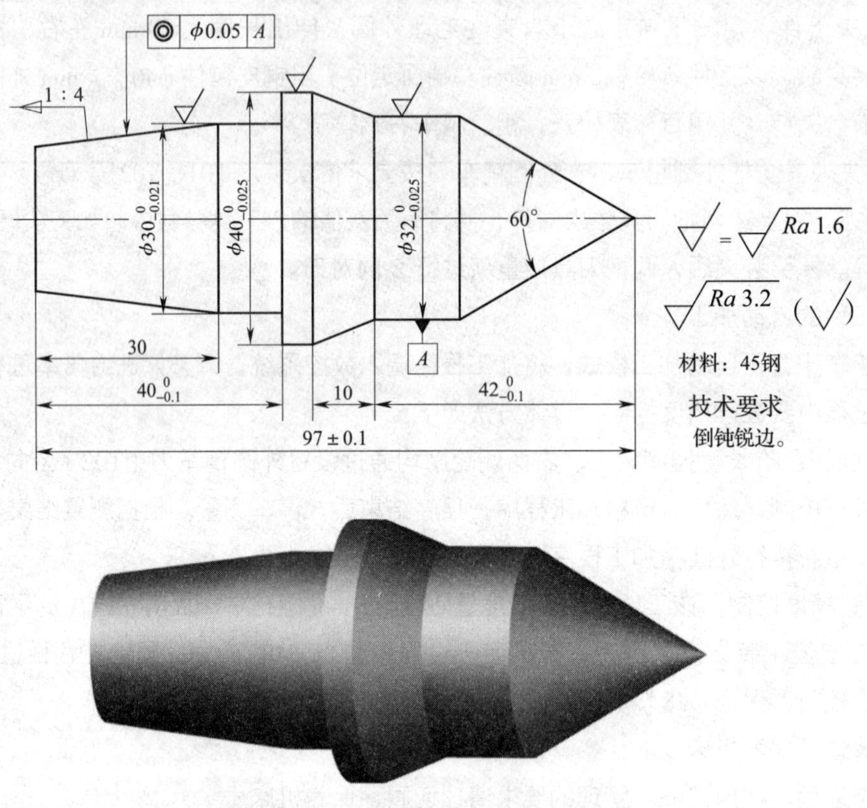

图 4–55　圆锥类零件图

2. 工艺分析

该工件虽然只有外圆和锥体两种加工轮廓，但需要计算两端锥体的相关数值；同时，锥体和外圆轮廓有严格的尺寸精度和表面质量要求。因此，加工该工件有两个难点：一是数值计算；二是如何制定加工工艺，以确保锥体和外圆轮廓的尺寸精度和表面质量要求，以及左端锥体的同轴度要求。

为解决上述工件加工难点问题，编制加工工序时应按粗、精加工分开的原则进行。先夹住毛坯外圆，粗、精加工工件右端轮廓，然后掉头夹住 $\phi32_{-0.025}^{\ \ 0}$ mm 外圆，加工工件左端轮廓。掉头加工时，应采用一夹一顶装夹方式，用三爪自定心卡盘夹住 $\phi32_{-0.025}^{\ \ 0}$ mm 外圆（用铜皮包住），并用尾座顶尖顶紧，以保证左端锥体的同轴度要求。同时，为了保证锥体表面粗糙度要求，精加工时采用恒线速度切削。通过上述分析，可制定以下加工路线：

（1）用三爪自定心卡盘夹持毛坯面，粗、精车工件右端轮廓至要求的尺寸。

（2）掉头装夹，夹住 $\phi32_{-0.025}^{\ 0}$ mm 外圆，车端面，钻中心孔。

（3）采用一夹一顶方式装夹，粗、精加工工件左端轮廓至要求的尺寸。

3. 相关工艺卡片的填写

（1）数控加工刀具卡

圆锥类零件数控加工刀具卡见表 4–30。

表 4–30　　圆锥类零件数控加工刀具卡

产品名称		零件名称	圆锥类零件	零件图号		
序号	刀具号	刀具规格和名称	数量	加工表面	刀尖圆弧半径 /mm	备注
1	T00	B2.5 mm/10 mm 中心钻	1	左端中心孔	—	—
2	T01	90° 硬质合金偏刀	1	工件外轮廓粗车	0.8	20 mm × 20 mm
3	T02	93° 硬质合金偏刀	1	工件外轮廓精车	0.4	20 mm × 20 mm
编制		审核	批准	年　月　日	共　页	第　页

（2）数控加工工艺卡

圆锥类零件数控加工工艺卡见表 4–31。

表 4–31　　圆锥类零件数控加工工艺卡

单位名称		产品名称或代号		零件名称		零件图号	
				圆锥类零件			
工序号	程序编号	夹具名称		使用设备		车间	
001		三爪自定心卡盘		CK6140		数控加工车间	
工步号	工步内容	刀具号	刀具规格	主轴转速 /（r/min）	进给速度 /（mm/min）	背吃刀量 /mm	备注
1	粗车右端外轮廓	T01	20 mm × 20 mm	600	150	1.5	自动
2	精车右端外轮廓	T02	20 mm × 20 mm	G96 S200	100	0.5	自动
3	车左端面	T01	20 mm × 20 mm	600	100	1	手动
4	钻中心孔	T00	B2.5 mm/10 mm	1 000	100		手动
5	粗车左端外轮廓	T01	20 mm × 20 mm	600	150	1.5	自动
6	精车左端外轮廓	T02	20 mm × 20 mm	G96 S200	100	0.5	自动
编制	审核		批准		年　月　日	共　页	第　页

4. 编制加工程序

（1）编制右端轮廓加工程序

1）建立工件坐标系。加工右端轮廓时，夹住毛坯外圆，工件坐标系设在工件右端锥体尖上，如图 4–56 所示。

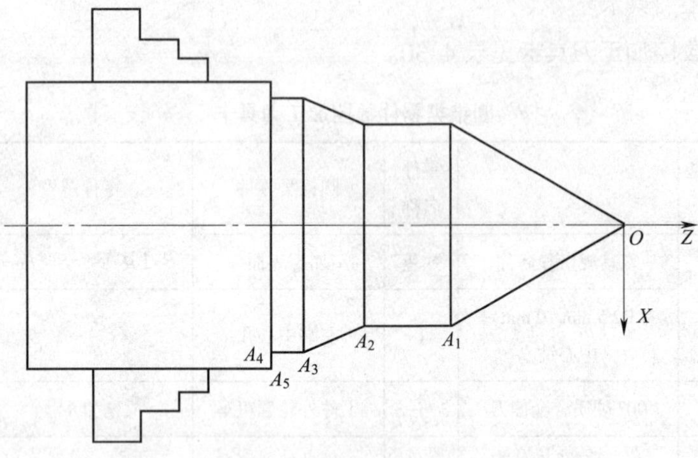

图 4–56 加工右端轮廓工件坐标系和基点

2）右端各基点的坐标值见表 4–32。60° 锥体的长度 L=16 mm/tan30° ≈ 27.713 mm。

表 4–32 右端各基点的坐标值

基点	坐标值（X，Z）	基点	坐标值（X，Z）
O	（0，0）	A_3	（40.0，–52.0）
A_1	（32.0，–27.713）	A_4	（40.0，–58.0）
A_2	（32.0，–42.0）	A_5	（45.0，–58.0）

3）右端轮廓加工参考程序见表 4–33。

表 4–33 右端轮廓加工参考程序

参考程序	注释
O4019;	程序名
N10 G40 G98 G97 G21;	程序初始化
N20 T0101 S600 M03;	设置刀具、主轴转速
N30 G00 X52.0 Z2.0;	快速到达循环起点
N40 G71 U1.5 R0.5 F150;	外圆粗车复合固定循环，设置加工参数
N50 G71 P60 Q120 U1.0 W0;	

续表

参考程序	注释
N60 G00 X0;	轮廓精加工程序段
N70 G01 Z0 F100;	
N80 X32.0 Z–27.713;	
N90 Z–42.0;	
N100 X40.0 Z–52.0;	
N110 Z–58.0;	
N120 X45.0;	
N130 G00 X100.0 Z50.0;	刀具快速退至换刀点
N140 M05;	主轴停止
N150 M00;	程序暂停
N160 T0202 G96 S200 M03;	调用精车刀，采用恒线速度切削
N170 G50 S2000;	限制主轴最高转速
N180 G00 G42 X46.0 Z2.0;	刀具快速靠近工件
N190 G70 P60 Q120;	采用精车循环指令 G70 进行精车
N200 G00 G40 X100.0 Z50.0;	快速退至换刀点
N210 M05;	主轴停止
N220 M30;	程序结束并复位

（2）编制左端轮廓加工程序

1）设置工件坐标系。掉头装夹，夹住 $\phi32_{-0.025}^{\ 0}$ mm 外圆，采用一夹一顶方式，粗、精加工工件左端轮廓。工件坐标系设在工件左端面轴线上，如图 4–57 所示。

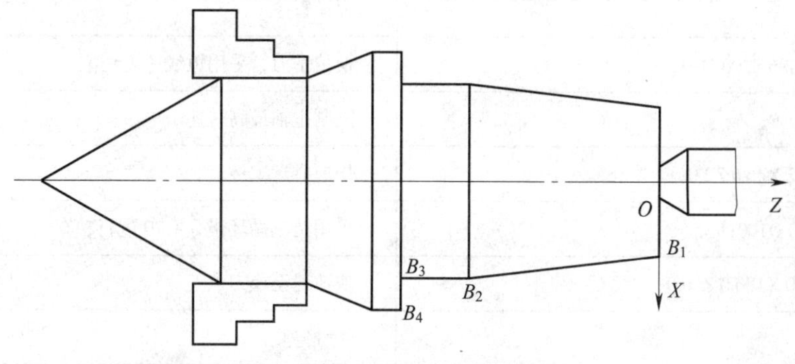

图 4–57 加工左端轮廓工件坐标系和基点

2）左端各基点的坐标值见表 4–34。求左端锥体小端直径 d：

根据公式（$D-d$）/L=1/4 可知：

$$(30\ \text{mm}-d)/30\ \text{mm}=1/4$$

$$d=22.5\ \text{mm}$$

表 4–34　　左端各基点的坐标值

基点	坐标值（X，Z）	基点	坐标值（X，Z）
B_1	（22.5，0）	B_3	（30.0，–40.0）
B_2	（30.0，–30.0）	B_4	（40.0，–40.0）

3）左端轮廓加工参考程序见表 4–35。

表 4–35　　左端轮廓加工参考程序

参考程序	注释
O4020；	程序名
N10 G40 G97 G98 G21；	程序初始化
N20 T0101 S600 M03；	设置刀具、主轴转速
N30 G00 X46.0 Z2.0；	快速到达循环起点
N40 G71 U1.5 R0.5 F150；	外圆粗车复合固定循环，设置加工参数
N50 G71 P60 Q100 U1.0 W0；	
N60 G00 X22.5；	轮廓精加工程序段
N70 G01 Z0 F100；	
N80 X30.0 Z–30.0；	
N90 Z–40.0；	
N100 X40.0；	
N110 M05；	主轴停止
N120 M00；	程序暂停
N130 T0202 G96 S200 M03；	换精车刀，采用恒线速度切削
N140 G50 S2000；	限制主轴最高转速
N150 G00 G42 X46.0 Z2.0；	快速靠近工件
N160 G70 P60 Q100；	采用精车循环指令 G70 进行精车
N170 G00 G40 X100.0 Z50.0；	快速退至换刀点
N180 M05；	主轴停止
N190 M30；	程序结束并复位

5. 工件加工

（1）加工准备

1）检查毛坯尺寸。

2）开机，回参考点。

3）输入程序并校验。把编制好的加工程序输入数控系统，并应用空运行或图形模拟校验所编制的加工程序，验证程序合格后，方能进行以下步骤。

4）装夹工件。用三爪自定心卡盘夹住毛坯外圆，伸出长度为 65 mm 左右，校正并夹紧；掉头装夹时，夹住 $\phi32_{-0.025}^{\ 0}$ mm 外圆，手动车端面，钻中心孔，用尾座顶尖顶紧，粗、精加工工件左端轮廓。

5）装夹刀具。把外圆粗车刀、外圆精车刀按要求依次装入 T01、T02 号刀位。

6）对刀。将上述两把刀具依次对好，并将有关数值输入刀具参数中，如刀尖圆弧半径、刀尖方位等。掉头装夹后，两把刀具应重新进行 Z 向对刀。

（2）工件的自动加工

将数控车床置于自动加工模式，将加工程序调入数控系统，调整好进给倍率进行自动加工，加工过程中要进行精度控制，具体方法如下：

1）外圆和锥体的尺寸控制。左、右两侧轮廓均通过设置外圆精车刀（T02）X 向、Z 向刀具磨损量进行控制，然后运行精加工程序，程序结束后，停车测量。根据测量结果，修调刀具磨损量，重新执行外圆精加工程序，直到达到尺寸要求为止。

2）位置精度的控制。该工件的位置精度是左端锥体对右端 $\phi32_{-0.025}^{\ 0}$ mm 外圆轴线的同轴度，主要通过工件定位、装夹来控制。掉头装夹，夹住 $\phi32_{-0.025}^{\ 0}$ mm 外圆，采用一夹一顶方式，保证左端锥体对 $\phi32_{-0.025}^{\ 0}$ mm 外圆轴线的同轴度要求。

（3）清理及保养机床

加工结束后，按照“6S”管理的要求清理切屑，保养机床。

（4）操作注意事项

1）装夹刀具时，车刀刀尖必须与主轴轴线等高；否则，所加工的锥体会产生双曲线误差。

2）若所使用的精车刀有刀尖圆弧半径，精加工时，必须进行刀尖圆弧半径补偿；否则，所加工的锥体存在加工误差。

3）该工件只能先加工右端轮廓，再加工左端轮廓。若先加工左端轮廓，再加工右端轮廓时，无法保证左端锥体的同轴度要求。掉头后，所有刀具都应重新进行 Z 向对刀。

4）精加工时，采用恒线速度切削来保证锥体表面质量要求。

5）加工过程中，尽量采用试切、试测方法控制尺寸精度。

三、圆弧类零件

试编制图 4–58 所示圆弧类零件的加工程序。

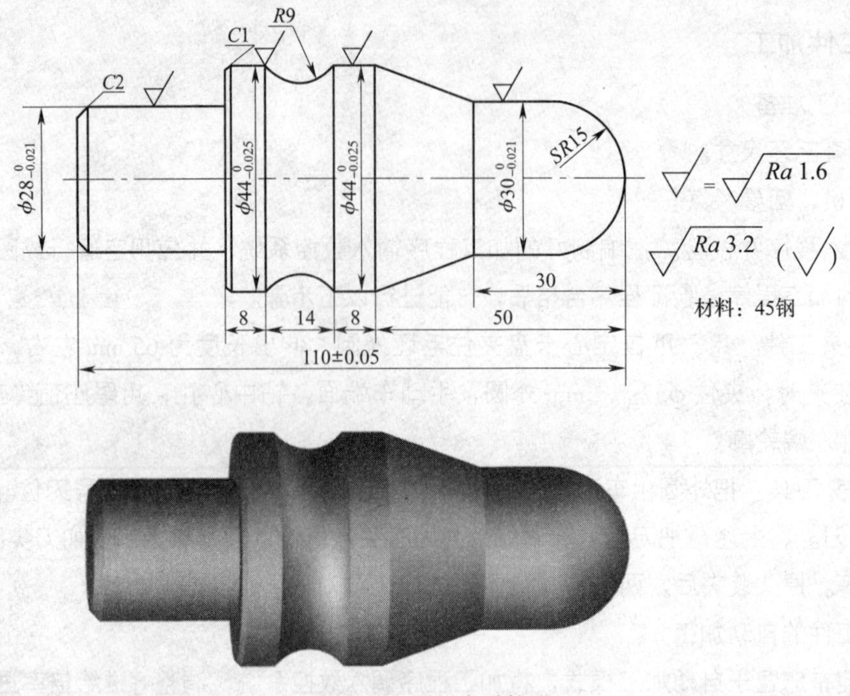

图 4–58 圆弧类零件图

1. 图样分析

该工件主要由四个圆柱、一个凹弧体、一个半球和一个锥体组成。工件左端为带有倒角的圆柱，倒角为 C2 mm，圆柱直径为 $28_{-0.021}^{0}$ mm，长度由总长（110±0.05）mm 和 50 mm、8 mm、14 mm、8 mm 等尺寸确定。中间为 $\phi44_{-0.025}^{0}$ mm 的两个圆柱，长度均为 8 mm，两圆柱由半径为 9 mm 的凹弧体连接。工件右端是半径为 15 mm 的半球。锥体大端直径为 $44_{-0.025}^{0}$ mm，小端直径为 $30_{-0.021}^{0}$ mm，长度由尺寸 50 mm 和 30 mm 确定。半球与锥体通过直径为 $30_{-0.021}^{0}$ mm 的圆柱连接，圆柱长度由 30 mm 和 SR15 mm 确定。该工件尺寸标注完整，轮廓描述清楚。工件材料为 45 钢，无热处理和硬度要求，适合在数控车床上加工。

2. 工艺分析

该工件虽然形状相对简单，但该工件中间为一凹弧，且外圆、锥体、圆弧等加工轮廓都有严格的尺寸精度和表面质量要求。因此，该工件的加工难点一是如何加工凹弧；二是如何确保圆弧、锥体的表面质量和外圆的尺寸精度要求。

为解决第一个加工难点问题，需要采用精车刀具。如果采用 90° 或 93° 车刀加工凹弧，有可能造成过切或欠切现象，为了避免过切或欠切现象的出现，采用 35° 菱形精车刀加工凹弧。

为解决第二个加工难点问题，可采取以下工艺措施：

（1）编制加工工序时应按粗、精加工分开的原则进行。先夹住毛坯外圆，粗、精加工工件左端轮廓，然后掉头夹住 $\phi28_{-0.021}^{0}$ mm 外圆，加工工件右端轮廓。掉头装夹时，应使

$\phi44_{-0.025}^{\ 0}$ mm 圆柱左端面紧贴卡爪端面，并用百分表校正。

（2）为了保证锥体和圆弧的表面粗糙度要求，精加工时采用恒线速度切削。

（3）用带有刀尖圆弧半径的刀具加工圆弧时存在加工误差，为了避免刀尖圆弧半径对加工精度的影响，编制加工程序时，采用刀尖圆弧半径补偿功能，这样可以避免刀尖圆弧半径对尺寸的影响；同时，编制程序时，可按工件轮廓进行编制。

3. 相关工艺卡片的填写

（1）数控加工刀具卡

圆弧类零件数控加工刀具卡见表 4–36。

表 4–36　　圆弧类零件数控加工刀具卡

产品名称			零件名称	圆弧类零件	零件图号	
序号	刀具号	刀具规格和名称	数量	加工表面	刀尖圆弧半径 /mm	备注
1	T01	93° 硬质合金偏刀	1	工件外轮廓粗车	0.8	20 mm × 20 mm
2	T02	35° 菱形精车刀	1	工件外轮廓精车	0.4	20 mm × 20 mm
编制		审核		批准	年　月　日	共　页	第　页

（2）数控加工工艺卡

圆弧类零件数控加工工艺卡见表 4–37。

表 4–37　　圆弧类零件数控加工工艺卡

单位名称		产品名称或代号		零件名称		零件图号	
				圆弧类零件			
工序号	程序编号	夹具名称		使用设备		车间	
001		三爪自定心卡盘		CK6140		数控加工车间	
工步号	工步内容	刀具号	刀具规格	主轴转速 /（r/min）	进给速度 /（mm/min）	背吃刀量 /mm	备注
1	车左端面	T01	20 mm × 20 mm	600	100	1.5	自动
2	粗车左端外轮廓	T01	20 mm × 20 mm	600	150	1.5	自动
3	精车左端外轮廓	T02	20 mm × 20 mm	G96 S200	100	0.5	自动
4	粗车右端外轮廓	T01	20 mm × 20 mm	600	150	1.5	自动
5	精车右端外轮廓	T02	20 mm × 20 mm	G96 S200	100	0.5	自动
编制	审核		批准		年　月　日	共　页	第　页

4. 编制加工程序

（1）编制左端轮廓加工程序

1）建立工件坐标系。加工左端轮廓时，夹住毛坯外圆，工件坐标系设在工件左端面轴线上，如图 4–59 所示。

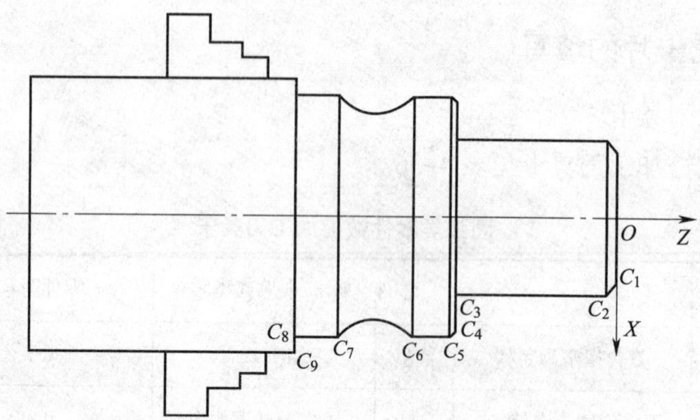

图 4–59　加工左端轮廓工件坐标系和基点

2）左端各基点的坐标值见表 4–38。

表 4–38　　左端各基点的坐标值

基点	坐标值（X，Z）	基点	坐标值（X，Z）
O	（0，0）	C_5	（44.0，–31.0）
C_1	（24.0，0）	C_6	（44.0，–38.0）
C_2	（28.0，–2.0）	C_7	（44.0，–52.0）
C_3	（28.0，–30.0）	C_8	（44.0，–61.0）
C_4	（42.0，–30.0）	C_9	（52.0，–61.0）

3）左端轮廓加工参考程序见表 4–39。

表 4–39　　左端轮廓加工参考程序

参考程序	注释
O4021；	程序名
N10 G40 G98 G97 G21；	程序初始化
N20 T0101 S600 M03；	设置刀具、主轴转速
N30 G00 X52.0 Z0；	快速到达刀具起点
N40 G01 X0 F100；	车端面
N50 G00 X52.0 Z2.0；	快速到达循环起点

续表

参考程序	注释
N60 G71 U1.5 R0.5 F150；	外圆粗车复合固定循环，设置加工参数
N70 G71 P80 Q150 U1.0 W0；	
N80 G00 X24.0；	轮廓精加工程序段
N90 G01 Z0 F100；	
N100 X28.0 Z–2.0；	
N110 Z–30.0；	
N120 X42.0；	
N130 X44.0 Z–31.0；	
N140 Z–61.0；	
N150 X52.0；	
N160 G00 X100.0 Z50.0；	刀具快速退至换刀点
N170 M05；	主轴停止
N180 M00；	程序暂停
N190 T0202 G96 S200 M03；	调用精车刀，采用恒线速度切削
N200 G50 S2000；	限制主轴最高转速
N210 G00 G42 X52.0 Z2.0；	刀具快速靠近工件
N220 X44.5 Z–38.0；	到达圆弧车削起点
N230 G02 Z–52.0 R9.0 F100；	粗车 $R9$ mm 圆弧
N240 G00 Z2.0；	Z 向退刀
N250 X24.0；	X 向进刀
N260 G01 Z0 F100；	刀具到达倒角起点
N270 X28.0 Z–2.0；	倒角 $C2$ mm
N280 Z–30.0；	精车 $\phi28_{-0.021}^{0}$ mm 外圆
N290 X42.0；	精车端面
N300 X44.0 Z–31.0；	倒角 $C1$ mm
N310 Z–38.0；	精车 $\phi44_{-0.025}^{0}$ mm 外圆
N320 G02 Z–52.0 R9.0；	精车 $R9$ mm 圆弧
N330 G01 Z–61.0；	精车 $\phi44_{-0.025}^{0}$ mm 外圆
N340 X52.0；	X 向退刀
N350 G00 G40 X100.0 Z50.0；	快速退至换刀点
N360 M05；	主轴停止
N370 M30；	程序结束并复位

（2）编制右端轮廓加工程序

1）设置工件坐标系。掉头装夹，夹住 $\phi 28_{-0.021}^{\ 0}$ mm 外圆，粗、精车右端轮廓。工件坐标系设在工件右端面轴线上，如图 4–60 所示。

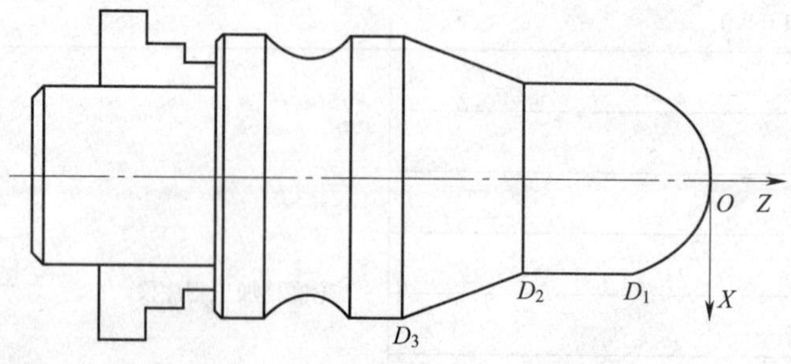

图 4–60　加工右端轮廓工件坐标系和基点

2）右端各基点的坐标值见表 4–40。

表 4–40　　右端各基点的坐标值

基点	坐标值（X，Z）	基点	坐标值（X，Z）
O	（0，0）	D_2	（30.0，–30.0）
D_1	（30.0，–15.0）	D_3	（44.0，–50.0）

3）右端轮廓加工参考程序见表 4–41。

表 4–41　　右端轮廓加工参考程序

参考程序	注释
O4022;	程序名
N10 G40 G97 G98 G21;	程序初始化
N20 T0101 S600 M03;	设置刀具、主轴转速
N30 G00 X52.0 Z2.0;	快速到达循环起点
N40 G71 U1.5 R0.5 F150;	外圆粗车复合固定循环，设置加工参数
N50 G71 P60 Q100 U1.0 W0;	
N60 G00 X0;	轮廓精加工程序段
N70 G01 Z0 F100;	
N80 G03 X30.0 Z–15.0 R15.0;	
N90 G01 Z–30.0;	
N100 X44.0 Z–50.0;	
N110 G00 X100.0 Z50.0;	刀具快速退至换刀点

续表

参考程序	注释
N120 M05;	主轴停止
N130 M00;	程序暂停
N140 T0202 G96 S200 M03;	换精车刀，采用恒线速度切削
N150 G50 S2000;	限制主轴最高转速
N160 G00 G42 X52.0 Z2.0;	快速靠近工件
N170 G70 P60 Q100;	采用精车循环指令 G70 进行精车
N180 G00 G40 X100.0 Z50.0;	快速退至换刀点
N190 M05;	主轴停止
N200 M30;	程序结束并复位

5. 工件加工

（1）加工准备

1）检查毛坯尺寸。

2）开机，回参考点。

3）输入程序并校验。把编制好的加工程序输入数控系统，并应用空运行或图形模拟校验所编制的加工程序，验证程序合格后，方能进行以下步骤。

4）装夹工件。用三爪自定心卡盘夹住毛坯外圆，伸出长度为 65 mm 左右，校正并夹紧；掉头装夹，以工件 $\phi44_{-0.025}^{0}$ mm 左端面定位，用铜皮包住 $\phi28_{-0.021}^{0}$ mm 外圆，用三爪自定心卡盘夹持，并用百分表校正，粗、精车右端轮廓。

5）装夹刀具。把外圆粗车刀、外圆精车刀按要求依次装入 T01、T02 号刀位。

6）对刀。将上述两把刀具依次对好，并将有关数值输入刀具参数中，如刀尖圆弧半径、刀尖方位等。掉头装夹后，两把刀具应重新进行 *Z* 向对刀。

（2）工件的自动加工

将数控车床置于自动加工模式，将加工程序调入数控系统，调整好进给倍率进行自动加工，加工过程中要进行精度控制，具体方法如下：

左、右两侧轮廓均通过设置外圆精车刀（T02）*X* 向、*Z* 向刀具磨损量控制加工精度，然后运行精加工程序，程序结束后，停车测量。根据测量结果，修调刀具磨损量，重新执行外圆精加工程序，直到达到尺寸要求为止。

（3）清理及保养机床

加工结束后，按照“6S”管理的要求清理切屑，保养机床。

（4）操作注意事项

1）装夹刀具时，车刀刀尖必须与主轴轴线等高；否则，所加工的 *SR*15 mm 半球右端会产生凸台。

2）所使用的精车刀若有刀尖圆弧半径，精加工时，必须进行刀尖圆弧半径补偿；否则，加工的圆弧存在加工误差。

3）掉头后，所有刀具都应重新进行 *Z* 向对刀。

4）精加工时，采用恒线速度切削来保证锥体和圆弧外表面质量要求。

5）加工过程中，尽量采用试切、试测方法控制尺寸精度。

第五章　内轮廓加工

第一节　简单内轮廓加工

一、孔加工工艺

在数控车床上加工内轮廓的方法有很多种，最常用的方法有钻孔、车孔等。

1. 钻孔

钻孔主要用于在实心材料上加工孔，有时也用于扩孔。钻孔刀具较多，有普通麻花钻、可转位浅孔钻、扁钻等，应根据工件材料、加工尺寸和加工质量要求等合理选用。在数控车床上钻孔，大多采用普通麻花钻，如图 5–1 所示。

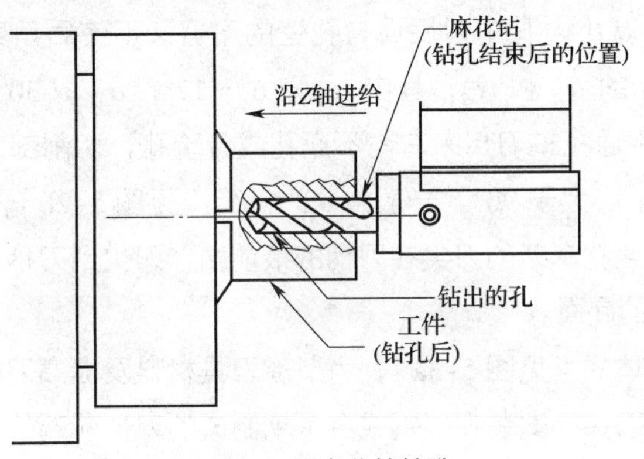

图 5–1　用麻花钻钻孔

在数控车床上钻孔时，因无夹具（如钻模等）导向，受两条主切削刃上切削力不对称的影响，容易使所钻孔偏斜，故要求钻头的两条主切削刃必须有较高的刃磨精度（两刃长度一致，顶角 2φ 对称于钻头中心线，或先用中心钻定中心，再用钻头钻孔）。

钻头钻孔时切下的切屑体积大，排屑困难，产生的切削热大而冷却效果差，使得切削刃容易磨损。因而限制了钻孔的进给量和切削速度，降低了钻孔的生产效率。可见，钻孔加工精度低（IT13 ~ IT12 级），表面粗糙度值大（Ra 为 50 ~ 12.5 μm），一般只能用作粗加工。钻孔后，可以通过扩孔、铰孔或车孔等方法提高孔的加工精度及减小表面粗糙度值。

2. 车孔

对于铸造孔、锻造孔或用钻头钻出的孔，为达到所要求的尺寸精度、几何精度和表面粗糙度，可采用车孔的方法进行半精加工和精加工。车孔后的精度一般可达 IT8 ~ IT7 级，表面粗糙度 Ra 值可达 3.2 ~ 1.6 μm，精车时 $Ra \leqslant 0.8$ μm。

（1）内孔车刀的种类

根据加工情况的不同，内孔车刀可分为通孔车刀和不通孔车刀两种，如图 5–2 所示。

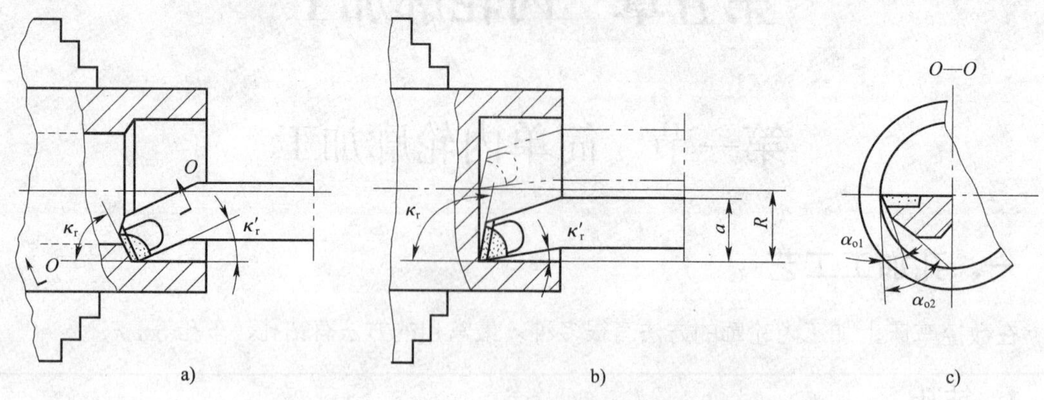

图 5–2　内孔车刀

a）通孔车刀　b）不通孔车刀　c）两个后角

1）通孔车刀。通孔车刀切削部分的几何形状基本上与外圆车刀相似（见图 5–2a），为了减小背向力，防止车孔时产生振动，主偏角 κ_r 应取得大些，一般为 60°～75°，副偏角 κ_r' 一般为 15°～30°。为了减小内孔车刀后面与孔壁的摩擦又不使后角磨得太大，一般磨成两个后角，如图 5–2c 所示的 α_{o1} 和 α_{o2}，其中 α_{o1} 取 6°～12°，α_{o2} 取 30° 左右。

2）不通孔车刀。不通孔车刀用来车削不通孔或台阶孔，切削部分的几何形状基本上与偏刀相似，它的主偏角 κ_r 大于 90°，一般为 92°～95°（见图 5–2b），后角的要求与通孔车刀一样。不同之处是不通孔车刀的刀尖在刀柄的最前端，刀尖到刀柄外端的距离 a 小于孔半径 R；否则无法车平孔的底面。

内孔车刀可做成整体式（见图 5–3a），为节省刀具材料及提高刀柄强度，也可用高速钢或硬质合金做成较小的刀头，安装在碳钢或合金钢制成的刀柄前端的方孔中，并在顶端或上面用螺钉固定，如图 5–3b、c 所示。

（2）车孔的关键技术

车内孔是车工常见的操作，它与车削外圆相比，无论加工还是测量都困难得多，特别是加工内孔的刀具，刀柄的粗细受孔径和孔深的限制，因而刚度、强度较低，且在车削过程中空间狭窄，排屑和散热条件较差，对延长刀具寿命及提高工件的加工质量都十分不利，所以必须注意解决上述问题。

1）提高内孔车刀的刚度

①尽量增大刀柄的截面积。通常内孔车刀的刀尖位于刀柄的上面，这样刀柄的截面积较小，一般不到孔截面积的 1/4（见图 5–4b）。若使内孔车刀的刀尖位于刀柄中心线上，那么刀柄在孔中的截面积可大大地增加（见图 5–4a）。

②尽可能缩短刀柄的伸出长度，以提高车刀刀柄刚度，减小切削过程中的振动，如图 5–4c 所示。此外，还可将刀柄上下两个平面做成互相平行，这样就能很方便地根据孔深调节刀柄的伸出长度。

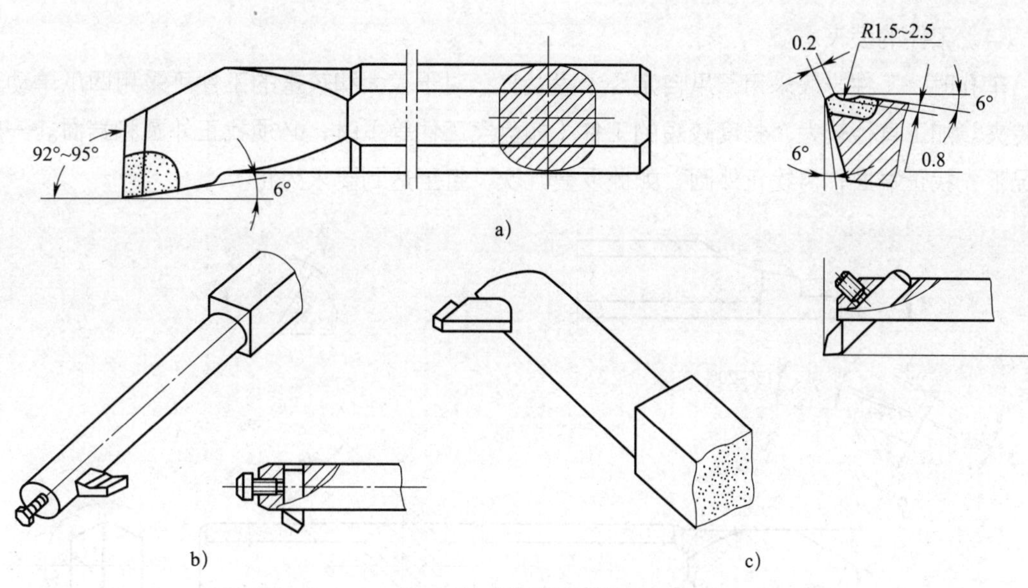

图 5-3　内孔车刀的结构

a）整体式车刀　b）通孔车刀　c）不通孔车刀

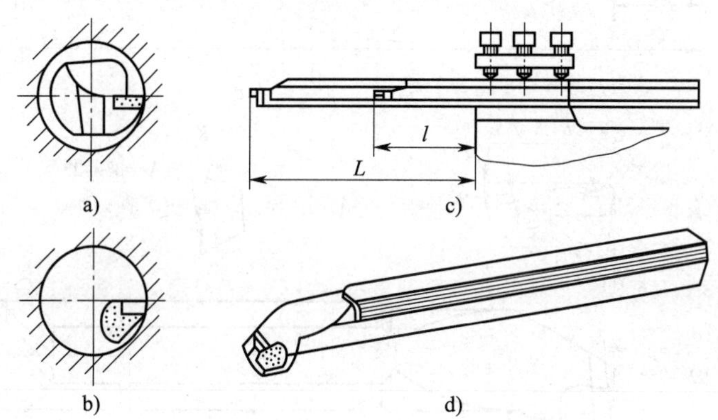

图 5-4　可调节刀柄长度的内孔车刀

a）刀尖位于刀柄中心线上　b）刀尖位于刀柄上面　c）刀柄伸出长度　d）内孔车刀

2）控制切屑流向。加工通孔时要求切屑流向待加工表面（前排屑），为此，采用正刃倾角的内孔车刀（见图 5-5a）；加工不通孔时，应采用负刃倾角的内孔车刀，使切屑从孔口排出（见图 5-5b）。

（3）内孔车刀的安装

内孔车刀安装得正确与否，直接影响车削情况和孔的精度，所以在安装时一定要注意以下几点：

1）刀尖应与工件中心等高或稍高。如果刀尖装得低于工件中心，由于切削力的作用，容易将刀柄压低而产生扎刀现象，并造成孔径扩大。刀柄伸出刀架不宜过长，一般比被加工孔长 5~6mm。

2）刀柄应基本平行于工件轴线；否则，在车削到一定深度时，刀柄后半部容易碰到工件孔口。

3）装夹不通孔车刀时，内偏刀的主切削刃应与孔底平面成 3°~5° 角，并且在车平面时要求横向有足够的退刀余地。

（4）工件的装夹

车孔时，工件一般采用三爪自定心卡盘装夹；对于较大和较重的工件可采用四爪单动卡盘装夹。加工直径较大、长度较短的工件（如盘类工件等）时，必须找正外圆和端面。一般情况下先找正端面，再找正外圆，如此反复几次，直至达到要求为止。

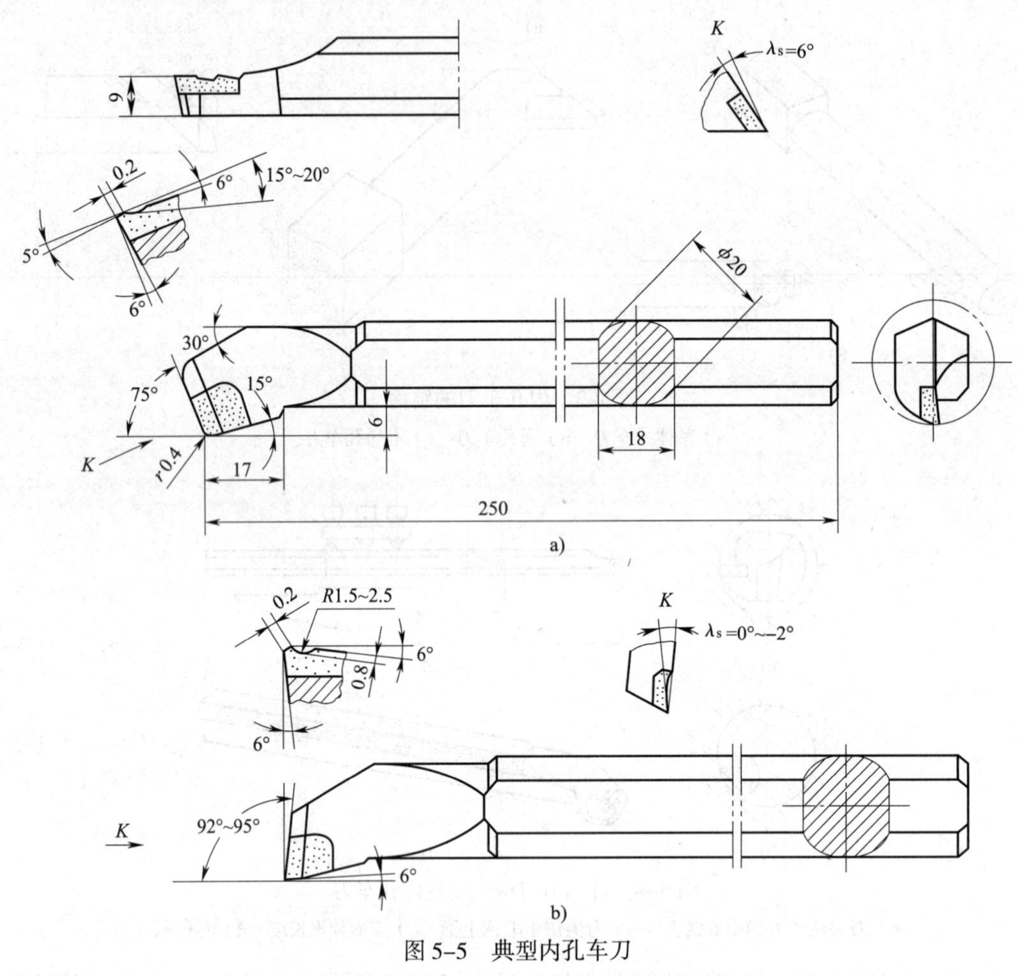

图 5-5　典型内孔车刀

a）前排屑通孔车刀　b）后排屑不通孔车刀

二、数控车床孔加工编程

1. 中心线上钻孔的编程

在数控车床上钻孔时，刀具在车床主轴中心线上加工，即 X 值为 0。

（1）主运动模式

在数控车床上加工所有中心线上的孔时，主轴转速都采用 G97 指令编程，即加工程序按每分钟的转数（r/min）编写，而不使用恒线速度指令（G96）。

（2）刀具趋近运动工件的程序段

首先将刀具沿 *Z* 轴移到安全位置，然后沿 *X* 轴移到主轴中心线，最后沿 *Z* 轴移到钻孔的起始位置。这种方式可以减小钻头趋近工件时发生碰撞的可能性。

N10 T0200 M42;

N20 G97 S300 M03;

N30 G00 Z5.0 M08;

N40 X0;

…

(3)刀具切削和返回运动程序段

N50 G01 Z-30.0 F30;

N60 G00 Z2.0;

程序段 N50 为钻头的实际切削运动，切削完成后执行程序段 N60，钻头沿 Z 轴正方向退出工件。

提示

钻孔时，从孔中返回的第一个运动总是沿 Z 轴正方向的运动。

(4)啄式钻孔循环指令 G74(深孔钻削循环指令)

1)啄式钻孔循环指令格式。

G74 R(e);

G74 Z(W)__ Q(Δk) F__;

式中 e——每次轴向(Z 轴)进刀后的轴向退刀量;

Z(W)__ ——Z 向终点坐标值(孔深);

Δk ——Z 向每次的切入量，无正负号，单位为 0.001 mm;

F__——进给速度。

2)G74 指令加工轨迹如图 5-6 所示。

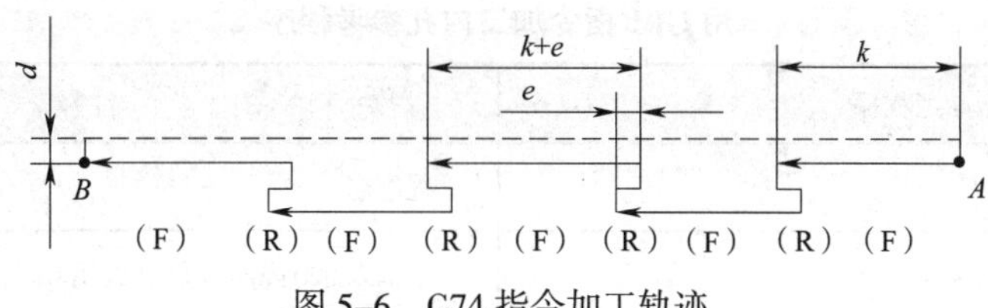

图 5-6 G74 指令加工轨迹

3)示例。加工图 5-7 所示直径为 5 mm、长为 50 mm 的深孔，试用 G74 指令编制加工程序。

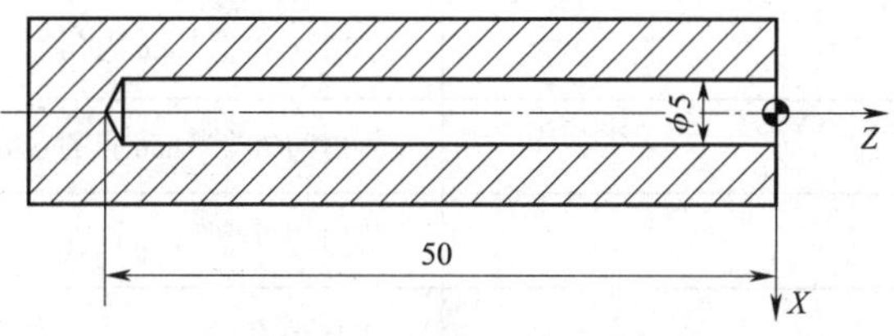

图 5-7 G74 指令加工示例

其参考程序见表 5–1。

表 5–1　用 G74 指令加工内孔参考程序

参考程序	注释
O5001；	程序名
N10 M03 S100 T0202；	主轴正转，调用 02 号刀具，执行 02 号刀补
N20 G00 X100.0 Z50.0 M08；	快速定位
N30 G00 X0 Z2.0；	快速移到循环起刀点
N40 G74 R1.0；	轴向退刀量为 1 mm
N50 G74 Z–50.0 Q10000 F10；	孔深为 50 mm，每次钻 10 mm，进给速度为 10 mm/min
N60 G00 X200.0 Z100.0 M09；	快速退刀
N70 M30；	程序结束并复位

2. 数控车削内孔的编程

数控车削内孔的指令与外圆车削指令基本相同，但也有区别，编程时应注意。

（1）用 G01 指令加工内孔

在数控车床上加工孔，无论是钻孔还是车孔，都可以采用 G01 指令直接实现。如图 5–8 所示的台阶孔，用 G01 指令编制孔精加工程序。

其参考程序见表 5–2。

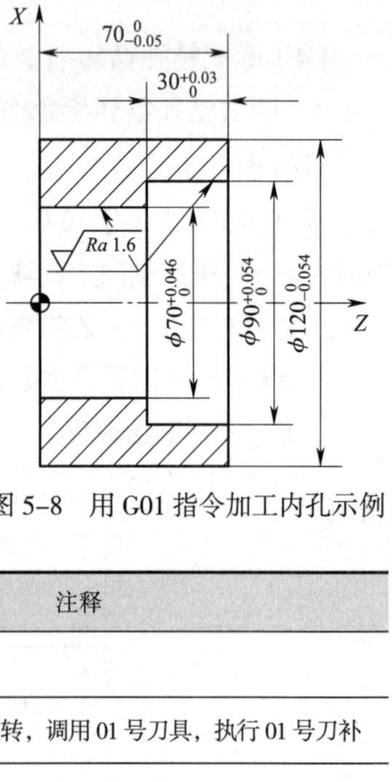

图 5–8　用 G01 指令加工内孔示例

表 5–2　用 G01 指令加工内孔参考程序

参考程序	注释
O5002；	程序名
N10 M03 T0101 S500；	主轴以 500 r/min 正转，调用 01 号刀具，执行 01 号刀补
N20 G00 X60.0 Z80.0；	快速定位，与工件右端面距离为 10 mm
N30 X90.0 Z72.0；	精车起点
N40 G01 Z40.0 F50；	加工 $\phi 90^{+0.054}_{0}$ mm 内孔
N50 X70.0；	加工 $\phi 70^{+0.046}_{0}$ mm 孔的右端面
N60 Z–2.0；	加工 $\phi 70^{+0.046}_{0}$ mm 内孔
N70 X68.0；	X 向退刀

续表

参考程序	注释
N80 Z80.0;	Z 向退刀
N90 G00 X150.0 Z100.0;	快速退刀
N100 M30;	程序结束并复位

（2）用 G90 指令加工内孔

1）用 G90 指令加工内孔动作。执行 G90 指令加工内孔由四个动作完成，其轨迹如图 5–9 所示。

①$A \rightarrow B$：快速进刀。

②$B \rightarrow C$：刀具以指令中指定的 F 值沿 Z 轴负方向切削。

③$C \rightarrow D$：刀具以指令中指定的 F 值沿 X 轴负方向退刀。

④$D \rightarrow A$：快速返回循环起点。

提示

循环起点 A 在轴向上要离开工件一段距离（1～2 mm），以保证快速进刀时的安全。

2）示例。加工图 5–10 所示工件的台阶孔，已钻出 ϕ18 mm 的通孔，用 G90 指令编写加工程序。

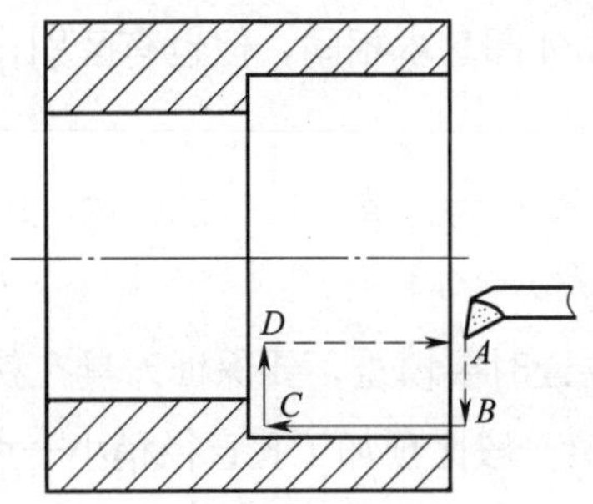

图 5–9 用 G90 指令加工内孔轨迹

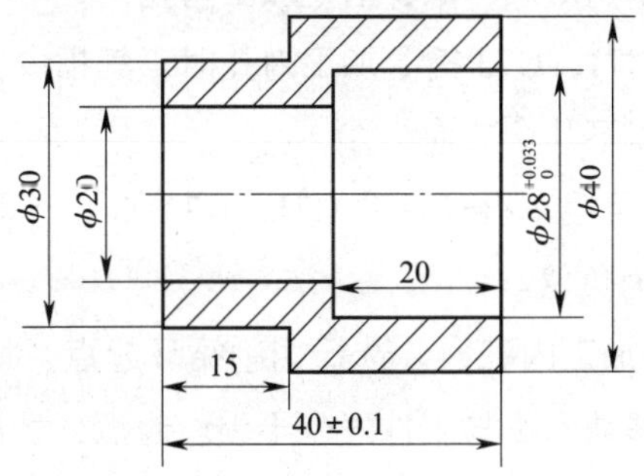

图 5–10 用 G90 指令加工台阶孔示例

其参考程序见表 5–3。

表 5–3 用 G90 指令加工台阶孔参考程序

参考程序	注释
O5003;	程序名
N10 G97 M03 S600;	主轴正转，转速为 600 r/min
N20 T0101;	调用 01 号刀具，执行 01 号刀补

续表

参考程序	注释
N30 G00 X18.0 Z2.0 M08；	刀具快速定位，切削液开
N40 G90 X19.0 Z–41.0 F50；	粗车 ϕ20 mm 内孔，留精加工余量 1 mm
N50 X21.0 Z–20.0；	粗车 $\phi28^{+0.033}_{0}$ mm 内孔（第一刀）
N60 X23.0；	粗车 $\phi28^{+0.033}_{0}$ mm 内孔（第二刀）
N70 X25.0；	粗车 $\phi28^{+0.033}_{0}$ mm 内孔（第三刀）
N80 X27.0；	粗车 $\phi28^{+0.033}_{0}$ mm 内孔（第四刀），留精加工余量 1 mm
N90 S800；	主轴转速为 800 r/min
N100 G00 X28.0；	刀具 *X* 向快速定位，准备精车内孔
N110 G01 Z–20.0 F40；	精车 $\phi28^{+0.033}_{0}$ mm 内孔
N120 X20.0；	精车 ϕ20 mm 孔的右端面
N130 Z–41.0；	精车 ϕ20 mm 内孔
N140 X18.0 M09；	*X* 向退刀，关闭切削液
N150 G00 Z2.0；	*Z* 向快速退刀
N160 G00 X100.0 Z100.0；	刀具快速退至安全点
N170 M30；	程序结束并复位

（3）用 G71、G73 指令加工内孔

用 G71、G73 指令加工内孔时，其指令格式与车削外圆基本相同，但也有区别，编程时应注意以下几个方面：

1）用粗车循环指令 G71、G73 加工外圆时精车余量 U 为正值，但在加工内孔时精车余量 U 应为负值。

2）加工内孔时，选择切削循环起点、切出点的位置时要慎重，要保证刀具在狭小的内结构中移动而不与工件发生干涉。起点、切出点的 X 值一般比预加工孔直径稍小一点。

3）加工内孔时，若有锥体和圆弧，精加工时需要对刀尖圆弧半径进行补偿，补偿指令与外圆加工有区别。以刀具从右向左进给为例，在加工外轮廓时，刀尖圆弧半径补偿指令用 G42，刀具方位编号是“3”；在加工内轮廓时，刀尖圆弧半径补偿指令用 G41，刀具方位编号是“2”。

4）示例。加工图 5–11 所示工件的台阶孔，已钻出 ϕ20 mm 的通孔，试编制加工程序。

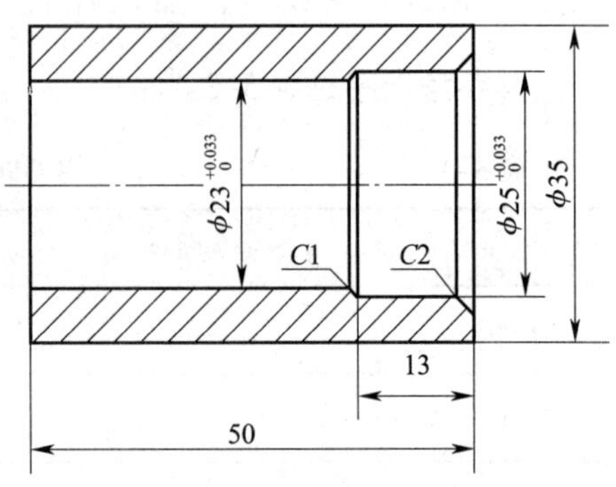

图 5–11　用 G71 指令加工台阶孔示例

其参考程序见表 5–4。

表 5-4　　用 G71 指令加工台阶孔参考程序

参考程序	注释
O5004;	程序名
N10 G99 M03 S500;	主轴正转，转速为 500 r/min
N20 T0101;	调用 01 号刀具，执行 01 号刀补
N30 G00 X20.0 Z2.0 M08;	快速进刀至车削循环起点，切削液开
N40 G71 U1.5 R0.5 F0.25;	设置 G71 循环参数，注意：U 为 –0.4 mm
N50 G71 P60 Q120 U–0.4 W0.1;	
N60 G41 G01 X29.0 S800 F0.1;	建立刀尖圆弧半径左补偿，*X* 向进刀
N70 Z0;	*Z* 向至切削起点
N80 X25.0 Z–2.0;	倒角 *C*2 mm
N90 Z–13.0;	精车 $\phi25^{+0.033}_{0}$ mm 内孔
N100 X23.0 Z–14.0;	倒角 *C*1 mm
N110 Z–51.0;	精车 $\phi23^{+0.033}_{0}$ mm 内孔
N120 X20.0;	*X* 向退刀
N130 G70 P60 Q120;	采用精车循环指令 G70 精车内孔
N140 G40 G00 Z2.0;	*Z* 向退出工件，取消刀尖圆弧半径左补偿
N160 G00 X50.0 Z100.0 M09;	刀具快速退至安全点，关闭切削液
N170 M30;	程序结束并复位

三、实训练习

加工图 5–12 所示的工件，毛坯尺寸为 $\phi48$ mm×65 mm，材料为 45 钢。

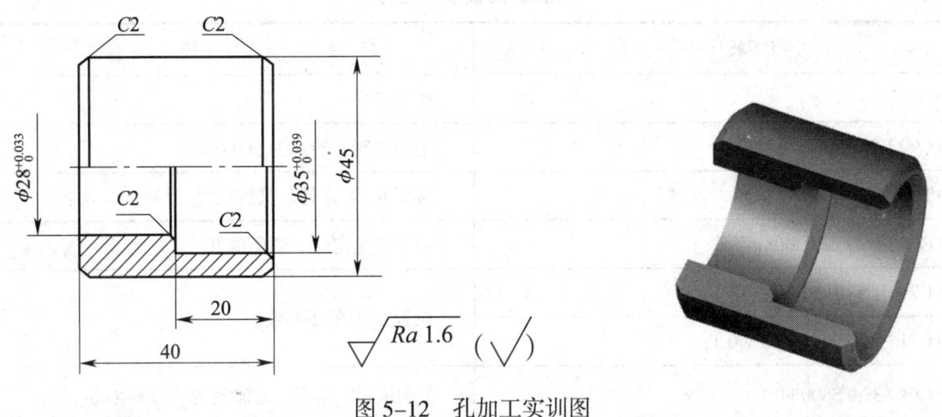

图 5–12　孔加工实训图

1. 确定加工工艺

（1）工艺分析

该工件材料为 45 钢，需要加工两端面、外圆、外倒角、台阶孔和内倒角，同时控制长度为 40 mm。

通过上述分析，可采取以下两点工艺措施：

1）对图样上台阶孔尺寸，编程时取公称尺寸，加工后的具体尺寸通过刀补值调整。

2）由于毛坯去除余量不是太大，可按照工序集中的原则确定加工工序。其加工工序如下：手动车右端面，钻中心孔→用 ϕ26 mm 钻头手动钻孔→粗、精车外圆和 C2 mm 倒角→粗、精车台阶孔→车左端外倒角，切断。

（2）确定刀具

根据加工内容和要求，确定所用加工刀具，数控加工刀具卡见表 5–5。

表 5–5　　数控加工刀具卡

刀具号	刀具规格和名称	数量	加工内容	主轴转速 /（r/min）	进给量 /（mm/r）	背吃刀量 /mm
T01	90° 外圆偏刀	1	粗车工件外轮廓	600	0.25	2.0
T01	90° 外圆偏刀	1	精车工件外轮廓	1 000	0.1	0.5
T02	不通孔车刀	1	粗车台阶孔	500	0.2	1.5
T02	不通孔车刀	1	精车台阶孔	800	0.1	0.25
T03	切断刀（宽 4 mm）	1	车左端外倒角，切断	350	0.05	4
编制	审核		批准	年　月　日	共　页	第　页

2. 编制加工程序

孔加工实训参考程序见表 5–6。

表 5–6　　孔加工实训参考程序

参考程序	注释
O5005;	程序名
N10 G99 M03 S500;	主轴正转，转速为 500 r/min
N20 T0202;	调用 02 号刀具，执行 02 号刀补
N30 G00 X26.0 Z2.0 M08;	刀具快速定位，切削液开
N40 G71 U1.5 R0.5 F0.2;	设置 G71 循环参数
N50 G71 P60 Q130 U–0.5 W0.1;	
N60 G01 X39.0 S800 F0.1;	X 向进刀，精车，主轴转速为 800 r/min

续表

参考程序	注释
N70 Z0；	Z 向到达切削起点
N80 X35.0 Z-2.0；	倒角 $C2$ mm
N90 Z-20.0；	精车 $\phi35^{+0.039}_{0}$ mm 内孔
N100 X32.0；	精车 $\phi28^{+0.033}_{0}$ mm 孔右端面
N110 X28.0 W-2.0；	倒角 $C2$ mm
N120 Z-41.0；	精车 $\phi28^{+0.033}_{0}$ mm 内孔
N130 X26.0；	X 向退刀
N140 G70 P60 Q130；	采用精车循环指令 G70 精车内轮廓
N150 G00 Z2.0 M09；	Z 向快速退刀，关闭切削液
N160 G00 X100.0 Z100.0；	快速退刀至换刀点
N170 T0101 S600 M08；	调用 01 号刀具，执行 01 号刀补
N180 G00 X46.0 Z2.0；	刀具快速定位
N190 G01 Z-44.0 F0.25；	粗车外圆
N200 G00 X48.0 Z2.0；	快速退刀
N210 X41.0；	X 向进刀至倒角起点
N220 G01 Z0 F0.1 S1000；	Z 向进刀，转速提高至 1 000 r/min
N230 X45.0 Z-2.0；	精车右端外倒角 $C2$ mm
N240 Z-44.0；	精车 $\phi45$ mm 外圆
N250 G00 X100.0 Z100.0；	刀具返回换刀点
N260 T0303；	调用 03 号刀具，执行 03 号刀补
N270 G00 X47.0 Z-44.0 M03 S350；	刀具快速定位，主轴正转，转速为 350 r/min
N280 G01 X40.0 F0.05；	X 向切入深度至 40 mm
N290 X47.0；	X 向退刀
N300 G00 W2.0；	沿 Z 轴正方向增量移动 2 mm
N310 G01 X45.0；	X 向进刀至外圆表面
N320 X41.0 Z-44.0；	车左端外倒角 $C2$ mm
N330 X26.0；	切断
N340 G00 X100.0 Z100.0；	快速退至换刀点
N350 M30；	程序结束并复位

3. 工件加工

将编制好的程序校验无误后，输入机床数控系统中，加工出合格的工件。

四、内孔加工质量分析

用数控车床加工孔时经常遇到的加工质量问题有多种，问题现象、产生原因和解决方法见表 5–7。

表 5–7　　孔加工问题现象、产生原因和解决方法

问题现象	产生原因	解决方法
孔径超差	1. 刀具参数不准确 2. 切削用量选择不当，产生让刀现象 3. 程序错误 4. 工件尺寸计算错误	1. 调整或重新设定刀具参数 2. 合理选择切削用量 3. 检查及修改加工程序 4. 正确计算工件尺寸
内孔形状精度达不到要求	1. 主轴本身间隙过大 2. 程序错误 3. 装夹时把工件夹扁 4. 车刀磨损	1. 调整主轴间隙 2. 检查及修改加工程序 3. 正确装夹工件 4. 修磨车刀
内孔端面相互位置精度达不到要求	1. 中滑板导轨与主轴中心线不垂直 2. 主轴径向窜动 3. 刀具磨损，切削力增大 4. 程序错误	1. 调整机床 2. 调整主轴 3. 修磨及更换刀具 4. 检查及修改加工程序
内孔表面粗糙度达不到要求	1. 车刀磨损 2. 切削速度选用不当 3. 切削液选用不当 4. 产生积屑瘤 5. 刀尖过高 6. 被切屑划伤	1. 修磨车刀 2. 合理选择切削用量 3. 合理选择切削液 4. 选择合适的切削速度范围 5. 正确装夹车刀 6. 合理排屑

第二节　复杂内轮廓加工

一、内圆锥工件的加工

1. 加工内圆锥工件注意事项

在数控车床上加工内圆锥工件应注意以下问题：

（1）为了便于观察与测量，装夹工件时应尽量使锥孔大端在外端。

（2）为保证锥度的尺寸精度，加工时需要进行刀尖圆弧半径补偿。

（3）内圆锥工件加工中一定要注意刀尖的位置和方向。

（4）多数内圆锥的尺寸需要进行计算，掌握正确的计算方法，可以提高工艺制定效率。

（5）车削内圆锥时的切削用量应比车削外圆锥小 10%～30%。

（6）车削内圆锥装刀时必须保证刀尖严格对准工件回转中心，否则会产生双曲线误差，如图 5-13 所示；选用的精车刀具必须有足够的耐磨性；刀柄伸出的长度应尽可能短，一般比所需行程长 3～5 mm，并且根据内孔尺寸尽可能选用大的刀柄尺寸，以保证刀具刚度。

（7）车削内圆锥时必须保证浇注充足的切削液进行冷却，以保证内孔的表面质量与刀具寿命。

（8）加工高精度的内圆锥工件时，最好在精车前增加一道检测工步。

（9）精加工内圆锥工件时，需要防止切屑划伤内孔表面，此时对切削用量的选择需综合考虑，一般可以考虑减小背吃刀量与进给速度。

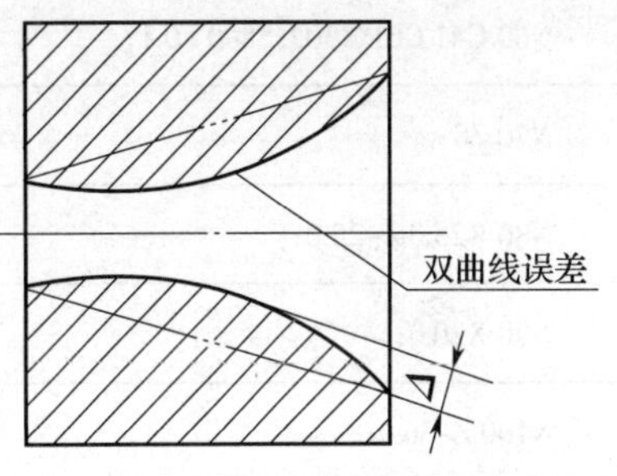

图 5-13　车削内圆锥的双曲线误差

2. 示例

加工图 5-14 所示的工件，已钻出 ϕ18 mm 的通孔，试编制内圆锥加工程序。

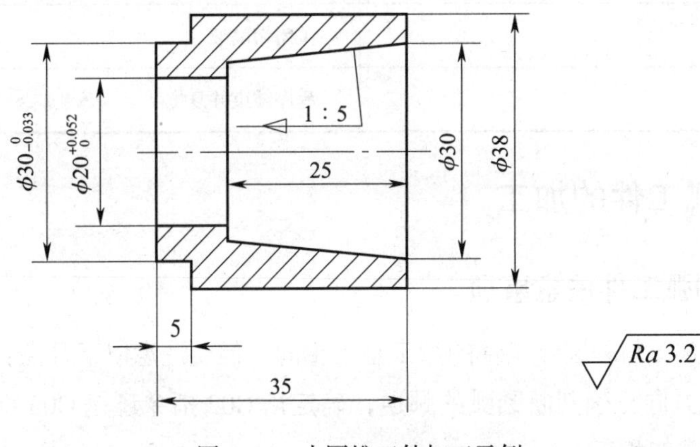

图 5-14　内圆锥工件加工示例

内圆锥小端直径的计算：$D_2 = D_1 - C \times L = 30\ \text{mm} - \frac{1}{5} \times 25\ \text{mm} = 25\ \text{mm}$。

内圆锥工件加工参考程序见表 5-8。

表 5-8　　内圆锥工件加工参考程序

参考程序	注释
O5006;	程序名
N10 G97 G99 M03 S500;	主轴正转，转速为 500 r/min
N20 T0101;	调用 01 号刀具，执行 01 号刀补

续表

参考程序	注释
N30 G00 X18.0 Z2.0 M08；	刀具快速定位，切削液开
N40 G71 U1.0 R0.5 F0.25；	设置 G71 指令循环参数
N50 G71 P60 Q110 U-0.5 W0.1；	
N60 G41 G01 X30.0 S800 F0.1；	N60～N110 指定精车路线
N70 Z0；	刀具 Z 向到达切削起点
N80 X25.0 Z-25.0；	精车内锥面
N90 X20.0；	精车 $\phi20^{+0.052}_{0}$ mm 孔右端面
N100 Z-36.0；	精车 $\phi20^{+0.052}_{0}$ mm 内孔
N110 X18.0；	X 向退刀
N120 G70 P60 Q110；	采用精车循环指令 G70 进行精车
N130 G40 G00 X50.0 Z100.0；	刀具快速退刀，取消刀尖圆弧半径补偿
N140 M09；	关闭切削液
N150 M30；	程序结束并复位

二、内圆弧工件的加工

1. 加工内圆弧工件注意事项

内圆弧工件的加工与外圆弧工件的加工基本相同，但要注意以下几点：

（1）根据进给方向正确判断圆弧的顺逆，确定用 G02 指令还是 G03 指令编程。若判断错误，将导致圆弧凸凹相反。

（2）加工内圆弧工件时，为保证圆弧的尺寸精度，加工时需要进行刀尖圆弧半径补偿。应用时，要根据进给方向，正确判断采用左补偿指令 G41 还是右补偿指令 G42。若判断错误，将导致圆弧半径增大或减小。

（3）应用刀尖圆弧半径补偿时，要正确设置刀尖圆弧半径和刀尖的位置方向。

2. 示例

加工图 5-15 所示的工件，已预钻 $\phi20$ mm 的孔，试编制其内轮廓加工程序。

内圆弧工件加工参考程序见表 5-9。

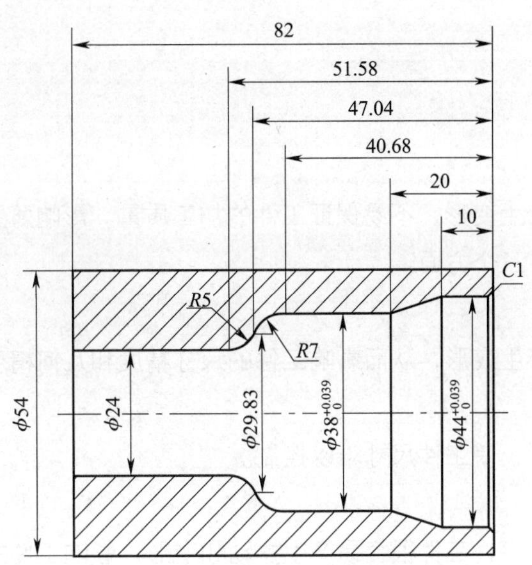

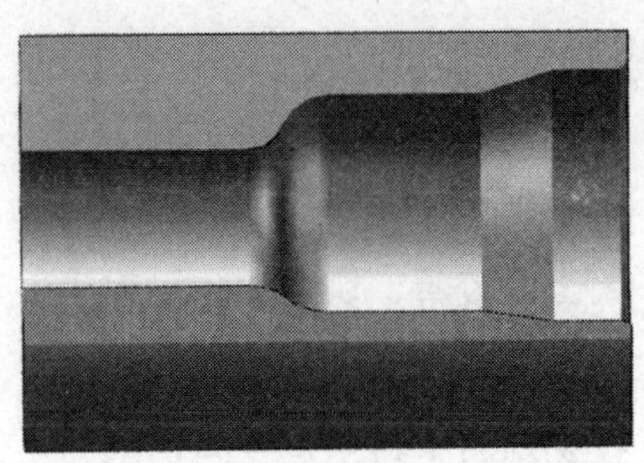

图 5–15 内圆弧工件加工示例

表 5–9 **内圆弧工件加工参考程序**

参考程序	注释
O5007；	程序名
N10 M03 T0101 S600；	主轴正转，转速为 600 r/min，调用 01 号刀具，执行 01 号刀补
N20 G00 X100.0 Z50.0；	快速定位
N30 X18.0 Z1.0；	快速移到循环起刀点
N40 G71 U1.0 R0.5 F150；	设置粗车复合循环参数
N50 G71 P60 Q140 U–0.5 W0；	
N60 G00 G41 X48.0 S1000；	*X* 向进刀至倒角起点（X48.0，Z1.0）
N70 G01 X44.0 Z–1.0 F100；	倒角 *C*1 mm
N80 Z–10.0；	精加工 $\phi44^{+0.039}_{0}$ mm 内孔
N90 X38.0 Z–20.0；	精加工锥面
N100 Z–40.68；	精加工 $\phi38^{+0.039}_{0}$ mm 内孔
N110 G03 X29.83 Z–47.04 R7.0；	精加工 *R*7 mm 圆弧
N120 G02 X24.0 Z–51.58 R5.0；	精加工 *R*5 mm 圆弧
N130 G01 Z–83.0；	精加工 ϕ24 mm 内孔
N140 X18.0；	*X* 向退刀
N150 G70 P60 Q140；	采用精加工循环指令 G70 进行精车
N160 G40 G00 X100.0 Z50.0；	快速退刀至安全点
N170 M30；	程序结束并复位

三、薄壁件的加工

1. 影响薄壁件加工精度的因素

薄壁件刚度和强度低，在加工中极易产生变形，不易保证工件的加工质量。影响薄壁件加工精度的因素很多，归纳起来主要有以下三个方面：

（1）受力变形

因工件壁薄，在夹紧力的作用下容易产生变形，从而影响工件的尺寸精度和几何精度。

（2）受热变形

因工件较薄，切削热会引起工件热变形，使工件尺寸难以控制。

（3）振动变形

在切削力（特别是径向切削力）的作用下，工件很容易产生振动和变形，影响工件的尺寸精度、几何精度和表面质量。

2. 减小薄壁件变形的措施

减小薄壁件变形的措施主要从工件的装夹、刀具几何参数、程序的编制等方面进行综合考虑。

（1）根据薄壁件的形状和特点，选择及制定合理的工艺方案和加工路线。尽量将粗、精加工分开。

（2）为了防止薄壁件因装夹而产生变形，装夹时应尽量增加辅助支承面，提高薄壁件在切削过程中的刚度，减小变形。将局部夹紧机构改为均匀夹紧机构，可以减小变形。

（3）合理选择刀具几何角度。应控制主偏角，使加工中产生的切削力在工件刚度低的方向减小，刃倾角取正值。

（4）合理选用切削参数。粗加工时，背吃刀量和进给量可取得大一些；精加工时，背吃刀量可取 0.2～0.5 mm，进给量一般为 0.1～0.2 mm/r，甚至更小。粗车时，切削速度一般取 60～120 m/min；精车时，可取较高的切削速度，但不宜过高。合理选择切削参数可以减小切削力，从而降低变形量。

（5）在车削时使用适当的切削液（如煤油等），能减小受热变形，使加工表面更好地达到要求。

3. 示例

加工图 5–16 所示的薄壁套筒，毛坯为铸件，材料为 HT200，切削余量为 3 mm。试制定加工工序，并编制数控加工程序。

（1）零件图工艺分析

该薄壁套筒形状比较简单，主要由内、外圆柱面组成，但由于工件较薄，刚度较低，如果采用常规的切削加工方法，受切削力和热变形的影响，工件会产生弯曲变形，很难达到技术要求，产品合格率极低。因此，需要在正确编程的前提下采取合理的工艺措施，才能更好地完成工件的加工。

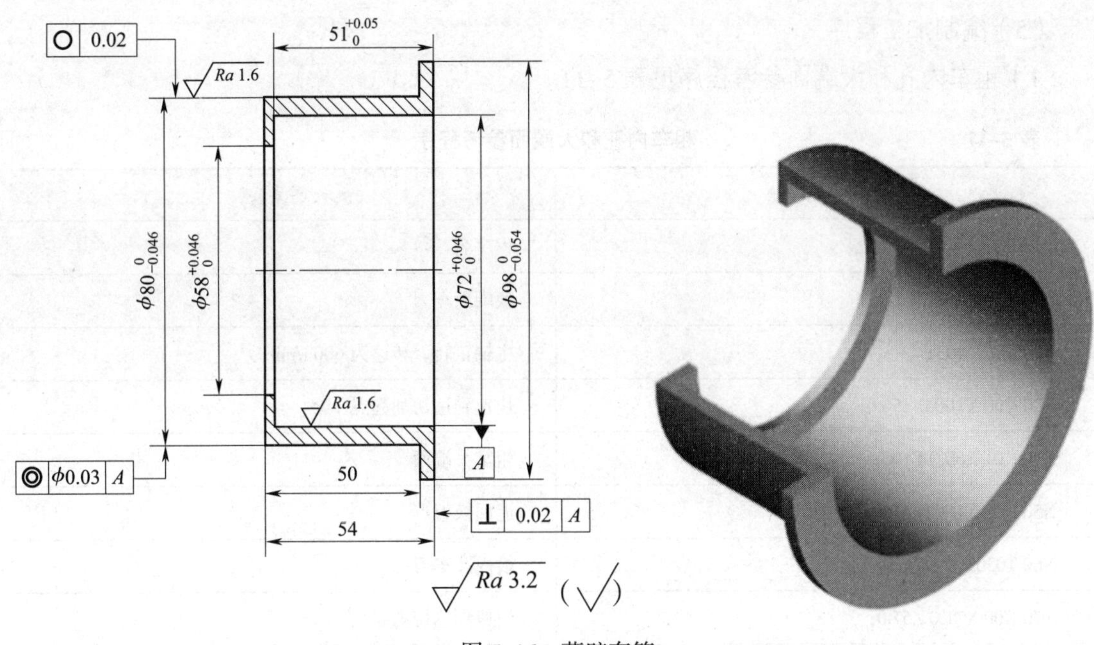

图 5-16　薄壁套筒

（2）确定加工工序

根据上述分析，采用下列工序完成工件的加工：

1）用三爪自定心卡盘夹持小端外圆，粗车内孔和大端面。

2）掉头，夹持内孔，粗车外圆和小端面。

3）用扇形软卡爪装夹小端外圆，精车内孔和大端面。

4）以内孔和大端面定位，用心轴夹紧，精车外圆和小端面。

（3）确定编程原点

1）粗、精车内孔和大端面时，以工件小端面中心为编程原点。

2）粗、精车外圆和小端面时，以工件大端面中心为编程原点。

（4）确定加工刀具

数控加工刀具卡见表 5-10。

表 5-10　数控加工刀具卡

刀具号	刀具规格和名称		数量	加工内容		主轴转速 /（r/min）	进给速度 /（mm/min）	背吃刀量 /mm
T01	端面车刀		1	粗车端面		600	100	1
				精车端面		1 000	50	0.5
T02	95° 外圆车刀		1	粗加工外圆		600	100	1
				精加工外圆		1 000	50	0.25
T03	内孔车刀		1	粗加工内孔		600	100	1
				精加工内孔		1 000	50	0.5
编制		审核		批准		年　月　日	共　页	第　页

（5）编制加工程序

1）粗车内孔和大端面参考程序见表 5–11。

表 5–11　粗车内孔和大端面参考程序

参考程序	注释
O5008;	程序名
N10 T0101;	换端面车刀
N20 S600 M03;	主轴正转，转速为 600 r/min
N30 G00 X100.0 Z56.0;	快速到达切削起点
N40 G01 X60.0 F100;	粗车大端面
N50 G00 X150.0 Z100.0;	退回换刀点
N60 T0303;	换内孔车刀
N70 G00 X71.0 Z57.0;	快速到达切削起点
N80 G01 Z4.0 F100;	粗车图样上 $\phi72_{0}^{+0.046}$ mm 内孔至 $\phi71$ mm
N90 X57.0;	粗车 $\phi58_{0}^{+0.046}$ mm 内孔右端面
N100 Z–2.0;	粗车图样上 $\phi58_{0}^{+0.046}$ mm 内孔至 $\phi57$ mm
N110 G00 X54.0;	X 向退刀
N120 Z60.0;	Z 向退刀
N130 X150.0 Z100.0;	退回换刀点
N140 M05;	主轴停止
N150 M30;	程序结束并复位

2）粗车外圆和小端面参考程序见表 5–12。

表 5–12　粗车外圆和小端面参考程序

参考程序	注释
O5009;	程序名
N10 T0101;	换端面车刀
N20 S600 M03;	主轴正转，转速为 600 r/min
N30 G00 X84.0 Z55.0;	快速到达切削起点
N40 G01 X54.0 F100;	粗车小端面
N50 G00 X150.0 Z100.0;	退回换刀点
N60 T0202;	换外圆车刀

续表

参考程序	注释
N70 G00 X81.0 Z57.0;	快速到达切削起点
N80 G01 Z4.5 F100;	粗车图样上 $\phi80_{-0.046}^{0}$ mm 外圆至 $\phi81$ mm
N90 X99.0;	粗车图样上 $\phi98_{-0.054}^{0}$ mm 外圆至 $\phi99$ mm
N100 Z-2.0;	粗车 $\phi98_{-0.054}^{0}$ mm 外圆
N110 X150.0 Z100.0;	返回起刀点
N120 M05;	主轴停止
N130 M30;	程序结束并复位

3）精车内孔和大端面参考程序见表 5-13。

表 5-13　　精车内孔和大端面参考程序

参考程序	注释
O5010;	程序名
N10 T0101;	换端面车刀
N20 S1000 M03;	主轴正转，转速为 1 000 r/min
N30 G00 X100.0 Z54.5;	快速到达切削起点
N40 G01 X60.0 F50;	精车大端面
N50 G00 X150.0 Z100.0;	退回换刀点
N60 T0303;	换内孔车刀
N70 G00 X72.0 Z56.0;	快速到达切削起点
N80 G01 Z3.5 F50;	精车 $\phi72_{0}^{+0.046}$ mm 内孔
N90 X58.0;	精车 $\phi58_{0}^{+0.046}$ mm 内孔右端面
N100 Z-2.0;	精车 $\phi58_{0}^{+0.046}$ mm 内孔
N110 G00 X54.0;	*X* 向退刀
N120 Z60.0;	*Z* 向退刀
N130 X150.0 Z100.0;	退回换刀点
N140 M05;	主轴停止
N150 M30;	程序结束并复位

4）精车外圆和小端面参考程序见表 5–14。

表 5–14　精车外圆和小端面参考程序

参考程序	注释
O5011；	程序名
N10 T0101；	换端面车刀
N20 S1000 M03；	主轴正转，转速为 1 000 r/min
N30 G00 X82.0 Z54.0；	快速到达切削起点
N40 G01 X54.0 F50；	精车小端面
N50 G00 X150.0 Z100.0；	退回换刀点
N60 T0202；	换外圆车刀
N70 G00 X80.0 Z55.0；	快速到达切削起点
N80 G01 Z4.0 F50；	精车 $\phi80_{-0.046}^{0}$ mm 外圆
N90 X98.0；	精车 $\phi98_{-0.054}^{0}$ mm 圆柱左端面
N100 Z–2.0；	精车 $\phi98_{-0.054}^{0}$ mm 外圆
N110 G00 X150.0 Z100.0；	返回起刀点
N120 M05；	主轴停止
N130 M30；	程序结束并复位

四、实训练习

加工图 5–17 所示的工件，毛坯尺寸为 $\phi55$ mm × 80 mm，材料为 45 钢。

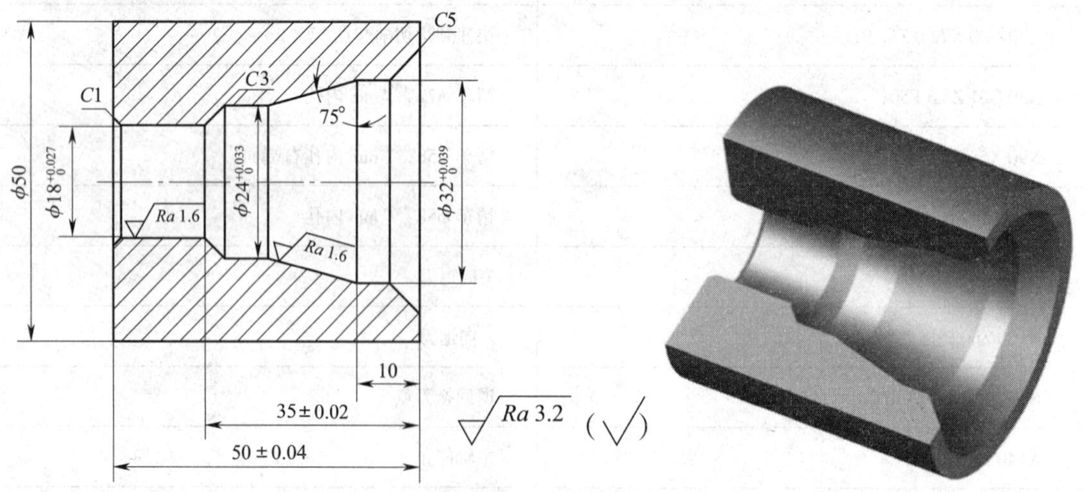

图 5–17　复杂孔类工件实训图

1. 确定加工工艺

（1）工艺分析

该工件外轮廓需要加工两端面、ϕ50 mm 外圆；内轮廓需要加工三段直孔、一段锥孔和三处倒角，同时控制长度（50±0.04）mm。零件图轮廓清楚，尺寸标注完整。工件材料为45 钢，无热处理和硬度要求。

通过上述分析，可采取以下两点工艺措施：

1）对图样上的给定尺寸，编程时全部采用公称尺寸，加工后的具体尺寸通过刀补值调整。

2）由于毛坯去除余量不太大，可按照工序集中的原则确定加工工序。其加工工序如下：车右端面及 ϕ50 mm 外圆→钻 ϕ16 mm 孔（保证钻孔长度大于 50 mm）→粗、精车内轮廓→切断→车左端面并倒角。

（2）锥体长度计算

$$L=\frac{32\ \text{mm}-24\ \text{mm}}{2}\times\tan75°=4\ \text{mm}\times\tan75°\approx 14.928\ \text{mm}$$

（3）确定刀具

数控加工刀具卡见表 5–15。

表 5–15 数控加工刀具卡

刀具号	刀具规格和名称		数量	加工内容		主轴转速 /（r/min）	进给速度 /（mm/min）	背吃刀量 /mm
T01	90° 外圆车刀		1	粗车外轮廓、端面		600	150	2
				精车外轮廓		800	100	0.5
T02	ϕ16 mm 麻花钻		1	钻孔		500	50	8
T03	内孔车刀		1	粗加工内轮廓		500	100	1
				精加工内轮廓		1 000	50	0.25
T04	4 mm 切断刀		1	切断		300	50	—
编制		审核		批准		年 月 日	共 页	第 页

2. 编制加工程序

（1）外轮廓加工参考程序见表 5–16。

表 5–16 外轮廓加工参考程序

参考程序	注释
O5012;	程序名
N10 M03 S600;	主轴正转，转速为 600 r/min
N20 T0101;	调用 01 号刀具，执行 01 号刀补
N30 G00 X58.0 Z0;	快速靠近工件

续表

参考程序	注释
N40 G01 X0 F150；	车端面
N50 G00 X56.0 Z2.0；	刀具快速退至循环起点
N60 G90 X51.0 Z-55.0 F150；	粗车外圆
N70 G00 X50.0 S800；	*X* 向进刀，主轴转速为 800 r/min
N80 G01 Z-55.0 F100；	精车外圆
N90 X56.0；	*X* 向退刀
N100 G00 X100.0 Z50.0；	快速退至换刀点
N110 M30；	程序结束并复位

（2）内轮廓加工参考程序见表 5-17。

表 5-17　　内轮廓加工参考程序

参考程序	注释
O5013；	程序名
N10 M03 S500；	主轴正转，转速为 500 r/min
N20 T0202；	调用 02 号刀具，执行 02 号刀补
N30 G00 X0 Z5.0 M08；	刀具快速定位，切削液开
N40 G74 R1.0；	端面钻孔循环加工
N50 G74 Z-55.0 Q6000 F50；	
N60 M09；	关闭切削液
N70 G00 X100.0 Z100.0；	刀具快速返回换刀点
N80 T0303 S500；	调用 03 号刀具，执行 03 号刀补
N90 G00 X16.0 Z2.0 M08；	刀具快速定位，切削液开
N100 G71 U1.0 R0.5 F100；	设置 G71 循环参数
N110 G71 P120 Q190 U-0.5 W0；	
N120 G41 G01 X46.0 S1000 F50；	*X* 向进刀，执行刀尖圆弧半径左补偿
N130 X32.0 Z-5.0；	精车 *C*5 mm 倒角
N140 Z-10.0；	精车 $\phi32^{+0.039}_{0}$ mm 内孔
N150 X24.0 Z-24.928；	精车锥体
N160 Z-32.0；	精车 $\phi24^{+0.033}_{0}$ mm 内孔
N170 X18.0 Z-35.0；	精车锥体
N180 Z-51.0；	精车 $\phi18^{+0.027}_{0}$ mm 内孔

续表

参考程序	注释
N190 X16.0;	X 向进刀
N200 G70 P120 Q190;	采用精加工循环指令 G70 进行精车
N210 G00 G40 X100.0 Z100.0;	快速退至换刀点
N220 T0404 M03 S300;	换切断刀
N230 G00 X56.0 Z2.0;	快速定位
N240 Z–54.0;	Z 向进刀
N250 G01 X16.0 F50;	切断
N260 G00 X100.0 Z100.0;	快速退至换刀点
N270 M30;	程序结束并复位

（3）左端面加工参考程序见表 5–18。

表 5–18　　左端面加工参考程序

参考程序	注释
O5014;	程序名
N10 T0101;	换外圆车刀
N20 M03 S500;	主轴正转，转速为 500 r/min
N30 G00 X52.0 Z0;	快速靠近工件
N40 G01 X18.0 F50;	车左端面
N50 Z2.0;	Z 向退刀
N60 G00 X100.0 Z100.0;	快速退至换刀点
N70 T0303;	换内孔车刀
N80 M03 S500;	主轴正转，转速为 500 r/min
N90 G00 X52.0 Z2.0;	快速靠近工件
N100 X24.0;	X 向进刀
N110 G01 X16.0 Z–2.0;	倒角 C1 mm
N120 Z2.0;	Z 向退刀
N130 G00 X100.0 Z100.0;	刀具快速退至换刀点
N140 M30;	程序结束并复位

3. 工件加工

将编制好的程序校验无误后，输入机床数控系统中，对刀并设置刀具偏置参数，加工出合格的工件。

第六章　切槽与切断

第一节　概　　述

槽加工是数控车床加工的一个重要组成部分。在工业领域中使用各种各样的槽，主要有工艺凹槽、油槽、端面槽、V 形槽等，如图 6–1 所示为各种槽的形状和位置。槽的种类很多，根据其加工特点不同，大致可以分为单槽、多槽、宽槽、深槽和异形槽几类。加工时可能会遇到几种形式槽的叠加，如单槽可能是深槽，也可能是宽槽。槽加工所用刀具主要是各类切槽刀，如图 6–2 所示。

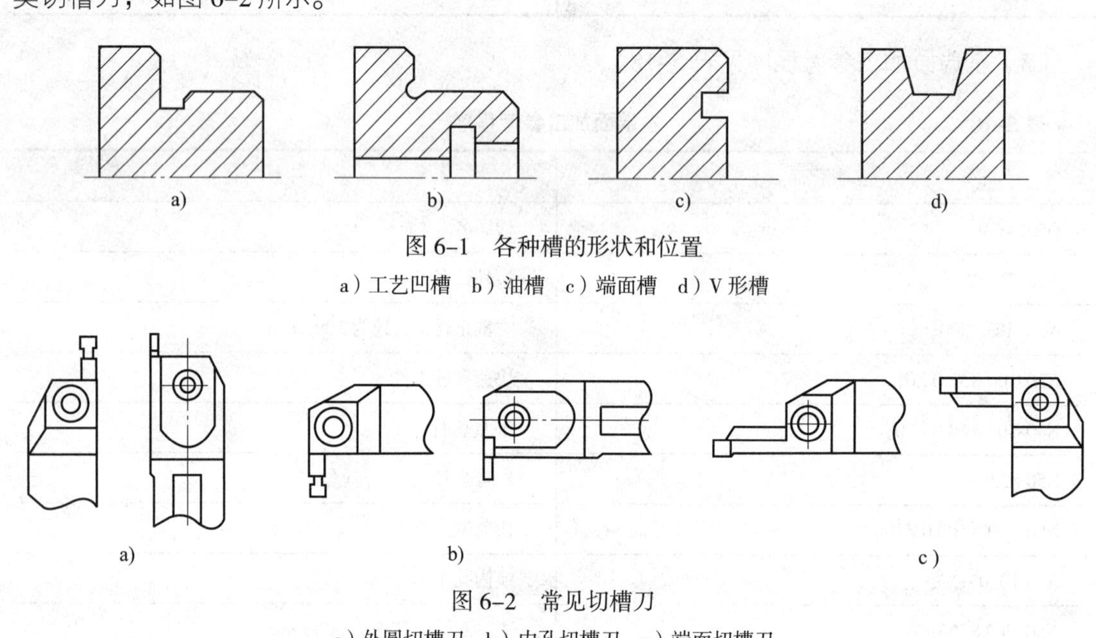

图 6–1　各种槽的形状和位置

a）工艺凹槽　b）油槽　c）端面槽　d）V 形槽

图 6–2　常见切槽刀

a）外圆切槽刀　b）内孔切槽刀　c）端面切槽刀

一、切槽加工工艺特点

1. 切槽刀进行加工时，一条主切削刃和两条副切削刃同时参与三面切削，被切削材料塑性变形复杂，摩擦力大，加工时进给量小，切削厚度薄，平均变形大，单位切削力大。切削时总切削力与功耗大，一般比外圆加工大 20% 左右，同时切削热高，散热差，切削温度高。

2. 切削速度在槽加工过程中不断变化，特别是在切断加工时，切削速度由最大一直变化至零。切削力、切削热也不断变化。

3. 在槽加工过程中，随着刀具不断切入，实际加工表面形成阿基米德螺旋面，由此造成刀具实际前角、后角都不断变化，使加工过程更为复杂。

4. 切深槽时，因刀具宽度窄，相对悬伸长，刀具刚度低，易产生振动，特别容易断刀。

二、切槽（切断）加工需要注意的问题

1. 切断或切槽加工中，安装刀具时需要特别注意，刀尖一定要与工件回转中心等高，刀具安装后必须两边对称；否则，在进行深槽加工时槽侧壁会倾斜，严重时会断刀。选择内孔切槽刀时需要综合考虑内孔与槽的尺寸，并综合考虑刀具切槽后的退刀路线，严防刀具与工件发生碰撞。

2. 对于宽度值不大但深度值较大的深槽工件，为了避免切槽过程中由于排屑不畅，使刀具前面压力过大而出现扎刀和刀具折断的现象，应采用分次进刀的方式，刀具在切入工件一定深度后，停止进刀并回退一段距离，达到断屑和排屑的目的，如图 6–3 所示。同时注意尽量选择强度较高的刀具。

3. 若以较窄的切槽刀加工较宽的槽，则应分次切入。合理的切削路线如下：先切中间，再切左右，最后沿槽的轮廓切削一次，保证槽的精度，如图 6–4 所示。此时应注意切槽刀的宽度，防止产生过切现象。

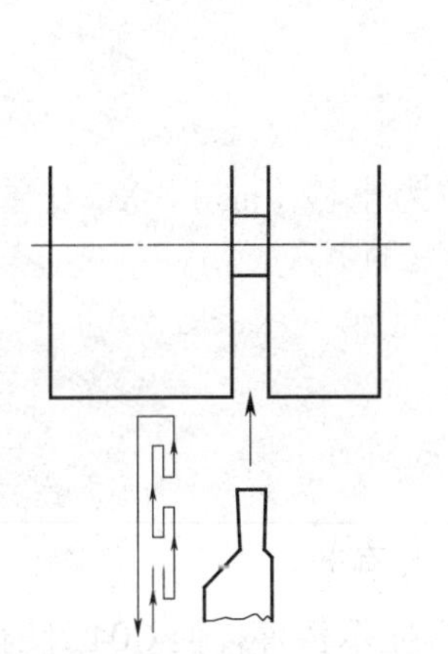
图 6–3　深槽工件加工方式

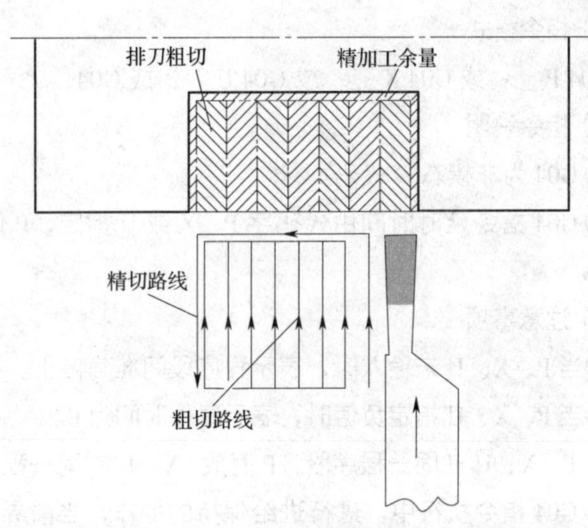

图 6–4　宽槽的加工

4. 内孔切槽时需要根据槽的尺寸选择尺寸合适的切槽刀，尽量保证刀具在加工中能有足够的刚度，从而保证槽的加工精度。

5. 端面切槽刀需要根据端面槽的曲率合理选择。

6. 注意合理安排切槽时进刀和退刀路线，避免刀具与工件相撞。进刀时，宜先 Z 向进刀再 X 向进刀，退刀时先 X 向退刀再 Z 向退刀。

7. 切槽时，切削刃宽度、切削速度和进给量都不宜选得太大，并且需要合理匹配，以免产生振动，影响加工质量。

8. 选用切槽刀时，要正确选择切槽刀刀头宽度和刀头长度，以免在加工中引起振动等问题。具体可根据以下经验公式计算：

刀头宽度 $a\approx(0.5\sim0.6)\sqrt{d}$ （d 为工件直径，单位为 mm）

刀头长度 $L=h+(2\sim3)$ mm （h 为切入深度，单位为 mm）

第二节　单 槽 加 工

一、窄槽加工

1. 槽加工基本指令

（1）直线插补指令（G01）

在数控车床上加工槽，无论是外沟槽、内沟槽还是端面槽，都可以采用 G01 指令直接实现。G01 指令格式在前面章节中已做了介绍，在此不再赘述。

（2）进给暂停指令（G04）

G04 指令使各轴运动停止，但不改变当前的 G 代码模态和保持的数据、状态，延时给定的时间后，再执行下一个程序段。

1）指令格式

G04 P__；或 G04 X__；或 G04 U__；或 G04；

2）指令说明

① G04 为非模态 G 代码。

② G04 指令延时时间由代码字 P、X 或 U 指定，P 值单位为毫秒（ms），X、U 单位为秒（s）。

3）注意事项

①当 P、X、U 未输入时，表示程序段间准确停止。

②当 P、X、U 指定负值时，表示暂停时间为 0。

③ P、X、U 在同一程序段，P 有效；X、U 在同一程序段，X 有效。

④ G04 指令执行中，进行进给保持的操作，当前界面下方显示暂停，但 G04 计时没有停止，到达计时时间时，光标停留到下一段程序。

2. 简单凹槽的加工

简单凹槽的特点是槽宽较窄、槽深较浅、形状简单、尺寸精度要求不高，如图 6–5 所示。加工该类槽时，一般选用切削刃宽度等于槽宽的切槽刀，一次加工完成。

该类槽的编程很简单，快速移动刀具至切槽位置，切削至槽底，刀具在凹槽底部做短暂的停留，然后快速退刀至起始位置，这样就完成了凹槽的加工。

加工图 6–5 所示的简单凹槽，切槽刀选用与凹槽宽度相等的标准 4 mm 方形凹槽加工刀具，其参考程序见表 6–1。

上述实例虽然简单，但是它包含凹槽加工工艺、编程方法的几个重要原则。

（1）注意凹槽切削前起点与工件间的安全间隙，本例中刀具位于工件直径上方 3 mm 处。

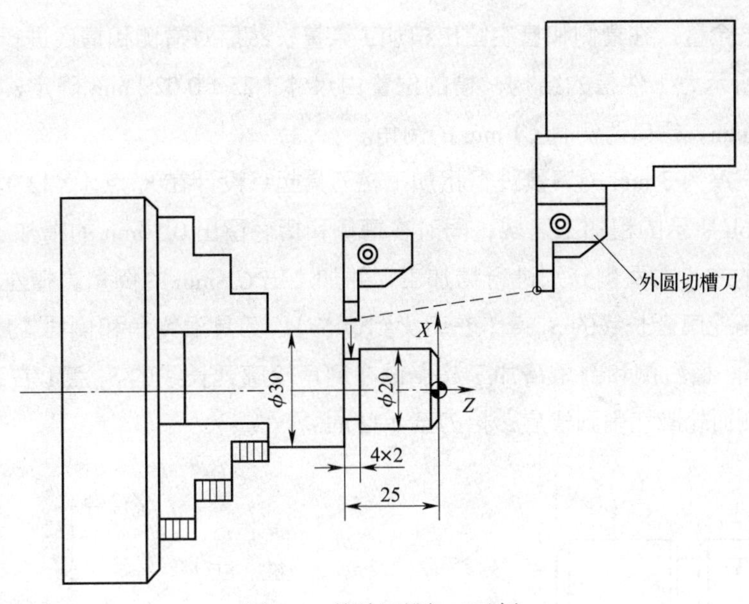

图 6–5　简单凹槽加工示例

表 6–1　　简单凹槽加工参考程序

参考程序	注释
O6001；	程序名
N10 T0101；	调用 01 号刀具，执行 01 号刀补
N20 S300 M03；	主轴正转，转速为 300 r/min
N30 G00 X36.0 Z–25.0 M08；	快速到达切削起点，切削液开
N40 G01 X16.0 F40；	切槽
N50 G04 X1.0；	刀具暂停 1 s
N60 G01 X36.0 F200；	*X* 向退刀
N70 G00 X100.0 Z50.0；	快速退至换刀点
N80 M05；	主轴停止
N90 M30；	程序结束并复位

（2）凹槽加工的进给速度通常较低。

（3）简单凹槽加工的实质是成形加工，刀片的形状和宽度与凹槽的形状和宽度一样，这也意味着使用不同尺寸的刀片就会得到不同的凹槽宽度。

3. 精密凹槽的加工

（1）精密凹槽加工基本方法

简单进刀和退刀加工出来的凹槽的侧面比较粗糙，外部拐角非常尖锐，且宽度取决于刀具的宽度和磨损情况。要得到高质量的槽，凹槽需要分粗、精加工。用比槽宽小的刀具粗加工，切除大部分余量，在槽侧和槽底留出精加工余量，然后对槽侧和槽底进行精加工。

如图 6–6 所示为工件槽的结构，槽的位置由尺寸（25±0.02）mm 确定，槽宽为 4 mm，槽底直径为 24 mm，槽口两侧有 C1 mm 的倒角。

拟用刀头宽度为 3 mm 的刀具进行粗加工，刀具起点设计在 S_1 点（X32.0，Z–24.5）。向下切除如图 6–6b 所示的粗加工区域，同时在槽侧和槽底留出 0.5 mm 的精加工余量。然后，用切槽刀对槽的左、右两侧分别进行精加工，并加工出 C1 mm 的倒角。槽左侧和倒角精加工起点设在倒角轮廓延长线的 S_2 点（左刀尖到达 S_2），刀具沿倒角和侧面轮廓切削到槽底，抬刀至 ϕ32 mm。槽右侧和倒角精加工起点设在倒角轮廓延长线的 S_3 点（右刀尖到达 S_3），刀具沿倒角和侧面轮廓切削到槽底，抬刀至 ϕ32 mm。

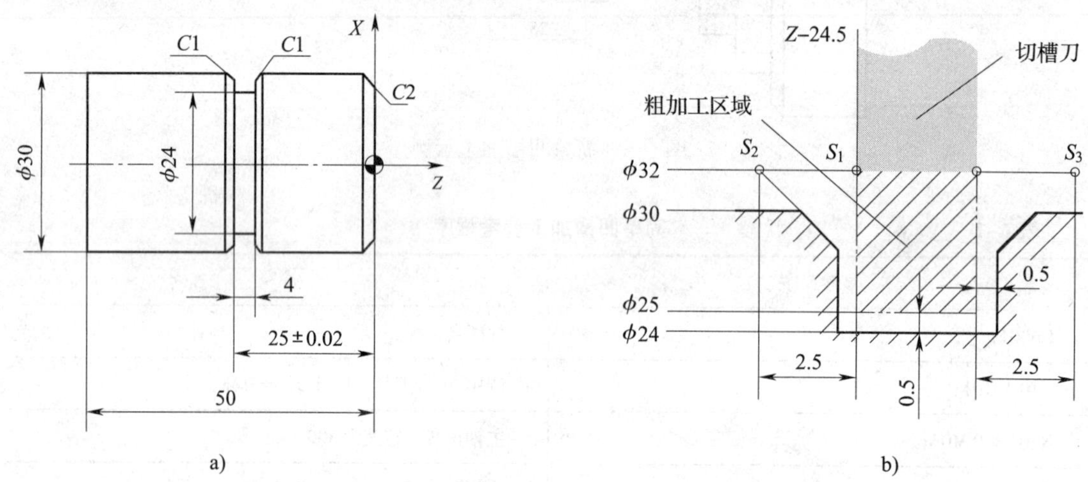

图 6–6　精密凹槽加工示例

a）零件图　b）槽放大图

（2）凹槽公差控制

若凹槽有严格的公差要求，精加工时可通过调整切槽刀 X 向和 Z 向的偏置补偿值得到较高要求的槽深和槽宽尺寸。

加工中对凹槽宽度影响最大的问题是刀具磨损。随着刀片的不断使用，它的切削刃也不断磨损并且实际宽度变窄。其切削能力没有削弱，但是加工出的槽宽可能不在公差范围内。避免槽宽尺寸落在公差带之外的方法是在精加工时调整刀具偏置补偿值。

假定在程序中以左刀尖为刀位点，对槽的左、右两侧分别进行精加工时使用同一个偏移量，如果加工中因刀具磨损而使槽宽变窄，在不换刀的情况下，正向或负向调整 Z 轴偏置补偿值，将改变凹槽相对于程序原点的位置，但是不能改变槽宽。

若要不仅能改变凹槽位置，又能改变槽宽，则需要控制凹槽宽度的第二个偏置。设计左侧倒角和左侧面使用一个偏置（03）进行精加工，右侧倒角和右侧面则使用另一个偏置，为了便于记忆，将第二个偏置的编号定为 13。这样通过调整两个刀具偏置，就能保证所加工凹槽的宽度不受刀具磨损的影响。

（3）编制加工程序

精密凹槽加工参考程序见表 6–2。

表 6–2　　精密凹槽加工参考程序

参考程序	注释
O6002；	程序名
N10 T0303；	调用 03 号刀具，执行 03 号刀补
N20 G96 S40 M03；	采用恒线速度切削，线速度为 40 m/min
N30 G50 S2000；	限制主轴最高转速为 2 000 r/min
N40 G00 X32.0 Z–24.5 M08；	刀具左刀尖快速到达 S_1 点，切削液开
N50 G01 X25.0 F40；	粗加工槽，直径方向留 1 mm 精车余量
N60 X32.0 F200；	刀具左刀尖回到 S_1 点
N70 W–2.5；	刀具左刀尖到达 S_2 点
N80 U–4.0 W2.0 F30；	加工左侧倒角 *C*1 mm
N90 X24.0；	车削至槽底
N100 Z–24.5；	精车槽底
N110 X32.0 F200；	刀具左刀尖回到 S_1 点
N120 W2.5 T0313；	刀具右刀尖到达 S_3 点（执行 13 号刀补）
N130 G01 U–4.0 W–2.0 F30；	加工右侧倒角 *C*1 mm
N140 X24.0；	精加工至槽底
N150 Z–24.5；	精加工槽底
N160 X32.0 Z–24.5 F200 T0303；	刀补重新设置为 03 号
N170 G00 X100.0 Z50.0 M09；	快速退至换刀点，关切削液
N180 M30；	程序结束并复位

在上述精密凹槽加工程序中，一把刀具使用了两个偏置，其目的是控制凹槽宽度而不是它的直径。基于程序实例 O6002，应注意以下几点：

1）开始加工时两个偏置的初始值应相等（偏置 03 和 13 有相同的 X 值和 Z 值）。

2）偏置 03 和 13 中的 *X* 轴偏置总是相同的，调整两个 *X* 轴偏置可以控制凹槽的深度公差。

3）要调整凹槽左侧面位置，则需要改变偏置 03 的 Z 值。

4）要调整凹槽右侧面位置，则需要改变偏置 13 的 Z 值。

二、宽槽加工

1. 用 G94 指令加工宽槽

在使用 G94 指令时，如果设定 Z 值不变动或设定 W 值为零，就可用来进行宽槽加工。如图 6–7 所示，毛坯为 ϕ30 mm 的棒料，采用 G94 指令编制加工程序，参考程序见表 6–3。

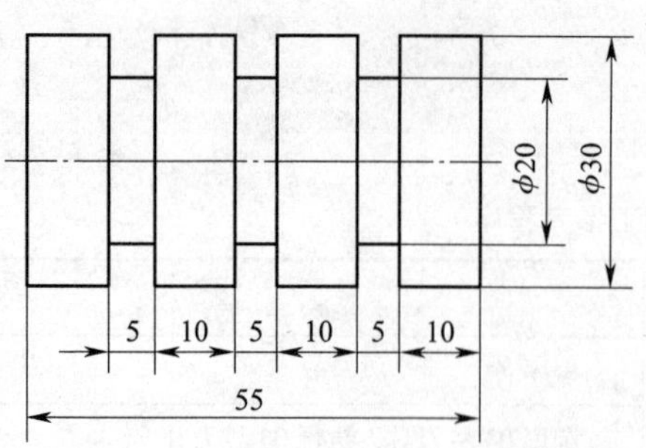

图 6–7　用 G94 指令加工宽槽示例

表 6–3　　用 G94 指令加工宽槽参考程序

参考程序	注释
O6003；	程序名
N10 M03 S300 T0303；	主轴正转，转速为 300 r/min，换 4 mm 宽切槽刀，执行 03 号刀补
N20 G00 X32.0 Z2.0；	移动刀具，快速靠近工件
N30 G00 Z–14.0；	Z 向进刀至右边第一个槽处
N40 G94 X20.0 W0 F50；	应用 G94 指令加工槽
N50 W–1.0；	扩槽
N60 G00 Z–29.0；	移动刀具至第二个槽处
N70 G94 X20.0 W0 F50；	应用 G94 指令加工槽
N80 W–1.0；	扩槽
N90 G00 Z–44.0；	移动刀具至第三个槽处
N100 G94 X20.0 W0 F50；	加工槽
N110 W–1.0；	扩槽
N120 G00 Z100.0；	快速退刀
N130 M30；	程序结束并复位

2. 用 G75 指令加工宽槽

（1）指令格式

G75 R（e）；

G75 X（U）__ Z(W）__ P（Δi）Q（Δk）R（Δd）F__；

式中　e——径向（X 轴）退刀量（单位为 mm），半径值，无符号；

X__ ——切削终点的 X 向绝对坐标；

U__ ——切削终点相对于切削起点的 X 向增量坐标；

Z__ ——切削终点的 Z 向绝对坐标；

W__ ——切削终点相对于切削起点的 Z 向增量坐标；

Δi——径向（X 轴）进刀时，X 轴断续进刀的背吃刀量（不带符号，单位为 μm）；

Δk——单次径向切削循环的轴向（Z 轴）背吃刀量（不带符号，单位为 μm）；

Δd——切削至径向切削终点后的轴向（Z 轴）退刀量，Δd 的符号总是正的；

F__ ——进给速度。

（2）指令执行过程

G75 指令运动轨迹如图 6-8 所示。

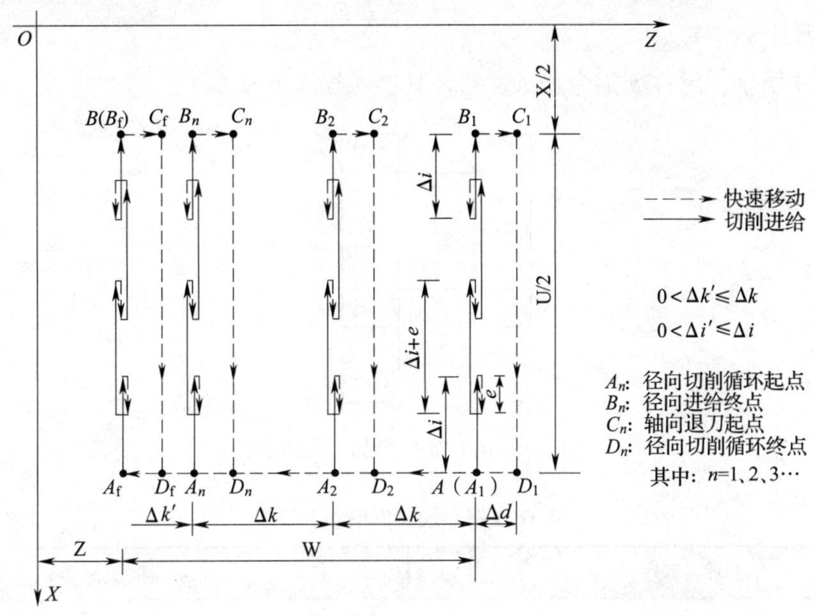

图 6-8　G75 指令运动轨迹

1）从径向切削循环起点 A_n 沿径向（X 轴）切削进给 Δi，切削终点 X 轴坐标小于起点 X 轴坐标时，向 X 轴负方向进给；反之，则向 X 轴正方向进给。

2）径向（X 轴）快速移动退刀 e，退刀方向与 1）进给方向相反。

3）如果 X 轴再次切削进给（$\Delta i+e$），进给终点仍在径向切削循环起点 A_n 与径向进给终点 B_n 之间，X 轴再次切削进给（$\Delta i+e$），然后执行 2）；如果 X 轴再次切削进给（$\Delta i+e$）后，进给终点到达 B_n 点或不在 A_n 点与 B_n 点之间，X 轴切削进给至 B_n 点，然后执行 4）。

4）轴向（Z 轴）快速移动退刀 Δd 至 C_n 点，B_f 点（切削终点）的 Z 轴坐标小于 A 点（起点）Z 轴坐标时，向 Z 轴正方向退刀；反之，则向 Z 轴负方向退刀。

5）径向（X 轴）快速移动退刀至 D_n 点，第 n 次径向切削循环结束。如果当前不是最后一次径向切削循环，执行 6）；如果当前是最后一次径向切削循环，执行 7）。

6）轴向（Z 轴）快速移动进刀，进刀方向与 4）退刀方向相反。如果 Z 轴进刀（$\Delta d+\Delta k$）后，进刀终点仍在 A 点与 A_f 点（最后一次径向切削循环起点）之间，Z 轴快速移动进刀（$\Delta d+\Delta k$），即 $D_n \rightarrow A_n+1$，然后执行 1）（开始下一次径向切削循环）；如果 Z 轴进刀（$\Delta d+\Delta k$）后，进刀终点到达 A_f 点或不在 D_n 点与 A_f 点之间，Z 轴快速移至 A_f 点，然后执行 1），开始最后一次径向切削循环。

7）Z 轴快速移回起点 A，G75 指令执行结束。

提示

根据 G75 指令切削循环的特点，G75 指令常用于深槽、宽槽、等距多槽的加工，但不用于高精度槽的加工。

（3）编程示例

如图 6–9 所示，用 G75 指令加工宽槽，其参考程序见表 6–4。

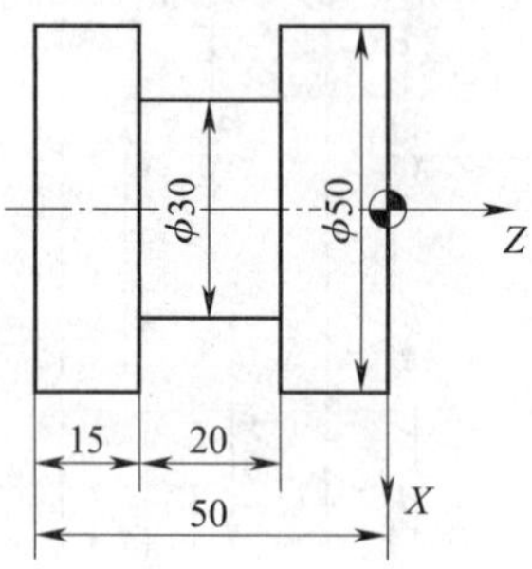

图 6–9　用 G75 指令加工宽槽示例

表 6–4　用 G75 指令加工宽槽参考程序

参考程序	注释
O6004;	程序名
N10 T0202 S400 M03;	调用 4 mm 的切槽刀，主轴正转，转速为 400 r/min
N20 G00 X52.0 Z–19.0;	刀具快速接近工件
N30 G75 R0.5;	刀具回退 0.5 mm
N40 G75 X30.0 Z–35.0 P5000 Q3200 F40;	循环切槽
N50 G00 X100.0 Z100.0;	快速退至换刀点
N60 M05;	主轴停止
N70 M30;	程序结束并复位

提示

（1）工件加工中，槽的定位是非常重要的，编程时要引起重视。

（2）切槽刀通常有三个刀位点，编程时可根据基准标注情况进行选择。

（3）切宽槽时应注意计算刀宽与槽宽的关系。

（4）用 G75 指令切槽时，相当于用数个 G94 指令组成循环加工，Δk 不能大于刀宽。

三、实训练习

1. 确定加工工艺

（1）工艺分析

加工图 6–10 所示的工件，毛坯尺寸为 ϕ40 mm × 75 mm，材料为 45 钢，无热处理和硬度要求。该工件需要加工两端面、$\phi38_{-0.033}^{\ 0}$ mm 和 $\phi26_{-0.033}^{\ 0}$ mm 外圆、直径为 $26_{-0.1}^{\ 0}$ mm 的宽槽、5 mm × 4 mm 窄槽以及两端 C1 mm 倒角。宽槽和窄槽底部有表面粗糙度要求。

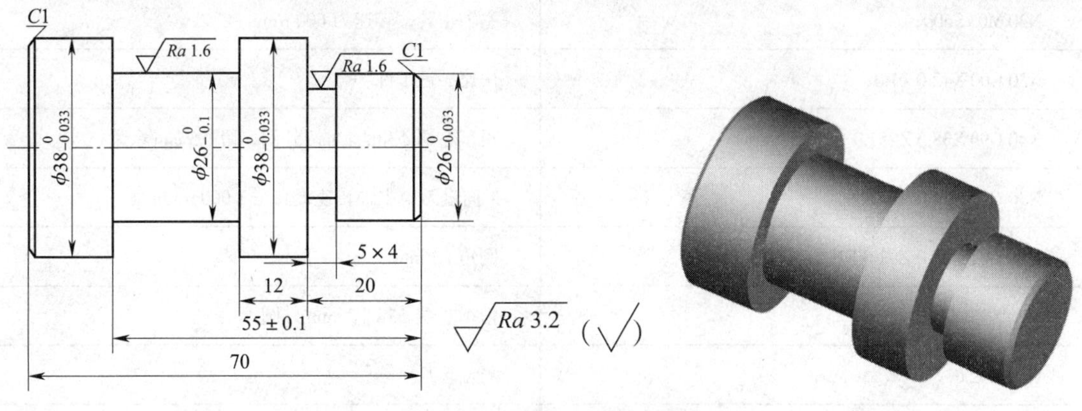

图 6–10 槽加工实训零件图

通过图样分析可制定以下加工工序：

车端面，钻中心孔（手动）→粗、精车工件左端轮廓→掉头，粗、精车工件右端轮廓→加工 5 mm × 4 mm 窄槽、直径为 $26_{-0.1}^{\ 0}$ mm 宽槽至要求的尺寸。

（2）工件装夹

采用一夹一顶方式装夹工件。

（3）确定刀具和切削用量

数控加工刀具卡见表 6–5。

表 6–5 **数控加工刀具卡**

刀具号	刀具规格和名称		数量	加工内容		主轴转速 /（r/min）	进给速度 /（mm/min）	背吃刀量 /mm
T01	90° 外圆偏刀		1	粗车工件外轮廓		600	150	2.0
T01	90° 外圆偏刀		1	精车工件外轮廓		1 000	100	0.25
T02	4 mm 切槽刀		1	切槽 / 精车槽底		300/600	50	4
编制		审核		批准		年 月 日	共 页	第 页

2. 编制加工程序

（1）左端轮廓加工参考程序见表 6–6。

表 6–6　　左端轮廓加工参考程序

参考程序	注释
O6005；	程序名
N10 T0101；	调用 01 号刀具，执行 01 号刀补
N20 M03 S600；	主轴正转，转速为 600 r/min
N30 G00 X42.0 Z1.0；	快速靠近工件
N40 G90 X38.5 Z–51.0 F150；	粗车左端 $\phi 38_{-0.033}^{0}$ mm 外圆，留 0.5 mm 余量
N50 G00 X34.0 S1000；	X 向进刀，主轴转速提高至 1 000 r/min
N60 G01 X38.0 Z–1.0 F100；	倒角 $C1$ mm
N70 Z–51.0；	精车左端 $\phi 38_{-0.033}^{0}$ mm 外圆
N80 X42.0；	X 向退刀
N90 G00 X100.0 Z50.0；	快速退至换刀点
N100 M30；	程序结束并复位

（2）右端轮廓和槽加工参考程序见表 6–7。

表 6–7　　右端轮廓和槽加工参考程序

参考程序	注释
O6006；	程序名
N10 T0101；	调用 01 号刀具，执行 01 号刀补
N20 M03 S600；	主轴正转，转速为 600 r/min
N30 G00 X42.0 Z1.0；	快速靠近工件
N40 G71 U2.0 R0.5 F150；	设置 G71 循环参数
N50 G71 P60 Q90 U0.5 W0；	
N60 G00 X22.0 S1000；	X 向进刀
N70 G01 X26.0 Z–1.0 F100；	倒角 $C1$ mm
N80 Z–20.0；	精车 $\phi 26_{-0.033}^{0}$ mm 外圆
N90 X40.0；	精车端面

续表

参考程序	注释
N100 G70 P60 Q90；	采用精加工循环指令 G70 进行精车
N110 G00 X100.0 Z50.0；	快速退至换刀点
N120 T0202；	调用 02 号刀具，执行 02 号刀补
N130 M03 S300；	主轴正转，转速为 300 r/min
N140 G00 X40.0 Z–19.9；	快速靠近工件
N150 G01 X18.2 F50；	切槽，*X* 向留 0.2 mm 精车余量
N160 X27.5；	*X* 向退刀
N170 Z–19.0；	*Z* 向定位
N180 X18.0；	切槽至要求的尺寸
N190 Z–20.0；	精车槽底
N200 X40.0；	精车槽左侧面
N210 G00 Z–36.1；	切槽刀至宽槽进刀处
N220 G75 R0.5；	设置切槽循环参数
N230 G75 X26.2 Z–54.9 P3000 Q3600 F50；	
N240 G01 Z–36.0 F50 S600；	切槽刀至宽槽右侧面
N250 X26.0；	切槽至槽底
N260 Z–55.0；	精车槽底
N270 X40.0；	精车宽槽左侧面
N280 G00 X100.0 Z50.0；	快速退至换刀点
N290 M30；	程序结束并复位

3. 工件加工

将编制好的程序校验无误后，输入机床数控系统中，对刀设置刀具偏置参数（注意切槽刀以左刀尖为刀位点对刀），加工出合格的工件。

四、槽加工质量分析

槽加工中经常遇到的加工质量问题现象、产生原因和解决方法见表 6–8。

表 6-8　　槽加工质量问题现象、产生原因和解决方法

问题现象	产生原因	解决方法
槽的一侧或两侧出现小台阶	1. 刀具参数不准确 2. 程序错误	1. 调整或重新设定刀具参数 2. 检查及修改加工程序
槽底倾斜	刀具安装不正确	正确安装刀具
槽的侧面呈现凹凸面	1. 刀具刃磨角度不对称 2. 刀具安装角度不对称 3. 刀具两刀尖磨损不对称	1. 更换刀片 2. 正确安装刀具 3. 重新刃磨刀具
槽的两个侧面倾斜	刀具磨损	重新刃磨刀具或更换刀片
槽底出现振动现象，留有振纹	1. 工件装夹不正确 2. 刀具安装不正确 3. 切削参数不正确 4. 程序延时时间太长	1. 检查工件装夹情况，提高装夹刚度 2. 调整刀具安装位置 3. 调整切削参数 4. 缩短程序延时时间
切槽过程中出现扎刀现象，造成刀具断裂	1. 进给速度过大 2. 切屑堵塞	1. 降低进给速度 2. 采用断屑、排屑方式切入
切槽开始和切削过程中出现较强的振动。表现为工件、刀具出现谐振现象，严重时机床也会一同产生谐振，使切削不能继续	1. 工件装夹不正确 2. 刀具安装不正确 3. 进给速度过低	1. 检查工件装夹情况，提高装夹刚度 2. 调整刀具安装位置 3. 提高进给速度

第三节　多槽加工

一、用 G75 指令加工多槽

如图 6–11 所示为等距槽工件，试编制工件上槽的加工程序。

1. 图样分析

如图 6–11 所示的工件槽结构是多个等距径向槽，右边第一个槽由长度 30 mm 定位，共有 4 个槽，槽间距为 10 mm，槽宽为 5 mm，槽深为 10 mm（从 ϕ60 mm 至 ϕ40 mm）。多个等距径向槽也可用 G75 指令编程加工。

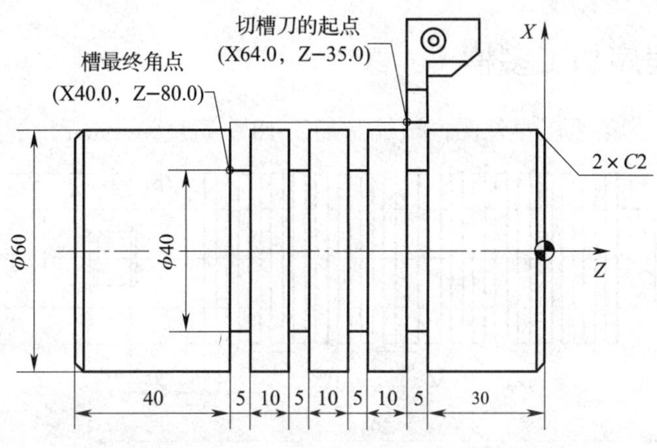

图 6–11　用 G75 指令切削轴向等距槽工件

2. 编制加工程序

由于槽的精度要求不高，各槽拟用刀头宽度为 5 mm 的外切槽刀一次加工完成，刀具起点设在（X64.0，Z–35.0），刀具在 X 向与工件有 2 mm 的安全间隙，刀具 Z 向处于起始位置时，切削刃与第一个槽正对。第四个槽的终点坐标为（X40.0，Z–80.0）。用 G75 指令切削轴向等距槽参考程序见表 6–9。

表 6–9　　用 G75 指令切削轴向等距槽参考程序

参考程序	注释
O6007;	程序名（以工件右端面为编程原点）
N10 T0202;	调用 02 号刀具（刀头宽度为 5 mm，左刀尖对刀），执行 02 号刀补
N20 M03 S300;	主轴正转，转速为 300 r/min
N30 G00 X64.0 Z–35.0;	刀具快速定位至切削起始位置

续表

参考程序	注释
N40 G75 R1.0;	设置 G75 循环参数，Q 值由槽距和槽宽确定
N50 G75 X40.0 Z-80.0 P3000 Q15000 F30;	
N60 G00 X100.0 Z100.0;	快速退刀至换刀点
N70 M30;	程序结束并复位

提示

利用 G75 指令循环加工后，刀具回循环的起点位置。用切槽刀加工时要区分是左刀尖还是右刀尖对刀，防止编程时出错。

二、用子程序加工多槽

如图 6-12 所示为切纸辊零件图，试编制加工 18 个宽度为 4 mm 槽的加工程序。

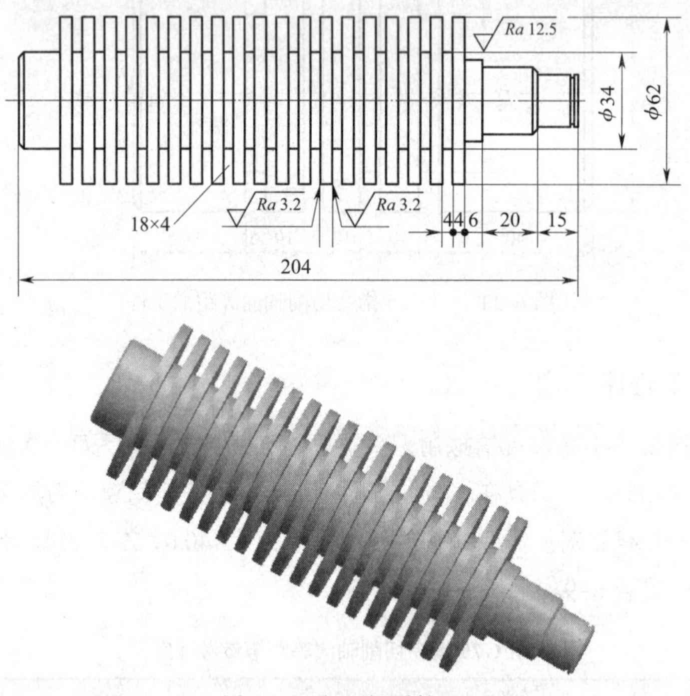

图 6-12　切纸辊零件图

1. 图样分析

由图 6-12 可知，该工序加工 18 个 4 mm 宽的槽，槽深为 14 mm（半径值），并且槽与槽之间的距离相等。该工件槽多且尺寸相同，若采用 G01 指令编制加工程序，大量的程序段会出现内容重复现象，增加了编程的工作量。为此可采用子程序调用指令来编制该工件的加工程序，减少编程工作量，缩短加工程序的长度。

2. 编制加工程序

该工件槽多，且都是深槽，根据这一特点，可以设置两级子程序来加工。主程序用来选择刀具、控制主轴运行状态、进行刀具定位、开关切削液、调用第一级子程序。第一级子程序用来确定 18 个槽的 Z 向位置，以及调用第二级子程序加工每个槽的次数。第二级子程序用来确定每次加工槽的背吃刀量。按照上述思路，依次编写第二级子程序、第一级子程序、主程序。

（1）第二级子程序见表 6–10。

表 6–10　第二级子程序

参考程序	注释
O2000；	子程序名
N10 G01 U–10.0 F50；	刀具沿 X 负方向切削 10 mm
N20 U3.0 F100；	刀具沿 X 正方向回退 3 mm 断屑
N30 M99；	子程序结束

（2）第一级子程序见表 6–11。

表 6–11　第一级子程序

参考程序	注释
O1000；	子程序名
N10 G01 W–8.0 F150；	Z 向定位
N20 M98 P4 2000；	调用子程序（O2000）4 次，刀具沿 X 负方向切入深度为 31 mm（10+7+7+7=31），至槽底 ϕ34 mm（65–31=34）
N30 G01 X65.0 F30；	切至槽底后退刀
N40 M99；	子程序结束

（3）主程序见表 6–12。

表 6–12　主程序

参考程序	注释
O6008；	程序名（以工件右端面为编程原点）
N10 T0101；	调用 01 号刀具（宽 4 mm），执行 01 号刀补
N20 S300 M03；	主轴正转，转速为 300 r/min
N30 G00 X65.0 Z–41.0 M08；	左刀尖对刀，刀具定位，切削液开
N40 M98 P181000；	调用子程序（O1000）18 次
N50 G00 X150.0 Z0 M09；	回安全点，关切削液
N60 M05；	主轴停止
N70 M30；	程序结束并复位

提示

应用子程序的注意事项如下：

（1）编程时应注意子程序与主程序之间的衔接问题。

（2）应用子程序指令的加工程序在试切削阶段应特别注意机床的安全问题。

（3）子程序多使用增量方式编制，应注意程序是否闭合，以及累积误差对工件加工精度的影响。

（4）使用 G90/G91 绝对值 / 增量值坐标转换的数控系统时，要注意确定编程方式（绝对值 / 增量值）。

第四节　异形槽的加工

一、端面直槽的加工

1. 端面直槽车刀的形状

在端面上车直槽时，端面直槽车刀的几何形状是外圆车刀与内孔车刀的综合，端面直槽车刀可由外圆切槽刀刃磨而成，如图 6-13 所示。切槽刀的刀头长度 = 槽深 +（2 ~ 3）mm，刀头宽度根据需要刃磨。切槽刀主切削刃与两侧副切削刃之间应对称、平直。其中，刀尖 a 处副后面的圆弧半径 R 必须小于端面直槽的大圆弧半径，以防止左侧副后面与工件端面槽孔壁相碰。

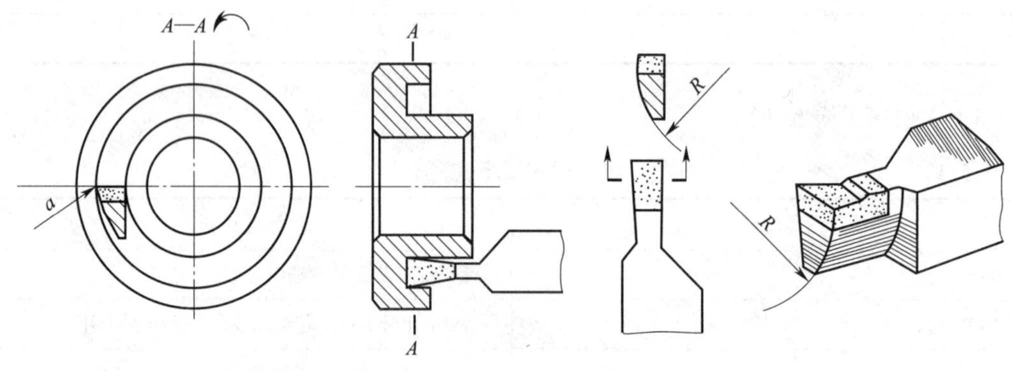

图 6-13　端面直槽车刀的形状

2. 端面切槽循环指令（G74）

（1）指令格式

G74 R（e）;

G74 X（U）__ Z（W）__ P（Δi）Q（Δk）R（Δd）F__ ;

式中　e——退刀量，该值是模态值。

X__ ——切槽终点处径向绝对坐标值。

U__ ——切槽终点相对于切槽起点的径向坐标增量。

Z__ ——切槽终点处轴向绝对坐标值。

W__ ——切槽终点相对于切槽起点的轴向坐标增量。

Δi——刀具完成一次轴向切削后，在径向（X 向）的移动量，该值用不带符号的半径值表示。

Δk——Z 向每次背吃刀量，该值用不带符号的值表示。

Δd——刀具在切削至槽底部的退刀量（直径值），无符号，省略 R（Δd）时，系统默认至轴向切削终点后，径向（X 轴）的退刀量为 0；为了避免刀具发生碰撞，该值一般取 0。

F__ ——切槽进给速度。

该循环可实现断屑加工，如果 X（U）和 P（Δi）都被忽略，则进行中心孔的加工。

（2）指令说明

G74 指令循环轨迹如图 6–14 所示。刀具端面切槽时，以 Δk 的背吃刀量进行轴向切削，然后回退距离 e（方便断屑），再以 Δk 的背吃刀量进行轴向切削，再回退距离 e，如此往复，直至到达指定的槽深；刀具逆槽宽加工方向移动一个退刀距离 Δd，并沿轴向回到初始加工的 Z 向坐标位置，然后刀具沿槽宽加工方向移动一个距离 Δi，进行第二次槽深方向的加工，如此往复，直至到达槽的终点坐标。

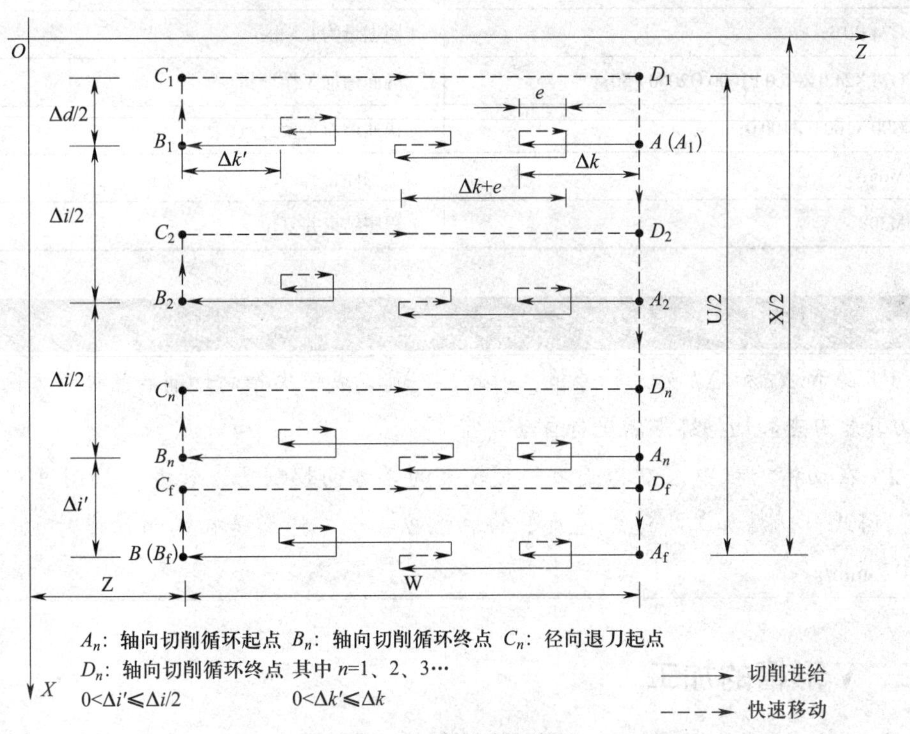

图 6–14　G74 指令循环轨迹

3. 编程示例

用 G74 指令编写图 6–15 所示工件的槽加工程序（切槽刀的刀头宽度为 3 mm），参考程序见表 6–13。

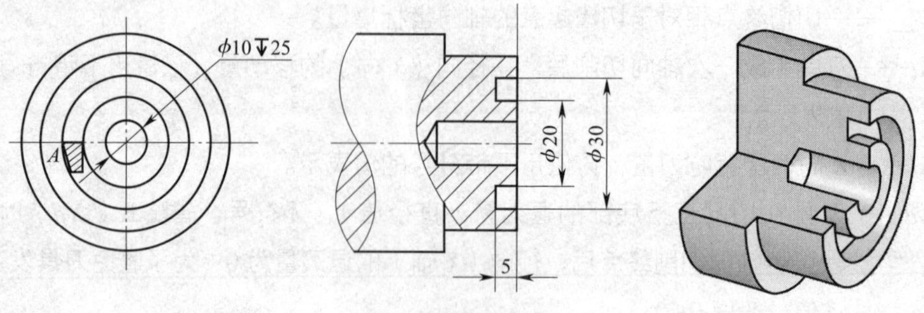

图 6–15　端面槽加工示例

表 6–13　端面槽加工参考程序

参考程序	注释
O6009；	程序名
N10 T0101；	调用 01 号刀具，执行 01 号刀补，以右刀尖为刀位点进行对刀
N20 M03 S500；	主轴正转，转速为 500 r/min
N30 G00 X20.0 Z2.0；	快速定位至切槽循环起点
N40 G74 R0.3；	回退量为 0.3 mm
N50 G74 X24.0 Z–5.0 P1000 Q2000 F50；	端面槽加工循环指令
N60 G00 X100.0 Z100.0；	快速退刀至换刀点
N70 M05；	主轴停止
N80 M30；	程序结束并复位

提示

（1）由于 Δi 和 Δk 为无符号值，因此，刀具完成一次轴向切削后的偏移方向由系统根据刀具起刀点和切槽终点的坐标自动判断。

（2）在切槽过程中，刀具或工件受较大的单方向切削力，容易在切削过程中产生振动，因此，切槽加工中进给速度 F 的取值应略小（特别是在端面切槽时），通常取 0.1 ~ 0.2 mm/r。

二、V 形槽的加工

加工图 6–16 所示的工件，试编写 V 形槽的加工程序。

1. 图样分析

如图 6–16 所示工件槽结构是多个不等距径向槽，共有三个尺寸相同的槽，第一个槽由尺寸 14 mm 定位，第二个槽由尺寸 33 mm 定位，第三个槽由尺寸 45 mm 定位。对多个不等距径向槽不可用 G75 指令来简化编程，如果在程序中重复书写位置不同但结构大小相同的槽的加工程序，显然是比较烦琐的。这种情况下，可用调用子程序的方法来简化编程。编写相同槽的加工程序作为子程序，以便在主程序中重复调用。

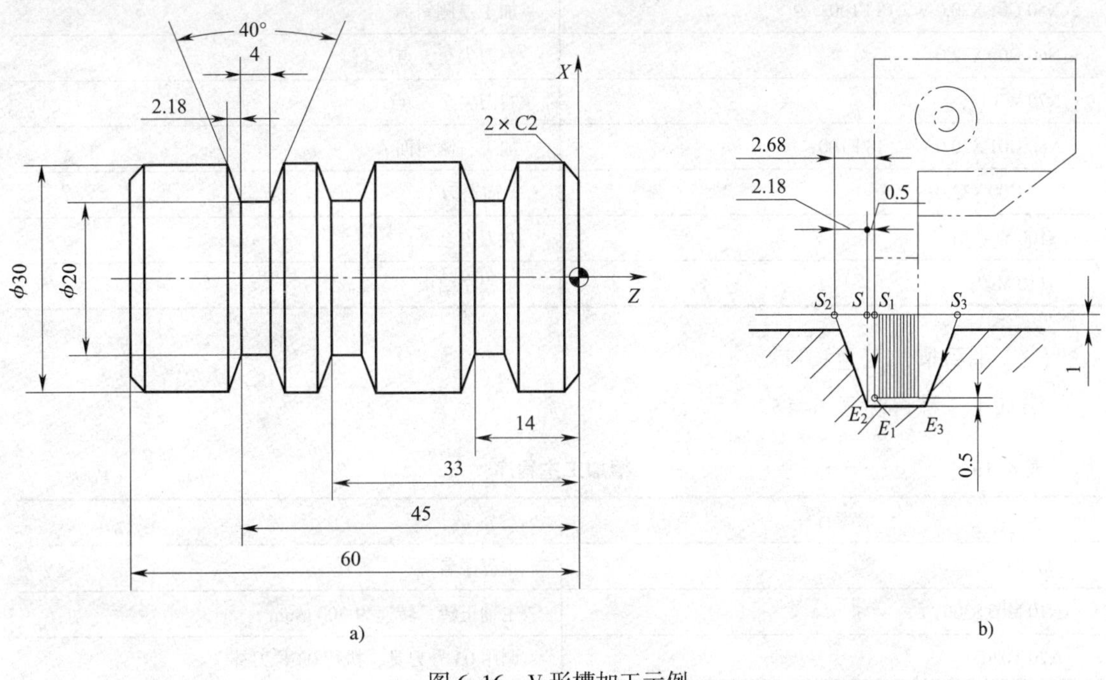

图 6–16 V 形槽加工示例

a）零件图 b）单槽切削路线放大图

2. 编制加工程序

（1）编写槽加工子程序

如图 6–16b 所示，单个槽的加工方法设计如下：设各槽拟选用刀头宽度为 3 mm 的外切槽刀进行加工，刀位点在左刀尖。加工槽时刀具的初始位置在 S 点，调整左刀尖到达粗加工起点 S_1 点，向下切除图示粗加工区域，槽底留出 0.5 mm 的精加工余量。然后，对槽的左、右两侧斜面分别进行加工。

槽左侧斜面加工起点设在斜面轮廓延长线的 S_2 点（左刀尖到达 S_2 点），刀具沿斜面轮廓切削到槽底，抬刀至 S 点径向位置。

槽右侧斜面加工起点设在斜面轮廓延长线的 S_3 点，调整右刀尖到达 S_3 点，刀具沿斜面轮廓切削到槽底，抬刀至 S 点径向位置。调整左刀尖回到 S 点。

切槽与倒角子程序见表 6–14。

表 6–14　　切槽与倒角子程序

参考程序	注释
O3000;	子程序名
N10 G01 W0.5 F100;	左刀尖从 S 点至 S_1 点
N20 X21.0 F30;	粗加工槽
N30 G00 X32.0;	左刀尖至 S_1 点
N40 W–2.68;	左刀尖从 S_1 点至 S_2 点
N50 G01 X20.0 W2.18 F100;	加工左侧斜面
N60 G00 X32.0;	左刀尖至 S 点
N70 W3.18;	右刀尖至 S_3 点
N80 G01 X20.0 W–2.18 F100;	加工右侧斜面
N90 G00 X32.0;	X 向退刀
N100 W–1.0;	左刀尖至 S 点
N110 M99;	子程序结束

（2）编写槽加工主程序

槽加工主程序见表 6–15。

表 6–15　　槽加工主程序

参考程序	注释
O6010;	主程序名
N10 M03 S300;	主轴正转，转速为 300 r/min
N20 T0303;	调用 03 号刀具，执行 03 号刀补
N30 G00 X32.0 Z–14.0 M08;	刀具快速定位至第一个槽处，切削液开
N40 M98 P3000;	调用子程序（O3000）加工第一个槽
N50 G00 Z–33.0;	刀具快速定位至第二个槽处
N60 M98 P3000;	调用子程序（O3000）加工第二个槽
N70 G00 Z–45.0;	刀具快速定位至第三个槽处
N80 M98 P3000;	调用子程序（O3000）加工第三个槽
N90 G00 X100.0 Z100.0;	刀具快速退至换刀点
N100 M30;	主程序结束并复位

三、梯形槽的加工

加工图 6–17 所示工件的梯形槽，试编制其加工程序。

1. 图样分析

图 6–17 所示工件的中间部位为一带有圆弧倒角的梯形槽，槽底尺寸精度和表面质量要

求比较高，若采用偏刀或圆弧刀加工，很难一次加工成形，中间必然留有接刀痕迹。加工该槽最好选用切槽刀。

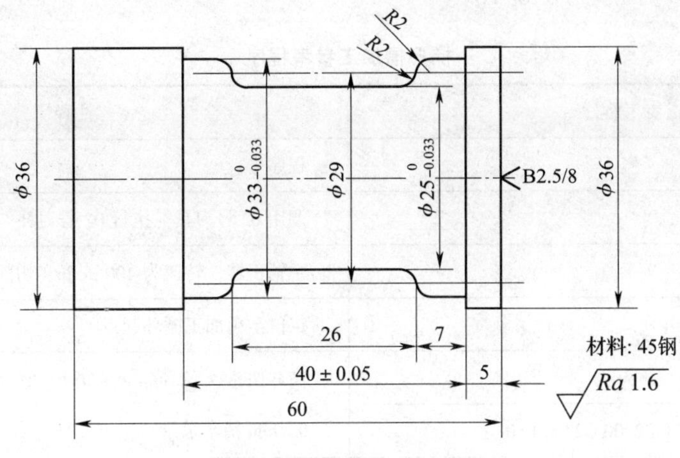

图 6–17　梯形槽加工示例

2. 设计加工路线

若选用刀头宽度为 3 mm 的切槽刀，可设计图 6–18 所示的加工路线。粗加工路线如下：切 $\phi33_{-0.033}^{0}$ mm×（40±0.05）mm 宽槽，以左刀尖为刀位点，循环起点坐标为（X38.0，Z–8.0），终点坐标为（X33.0，Z–45.0）；切 $\phi25_{-0.033}^{0}$ mm×22 mm 宽槽，循环起点坐标为（X38.0，Z–17.0），终点坐标为（X25.0，Z–36.0）；粗加工时，X 向留 0.2 mm 精车余量（直径值）。精加工切入点坐标为（X38.0，Z–8.0），向下切削至 A（X33.0，Z–8.0），依次沿 B（X33.0，Z–13.0）、C（X29.0，Z–15.0）、D（X25.0，Z–17.0）、E（X25.0，Z–36.0）、F（X29.0，Z–38.0）、G（X33.0，Z–40.0）、H（X33.0，Z–45.0）所示轮廓进行精加工，最后切出点坐标设为（X38.0，Z–45.0）。

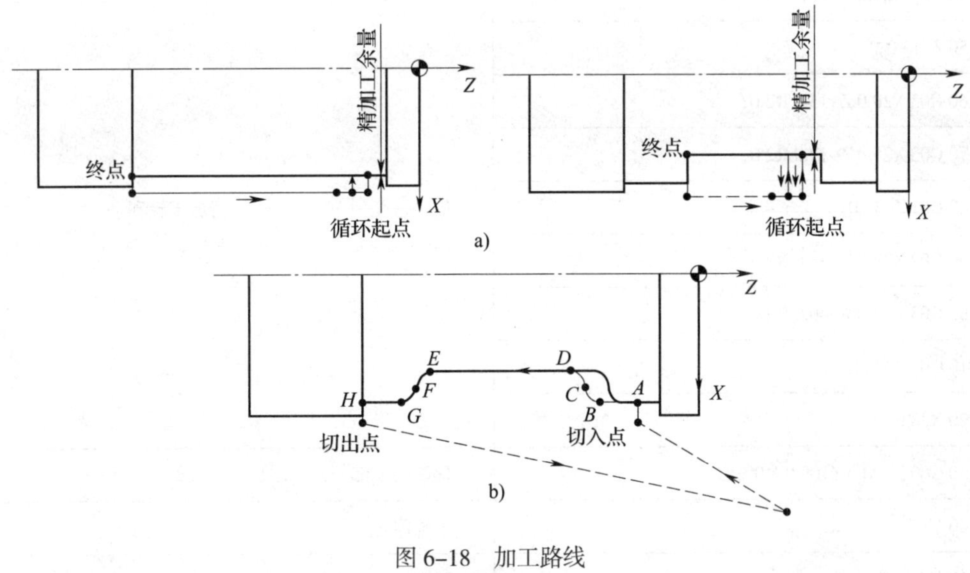

图 6–18　加工路线

a）粗加工路线　b）精加工路线

3. 编制加工程序

梯形槽加工参考程序见表 6–16。

表 6–16 梯形槽加工参考程序

参考程序	注释
O6011；	程序号
N10 T0202；	调用 02 号刀具，执行 02 号刀补
N20 M03 S400 M08；	主轴正转，转速为 400 r/min，切削液开
N30 G00 X38.0 Z–8.0；	定位至粗加工循环起点
N40 G75 R0.5；	循环切 $\phi33_{-0.033}^{0}$ mm ×（40 ± 0.05）mm 宽槽，直径方向留 0.2 mm 精车余量
N50 G75 X33.2 Z–45.0 P2000 Q2400 F50；	
N60 G00 X38.0 Z–17.0；	定位至循环起点
N70 G75 R0.5；	循环切 $\phi25_{-0.033}^{0}$ mm × 22 mm 宽槽，直径方向留 0.2 mm 精车余量
N80 G75 X25.2 Z–36.0 P2000 Q2400 F50；	
N90 G00 X100.0 Z100.0 M09；	退刀
N100 M05；	主轴停止
N110 M00；	程序暂停，检测并修改刀补值
N120 T0202 S800 M03；	重新调用 02 号刀具，执行 02 号刀补，主轴正转，转速为 800 r/min
N130 G00 X38.0 Z–8.0 M08；	定位至精加工的切入点
N140 G01 X33.0 F50；	进给速度为 50 mm/min，精加工轮廓
N150 Z–13.0；	
N160 G03 X29.0 Z–15.0 R2.0；	
N170 G02 X25.0 Z–17.0 R2.0；	
N180 G01 Z–36.0；	
N190 G02 X29.0 Z–38.0 R2.0；	
N200 G03 X33.0 Z–40.0 R2.0；	
N210 G01 Z–45.0；	
N220 X38.0；	
N230 G00 X100.0 Z100.0 M09；	程序结束部分
N240 M05；	主轴停止
N250 M30；	程序结束并复位

第五节　切　　断

一、切断工艺

切断是车床的常见加工操作，切断与凹槽加工的区别在于切断是从棒料上分离出完整的工件，而凹槽加工是在工件上加工出有一定宽度、深度和精度的槽。

1. 切断刀及其选用

切断刀的设计与切槽刀相似，它们之间的主要区别在于切断刀的伸出长度比切槽刀要长得多，这也使得切断刀可以用于加工深槽。切断刀刀头宽度和刀头长度不可任意确定。

切断刀主切削刃太宽，会造成切削力过大而引起振动，同时也会浪费工件材料；主切削刃太窄，又会削弱刀头强度，容易使刀头折断。通常，切断钢件或铸铁材料时可用下式计算：

$$a=(0.5\sim0.6)\sqrt{d}$$

式中　a——主切削刃宽度，mm；

d——工件待加工表面直径，mm。

切断刀刀头长度太短，不能安全到达主轴回转中心；刀头过长则没有足够的刚度，且在切断过程中会产生振动甚至折断。刀头长度 L 可用下式计算：

$$L=h+(2\sim3)\text{ mm}$$

式中　L——刀头长度，mm；

h——切入深度，mm。

2. 切断刀的安装

安装切断刀时，切断刀的中心线必须与工件轴线垂直，以保证两副偏角对称。切断刀主切削刃不能高于或低于工件中心；否则，会使工件中心形成凸台，并损坏刀头。

3. 切断工艺要点

（1）与切槽一样，切断时切削液要保证作用在切削刃上。切削液具有冷却和润滑的作用，一定要保证切削液的压力足够大，尤其是加工大直径棒料时，压力可以使切削液到达切削刃并冲走堆积的切屑。

（2）当切断毛坯或表面不规则的工件时，切断前先用外圆车刀把工件车圆，或开始切断毛坯部分时，尽量减小进给量，以免发生啃刀现象。

（3）工件应装夹牢固，切断位置应尽可能靠近卡盘，当用一夹一顶方式装夹工件时，工件不应完全切断，而应在工件中心留一细杆，卸下工件后再用锤子将其敲断；否则，切断时会造成事故并使切断刀折断。

（4）当切断刀排屑不畅时，切屑堵塞在槽内，造成刀头负荷增大而使切断刀折断。因此，切断时应注意及时排屑，防止堵塞。

二、切断示例

以图 6–19 所示工件的切断为例，当工件其他结构加工完毕，选用刀头宽度为 4 mm 的切断刀，选择（X54.0，Z–89.0）为切断起点。切断时可用 G01 指令直接切断工件，如果背吃刀量大还可用 G75 啄式切削方式。切断时切削速度通常为外圆切削速度的 60% ~ 70%，进给量一般选择 0.05 ~ 0.3 mm/r。

切断点在 *X* 向应与工件外圆有足够的安全间隙。*Z* 向坐标与工件长度有关，又与刀位点选择在左刀尖还是右刀尖有关。如图 6–19 所示，设刀头宽度为 4 mm 切断刀的刀位点为左刀尖时，切断的起点位置坐标为（X54.0，Z–89.0）；刀位点为右刀尖时，切断的起点位置坐标为（X54.0，Z–85.0）。

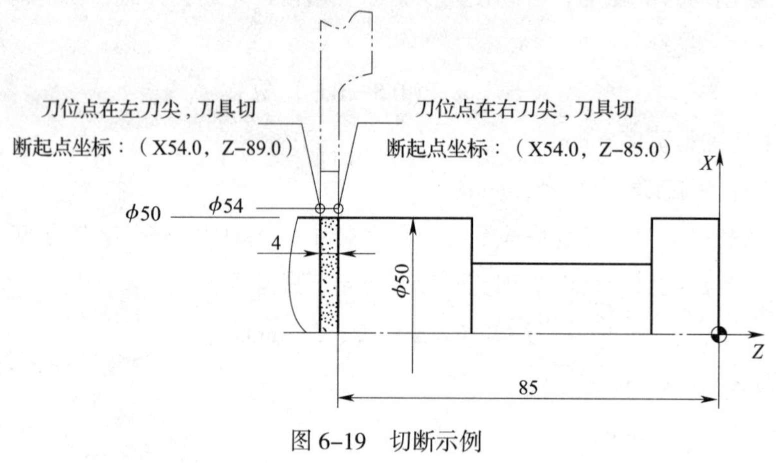

图 6–19　切断示例

1. 用 G01 指令切断

用 G01 指令切断参考程序见表 6–17。

表 6–17　　用 G01 指令切断参考程序

参考程序	注释
O6012;	程序名
N10 T0404;	调用 04 号刀具，执行 04 号刀补
N20 G96 M03 S40;	采用恒线速度切削，线速度为 40 m/min
N30 G50 S1500;	限制主轴最高转速为 1 500 r/min
N40 G00 X54.0 Z–89.0 M08;	快速到达切断起点（左刀尖对刀），切削液开
N50 G01 X0 F50;	切断

续表

参考程序	注释
N60 G00 X54.0；	快速退至起刀点
N70 G00 X100.0 Z100.0；	快速退至换刀点
N80 M05；	主轴停止
N90 M30；	程序结束并复位

2. 用 G75 指令切断

用 G75 指令切断参考程序见表 6–18。

表 6–18　　用 G75 指令切断参考程序

参考程序	注释
O6013；	程序名
N10 T0404；	调用 04 号刀具，执行 04 号刀补
N20 G96 M03 S40；	采用恒线速度切削，线速度为 40 m/min
N30 G50 S1500；	限制主轴最高转速为 1 500 r/min
N40 G00 X54.0 Z–89.0 M08；	快速到达切断起点（左刀尖对刀），切削液开
N50 G75 R1.0；	设置 G75 加工参数
N60 G75 X0 P3000 F50；	
N70 G00 X100.0 Z100.0 M09；	快速退至换刀点，切削液关
N80 M05；	主轴停止
N90 M30；	程序结束并复位

三、用切断刀切倒角后再切断

如图 6–20 所示，当工件的右端面上有倒角要求时，一般加工方法是先切断，然后掉头装夹工件车端面，保证 *Z* 向尺寸，再车倒角。

当工件 *Z* 向尺寸要求不太高时，切断工件前，可用切断刀先切倒角，然后切断工件，这样做的好处是可以避免掉头装夹工件车端面、倒角的麻烦。

如图 6–20 所示，选用刀头宽度为 3 mm 的切断刀，选择（X34.0，Z–63.0）为切断起点，刀具先切削深度为 4 mm 的槽，然后沿 *X* 向退至起点，调整刀具右刀尖到倒角轮廓延长线上的一点，用右刀尖沿倒角轮廓切削，最后切断工件。参考程序见表 6–19。

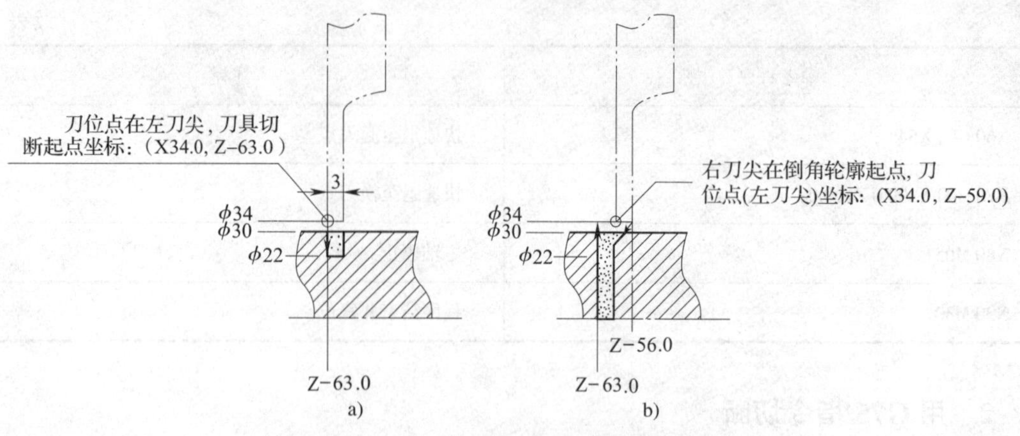

图 6–20 用切断刀切倒角后再切断

表 6–19 切倒角后再切断参考程序

参考程序	注释
O6014;	程序名
N10 T0404;	调用 04 号刀具，执行 04 号刀补
N20 G96 M03 S40;	采用恒线速度切削，线速度为 40 m/min
N30 G50 S1500;	限制主轴最高转速为 1 500 r/min
N40 G00 X34.0 Z−63.0 M08;	快速到达切断起点（左刀尖对刀），切削液开
N50 G01 X22.0 F50;	向下切入至 ϕ22 mm
N60 X34.0;	*X* 向退刀至起刀点
N70 Z−59.0;	左刀尖至 Z−59.0，右刀尖至 Z−56.0
N80 X26.0 Z−63.0;	倒角 *C*2 mm
N90 X0;	切断
N100 G00 X34.0;	*X* 向退出工件
N110 X100.0 Z100.0 M09;	快速退至换刀点，切削液关
N120 M05;	主轴停止
N130 M30;	程序结束并复位

提示

切倒角后再切断的加工技巧如下：

（1）用刀具先切削一定深度的槽，槽的深度应大于倒角宽度。

（2）刀具沿 *X* 向退到槽口上方，调整刀具右刀尖至倒角轮廓的起点。

（3）刀具右刀尖沿倒角轮廓切削，随后再切断工件。

（4）刀具返回起始位置。

第七章　螺 纹 加 工

螺纹的种类很多，有三角形螺纹、梯形螺纹、锯齿形螺纹和矩形螺纹等，它们各有特点。在车削螺纹时，要根据螺纹的特点，掌握螺纹车削的要领，车出符合质量要求的螺纹。

第一节　普通螺纹加工

一、普通螺纹加工概述

数控车床加工最多的是普通螺纹，螺纹牙型为三角形，牙型角为 60°，普通螺纹分为粗牙普通螺纹和细牙普通螺纹。粗牙普通螺纹的螺距是标准螺距，其代号用字母“M”和公称直径表示，如 M16、M12 等。细牙普通螺纹代号用字母“M”和公称直径 × 螺距表示，如 M24×1.5、M27×2 等。左旋螺纹在代号末尾加注“LH”，如 M6－LH、M16×1.5－LH 等，未注明的为右旋螺纹。

1. 普通螺纹的尺寸计算

普通外螺纹的牙型如图 7–1 所示。普通螺纹基本要素的尺寸计算公式见表 7–1。

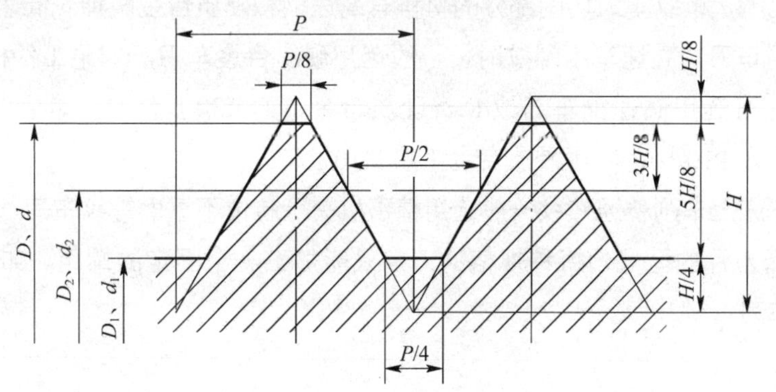

图 7–1　普通外螺纹的牙型

2. 车内螺纹前孔径的确定

车三角形内螺纹时，因车刀切削时的挤压作用，内孔直径（螺纹小径）会缩小，在车削塑性金属时尤为明显，所以，车削内螺纹前的孔径 $D_{孔}$ 应比内螺纹小径 D_1 的公称尺寸略大些。车削普通内螺纹前的孔径可用下列近似公式计算。

车削塑性金属的内螺纹时：

$$D_{孔} \approx D-P$$

表 7–1 普通螺纹基本要素的尺寸计算公式

基本参数	外螺纹	内螺纹	计算公式
牙型角	α		α =60°
螺纹大径（公称直径）/mm	d	D	$d=D$
螺纹中径 /mm	d_2	D_2	$d_2=D_2=d-0.649\,5P$
牙型高度 /mm	h_1		$h_1=0.541\,3P$
螺纹小径 /mm	d_1	D_1	$D_1=d_1=d-1.082\,5P$

注：螺纹牙型理论高度 $H=0.866P$，当外螺纹牙底在 $H/4$ 处削平时，牙型高度 $h_1=0.541\,3P$；当外螺纹牙底在 $H/8$ 处削平时，牙型高度 $h_1=0.649\,5P$。

车削脆性金属的内螺纹时：

$$D_{孔} \approx D-1.05P$$

式中 $D_{孔}$——车内螺纹前的孔径，mm；

D——内螺纹的大径，mm；

P——螺距，mm。

3. 普通螺纹车刀的选择

普通螺纹加工刀具刀尖角通常为 60°，螺纹车刀刀片的形状应与螺纹牙型一致。要保证螺纹牙型的精度，必须正确地刃磨及安装车刀。

一般情况下，螺纹车刀切削部分的材料有高速钢和硬质合金两种。低速车削螺纹时，一般选用高速钢车刀；高速车削螺纹时，一般选用硬质合金车刀。如果工件材料是有色金属、铸钢或橡胶，可选用高速钢车刀或 K 类硬质合金（如 K30）车刀；如果工件材料是钢料，则选用 P 类（如 P10）或 M 类硬质合金（如 M10）车刀。

在数控车床上车削普通螺纹一般选用精密机夹可转位不重磨螺纹车刀，使用时要根据螺纹的螺距选择刀片的型号，每种规格的刀片只能加工一个固定的螺距。如图 7–2 所示为数控机夹螺纹车刀。

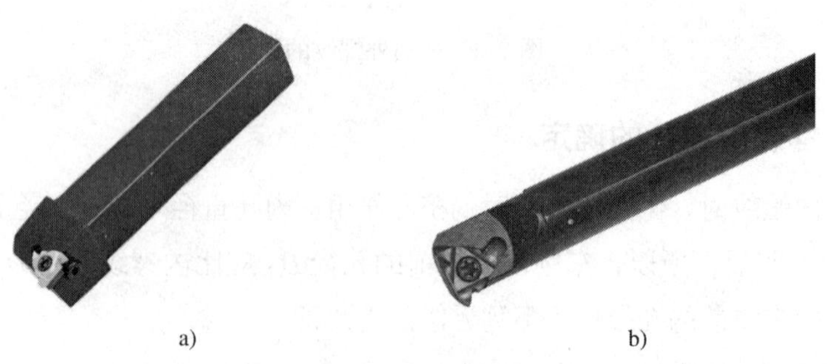

a) b)

图 7–2 数控机夹螺纹车刀

a）外螺纹车刀 b）内螺纹车刀

4. 普通螺纹加工进刀方式

在数控车床上加工螺纹的进刀方式有直进式和斜进式。直进式容易保证螺纹牙型的正确性，但车削时，车刀刀尖和两侧切削刃同时进行切削，切削力较大，容易产生扎刀现象，因此，只适用于车削较小螺距的螺纹。用斜进式车削螺纹时，刀具是单侧刃加工，排屑顺利，不易扎刀。当螺距 $P<3$ mm 时，一般采用直进式；螺距 $P \geqslant 3$ mm 时，一般采用斜进式。

5. 螺纹类工件的装夹

在螺纹切削过程中，无论采用哪种进刀方式，螺纹切削刀具经常有两个或者两个以上的切削刃同时参与切削，与前面所讨论的槽加工相似，同样会产生较大的径向切削力，容易使工件产生松动现象。

因此，在螺纹类工件的装夹方式上，建议采用软卡爪且增大夹持面或者一夹一顶的装夹方式，以保证在螺纹切削过程中不会因工件松动而导致螺纹乱牙或工件报废。

6. 螺纹加工过程

螺纹需要经多次切削加工而成，每次切削逐渐增加螺纹深度；否则，刀具寿命会比预期的短得多。为实现多次切削的目的，机床主轴必须以恒定转速旋转，且必须与进给运动保持同步，保证每次刀具切削开始位置相同、每次切入至螺纹圆柱的同一位置上，从而加工出符合尺寸精度、几何精度、表面质量要求的螺纹。

螺纹加工路线如图 7–3 所示，每次螺纹加工中走刀至少有 4 次基本运动（圆柱螺纹）。

运动 1：将刀具从起始位置沿径向（X 轴）快速移至螺纹预计切入位置处。

运动 2：沿轴向加工螺纹，进给速度由螺距和主轴转速确定。

运动 3：刀具沿径向（X 向）快速退刀至螺纹加工区域外的位置。

运动 4：快速返回螺纹切削起始位置。

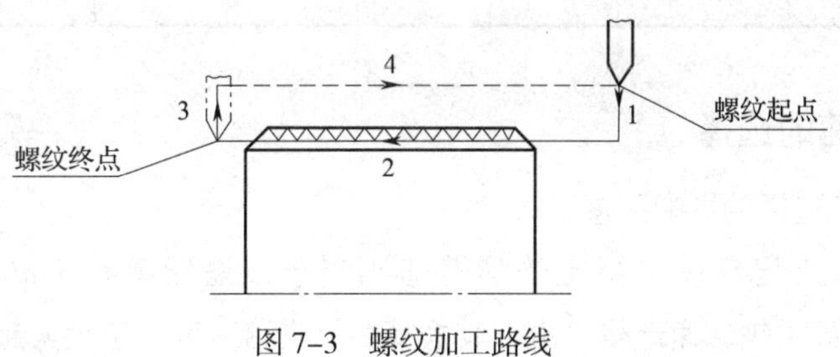

图 7–3 螺纹加工路线

二、螺纹切削用量的选择

1. 背吃刀量和进给量的选择

在螺纹加工中，背吃刀量 a_p 等于螺纹车刀切入工件表面的深度，如果其他切削刃同时参与切削，应为各切削刃切入深度之和。由此可以看出，随着螺纹车刀的每次切入，背吃刀量会逐步增大。受螺纹牙型截面大小和深度的影响，螺纹切削的背吃刀量可能是非常大的，而这一点不是操作者和编程人员能够轻易改变的。要使螺纹加工切削用量的选择及搭配比较合理，必须合理地选择切削速度和进给量。

螺纹切削的进给量相当于加工中的每次切入深度。螺纹切削每次切入深度要根据工件材料、工件刚度、刀具材料和刀具强度等诸多因素综合考虑，依靠经验，通过试车来确定，目前还没有科学确定的数值。每次切入深度过小，会增加走刀次数，影响切削效率，同时加剧刀具磨损；切入深度过大，又容易出现扎刀、崩尖及螺纹掉牙现象。为避免上述现象的发生，螺纹加工的每次切入深度一般都选择递减型的，即随着螺纹深度加深，背吃刀量越来越大，要相应地减小进给量。在螺纹切削复合循环指令中，同样也是经常采用递减的方式。常用螺纹切削的进给次数与背吃刀量见表 7–2。

表 7–2　常用螺纹切削的进给次数与背吃刀量

螺距 /mm		1	1.5	2	2.5	3	3.5	4
牙深（半径值）/mm		0.649	0.974	1.299	1.624	1.949	2.273	2.598
进给次数与背吃刀量（直径值）/mm	1 次	0.7	0.8	0.9	1	1.2	1.5	1.5
	2 次	0.4	0.6	0.6	0.7	0.7	0.7	0.8
	3 次	0.2	0.4	0.6	0.6	0.6	0.6	0.6
	4 次	—	0.16	0.4	0.4	0.4	0.6	0.6
	5 次	—	—	0.1	0.4	0.4	0.4	0.4
	6 次	—	—	—	0.15	0.4	0.4	0.4
	7 次	—	—	—	—	0.2	0.2	0.4
	8 次	—	—	—	—	—	0.15	0.3
	9 次	—	—	—	—	—	—	0.2

2. 主轴转速的选择

（1）主轴转速选择的影响因素

1）在螺纹加工程序段中指定的螺距值相当于以进给量 f（mm/r）表示的进给速度 F（mm/min），如果主轴转速选得过高，其换算后的进给速度必定大大超过正常值。

2）刀具在切削过程的始、终都受到伺服驱动系统升、降频率和数控装置插补运算速度的约束，由于升、降频率特性满足不了加工需要等，则可能引起进给运动产生超前和滞后现象，从而导致部分螺距不符合要求。

3）螺纹车削必须通过主轴的同步功能实现，需要有主轴脉冲发生器（编码器）。当主轴转速选得过高时，通过脉冲发生器发出的定位脉冲将可能因过冲而导致工件螺纹产生乱牙现象。

（2）确定主轴转速应遵循的原则

1）在保证生产效率和正常切削的情况下，应选择较低的主轴转速。

2）当螺纹加工程序段中升速进刀段（δ_1）和降速退刀段（δ_2）的长度值较大时，可选择适当高一些的主轴转速。

3）当编码器所规定的额定转速超过机床所规定的主轴最大转速时，则可选择较高一些的主轴转速。

4）车床的主轴转速将受到螺纹的螺距 P（或导程）大小，驱动电动机的升、降频率特性，螺纹插补运算速度等多种因素的影响，故对于不同的数控系统，推荐不同的主轴转速选择范围。

提示

在螺纹切削的开始和结束部分，一般由于伺服系统的滞后，螺纹螺距会出现不规则现象，为了保证这部分的螺纹精度，在数控车床上车削螺纹必须设置升速进刀段 δ_1 和降速退刀段 δ_2，如图 7–4 所示。因此，加工螺纹的实际长度除螺纹的有效长度 L 外，还应包括升速段距离 δ_1 和降速段距离 δ_2（即 $L+\delta_1+\delta_2$）。δ_1、δ_2 的取值与工件的螺距和转速有关，由各系统设定，一般大于一个螺距。

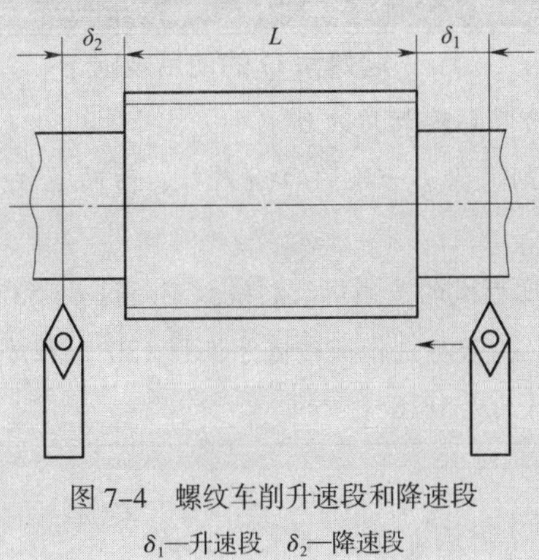

图 7–4 螺纹车削升速段和降速段

δ_1—升速段 δ_2—降速段

三、常用螺纹加工指令

采用不同的数控系统车螺纹时的编程指令有所不同。GSK980TDi 数控系统有螺纹连续切削指令 G32、螺纹循环切削指令 G92、多重螺纹切削循环指令 G76 三种指令可用于等螺距圆柱螺纹、圆锥螺纹的车削。

1. 螺纹连续切削指令（G32）

（1）指令格式

G32 X（U）__ Z（W）__ F（I）__ J__ K__ Q__；

式中 X__、Z__——螺纹切削终点的绝对坐标值。

U__、W__——螺纹切削终点相对于螺纹切削起点的增量坐标值。

F__——公制螺纹螺距，即主轴每转一转刀具在长轴方向的进给量，取值范围是 0.001 ~ 500.00 mm，模态参数。

I__——指定每英寸螺纹的牙数，为长轴方向 1 in（25.4 mm）长度上螺纹的牙数，也可理解为长轴移动 1 in（25.4 mm）时主轴旋转的转数，取值范围为 0.06 ~ 25 400 牙 /in，模态参数。

J__——螺纹退尾时在短轴方向的移动量（退尾量），单位为 mm，带方向（即正负）；如果短轴是 *X* 轴，该值为半径指定；J 值是模态参数。

K__——螺纹退尾时在长轴方向的退尾起点，单位为 mm；如果长轴是 *X* 轴，则该值为半径指定，不带方向；K 值是模态参数。

Q__——起始角，指主轴一转信号与螺纹切削起点的偏移角度。取值范围为 0 ~ 360 000（单位为 0.001°）；Q 值是非模态参数，每次使用都必须指定，如果不指定就认为是 0°。

提示

起始角 Q 的使用规则

（1）如果不指定 Q，即默认起始角为 0°。

（2）对于连续螺纹切削，除第一段的 Q 有效外，后面螺纹切削段指定的 Q 无效，即使定义了 Q 也被忽略。

（3）由起始角定义分度形成的多线螺纹总线数不超过 65 535。

（4）Q 的单位为 0.001°，若与主轴一转信号偏移 180°，程序中需输入 Q180000，如果输入 Q180 或 Q180.0，均认为是 0.18°。

（2）指令说明

1）G32 为模态指令，其轨迹如图 7–5 所示。

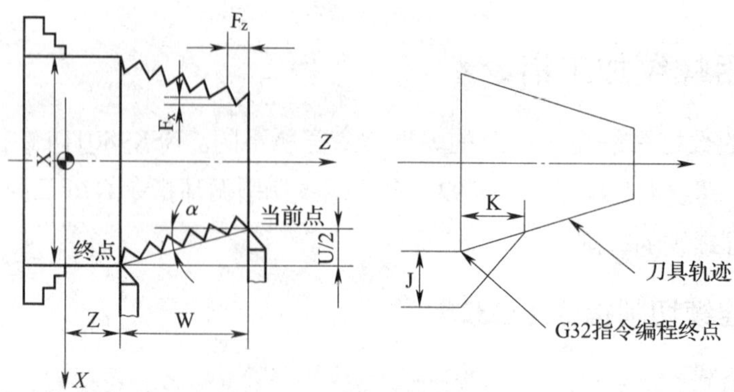

图 7–5 G32 指令运行轨迹

2）螺纹的螺距是指主轴转一转长轴的位移量（X 轴位移量按半径值）。起点和终点的 X 坐标值相同（不输入 X 或 U）时，进行等螺距圆柱螺纹切削；起点和终点的 Z 坐标值相同（不输入 Z 或 W）时，进行等螺距端面螺纹切削；起点和终点 X、Z 坐标值都不相同时，进行等螺距圆锥螺纹切削。G32 螺纹加工指令适用范围如图 7–6 所示。

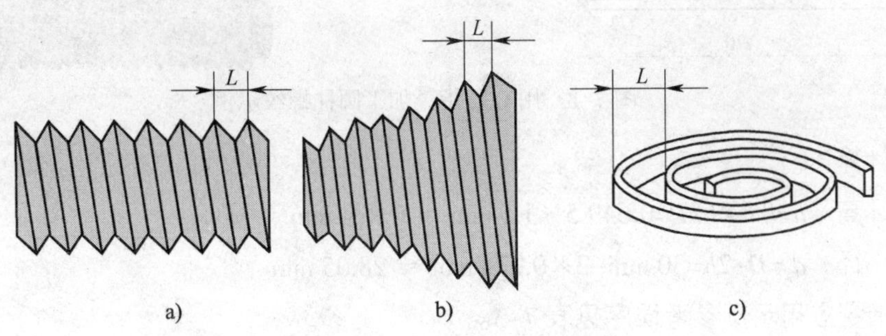

图 7–6　G32 螺纹加工指令适用范围
a）圆柱螺纹　b）圆锥螺纹　c）端面螺纹

（3）长轴、短轴的判断方法

如图 7–7 所示，长轴、短轴的判断方法如下：

$L_Z \geqslant L_X$（$\alpha \leqslant 45°$）时，Z 轴为长轴；

$L_X > L_Z$（$\alpha > 45°$）时，X 轴为长轴。

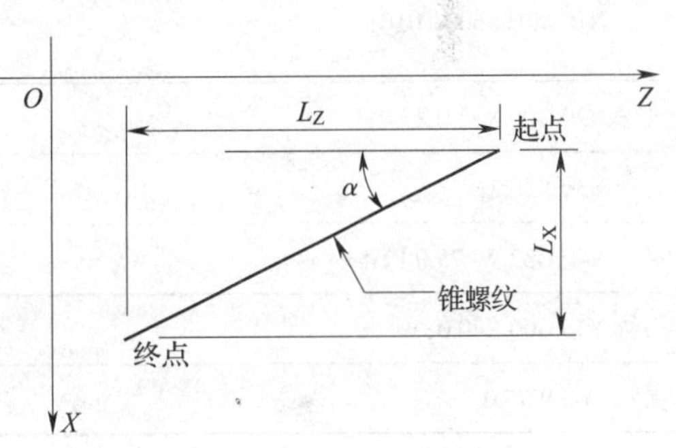

图 7–7　长轴与短轴的关系

（4）G32 指令应用注意事项

1）J、K 是模态代码，连续切削螺纹过程中下一程序段省略 J、K 时，按前面的 J、K 值进行退尾，在执行非螺纹切削指令时取消 J、K 模态。

2）省略 J 或 J、K 时，无退尾；省略 K 时，按 K=J 退尾。

3）J=0 或 J=0、K=0 时，无退尾。

4）J ≠ 0、K=0 时，按 J=K 退尾。

5）J=0、K ≠ 0 时，无退尾。

6）如果当前程序段为螺纹切削，下一程序段也为螺纹切削，则在下一程序段切削开始时不检测主轴位置编码器的一转信号，直接开始螺纹加工，此功能可实现连续螺纹加工。

7）执行进给保持操作后，系统显示“暂停”，螺纹切削不停止，直到当前程序段执行完才停止切削；如为连续螺纹加工，则执行完螺纹切削程序段才停止切削，程序运行暂停。

8）在单段运行中执行完当前程序段停止运动，如为连续螺纹加工，则执行完螺纹切削程序段才停止切削。

9）系统复位、急停或驱动报警时，螺纹切削减速停止。

（5）示例

例 1　加工图 7–8 所示的圆柱螺纹 M30×1.5，δ_1=3 mm，δ_2=2 mm，试编制加工程序。

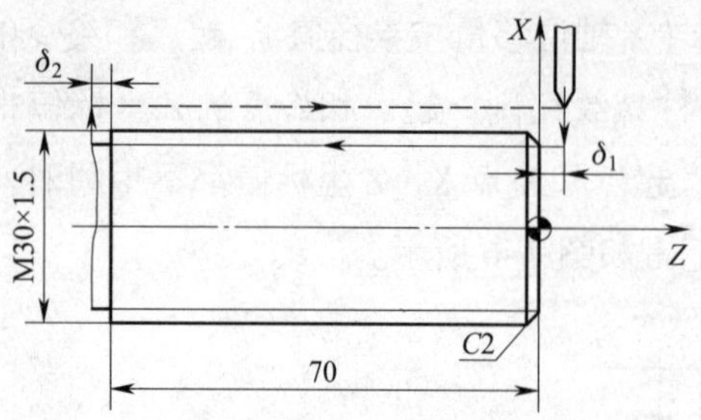

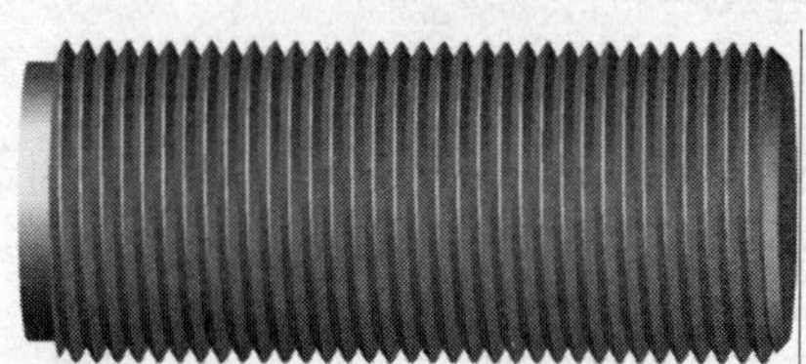

图 7–8　用 G32 指令加工圆柱螺纹示例

相关计算：

螺纹牙高　h=0.649 5P=0.649 5×1.5 mm ≈ 0.974 mm

螺纹小径　d_2=D−2h=30 mm−2×0.974 mm ≈ 28.05 mm

G32 指令应用示例参考程序见表 7–3。

表 7–3　　G32 指令应用示例参考程序

参考程序	注释
O7001；	程序名
N10 M03 S600 T0101；	调用 01 号螺纹车刀，执行 01 号刀补，主轴正转，转速为 600 r/min
N20 G00 X32.0 Z3.0；	快速靠近工件
N30 X29.2；	X 向进刀
N40 G32 W−75.0 F1.5；	螺纹插补（车第一刀）
N50 G00 X40.0；	X 向退刀
N60 W75.0；	Z 向退刀
N70 X28.6；	车第二刀
N80 G32 W−75.0 F1.5；	
N90 G00 X40.0；	
N100 W75.0；	
N110 X28.2；	车第三刀
N120 G32 W−75.0 F1.5；	
N130 G00 X40.0；	
N140 W75.0；	
N150 X28.05；	车第四刀
N160 G32 W−75.0 F1.5；	
N170 G00 X40.0；	
N180 X100.0 Z50.0；	快速退至安全点
N190 M05；	主轴停止
N200 M30；	程序结束并复位

例 2 加工图 7–9 所示的螺纹，螺纹螺距为 3.5 mm，δ_1=2 mm，δ_2=1 mm，每次背吃刀量为 1 mm，试编制加工程序。

编程示例：

```
…
N100 G00 X12.0；
N110 G32 X41.0 Z–43.0 F3.5；（车螺纹第一刀）
N120 G00 X50.0；
N130 Z2.0；
N140 X10.0；
N150 G32 X39.0 Z–43.0 F3.5；（车螺纹第二刀）
N160 G00 X50.0；
N170 Z2.0；
…
```

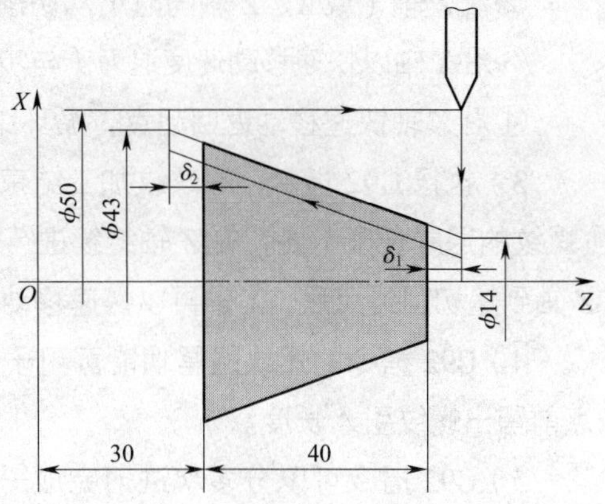

图 7–9 用 G32 指令加工圆锥螺纹示例

2. 螺纹循环切削指令（G92）

（1）指令格式

G92 X（U）__ Z（W）__ R__ F（I）__ J__ K__ L__ ；

式中 X__、Z__——螺纹切削终点的绝对坐标值；

U__、W__——螺纹切削终点相对于螺纹循环起点的增量坐标值；

R__——切削起点与切削终点 *X* 轴绝对坐标的差值（半径值）；

L__——多线螺纹的线数，该值的范围是 1 ~ 99，模态参数，省略 L 时默认为单线螺纹。

其他参数与 G32 指令中相同。

（2）指令说明

1）G92 为模态指令，指令的起点和终点相同，切削轨迹如图 7–10 所示。

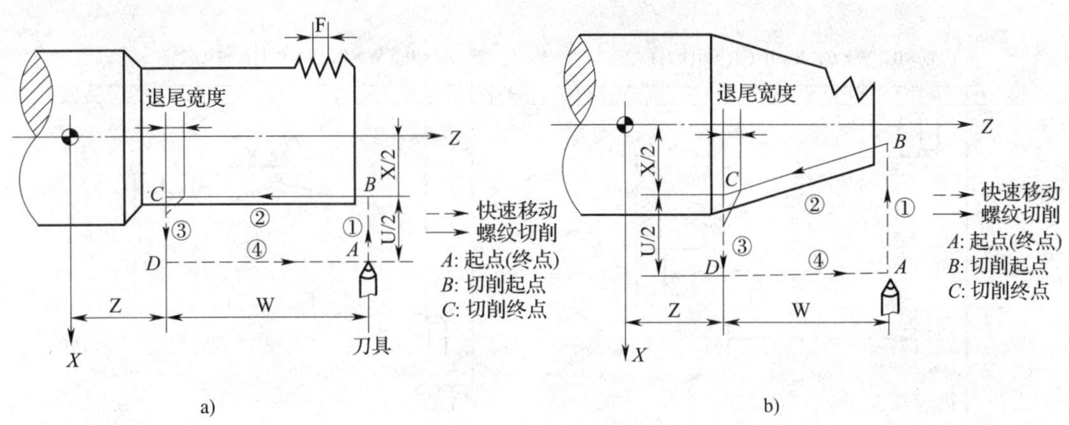

图 7–10 G92 指令切削轨迹

a）圆柱螺纹切削轨迹 b）圆锥螺纹切削轨迹

2）G92 指令切削轨迹包含的步骤

①刀具沿 X 轴从起点快速移到切削起点。

②沿 Z 轴（或 X、Z 轴同时）从切削起点螺纹插补到切削终点。

③沿 X 轴以快速移动速度退刀（与步骤①方向相反），返回 X 轴绝对坐标与起点相同处。

④沿 Z 轴快速移动返回起点，循环结束。

3）执行 G92 指令，在螺纹加工结束前有螺纹退尾过程，在距离螺纹切削终点固定长度（螺纹的退尾长度）处，在 Z 轴继续进行螺纹插补的同时，X 轴沿退刀方向指数式加速退出，Z 轴到达切削终点后，X 轴再以快速移动速度退刀。

4）G92 指令的螺纹退尾功能可用于加工没有退刀槽的螺纹，但仍需要在实际的螺纹起点前留出螺纹引入长度。

5）G92 指令可以分多次进刀完成一个螺纹的加工，但不能实现两个连续螺纹的加工，也不能加工端面螺纹。

6）关于螺纹切削的注意事项与 G32 指令相同。

7）U、W、R 反映螺纹切削终点与起点的相对位置，在符号不同时刀具轨迹与螺纹退尾方向如图 7-11 所示。

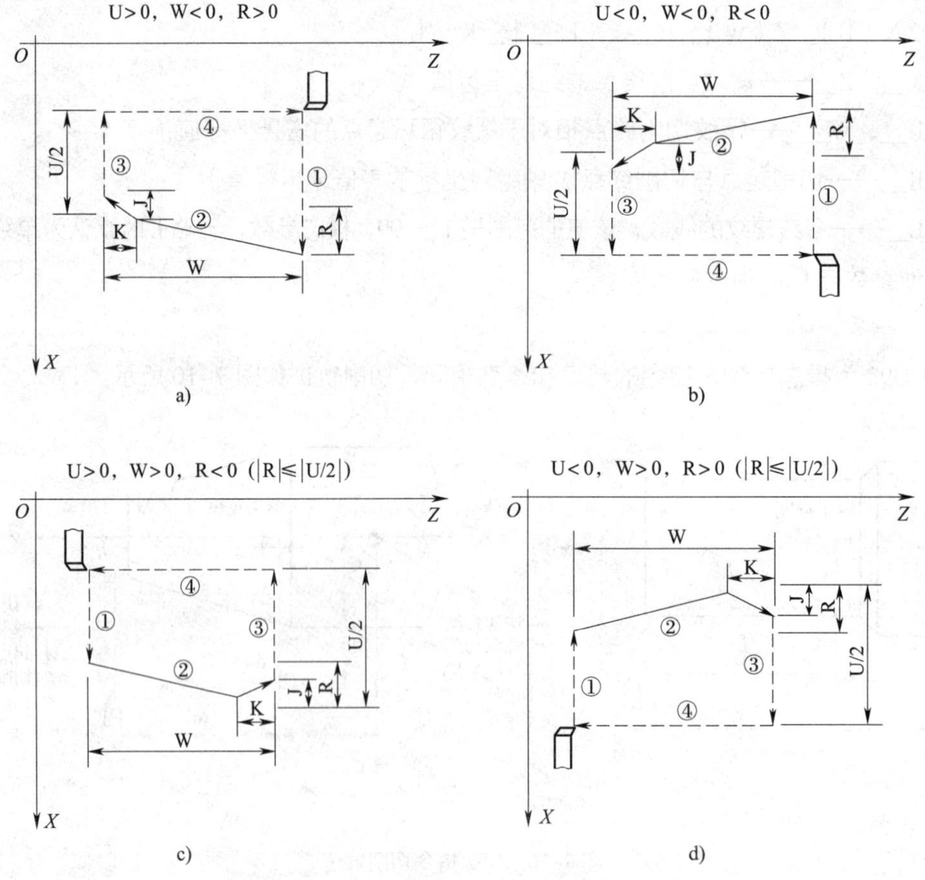

图 7-11　U、W、R 符号不同时刀具轨迹与螺纹退尾方向

（3）示例

例 1 加工图 7–12 所示的 M30×2－6g 普通圆柱螺纹，试用 G92 指令编制螺纹加工程序。

相关计算：

螺纹牙高 h=0.649 5P=0.649 5×2 mm=1.299 mm

螺纹小径 d_2=D−2h=30 mm−2×1.299 mm=27.402 mm

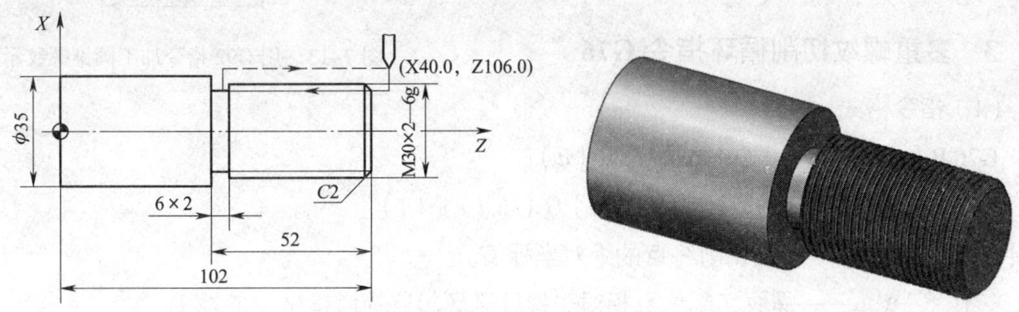

图 7–12 用 G92 指令加工圆柱螺纹示例

G92 指令应用示例参考程序见表 7–4。

表 7–4 **G92 指令应用示例参考程序**

参考程序	注释
O7002；	程序名
N10 T0101；	调用 01 号刀具，执行 01 号刀补
N20 S800 M03；	主轴正转，转速为 800 r/min
N30 G00 X35.0 Z104.0；	快速靠近工件
N40 G92 X29.1 Z53.0 F2.0；	车螺纹（第一刀）
N50 X28.5；	第二刀
N60 X27.9；	第三刀
N70 X27.5；	第四刀
N80 X27.402；	第五刀
N90 G00 X270.0 Z260.0；	快速退至参考点
N100 M05；	主轴停止
N110 M30；	程序结束并复位

例 2 加工图 7–13 所示的圆锥螺纹，螺距为 1.5 mm。

程序示例：

…

N60 G00 X22.0 Z2.0；

N70 G92 X19.2 Z-20.0 R-2.75 F1.5；（第一刀）

N80 X18.8；（第二刀）

N90 X18.5；（第三刀）

N100 X18.38；（第四刀）

N110 G00 X50.0 Z30.0；

…

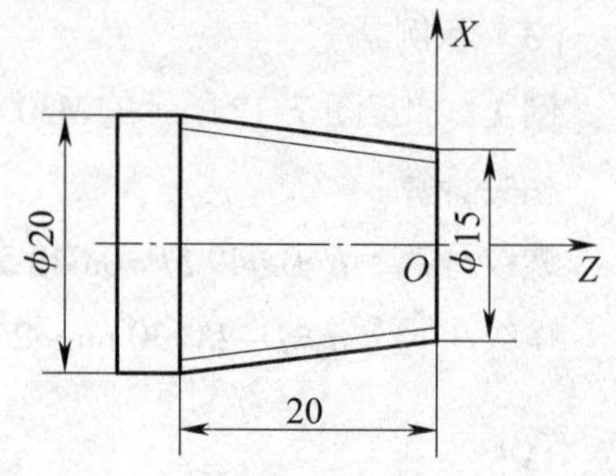

图 7-13　用 G92 指令加工圆锥螺纹示例

3. 多重螺纹切削循环指令 G76

（1）指令格式

G76 P（m）（r）（α）Q（Δd_{min}）R（d）；

G76 X（U）__ Z（W）__ R（i）P（k）Q（Δd）F（I）__；

式中　X__、Z__——螺纹切削终点的绝对坐标值。

U__、W__——螺纹切削终点相对于螺纹循环起点的增量坐标值。

P（m）（r）（α）——m 为指定最后螺纹精加工重复次数，其范围为 1 ~ 99；r 为螺纹倒角量，即螺纹退尾宽度，单位为 0.1×L（L 为螺距），其范围为（0.1 ~ 9.9）L，以 0.1L 为一挡，可以用 00 ~ 99 两位数值指定；α 为刀尖角度，可从 0°、29°、30°、55°、60° 和 80° 六个角度中选择，用两位数表示，实际螺纹的角度由刀具角度决定，因此，α 应与刀具角度相同；m、r、α 用地址 P 一次指定，如 m=2，r=10，α =60° 时可写成 P021060。

Q（Δd_{min}）——粗车时最小切入量（单位为最小输入增量），无符号，半径值，其范围为 0 ~ 999 999，当一次切入量（$\sqrt{n}-\sqrt{n-1}$）× Δd 比 Δd_{min} 还小时，则用 Δd_{min} 作为一次切入量；设置 Δd_{min} 是为了避免由于螺纹粗车背吃刀量递减造成粗车背吃刀量过小、粗车次数过多。

R（d）——精加工余量，无符号，半径值，单位为 mm。

R（i）——螺纹部分的半径差，即螺纹锥度，单位为 mm，半径值，当 i=0 或缺省输入时将进行圆柱螺纹切削。

P（k）——螺纹牙高（X 轴方向的距离用半径值指定），单位为最小输入增量，无符号。

Q（Δd）——第一次切削背吃刀量，单位为最小输入增量，半径值，无符号，若缺省输入，系统将报警。

F__——螺纹螺距，单位为 mm，其范围为 0.001 ~ 500 mm。

I__——每英寸牙数，单位为牙 /in，其范围为 0.06 ~ 25 400 牙 /in。

（2）指令说明

1）G76 指令根据地址参数所给的数据自动计算中间点坐标，控制刀具进行多次螺纹切削循环，直至达到编程尺寸。G76 指令可加工带螺纹退尾的圆柱螺纹和圆锥螺纹，可实现单侧切削刃螺纹切削，背吃刀量逐渐减小，有利于保护刀具及提高螺纹精度。G76 指令不能加工端面螺纹。

2）G76 指令循环路线和进刀方式如图 7–14 所示。

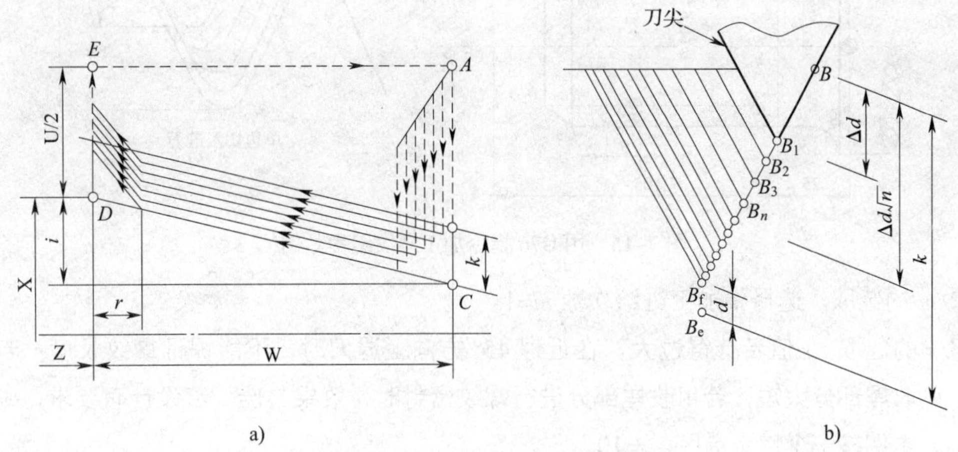

图 7–14 G76 指令循环路线和进刀方式

a）循环路线 b）进刀方式

①从起点快速移到 B_1 点，背吃刀量为 Δd。如果 $\alpha=0°$，仅沿 X 轴移动；如果 $\alpha\neq 0°$，沿 X 轴和 Z 轴同时移动，移动方向与 $A\rightarrow D$ 的方向相同。

②沿平行于 $C\rightarrow D$ 的方向切削螺纹到与 $D\rightarrow E$ 相交处（$r\neq 0$ 时有退尾过程）。

③沿 X 轴快速移到 E 点。

④沿 Z 轴快速移到 A 点，单次粗车循环完成。

⑤再次快速进刀到 B_n（n 为粗车次数），背吃刀量取（$\sqrt{n}\times\Delta d$）、（$\sqrt{n-1}\times\Delta d+\Delta d_{min}$）中的较大值，如果背吃刀量小于（$k-d$），执行②；如果背吃刀量大于或等于（$k-d$），按背吃刀量（$k-d$）进刀到 B_f 点，转入⑥执行最后一次螺纹粗车。

⑥沿平行于 $C\rightarrow D$ 的方向切削螺纹到与 $D\rightarrow E$ 相交处（$r\neq 0$ 时有退尾过程）。

⑦沿 X 轴快速移到 E 点。

⑧沿 Z 轴快速移到 A 点，螺纹粗车循环完成，开始精车螺纹。

⑨快速移到 B_e 点（螺纹牙高为 k、背吃刀量为 d）后，进行螺纹精车，最后返回 A 点，完成一次螺纹精车循环。

⑩如果精车循环次数小于 m，转入⑨进行下一次精车循环，螺纹牙高仍为 k，背吃刀量为 0；如果精车循环次数等于 m，G76 复合螺纹加工循环结束。

（3）示例

加工图 7–15 所示的工件，试用 G76 指令编制螺纹加工程序。

1）参数的选择

①A 点位置。A 点应在毛坯外，以保证快速进给的安全，同时，还应保证螺纹切削精度，Z 轴方向起点位置至螺纹切削起点距离应大于升速进刀段 δ_1。

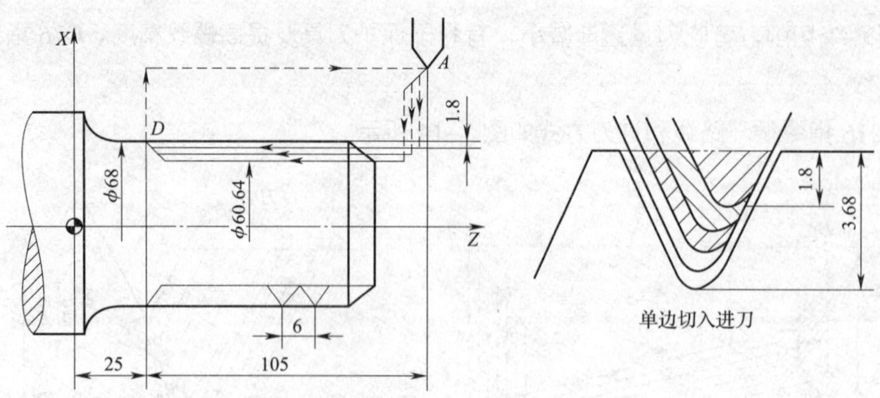

图 7–15 用 G76 指令加工螺纹编程示例

② m 的选取。选择精加工进给次数 m=1。

③ r 的选取。r 值若选得过大，在近似 45° 方向上退刀时，不能保证螺纹长度；若选得过小，则收尾部分太短，若用收尾部分进行螺纹密封时，效果欠佳。若设计有要求，则按要求设定，本例按一个螺距选取，r=10。

④ α 的确定。米制螺纹牙型角 α=60°。

⑤ Δd_{min} 的确定。最小背吃刀量为 0.1 mm，则 Δd_{min}=100。

⑥ d 的确定。精加工余量选 0.2 mm，则 d=0.2。

⑦ k 的确定。牙高为 3.68 mm，则 k=3 680。

⑧ Δd 的确定。第一次背吃刀量为 1.8 mm，则 Δd=1 800。

2）G76 指令应用示例参考程序见表 7–5。

表 7–5　　G76 指令应用示例参考程序

参考程序	注释
…	
N100 G00 X80.0 Z130.0;	快速移到 A 点
N110 G76 P011060 Q100 R0.2;	指定 m、r、α、Δd_{min}、d 值
N120 G76 X60.64 Z25.0 P3680 Q1800 F6.0;	指定 D 点，k、Δd、F 值
…	

四、实训练习

加工图 7–16 所示的螺纹轴，试编制其加工程序。

1. 图样分析

该工件主要由外圆、圆弧、锥体、槽、螺纹等轮廓组成。工件右端为 M20×1.5 的螺纹，其长度为 20 mm，螺纹右端倒角为 C2 mm。螺纹退刀槽宽为 5 mm，槽深为 2 mm。凹弧半径为 40 mm，起点直径为 20 mm，终点直径为 $30^{0}_{-0.039}$ mm，Z 向长度为 30 mm。$\phi30^{0}_{-0.039}$ mm 外圆长度为 5 mm。锥体小端直径为 $30_{-0.039}^{\ 0}$ mm，大端直径为 $32_{-0.039}^{\ 0}$ mm，锥体长度为 5 mm。$\phi32_{-0.039}^{\ 0}$ mm 外圆长度由总长及其他长度尺寸确定。该工件尺寸标注完整，轮廓描述清楚。工件材料为 45 钢，无热处理和硬度要求，适合在数控车床上加工。

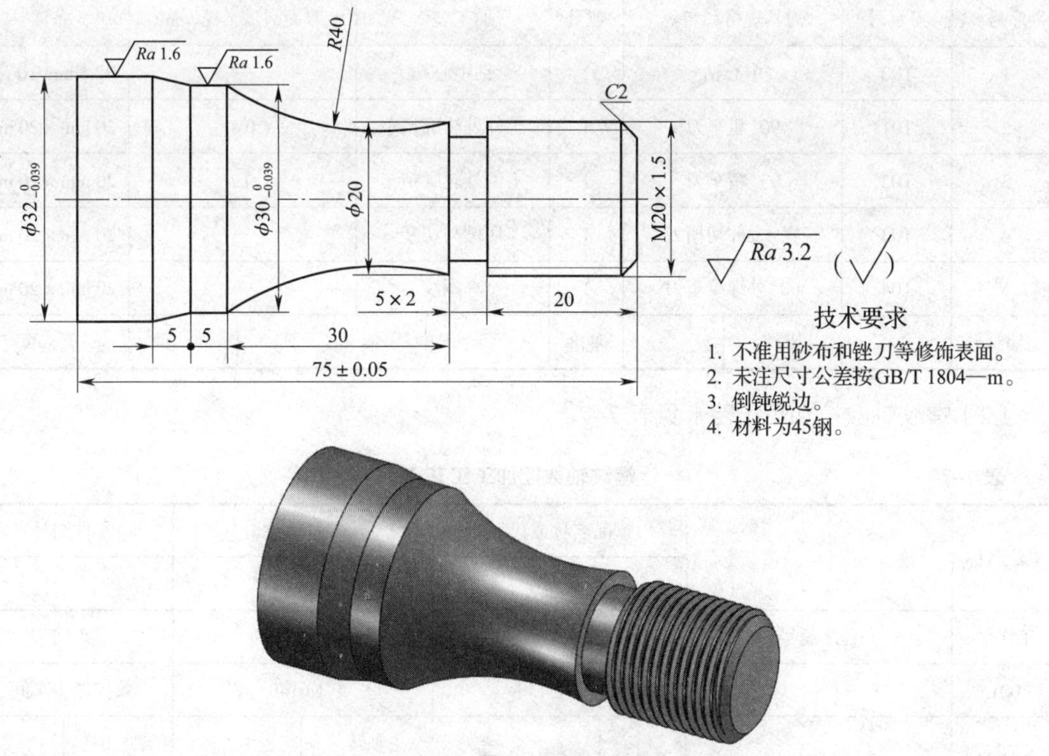

图 7-16　螺纹轴零件图

2. 工艺分析

该工件形状相对复杂，需要加工螺纹、槽、凹弧、锥体、外圆等轮廓。加工该工件有两个难点，一是如何保证凹弧的尺寸精度和表面质量；二是如何保证外圆 $\phi32_{-0.039}^{\ 0}$ mm、$\phi30_{-0.039}^{\ 0}$ mm 尺寸精度和表面质量。

为解决第一个加工难点，编制程序时，需要考虑刀尖圆弧半径对尺寸精度的影响，同时为了保证凹弧表面质量一致性，精加工时必须采用恒线速度切削功能；装刀时，刀尖必须与主轴中心等高。为解决第二个加工难点，应按粗、精加工分开原则编制工艺。根据上述分析，可制定以下加工步骤：

（1）夹住毛坯外圆，伸出长度大于 20 mm，粗、精加工工件左端面和轮廓。

（2）掉头装夹，车端面，保证总长，钻中心孔。采用一夹一顶方式，粗、精加工右端轮廓。

（3）用切槽刀加工螺纹退刀槽。

（4）加工 M20×1.5 的螺纹。

3. 相关工艺卡片的填写

（1）螺纹轴数控加工刀具卡见表 7-6。

表 7–6　　螺纹轴数控加工刀具卡

<table>
<tr><td colspan="2">产品名称或代号</td><td></td><td>零件名称</td><td>螺纹轴</td><td>零件图号</td><td></td></tr>
<tr><td>序号</td><td>刀具号</td><td>刀具规格和名称</td><td>数量</td><td>加工表面</td><td>刀尖圆弧半径 /mm</td><td>备注</td></tr>
<tr><td>1</td><td>T00</td><td>中心钻</td><td>1</td><td>钻中心孔</td><td>—</td><td>B2.5 mm/10 mm</td></tr>
<tr><td>2</td><td>T01</td><td>90° 粗车刀</td><td>1</td><td>工件外轮廓粗车</td><td>0.4</td><td>20 mm × 20 mm</td></tr>
<tr><td>3</td><td>T02</td><td>93° 精车刀</td><td>1</td><td>工件外轮廓精车</td><td>0.2</td><td>20 mm × 20 mm</td></tr>
<tr><td>4</td><td>T03</td><td>宽 4 mm 切槽刀</td><td>1</td><td>切槽与切断</td><td>—</td><td>20 mm × 20 mm</td></tr>
<tr><td>5</td><td>T04</td><td>60° 外螺纹车刀</td><td>1</td><td>车螺纹</td><td>—</td><td>20 mm × 20 mm</td></tr>
<tr><td>编制</td><td></td><td>审核</td><td>批准</td><td>年 月 日</td><td>共 页</td><td>第 页</td></tr>
</table>

（2）螺纹轴数控加工工艺卡见表 7–7。

表 7–7　　螺纹轴数控加工工艺卡

<table>
<tr><td rowspan="2">单位名称</td><td colspan="2" rowspan="2"></td><td colspan="2">产品名称或代号</td><td colspan="2">零件名称</td><td colspan="2">零件图号</td></tr>
<tr><td colspan="2"></td><td colspan="2">螺纹轴</td><td colspan="2"></td></tr>
<tr><td>工序号</td><td colspan="2">程序编号</td><td colspan="2">夹具名称</td><td colspan="2">使用设备</td><td colspan="2">车间</td></tr>
<tr><td>001</td><td colspan="2"></td><td colspan="2">三爪自定心卡盘</td><td colspan="2">CK6140</td><td colspan="2">数控加工车间</td></tr>
<tr><td>工步号</td><td colspan="2">工步内容</td><td>刀具号</td><td>刀具规格</td><td>主轴转速 /（r/min）</td><td>进给速度 /（mm/min）</td><td>背吃刀量 /mm</td><td>备注</td></tr>
<tr><td>1</td><td colspan="2">粗、精车左端面和轮廓</td><td>T01</td><td>20 mm × 20 mm</td><td>600</td><td>150</td><td>1.5</td><td>自动</td></tr>
<tr><td>2</td><td colspan="2">粗车右端外轮廓</td><td>T01</td><td>20 mm × 20 mm</td><td>600</td><td>150</td><td>1.5</td><td>自动</td></tr>
<tr><td>3</td><td colspan="2">精车右端外轮廓</td><td>T02</td><td>20 mm × 20 mm</td><td>G96 S200</td><td>100</td><td>0.5</td><td>自动</td></tr>
<tr><td>4</td><td colspan="2">切槽</td><td>T03</td><td>20 mm × 20 mm</td><td>300</td><td>60</td><td>4</td><td>手动</td></tr>
<tr><td>5</td><td colspan="2">粗、精车螺纹</td><td>T04</td><td>20 mm × 20 mm</td><td>800</td><td>—</td><td>—</td><td>自动</td></tr>
<tr><td>编制</td><td></td><td>审核</td><td>批准</td><td></td><td colspan="2">年 月 日</td><td>共 页</td><td>第 页</td></tr>
</table>

4. 编制加工程序

（1）加工左端面和轮廓

1）建立工件坐标系。夹住毛坯外圆，加工左端面和轮廓，工件伸出长度大于 20 mm。工件坐标系设在工件左端面轴线上，如图 7–17 所示。

2）螺纹轴左端加工参考程序见表 7–8。

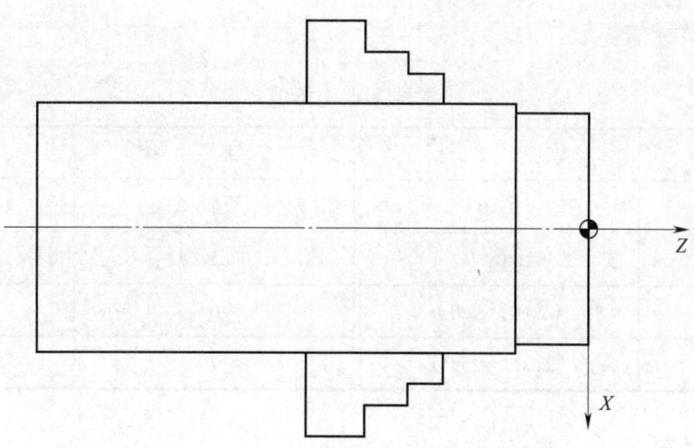

图 7–17　加工左端面和轮廓工件坐标系

表 7–8　　螺纹轴左端加工参考程序

参考程序	注释
O7003;	程序名
N10 T0101;	调用 01 号刀具，执行 01 号刀补
N20 S600 M03;	主轴正转，转速为 600 r/min
N30 G00 X36.0 Z0;	快速到达循环起点
N40 G01 X0 F150;	车端面
N50 G00 X32.0 Z2.0;	退刀
N60 G01 Z–20.0 F150;	车 $\phi32_{-0.039}^{\ 0}$ mm 的外圆
N70 X36.0;	X 向退刀
N80 G00 X100.0 Z50.0;	快速退至换刀点
N90 M05;	主轴停止
N100 M30;	程序结束并复位

（2）加工右端面和轮廓

1）建立工件坐标系。夹住 $\phi32_{-0.039}^{\ 0}$ mm 外圆（用铜皮包住），手动加工右端面，保证总长，钻中心孔，采用一夹一顶装夹方式加工右端轮廓。工件坐标系设在工件右端面轴线上，如图 7–18 所示。

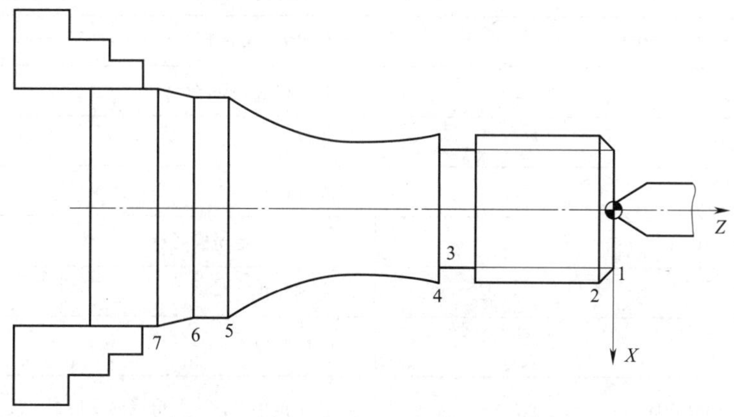

图 7–18　加工右端面和轮廓工件坐标系

2）右端基点坐标值见表 7–9。

表 7–9 右端基点坐标值

基点	坐标值（X，Z）	基点	坐标值（X，Z）
O	（0，0）	4	（20.0，–25.0）
1	（16.0，0）	5	（30.0，–55.0）
2	（20.0，–2.0）	6	（30.0，–60.0）
3	（16.0，–25.0）	7	（32.0，–65.0）

3）螺纹尺寸计算

螺纹牙高 h=0.649 5P=0.649 5×1.5 mm ≈ 0.974 mm

螺纹小径 d_2=D–2h=20 mm–2×0.974 mm ≈ 18.05 mm

4）螺纹轴右端加工参考程序见表 7–10。

表 7–10 螺纹轴右端加工参考程序

参考程序	注释
O7004；	程序名
N10 T0101；	调用 01 号刀具，执行 01 号刀补
N20 S600 M03；	主轴正转，转速为 600 r/min
N30 G00 X36.0 Z2.0；	快速到达循环起点
N40 G71 U1.5 R0.5 F150；	调用外圆粗车循环指令，设置加工参数
N50 G71 P60 Q140 U1.0 W0；	
N60 G00 X16.0；	*X* 向进刀
N70 G01 Z0；	*Z* 向进刀
N80 X20.0 Z–2.0；	倒角 *C*2 mm
N90 Z–25.0；	车螺纹大径外圆
N100 X20.0；	车端面
N110 G02 X30.0 Z–55.0 R40.0；	车 *R*40 mm 凹弧
N120 G01 Z–60.0；	车 $\phi30_{-0.039}^{0}$ mm 外圆
N130 X32.0 Z–65.0；	车锥体
N140 X36.0；	*X* 向退刀
N150 G00 X100.0 Z50.0；	刀具快速退至换刀点
N160 M05；	主轴停止
N170 M00；	程序暂停
N180 T0202 G96 S200 M03；	调用精车刀，采用恒线速度切削

续表

参考程序	注释
N190 G50 S2000；	限制主轴最高转速为 2 000 r/min
N200 G00 G42 X36.0 Z2.0；	刀具快速靠近工件
N210 G70 P60 Q140 F100；	采用精加工循环指令 G70 进行精车
N220 G00 G40 X100.0 Z50.0；	刀具退至换刀点，取消刀尖圆弧半径补偿
N230 G97 T0303 S300 M03；	换切槽刀，主轴转速为 300 r/min
N240 G00 X30.0 Z–25.0；	快速到达切槽起点
N250 G01 X16.2 F60；	切槽，留 0.2 mm 余量
N260 X22.0；	*X* 向退刀
N270 W1.0；	沿 *Z* 轴正方向移动 1 mm
N280 X16.0；	切槽至要求的尺寸
N290 W–1.0；	精车槽底
N300 X30.0；	*X* 向退刀
N310 G00 X100.0 Z50.0；	快速退至换刀点
N320 T0404 S800 M03；	调用 04 号刀具，执行 04 号刀补，主轴转速为 800 r/min
N330 G00 X22.0 Z3.0；	快速移至循环起点
N340 G76 P011060 Q100 R0.05；	调用螺纹加工循环，设置螺纹加工参数
N350 G76 X18.05 Z–22.0 P974 Q350 F1.5；	
N360 G00 X100.0 Z50.0；	刀具退回换刀点
N370 M05；	主轴停止
N380 M30；	程序结束并复位

5. 工件加工

将编制好的程序校验无误后，输入机床数控系统中，加工出合格的工件。

五、螺纹加工质量分析

螺纹加工中经常出现的质量问题现象、产生原因和解决方法见表 7–11。

表 7–11　　螺纹加工质量问题现象、产生原因和解决方法

问题现象	产生原因	解决方法
切削过程中产生振动	1. 工件装夹不正确 2. 刀具安装不正确 3. 切削参数不正确	1. 检查工件装夹情况，提高装夹刚度 2. 调整刀具安装位置 3. 提高或降低切削速度

续表

问题现象	产生原因	解决方法
螺纹牙顶呈刀口状	1. 刀具角度选择错误 2. 螺纹外径过大 3. 螺纹背吃刀量过大	1. 选择正确的刀具 2. 检查并选择合适的工件外径 3. 减小螺纹背吃刀量
螺纹牙型过平	1. 刀尖高度不正确 2. 螺纹背吃刀量不够 3. 刀具牙型角度过小 4. 螺纹外径过小	1. 选择合适的刀具并调整刀尖高度 2. 计算并增大背吃刀量 3. 正确刃磨螺纹车刀，使牙型角符合要求 4. 检查并选择合适的工件外径
螺纹牙型底部圆弧过大	1. 刀具选择错误 2. 刀具磨损严重	1. 选择正确的刀具 2. 重新刃磨或更换刀片
螺纹牙型底部过宽	1. 刀具选择错误 2. 刀具磨损严重	1. 选择正确的刀具 2. 重新刃磨或更换刀片
螺纹有乱牙现象	1. 加工程序中有导致乱牙的错误 2. 主轴脉冲发生器松动或损坏 3. *Z* 轴丝杠轴向间隙过大或有窜动现象	1. 修改加工程序中导致乱牙的错误 2. 紧固或更换主轴脉冲发生器 3. 调整 *Z* 轴丝杠间隙
螺纹牙型半角不正确	刀具安装角度不正确	调整刀具安装角度
螺纹表面质量差	1. 切削速度过低 2. 刀尖过高 3. 切屑控制较差 4. 刀尖产生积屑瘤	1. 调高主轴转速 2. 调整刀尖高度 3. 选择合理的进刀方式和切入深度 4. 选择合适的切削液并充分喷注
螺距误差	1. 伺服系统滞后反应 2. 加工程序不正确	1. 增加螺纹切削升速段和降速段的长度 2. 检查及修改加工程序

第二节　梯形螺纹加工

一、梯形螺纹加工的工艺分析

1. 梯形螺纹的尺寸计算

梯形螺纹的代号用字母“Tr”和公称直径 × 螺距表示，单位均为 mm。左旋螺纹需在尺寸规格后加注“LH”，右旋则不用标注，如 Tr36×6、Tr44×8LH 等。

国家标准规定，公制梯形螺纹的牙型角为 30°。梯形螺纹的牙型如图 7–19 所示，各公称尺寸计算公式见表 7–12。

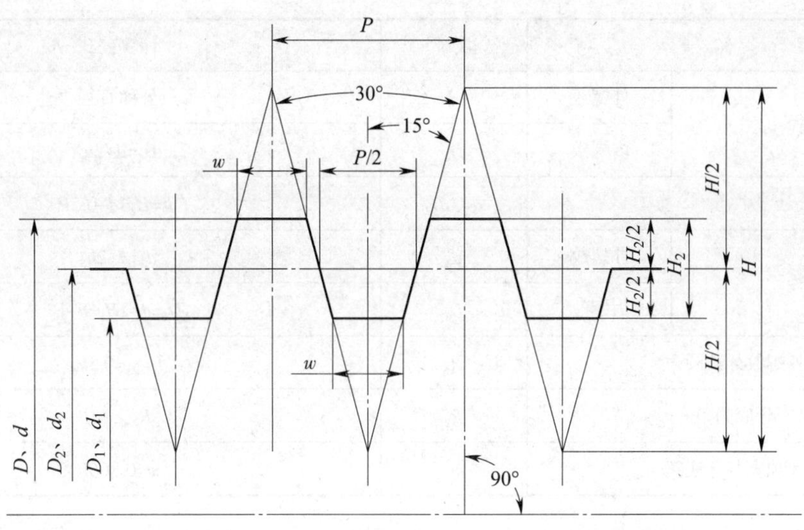

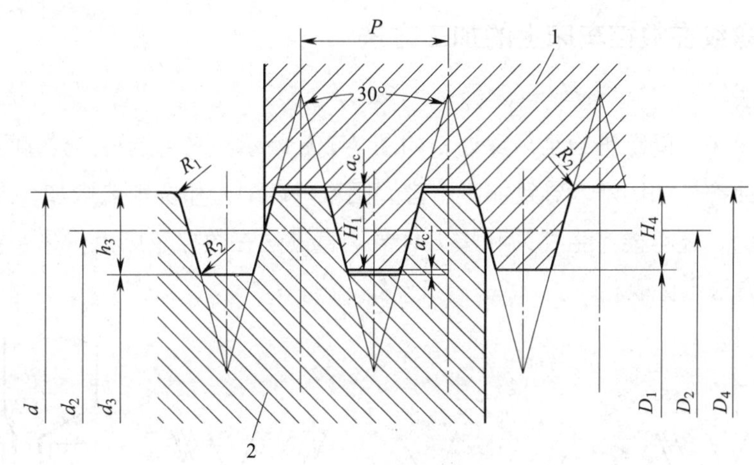

图 7-19　梯形螺纹的牙型

1—内螺纹　2—外螺纹

表 7-12　　梯形螺纹公称尺寸计算公式

<table>
<tr><th colspan="2">名称</th><th>代号</th><th colspan="4">计算公式</th></tr>
<tr><td colspan="2">牙型角</td><td>α</td><td colspan="4">α =30°</td></tr>
<tr><td colspan="2">螺距</td><td>P</td><td colspan="4">由螺纹标准确定</td></tr>
<tr><td colspan="2" rowspan="2">牙顶间隙</td><td rowspan="2">a_c</td><td>P/mm</td><td>2 ~ 5</td><td>6 ~ 12</td><td>14 ~ 44</td></tr>
<tr><td>a_c/mm</td><td>0.25</td><td>0.5</td><td>1</td></tr>
<tr><td colspan="2">基本牙型高度</td><td>H_1</td><td colspan="4">H_1=0.5P</td></tr>
<tr><td rowspan="2">牙型高度</td><td>外螺纹</td><td>h_3</td><td colspan="4">h_3=H_1+a_c=0.5P+a_c</td></tr>
<tr><td>内螺纹</td><td>H_4</td><td colspan="4">H_4=H_1+a_c=0.5P+a_c</td></tr>
</table>

续表

名称		代号	计算公式
大径	外螺纹	d	公称直径
	内螺纹	D_4	$D_4=d+2a_c$
中径		d_2、D_2	$d_2=D_2=d-0.5P$
小径	外螺纹	d_3	$d_3=d-2h_3$
	内螺纹	D_1	$D_1=d-2H_1=d-P$
外螺纹牙顶圆角		R_1	$R_{1max}=0.5a_c$
牙底圆角		R_2	$R_{2max}=a_c$
牙顶宽与牙底宽		w	$w=0.366P$

2. 梯形螺纹在数控车床上的加工方法

（1）直进法

螺纹车刀沿 X 向间歇进给至牙深处，如图 7–20a 所示。采用这种方法加工梯形螺纹时，螺纹车刀的三面都参加切削，导致加工中排屑困难，切削力和切削热增加，刀尖磨损严重。当进给量过大时，还可能产生扎刀和爆刀现象。直进法在数控车床上可采用指令 G92 来实现，但是这种方法不可取。

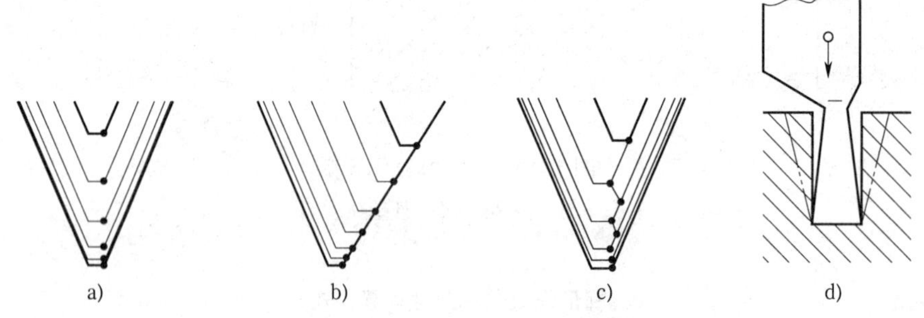

图 7–20　梯形螺纹的几种切削方法

a）直进法　b）斜进法　c）交错切削法　d）矩形螺纹车刀粗切槽法

（2）斜进法

螺纹车刀沿牙型角方向斜向间歇进给至牙深处，如图 7–20b 所示。采用这种方法加工梯形螺纹时，螺纹车刀始终只有一个侧切削刃参加切削，从而使排屑比较顺利，刀尖的受力和受热情况有所改善，在车削中不易引起扎刀现象。斜进法在数控车床上可采用 G76 指令来实现。

（3）交错切削法

螺纹车刀沿牙型角方向交错间歇进给至牙深，如图 7–20c 所示。该方法与斜进法类似，也可在数控车床上采用 G76 指令来实现。

（4）矩形螺纹车刀粗切槽法

采用这种方法时，先用矩形螺纹车刀粗切出螺旋槽，如图 7–20d 所示，再用梯形螺纹车刀加工螺纹两侧面。这种方法的编程与加工在数控车床上较难实现。

3. 梯形螺纹车刀的安装

（1）车刀的主切削刃必须与工件轴线等高。

（2）刀头的角平分线要垂直于工件轴线。

（3）用样板找正装夹，以免产生螺纹半角误差，如图 7–21 所示。

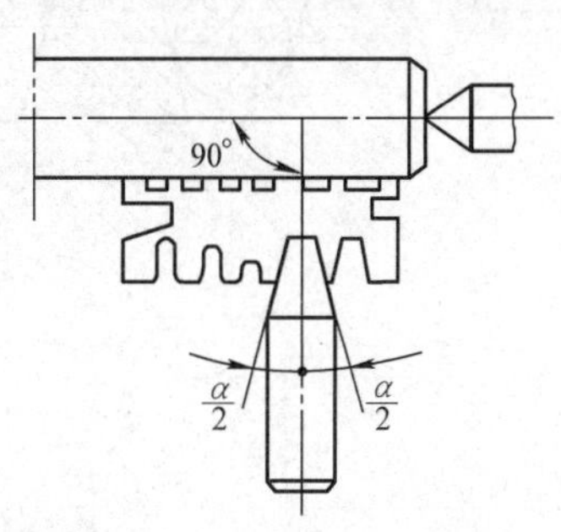

图 7–21　梯形螺纹车刀的安装

4. 梯形螺纹的测量

梯形螺纹的测量分为综合测量、三针测量和单针测量三种。用三针测量螺纹中径是一种比较精密的测量方法，测量时将三根量针放置在螺纹两侧相对应的螺旋槽内，用千分尺量出两边量针顶点之间的距离 M（见图 7–22）。根据 M 值可以计算出螺纹中径的实际尺寸。用三针测量时，M 值和中径 d_2 的计算公式如下：

$$M=d_2+4.864d_D-1.866P$$

式中　M——测量值，mm；

d_2——梯形螺纹的中径，mm；

d_D——测量用量针的直径，mm。

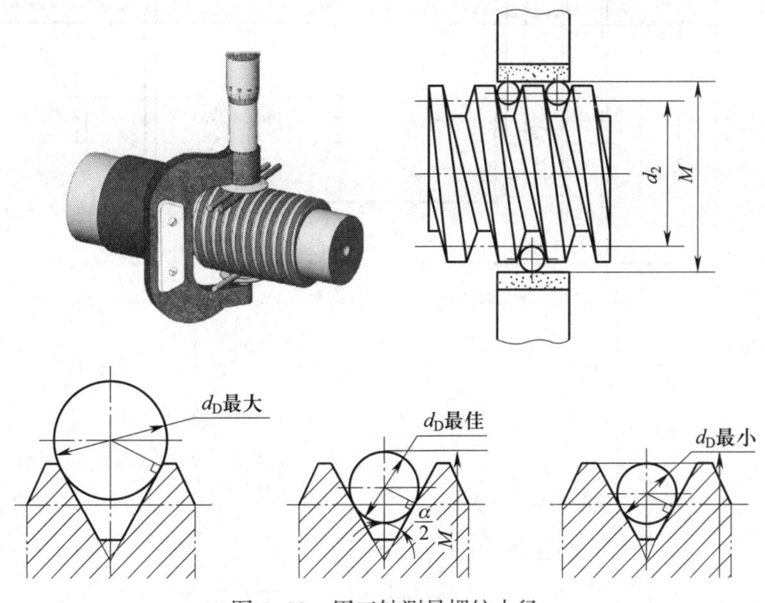

图 7–22　用三针测量螺纹中径

提示

测量时所用的三根直径相等的圆柱形量针是由量具制造厂专门制造的。量针直径 d_D 不能太大或太小。最佳量针直径是指量针横截面与螺纹中径处牙侧相切时的量针直径（见图 7–23b）。选用量针时，应尽量接近最佳值，以获得较高的测量精度。

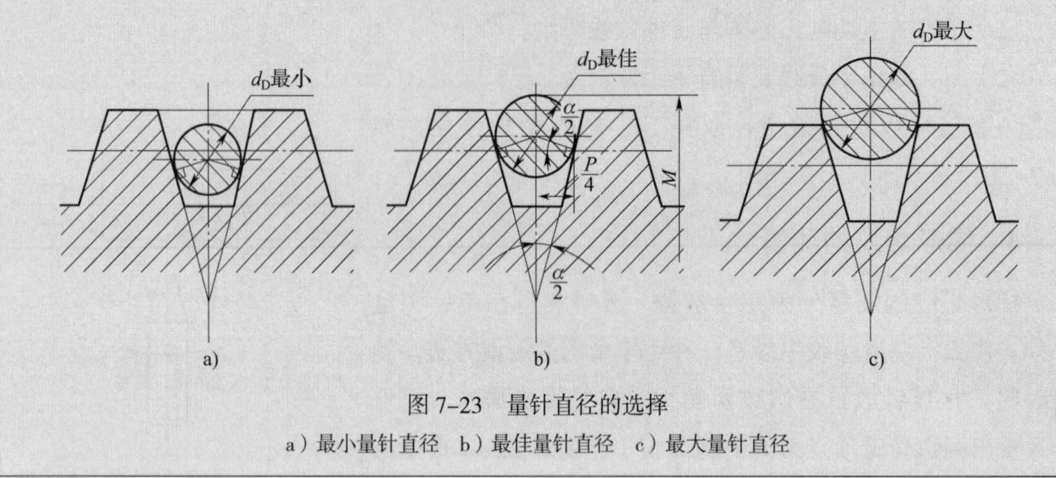

图 7–23　量针直径的选择

a）最小量针直径　b）最佳量针直径　c）最大量针直径

二、梯形螺纹编程示例

梯形螺纹工件如图 7–24 所示，试编制其梯形螺纹加工程序。

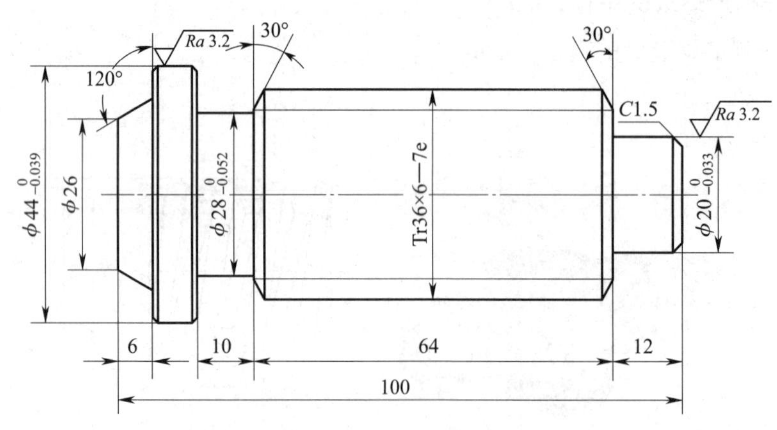

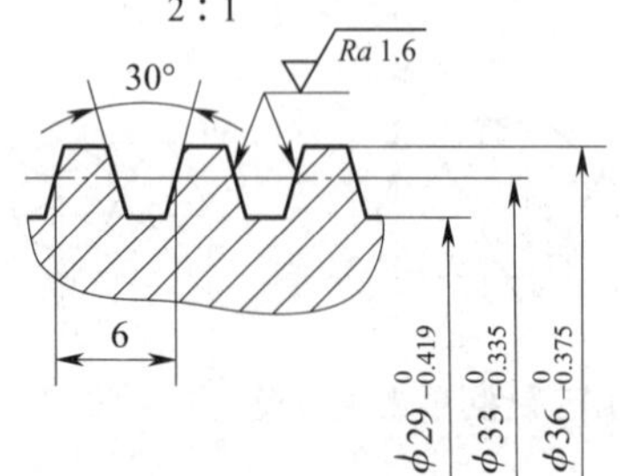

技术要求

1. 未注尺寸公差按GB/T 1804—m。
2. 未注倒角为C1。

Ra 6.3 （√）

图 7–24　梯形螺纹工件

其中，精加工次数为 2，斜向退刀量取 10，实际退刀量为一个螺距，刀尖角为 30°，最小背吃刀量取 0.02 mm，精加工余量为 0.1 mm，螺纹半径差为 0，牙型高度计算为 3.5 mm，第一次的背吃刀量为 0.7 mm，螺距为 6 mm，螺纹小径为 29.0 mm，螺纹终点坐标为（29.0，–81.0）。

梯形螺纹加工参考程序见表 7–13。

表 7–13　　梯形螺纹加工参考程序

参考程序	注释
O7005；	程序名
N10 T0101 S100 M03；	调用 01 号梯形螺纹车刀（L=6 mm），执行 01 号刀补
N20 G00 X60.0 Z12.0 M08；	快速靠近螺纹车削起点
N30 G76 P021030 Q20 R0.1；	多重螺纹切削循环
N40 G76 X29.0 Z–81.0 P3500 Q700 F6.0；	
N50 G00 X100.0 Z100.0 M09；	快速返回换刀点
N60 M05；	主轴停止
N70 M30；	程序结束并复位

提示

加工梯形螺纹时 Z 向刀具偏置值的计算

在梯形螺纹的实际加工中，由于刀尖宽度并不等于螺纹牙底宽，在经过一次 G76 切削循环后，仍无法正确控制螺纹中径等各项尺寸。为此，可将刀具 Z 向偏置后，再次进行 G76 循环加工，即可解决以上问题。为了提高加工效率，最好只进行一次偏置加工，故必须精确计算 Z 向刀具偏置值，Z 向刀具偏置值的计算方法如图 7–25 所示，其计算过程如下：

设 $M_{实测}-M_{理论}=2AO_1=\delta$，则 $AO_1=\delta/2$。

在图 7–25b 中，O_1O_2CE 为平行四边形，则 $\triangle AO_1O_2 \cong \triangle BCE$，$AO_2=BE$；$\triangle CEF$ 为等腰三角形，则 $EF=2BE=2AO_2$。

$AO_2=AO_1\times\tan(\angle AO_1O_2)=\delta/2\times\tan15°$

Z 向偏置值 $EF=2AO_2=\delta\times\tan15°=0.268\delta$

实际加工时，在一次循环结束后，用三针测量法测量 M 值，计算出 Z 向刀具偏置值，然后在刀补参数中设置 Z 向刀具偏置值，再次用 G76 指令循环加工，就能一次性精确控制中径等螺纹参数值。

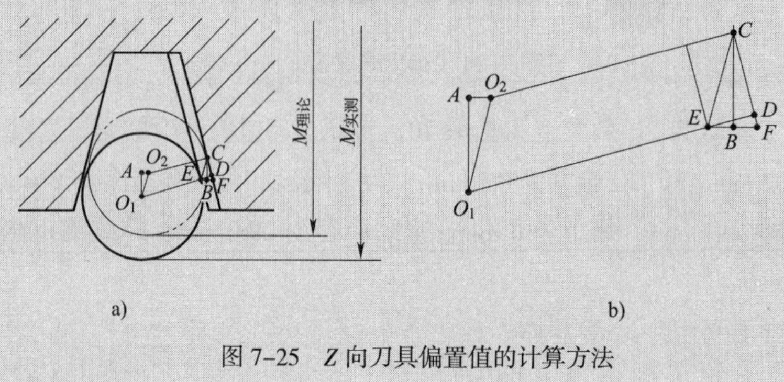

图 7-25　Z 向刀具偏置值的计算方法

三、实训练习

如图 7-26 所示为梯形螺纹轴，试编制其加工程序。

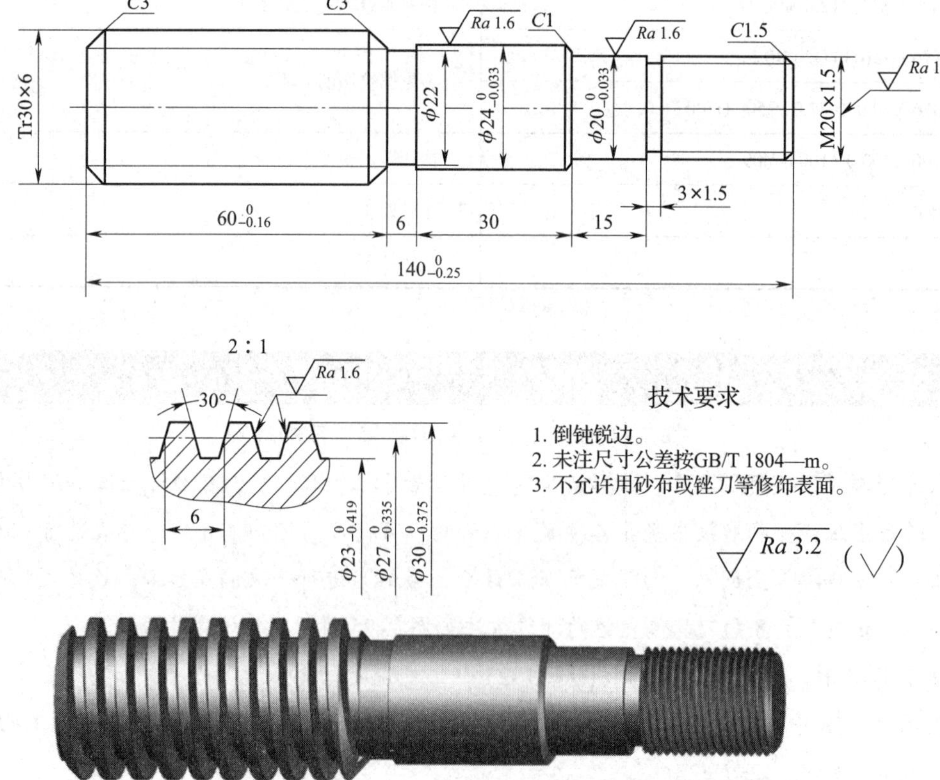

图 7-26　梯形螺纹轴零件图

1. 图样分析

该工件主要由外圆、槽、三角形螺纹、梯形螺纹等轮廓组成。工件右端为 M20×1.5 的螺纹，其长度由总长 $140_{-0.25}^{0}$ mm 和 $60_{-0.16}^{0}$ mm、槽宽 6 mm、30 mm、15 mm、槽宽 3 mm 等尺寸确定，螺纹右端倒角为 $C1.5$ mm。三角形螺纹退刀槽宽为 3 mm，槽深 1.5 mm。$\phi20_{-0.033}^{0}$ mm 外圆的长度为 15 mm。$\phi24_{-0.033}^{0}$ mm 外圆的长度为 30 mm，其右端为 $C1$ mm 的倒角。工件左端为 Tr30×6 的梯形螺纹，螺距为 6 mm，梯形螺纹长度为 $60_{-0.16}^{0}$ mm，两端有 $C3$ mm 的倒角，梯形螺纹的尺寸由局部放大图表示。梯形螺纹退刀槽宽为 6 mm，槽底直径为 22 mm。梯形螺纹、三角形螺纹、$\phi20_{-0.033}^{0}$ mm 和 $\phi24_{-0.033}^{0}$ mm 外圆表面粗糙度 Ra 值为 1.6 μm，其余加工表面 $Ra \leqslant 3.2$ μm。该工件尺寸标注完整，轮廓描述清楚。工件材料为 45 钢，无热处理和硬度要求，适合在数控车床上加工。

该工件需要加工外圆、槽、三角形螺纹、梯形螺纹等轮廓。该工件的加工难点在于梯形螺纹的加工，需要正确地刃磨与装夹梯形螺纹车刀。

2. 工艺分析

（1）制定加工工艺措施

通过图样分析可知，工件尺寸精度和表面质量要求都比较高；同时，切削梯形螺纹时切削力比较大，因此，采取以下加工工艺措施：

1）加工工件时，采用一夹一顶装夹方式。

2）制定加工工序时，应按粗精加工分开、先近后远等原则编制工序。

3）由于外圆尺寸公差一致，编程时可按公称尺寸编制，其公差可由刀具磨耗来控制。

（2）制定加工步骤

1）夹住毛坯外圆，伸出长度大于 85 mm，手动车右端面，钻中心孔。

2）采用一夹一顶装夹方式，粗、精加工右端轮廓，切槽，车三角形螺纹。

3）掉头装夹 $\phi24_{-0.033}^{0}$ mm 外圆，手动车左端面，控制总长，钻中心孔。

4）采用一夹一顶装夹方式，粗、精加工左端轮廓，粗、精加工梯形螺纹。

3. 相关工艺卡片的填写

（1）梯形螺纹轴数控加工刀具卡见表 7-14。

表 7-14　梯形螺纹轴数控加工刀具卡

产品名称或代号			零件名称	梯形螺纹轴	零件图号	
序号	刀具号	刀具规格和名称	数量	加工表面	刀尖圆弧半径 /mm	备注
1	T00	中心钻	1	钻中心孔	—	B3.15 mm/11.2 mm
2	T01	93° 车刀	1	粗、精加工轮廓	0.4	20 mm × 20 mm

续表

序号	刀具号	刀具规格和名称	数量	加工表面	刀尖圆弧半径 /mm	备注
3	T02	3 mm 宽切槽刀	1	槽	0.2	20 mm × 20 mm
4	T03	60° 外螺纹车刀	1	三角形螺纹	—	20 mm × 20 mm
5	T04	30° 梯形外螺纹车刀	1	梯形螺纹	—	20 mm × 20 mm
编制	审核		批准	年　月　日	共　页	第　页

（2）梯形螺纹轴数控加工工艺卡见表 7–15。

表 7–15　　梯形螺纹轴数控加工工艺卡

单位名称		产品名称或代号		零件名称	零件图号
				梯形螺纹轴	
工序号	程序编号	夹具名称		使用设备	车间
001		三爪自定心卡盘		CK6140	数控加工车间

工步号	工步内容	刀具号	刀具规格	主轴转速 /（r/min）	进给速度 /（mm/min）	背吃刀量 /mm	备注
1	车右端面	T01	20 mm × 20 mm	600	150	1.5	手动
2	钻右端中心孔	T00	B3.15 mm/ 11.2 mm	600	—	—	手动
3	粗加工右端外轮廓	T01	20 mm × 20 mm	600	150	1.5	自动
4	精车右端外轮廓	T01	20 mm × 20 mm	1 000	100	0.5	自动
5	切槽	T02	20 mm × 20 mm	300	60	3	自动
6	粗、精加工三角形螺纹	T03	20 mm × 20 mm	800	—	—	自动
7	掉头装夹，车左端面	T01	20 mm × 20 mm	600	150	1.5	手动
8	钻左端中心孔	T00	B3.15 mm/ 11.2 mm	600	—	—	手动
9	粗加工左端外轮廓	T01	20 mm × 20 mm	600	150	1.5	自动
10	精车左端外轮廓	T01	20 mm × 20 mm	1 000	100	0.5	自动
11	粗、精加工梯形螺纹	T04	20 mm × 20 mm	200	—	—	自动
编制		审核		批准	年　月　日	共　页	第　页

4. 编制加工程序

（1）加工右端面和轮廓

1）建立工件坐标系。夹住毛坯外圆，手动车端面，钻中心孔；然后采用一夹一顶装夹方式，加工右端轮廓、槽和三角形螺纹，工件坐标系设在工件右端面轴线上，如图 7–27 所示。

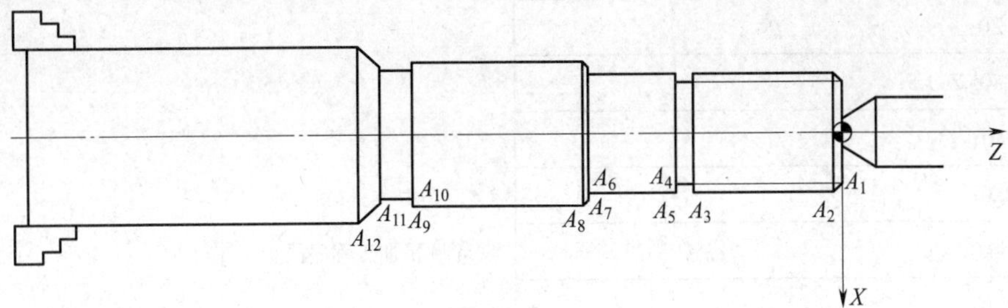

图 7–27 加工右端面和轮廓工件坐标系

2）右端基点的坐标值见表 7–16。

三角形螺纹的长度：L=140 mm−60 mm−6 mm−30 mm−15 mm−3 mm=26 mm

三角形螺纹大径：$d=D-0.13P$=20 mm−0.13×1.5 mm=19.805 mm

三角形螺纹小径：$d_1=D-1.082\,5P$=20 mm−1.082 5×1.5 mm ≈ 18.38 mm

表 7–16　　右端基点的坐标值

基点	坐标值（X，Z）	基点	坐标值（X，Z）
O	（0，0）	A_7	（22.0，−44.0）
A_1	（16.805，0）	A_8	（24.0，−45.0）
A_2	（19.805，−1.5）	A_9	（24.0，−74.0）
A_3	（19.805，−26.0）	A_{10}	（22.0，−74.0）
A_4	（17.0，−29.0）	A_{11}	（24.0，−80.0）
A_5	（20.0，−29.0）	A_{12}	（30.0，−83.0）
A_6	（20.0，−44.0）		

3）右端面和轮廓加工参考程序见表 7–17。

表 7–17　　右端面和轮廓加工参考程序

参考程序	注释
O7006；	程序名
N10 G40 G98 G97 G21；	程序初始化
N20 T0101 S600 M03；	设置刀具、主轴转速
N30 G00 X36.0 Z2.0；	快速到达循环起点

续表

参考程序	注释
N40 G71 U1.5 R0.5 F150；	调用外圆粗车循环指令，设置加工参数
N50 G71 P60 Q160 U1.0 W0；	
N60 G00 X16.805 S1000 M03；	轮廓精加工程序段
N70 G01 Z0；	
N80 X19.805 Z-1.5；	
N90 Z-29.0；	
N100 X20.0；	
N110 Z-44.0；	
N120 X22.0；	
N130 X24.0 Z-45.0；	
N140 Z-80.0；	
N150 X30.0 Z-83.0；	
N160 X36.0；	
N170 G70 P60 Q160 F100；	采用精加工循环指令 G70 进行精车
N180 G00 X100.0 Z50.0；	刀具退至换刀点
N190 T0202 S300 M03；	换切槽刀，主轴转速为 300 r/min
N200 G00 X24.0 Z-29.0；	快速到达切槽起点
N210 G01 X17.0 F60；	切 3 mm × 1.5 mm 槽
N220 X30.0；	*X* 向退刀
N230 G00 Z-77.0；	*Z* 向快速进刀
N240 G01 X22.1；	用排切法切槽，留 0.1 mm 余量
N250 X26.0；	
N260 Z-79.0；	
N270 X22.1；	
N280 X26.0；	
N290 Z-80.0；	
N300 X22.1；	
N310 X26.0；	
N320 Z-77.0；	精车槽底
N330 X22.0；	
N340 Z-80.0；	
N350 X26.0；	

续表

参考程序	注释
N360 G00 X100.0 Z50.0;	退至换刀点
N370 T0303 S800 M03;	换三角形螺纹车刀
N380 G00 X22.0 Z3.0;	快速移至循环起点
N390 G76 P011060 Q100 R0.05;	调用螺纹加工循环，设置螺纹加工参数
N400 G76 X18.38 Z-27.0 P810 Q350 F1.5;	
N410 G00 X100.0 Z50.0;	刀具退回换刀点
N420 M30;	程序结束并复位

（2）加工左端面和轮廓

1）建立工件坐标系。垫铜皮夹住 $\phi24_{-0.033}^{\ 0}$ mm 外圆，手动加工左端面，保证总长，钻中心孔，采用一夹一顶方式加工左端轮廓。工件坐标系设在工件左端面轴线上，如图 7-28 所示。

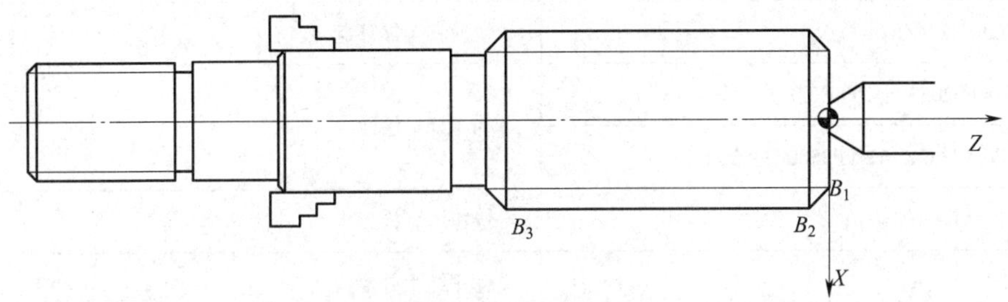

图 7-28　加工左端面和轮廓工件坐标系

2）左端基点的坐标值见表 7-18。

梯形螺纹的牙高:（30-23）mm/2=3.5 mm

表 7-18　　**左端基点的坐标值**

基点	坐标值（X，Z）	基点	坐标值（X，Z）
O	（0，0）	B_2	（30.0，-3.0）
B_1	（23.0，0）	B_3	（30.0，-57.0）

3）左端面和轮廓加工参考程序见表 7-19。

表 7-19　　**左端面和轮廓加工参考程序**

参考程序	注释
O7007;	程序名
N10 G40 G98 G97 G21;	程序初始化
N20 T0101 S600 M03;	设置刀具、主轴转速
N30 G00 X36.0 Z2.0 M08;	快速到达循环起点

续表

参考程序	注释
N40 X31.0；	X 向进刀
N50 G01 Z-60.0 F150；	粗车梯形螺纹大径
N60 X36.0；	X 向退刀
N70 G00 Z2.0 S1000 M03；	快速靠近工件
N80 X24.0；	X 向进刀
N90 G01 Z0 F100；	Z 向进刀
N100 X30.0 Z-3.0；	倒角 C3 mm
N110 Z-60.0；	精车梯形螺纹大径
N120 G00 X100.0 Z50.0；	快速退至换刀点
N130 T0404 S200 M03；	调用 04 号刀具，执行 04 号刀补，设置主轴转速为 200 r/min
N140 G00 X32.0 Z6.0；	快速移至循环起点
N150 G76 P020530 Q100 R0.05；	加工梯形螺纹
N160 G76 X23.0 Z-62.0 P3500 Q350 F6.0；	
N170 G00 X100.0 Z50.0；	快速退至换刀点
N180 M30；	程序结束并复位

5. 工件加工

将编制好的程序校验无误后，输入车床数控系统中，加工出合格的工件。

第三节 多线螺纹加工

一、多线螺纹加工工艺分析

1. 多线螺纹的概念

由一条螺旋线形成的螺纹叫作单线（单头）螺纹，由两条或两条以上沿轴向等距分布的螺旋线所形成的螺纹叫作多线（多头）螺纹。多线螺纹每旋转一周，能移动几倍的螺距，多用于快速机构中。在数控车床上加工多线螺纹是常用的加工方法之一。

按照国家标准《普通螺纹 公差》（GB/T 197—2018）的规定，多线螺纹的尺寸代号为“公称直径 ×Ph（导程）P（螺距）”，例如，M10×Ph4P2 表示普通螺纹，导程为 4 mm，螺距为 2 mm。

2. 车削多线螺纹的分线方法

多线螺纹的各螺旋槽在轴向和圆周上都是等距分布的。解决等距分布的问题叫作分线。在数控车床上车削多线螺纹的关键是分线要准确，其工艺、刀具方面与普通车床基本相同。根据各螺旋线在轴向等距或圆周上等角度分布的特点，分线方法有轴向分线法和圆周分线法。

（1）轴向分线法

轴向分线法是指当车好一条螺旋槽后，把车刀沿工件轴向移动一个螺距，再车削另一条螺旋槽的分线法。这种方法只要精确地控制车刀移动的距离，就能完成分线工作。

（2）圆周分线法

多线螺纹的各螺旋线在圆周上是等角度分布的，所以，当车好第一条螺旋槽后，工件转过一个角度 α，再车出另外一条螺旋槽，这种分线方法称为圆周分线法。这种方法只要精确地控制工件转动的角度，就能完成分线工作。

二、多线螺纹编程方法

多线螺纹的编程方法与单线螺纹相似，通过改变切削螺纹初始位置或初始角来实现。

1. 用 G32 指令加工多线螺纹

通过改变 G32 指令中的 Q 值来改变切削螺纹的初始角，从而实现多线螺纹的加工。Q 的单位为 0.001°，若与主轴一转信号偏移 180°，程序中需输入 Q180000；如果输入 Q180 或 Q180.0，均认为是 0.18°。

2. 用 G92 指令加工多线螺纹

G92 指令是简单螺纹切削循环指令，其方法是先加工一个单线螺纹，然后根据多线螺纹的结构特性，在 Z 轴方向上移过一个螺距，从而实现多线螺纹的加工。也可以应用 G92 指令中的螺纹线数进行编程，如加工 M30×Ph3P1.5 的双线螺纹，程序段为“G92 X29.2 Z−50.0 F3.0 L2；”，式中 F3.0 指螺纹的导程是 3 mm，L2 指螺纹的线数是 2。

3. 用 G76 指令加工多线螺纹

用 G76 指令加工多线螺纹时，也采用螺纹循环的起点向前或向后移动一个螺距的方法编程。GSK980TDi 数控系统在 G76 程序段中是不能实现多线螺纹加工的。

三、编程示例

加工图 7−29 所示的工件，试编制其左端螺纹的加工程序，参考程序见表 7−20。

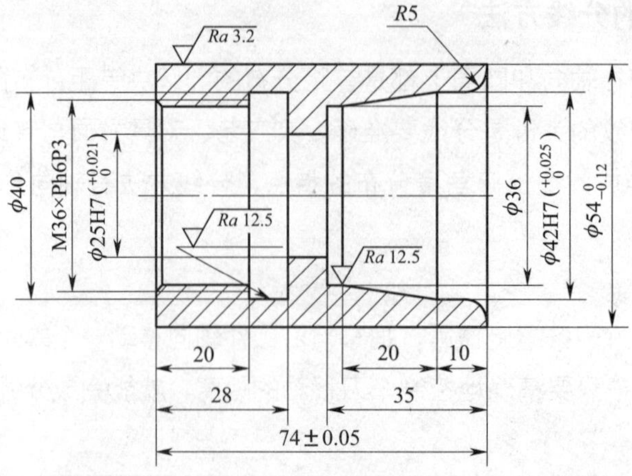

Ra 1.6 (√)

技术要求

未注倒角为C0.5。

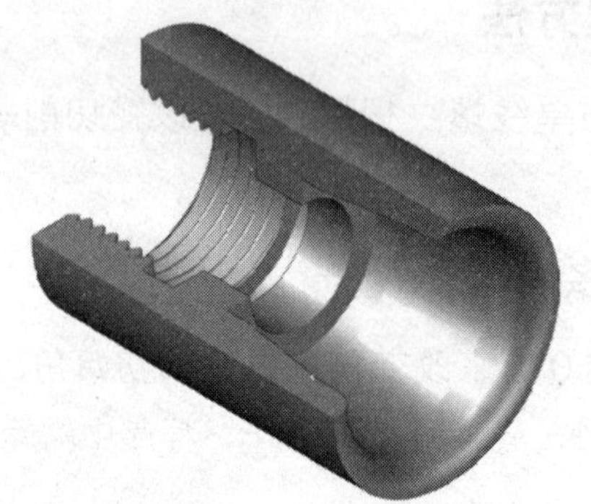

图 7-29　多线螺纹套筒零件图

表 7-20　　多线螺纹加工参考程序

参考程序	注释
O7008；	程序名
N10 T0101 S100 M03；	调用 01 号内螺纹车刀，执行 01 号刀补
N20 G00 X28.0 Z8.0；	快速接近工件
N30 G01 X34.0 F300；	X 向进刀
N40 G32 Z-26.0 F6.0 Q0；	螺纹车削，第一线第一刀
N50 G00 X28.0；	X 向退刀
N60 Z8.0；	Z 向退刀
N70 X34.0；	X 向进刀
N80 G32 Z-26.0 F6.0 Q180000；	第二线第一刀

续表

参考程序	注释
N90 G00 X28.0;	X 向退刀
N100 Z8.0;	Z 向退刀
N110 X32.6;	X 向进刀
N120 G32 Z–26.0 F6.0 Q0;	第一线第二刀
N130 G00 X28.0;	X 向退刀
N140 Z8.0;	Z 向退刀
N150 X32.6;	X 向进刀
N160 G32 Z–26.0 F6.0 Q180000;	第二线第二刀
N170 G00 X28.0;	X 向退刀
N180 Z8.0;	Z 向退刀
N190 G00 X100.0 Z100.0;	快速返回换刀点
N200 M05;	主轴停止
N210 M30;	程序结束并复位

四、实训练习

加工图 7–30 所示的双线螺纹轴，试编制其加工程序。

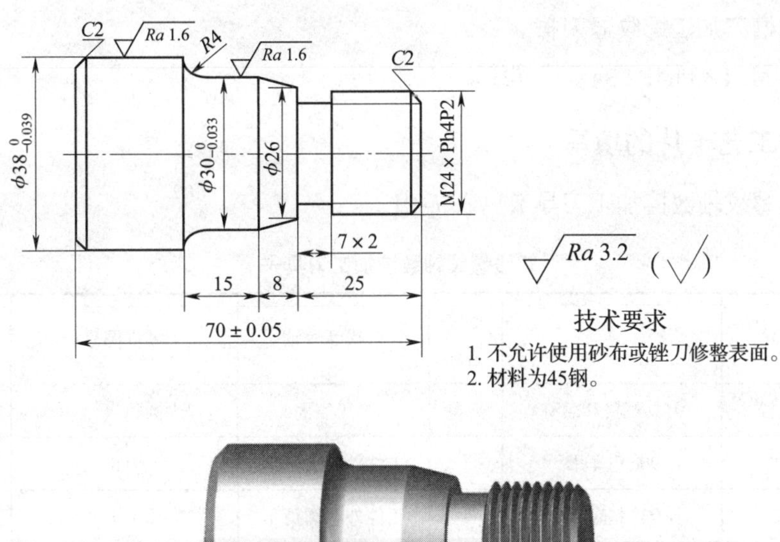

图 7–30 双线螺纹轴零件图

1. 图样分析

该工件主要由外圆、圆弧、锥体、槽、双线螺纹等轮廓组成。工件右端为 M24×Ph4P2 的双线螺纹，其长度为 18 mm，螺纹右端倒角 $C2$ mm。螺纹退刀槽宽 7 mm，槽深 2 mm。锥体小端直径为 26 mm，大端直径为 $30_{-0.033}^{\ 0}$ mm，长度为 8 mm。凹弧半径为 4 mm，起点直径为 $30_{-0.033}^{\ 0}$ mm，终点直径为 $38_{-0.039}^{\ 0}$ mm。$\phi 38_{-0.039}^{\ 0}$ mm 外圆长度由总长及其他长度尺寸确定。该工件尺寸标注完整，轮廓描述清楚。工件材料为 45 钢，无热处理和硬度要求，适合在数控车床上加工。

通过分析可知，双线螺纹的加工是该工件的加工难点，不仅要保证双线螺纹的尺寸精度和形状精度（每条螺旋线的小径要相等，每条螺旋线的牙型角也要相等），而且还要保证两条螺旋线的相互位置精度（分线精度）。

2. 工艺分析

双线螺纹的加工不能像加工普通单线螺纹那样，利用数控车床提供的螺纹加工指令编程一次加工成形，必须经过粗车和精车两个工艺过程，并且要在粗车和精车两个工艺过程之间加上测量环节，根据测量值调整数控车床的磨耗后再进行精加工，这样才能够保证双线螺纹的尺寸精度和形状精度。加工双线螺纹时，当第一条螺旋线加工完成后，加工第二条螺旋线的起始位置在 Z 向偏移一个螺距即可。

根据上述分析，可制定以下加工步骤：

（1）夹住毛坯外圆，伸出长度大于 30 mm，粗、精车工件左端面和轮廓。

（2）掉头装夹，车端面，保证总长，粗、精车右端面和轮廓。

（3）用切槽刀加工螺纹退刀槽。

（4）加工 M24×Ph4P2 的双线螺纹。

3. 相关工艺卡片的填写

（1）双线螺纹轴数控加工刀具卡见表 7–21。

表 7–21　　双线螺纹轴数控加工刀具卡

产品名称或代号			零件名称	双线螺纹轴		零件图号		
序号	刀具号	刀具规格和名称		数量	加工表面		刀尖圆弧半径 /mm	备注
1	T01	90° 粗车刀		1	工件外轮廓粗车		0.8	20 mm × 20 mm
2	T02	93° 精车刀		1	工件外轮廓精车		0.4	20 mm × 20 mm
3	T03	宽 4 mm 切槽刀		1	切槽与切断		—	20 mm × 20 mm
4	T04	60° 外螺纹车刀		1	车螺纹		—	20 mm × 20 mm
编制		审核		批准		年　月　日	共　页	第　页

（2）双线螺纹轴数控加工工艺卡见表 7–22。

表 7–22　　双线螺纹轴数控加工工艺卡

单位名称		产品名称或代号		零件名称		零件图号	
				双线螺纹轴			
工序号	程序编号	夹具名称		使用设备		车间	
001		三爪自定心卡盘		CK6140		数控加工车间	
工步号	工步内容	刀具号	刀具规格	主轴转速 /（r/min）	进给速度 /（mm/min）	背吃刀量 /mm	备注
1	粗、精车左端面和轮廓	T01	20 mm × 20 mm	800	100	1.5	自动
2	粗车右端外轮廓	T01	20 mm × 20 mm	600	150	1.5	自动
3	精车右端外轮廓	T02	20 mm × 20 mm	G96 S200	100	0.5	自动
4	切槽	T03	20 mm × 20 mm	300	60	4	自动
5	粗车螺纹	T04	20 mm × 20 mm	800	—	—	自动
6	精车螺纹	T04	20 mm × 20 mm	800	—	—	自动
编制	审核		批准		年 月 日	共 页	第 页

4. 编制加工程序

（1）加工左端面和轮廓

1）建立工件坐标系。夹住毛坯外圆，加工左端面和轮廓，工件伸出长度大于 30 mm。工件坐标系设在工件左端面轴线上，如图 7–31 所示。

2）左端面和轮廓加工参考程序见表 7–23。

（2）加工右端面和轮廓

1）建立工件坐标系。用三爪自定心卡盘垫铜皮夹住 $\phi38_{-0.039}^{0}$ mm 外圆，粗、精车右端面和轮廓。工件坐标系设在工件右端面轴线上，如图 7–32 所示。

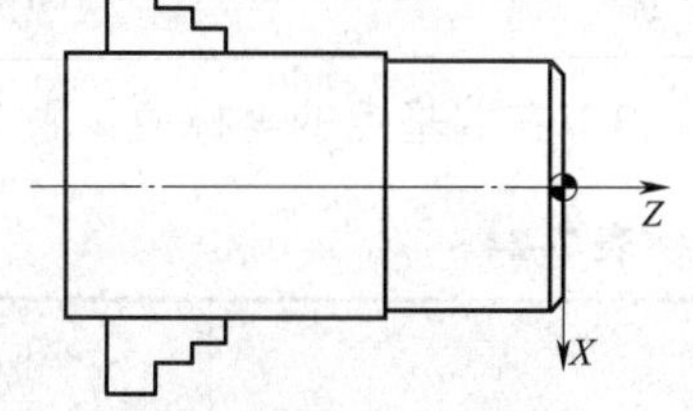

图 7–31　加工左端面和轮廓工件坐标系

表 7–23　　左端面和轮廓加工参考程序

参考程序	注释
O7009;	程序名
N10 G40 G98 G97 G21;	程序初始化
N20 T0101 S800 M03;	调用 01 号刀具，执行 01 号刀补，设置主轴转速为 800 r/min
N30 G00 X42.0 Z0;	快速到达循环起点
N40 G01 X0 F100;	车端面

续表

参考程序	注释
N50 G00 X38.5 Z2.0;	退刀
N60 G01 Z–25.0 F100;	粗车 $\phi38_{-0.039}^{0}$ mm 外圆
N70 X42.0;	*X* 向退刀
N80 G00 Z2.0;	*Z* 向退刀
N90 G00 X38.0;	快速靠近工件
N100 G01 Z–25.0 F100;	精车 $\phi38_{-0.039}^{0}$ mm 外圆
N110 X42.0;	*X* 向退刀
N120 G00 X100.0 Z50.0;	快速退至换刀点
N130 M30;	程序结束并复位

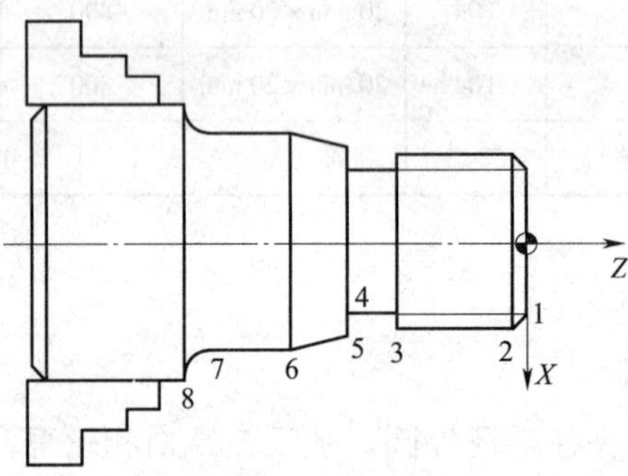

图 7–32　加工右端面和轮廓工件坐标系

2）右端基点的坐标值见表 7–24。

表 7–24　　右端基点的坐标值

基点	坐标值（X，Z）	基点	坐标值（X，Z）
O	（0，0）	5	（26.0，–25.0）
1	（20.0，0）	6	（30.0，–33.0）
2	（24.0，–2.0）	7	（30.0，–44.0）
3	（24.0，–18.0）	8	（38.0，–48.0）
4	（20.0，–25.0）		

3）右端面和轮廓加工参考程序见表 7–25。

螺纹牙高：$h=0.541\,3P=0.541\,3\times2$ mm ≈ 1.08 mm

螺纹小径：$d=D-1.082\,5\times2$ mm=24 mm−1.082 5×2 mm=21.84 mm

表 7-25　　右端面和轮廓加工参考程序

参考程序	注释
O7010；	程序名
N10 G40 G98 G97 G21；	程序初始化
N20 T0101 S600 M03；	设置刀具、主轴转速
N30 G00 X42.0 Z0 M08；	快速到达循环起点
N40 G01 X0 F50；	车端面
N50 G00 X42.0 Z2.0；	刀具退至循环起点
N60 G71 U1.5 R0.5 F150；	调用外圆粗车循环指令，设置加工参数
N70 G71 P80 Q160 U1.0 W0；	
N80 G00 X20.0；	轮廓精加工程序段
N90 G01 Z0；	
N100 X23.74 Z-2.0；	
N110 Z-25.0；	
N120 X26.0；	
N130 X30.0 Z-33.0；	
N140 Z-44.0；	
N150 G02 X38.0 Z-48.0 R4.0；	
N160 G01 X42.0；	
N170 G00 X100.0 Z50.0；	刀具快速退至换刀点
N180 T0202 G96 S200 M03；	调用精车刀，采用恒线速度切削
N190 G50 S2000；	限制主轴最高转速为 2 000 r/min
N200 G00 G42 X42.0 Z2.0；	刀具快速靠近工件
N210 G70 P80 Q160 F100；	采用精加工循环指令 G70 进行精车
N220 G00 G40 X100.0 Z50.0；	刀具退至换刀点，取消刀尖圆弧半径补偿
N230 G97 T0303 S300 M03；	换切槽刀（左刀尖对刀）
N240 G00 X30.0 Z-25.0；	快速到达切槽起点
N250 G01 X20.2 F60；	切第一刀，*X* 向留 0.2 mm 余量
N260 X30.0；	*X* 向退刀

续表

参考程序	注释
N270 Z–22.0;	Z 向移动
N280 X20.0;	切第二刀
N290 Z–25.0;	精车槽底
N300 X30.0;	X 向退刀
N310 G00 X100.0 Z50.0;	快速退至换刀点
N320 T0404 S800 M03;	调用 04 号刀具，执行 04 号刀补，设置主轴转速为 800 r/min
N330 G00 X26.0 Z5.0;	刀具靠近工件
N340 G76 P011060 Q100 R0.05;	采用 G76 指令加工双线螺纹第一线
N350 G76 X21.4 Z–21.0 P1080 Q350 F4.0;	
N360 G00 X26.0 Z3.0;	轴向分线
N370 G76 P011060 Q100 R0.05;	采用 G76 指令加工双线螺纹第二线
N380 G76 X21.84 Z–21.0 P1080 Q350 F4.0;	
N390 G00 X100.0 Z50.0;	刀具退回换刀点
N400 M30;	程序结束并复位

5. 工件加工

将编制好的程序校验无误后，输入机床数控系统中，加工出合格的工件。

第四节　变螺距螺纹加工

随着对机械结构功能要求的不断提高，对一些零件的结构也提出了很高的要求，变螺距螺纹就是其中的一个代表。变螺距螺纹在航空传输机械、塑料挤压机械、饲料传输机械、船舶上的变螺距螺旋桨、高速离心泵上的变螺距诱导轮、变螺距螺旋桨动力装置以及汽车前转向悬架上的变螺距弹簧减振器等方面都有关键的应用。如果在普通车床上加工变螺距螺纹，必须对车床进行改装，将会破坏车床整体，而且增加成本。在数控车床上可以利用变螺距螺纹加工指令，方便地进行变螺距螺纹的加工。

一、变螺距螺纹切削指令 G34

1. 指令格式

G34 X（U）__ Z（W）__ F（I）__ J__ K__ R__ ；

式中，X（U）__、Z（W）__、F（I）__、J__、K__的含义与 G32 指令一致。

R 为主轴每转一转螺距的增量或减量，$R=F_2-F_1$，R 带有方向，如图 7–33 所示。$F_1>F_2$ 时，R 为负值，螺距递减；$F_1<F_2$ 时，R 为正值，螺距递增。

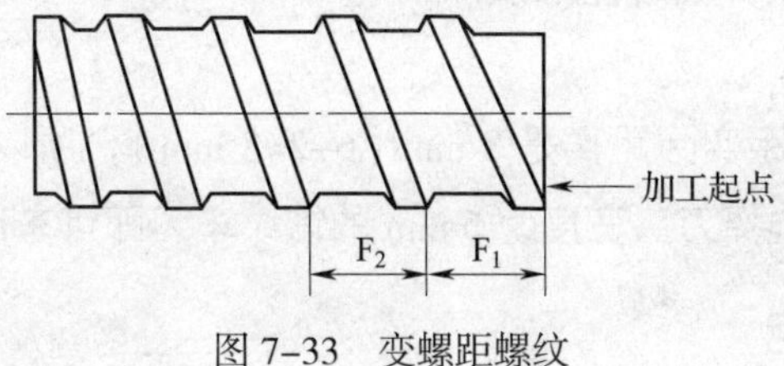

图 7–33　变螺距螺纹

2. 指令说明

刀具从起点位置（当前程序段运行前的位置）向程序段指定的终点位置进行螺纹切削加工，对每一螺距指定一个增加值或减少值。切削时，可以设定退刀点。

二、变螺距螺纹的数控加工方法

数控车床提供了车削变螺距螺纹的功能，这也是数控车床优越性的一个重要体现。变螺距螺纹分为两种情况，一种是槽等宽牙变螺距，另一种是牙等宽槽变螺距，如图 7–34 所示。

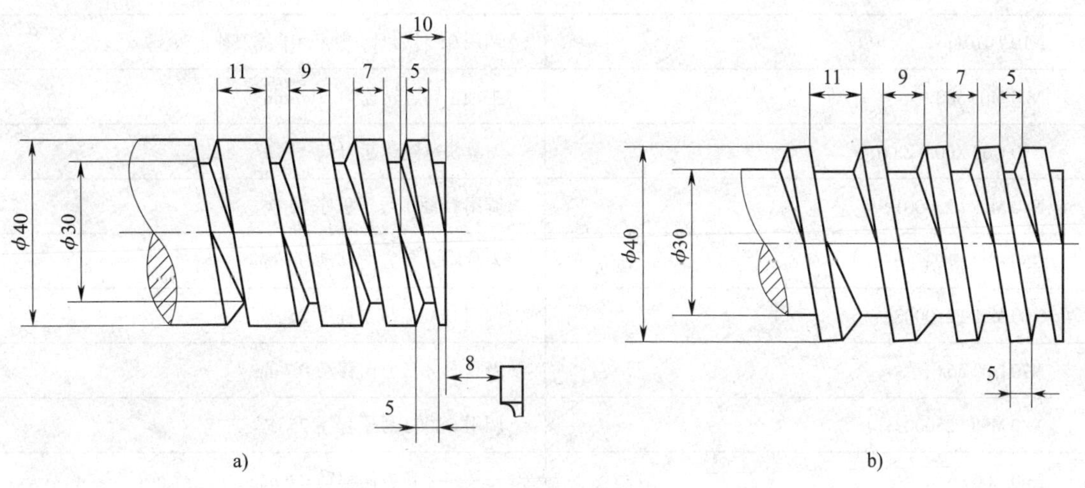

图 7–34　变螺距螺纹的分类
a）槽等宽牙变螺距　b）牙等宽槽变螺距

1. 槽等宽牙变螺距

如图 7–34a 所示（注意第一个螺距为 10 mm，刀具与端面的距离为 8 mm），工件坐标系原点设在工件右端面中心处。

程序示例：

…

G00 Z8.0；（刀具快速到达 Z 向起刀点）

G00 X30.0；（X 向进刀）

G34 W−60.0 F6.0 R2.0；（变螺距螺纹加工）

…

从起刀点到第一个螺距实际距离是 8 mm（6+2=8 mm），所以，选择编程的切削起点为距离端面 8 mm 的位置，选择刀头宽度为 5 mm 的螺纹车刀即可车削成形。

2. 牙等宽槽变螺距

如图 7−34b 所示，这种情况比第一种情况要复杂一些，要车成变槽宽的螺纹，只能是在变螺距车削的过程中使刀具宽度均匀变大，不过这是不能实现的。实际加工中可通过改变螺距 F 和相应的起刀点来赶刀，逐渐完成车削。第一刀先车出一个槽等宽牙变螺距的螺纹，第二刀车削时的定位点向端面靠近 0.7 mm（具体数值可根据经验而定），同时基本螺距变为 5.3 mm。以此类推，第三刀再靠近 0.7 mm，基本螺距变为 4.6 mm，直至车到尺寸要求为止。牙等宽槽变螺距螺纹加工参考程序见表 7−26。

表 7−26　牙等宽槽变螺距螺纹加工参考程序

参考程序	注释
O7011；	主程序名
N10 T0101；	调用 01 号刀具，执行 01 号刀补
N20 M03 S80；	主轴正转，转速为 80 r/min
N30 G00 X60.0 Z8.0；	刀具快速到达起刀点
N40 M98 P250001；	调用 O0001 号子程序 25 次
N50 G00 Z7.3；	刀具向 Z 负方向移动 0.7 mm
N60 M98 P250002；	调用 O0002 号子程序 25 次
N70 G00 Z6.6；	刀具向 Z 负方向移动 0.7 mm
N80 M98 P250003；	调用 O0003 号子程序 25 次
N90 G00 Z6.0；	刀具向 Z 负方向移动 0.6 mm
N100 M98 P250004；	调用 O0004 号子程序 25 次
N110 G00 X100.0；	X 向退刀
N120 Z50.0；	Z 向退刀
N130 M30；	程序结束并复位
O0001；	子程序名
N10 G00 U−20.0；	X 向进刀

续表

参考程序	注释
N20 G34 Z–52.0 F6.0 R2.0;	加工变螺距螺纹
N30 G00 U19.6;	X 向退刀（直径上每次切入深度为 0.4 mm）
N40 G00 Z8.0;	刀具返回 Z 向起点
N50 M99;	子程序结束
O0002;	子程序名
N10 G00 U–20.0;	X 向进刀
N20 G34 Z–52.0 F5.3 R2.0;	加工变螺距螺纹
N30 G00 U19.6;	X 向退刀（直径上每次切入深度为 0.4 mm）
N40 G00 Z7.3;	刀具返回 Z 向起点
N50 M99;	子程序结束
O0003;	子程序名
N10 G00 U–20.0;	X 向进刀
N20 G34 Z–52.0 F4.6 R2.0;	加工变螺距螺纹
N30 G00 U19.6;	X 向退刀（直径上每次切入深度为 0.4 mm）
N40 G00 Z6.6;	刀具返回 Z 向起点
N50 M99;	子程序结束
O0004;	子程序名
N10 G00 U–20.0;	X 向进刀
N20 G34 Z–52.0 F4.0 R2.0;	加工变螺距螺纹
N30 G00 U19.6;	X 向退刀（直径上每次切入深度为 0.4 mm）
N40 G00 Z6.0;	刀具返回 Z 向起点
N50 M99;	子程序结束

以上程序是以工件的第一个螺距为 10 mm 进行加工的，如图 7–34a 所示，刀具距离工件端面为 8 mm（程序中的 F 值应该为 6 mm），加工中刀具定位逐渐靠近工件端面，即刀具切削槽的左侧面，就可以加工成图 7–34b 所示的牙等宽槽变螺距螺纹，这种加工方法是逐渐往负方向赶刀。还有一种方法是逐渐往正方向赶刀，加工中刀具定位逐渐远离工件端面，即刀具切削槽的右侧面，也可加工成牙等宽槽变螺距螺纹。

G34 指令遵循与螺纹切削 G32 指令相同的规定，在应用时还需要注意以下几点：

（1）根据不同要求合理选择刀具宽度。

（2）根据不同情况正确设定 F 起始值和起刀点的位置。

（3）由于变螺距螺纹的螺纹升角随着螺距的增大而变大，因此，刀具左侧切削刃的刃磨后角等于工作后角加上最大螺纹升角 ψ，即 α_{oL}=（3° ~ 5°）+ ψ。

以上所述是方形牙变螺距螺纹的加工，对于内槽表面是一个螺旋面的变螺距螺纹，可以通过成形刀或加工中使 *X* 向尺寸按要求变化以保证内槽螺旋面。变螺距丝杠要进行多次重复切削，*Z* 轴电动机根据主轴编码器的信号，实现有规律的进给运动，以形成螺旋面，当切到最左端时，通过 *X* 向电动机控制退刀，回到起始的纵向位置，控制 *X* 向电动机横向进给，达到规定的背吃刀量，进行第二次切削。如此循环，直至达到合格的变螺距丝杠截面深度。

三、编程实例

加工图 7–35 所示的变螺距螺杆，试用 G34 指令编制变螺距螺纹的加工程序。

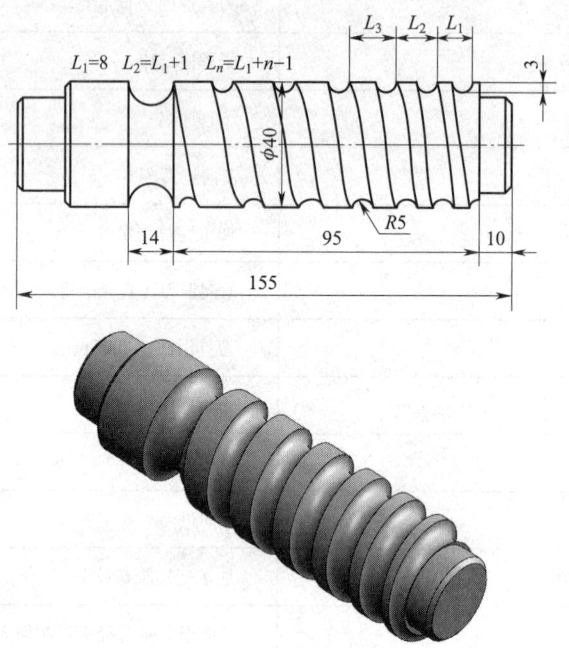

图 7–35　变螺距螺杆

应用 G34 指令编制加工程序，参考程序见表 7–27。

表 7–27　　变螺距螺纹加工参考程序

参考程序	注释
O7012;	主程序名
N10 T0101;	调用 01 号球头车刀（*R*=5 mm），执行 01 号刀补
N20 S100 M03;	主轴正转，转速为 100 r/min
N30 G00 X60.0 Z2.0 M08;	快速接近螺纹车削起始点

续表

参考程序	注释
N40 M98 P100005;	调用 O0005 号子程序 10 次
N50 G00 X100.0 Z100.0 M09;	快速退刀
N60 M30;	程序结束并复位
O0005;	子程序名
N10 G00 U–20.6;	*X* 向进刀
N20 G34 Z–114.0 F6.0 R1.0;	加工变螺距螺纹
N30 G00 U20.0;	*X* 向退刀（直径上每次切入深度为 0.6 mm）
N40 G00 Z2.0;	刀具返回 *Z* 向起点
N50 M99;	子程序结束

提示

（1）G34 为单指令段切削指令，需用其他指令返回起始点后再进行下一次切削。

（2）螺距增减并不使螺旋槽的宽度增减，在应用该指令时要注意。

（3）螺纹升速段内螺距的增量或减量要准确计算在内。

（4）G34 指令可用于切削圆锥变螺距螺纹，利用轴向分线法还可加工多线变螺距螺纹。

第八章　非圆曲线加工

第一节　宏　程　序

一、宏程序的概念

以一组子程序的形式存储并带有变量的程序称为用户宏程序，简称宏程序。调用宏程序的指令称为用户宏程序指令或宏程序调用指令，简称宏指令。GSK980TDi 数控系统用户宏程序功能有 A、B 两种类型，其中 B 类宏程序在编程及加工中更方便、更实用，本书主要介绍 B 类宏程序的基本使用方法。

使用 B 类宏程序编程时，操作者只需会使用宏命令即可，而不必记忆宏程序主（本）体。用户宏程序的最大特征有以下几个方面：

1．可以在用户宏程序中使用变量。

2．可以进行变量之间的运算。

3．用户宏命令可以对变量进行赋值。

二、变量

用一个可赋值的代号代替具体的数值，这个代号称为变量。使用用户宏程序时的方便之处主要在于可以用变量代替具体数值，因而在加工同一类工件时，只需将实际的值赋予变量即可，而不需要对每一个工件都编一个程序。

1．变量的表示

变量由变量符号“#”和变量号（阿拉伯数字）组成，如 #1、#20 等。变量也可由变量符号“#”和表达式组成，如 #［#1+10］。

2．变量的种类

按变量号码不同，可将变量分为空变量、局部变量、公共变量、系统变量，其用途和性质都是不同的。变量的种类和功能见表 8–1。

3．变量的引用

将跟随在地址符后的数值用变量来代替的过程称为引用变量。同样，引用变量也可以用表达式。

表 8–1　　变量的种类和功能

变量号	变量类型	功能
#0	空变量	该变量总是空，没有值能赋给该变量
#1 ~ #33	局部变量	局部变量只能用在宏程序中存储数据，如运算结果。当断电时，局部变量被初始化为空。调用宏程序时，自变量对局部变量赋值
#100 ~ #199 #500 ~ #999	公共变量	公共变量在不同的宏程序中含义相同。当断电时，变量 #100 ~ #199 被初始化为空，变量 #500 ~ #999 的数值被保存，即使断电也不丢失
#1000 ~	系统变量	系统变量是根据用途而被固定的变量，它的值决定系统的状态

（1）用变量置换地址后数值

格式：< 地址 > + “# I” 或 < 地址 > + “–# I”，表示把变量“# I”的值或变量“# I”的负值作为地址值。

示例：当 #100=100.0，#101=50.0，#103=80.0 时，程序段“G01 X#100 Z–#101 F［#101+#103］；”与程序段“G01 X100.0 Z–50.0 F130；”表示的含义相同。

（2）用变量置换变量号

格式：“#” + “9” + 置换变量号。

示例：当 #100 = 205，#205 = 500 时，“X#9100”和“X500”指令功能相同；“X–#9100”和“X–500”指令功能相同。

提示

（1）地址 O、G 和 N 不能引用变量，如 O#100、G#101、N#120 为非法引用。

（2）如超过地址规定的最大代码值，则不能使用，如 #130 = 120 时，M#130 超过了最大代码值。

三、运算符

GSK980TDi 数控系统常用运算符的功能和表达式格式见表 8–2。

表 8–2　　GSK980TDi 数控系统常用运算符的功能和表达式格式

功能	表达式格式	备注
定义或赋值	#i = #j	#100=#1，#100=30.0
加法	#i = #j + #k	#100=#1+#2
减法	#i = #j – #k	#100=#100–#2
乘法	#i = #j * #k	#100=#1*#2
除法	#i = #j /#k	#100=#1/#30
或	#i = #j OR #k	用二进制数按位进行逻辑操作
与	#i = #j AND #K	
异或	#i = #j XOR #K	

续表

功能	表达式格式	备注
平方根 绝对值 舍入 上取整 下取整 自然对数 指数函数	#i = SQRT［#j］ #i = ABS［#j］ #i = ROUND［#j］ #i = FUP［#j］ #i = FIX［#j］ #i = LN［#j］ #i = EXP［#j］	#100=SQRT［#1*#1-100］ #100=EXP［#1］
正弦 反正弦 余弦 反余弦 正切 反正切	#i = SIN［#j］ #i = ASIN［#j］ #i = COS［#j］ #i = ACOS［#j］ #i = TAN［#j］ #i = ATAN［#i］/［#j］	#100=SIN［#1］ #100=COS［36.3+#2］ #100=ATAN［#1］/［#2］
从 BCD 转为 BIN 从 BIN 转为 BCD	#i = BIN［#j］ #i = BCD［#j］	用于与 PMC 间信号的交换

注：1. 在 SIN、COS、TAN、ATAN 中所用的角度单位是度，分和秒要换算成带小数点的度，例如，90°30′表示 90.5°，30°18′表示 30.3°。

2. 在 ATAN 之后的两个变量用“/”分开，结果在 0°和 360°之间，例如，当 #1=ATAN［1］/［-1］时，#1=135.0。

3. 当 ROUND 功能包含在算术或逻辑操作、IF 语句、WHILE 语句中时，将保留小数点后一位，其余位进行四舍五入，例如，#1=ROUND［#2］，其中 #2=1.234 5，则 #1=1.0。

4. 上取整和下取整。

例如，#1=1.2，#2=-1.2

则：#3=FUP［#1］，结果 #3=2.0

#3=FIX［#1］，结果 #3=1.0

#3=FUP［#2］，结果 #3=-2.0

#3=FIX［#2］，结果 #3=-1.0

5. 宏程序数学计算的次序依次为函数运算（SIN、COS、ATAN 等），乘和除运算（*、/、AND 等），加和减运算（+、-、OR、XOR 等）。

6. 函数中的括号。括号用于改变运算次序，函数中的括号允许嵌套使用，但最多只允许嵌套 5 级，如 #1=SIN［［［#2+#3］*4+#5］/#6］。

提示

在加工程序中，方括号“[ ]”用于封闭表达式，圆括号“( )”用于注释。

四、语句

在程序中，如果有相同轨迹的指令，可通过语句改变程序的流向，让其反复循环执行，即可达到简化程序的目的。常用的控制指令有以下几种：

1. 无条件转移（GOTO *n*）

例如：N10 G00 X50.0 Z10.0；

N20 G01 X45.0 F100；

N30 G01 Z0；

N40 GOTO 20；

表示执行 N40 程序段时，程序无条件转移到 N20 程序段继续运行。

2. 条件语句（IF 语句）

（1）GOTO 格式

IF［条件表达式］GOTO *n*（*n*= 顺序号）

条件表达式成立时，从顺序号为 *n* 的程序段以下执行；条件表达式不成立时，执行下一个程序段。

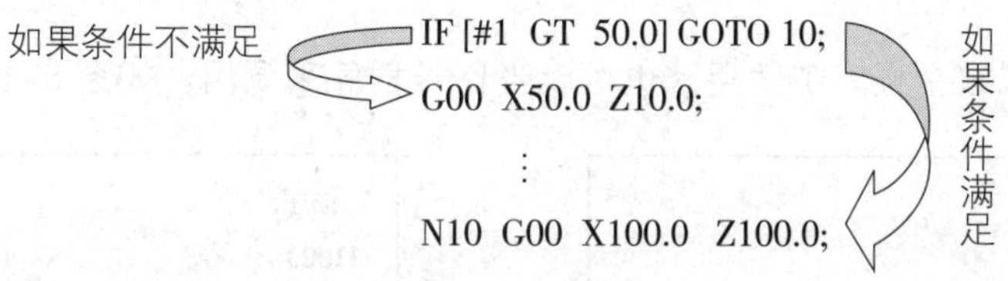

该语句中的条件表达式必须包括运算符，这个运算符插在两个变量或一个变量和一个常量之间，并且要用方括号封闭，常用条件表达式运算符见表 8–3。

表 8–3　常用条件表达式运算符

符号	代号	示例
=	EQ	#1 EQ 10.0 #2 LE 100.0 #3 GE 30.0
≠	NE	
>	GT	
<	LT	
⩾	GE	
⩽	LE	

（2）THEN 格式

IF［条件表达式］THEN< 宏程序语句 >；

如果条件表达式成立，执行 THEN 后面的语句，只能执行一条语句。

例如：IF［#1 EQ #2］THEN #3=0；

如果 #1 的值与 #2 的值相等，将 0 赋予变量 #3；如果 #1 的值与 #2 的值不相等，则顺序往下执行而不执行 THEN 后的赋值语句。

提示

条件表达式必须包括条件运算符，条件运算符两边可以是变量、常数或表达式，条件表达式要用方括号“［　］”封闭。

3. 循环语句（WHILE 语句）

WHILE［条件表达式］DO*m*（*m*= 顺序号）；

⋮

END*m*；

当条件表达式成立时，从 DO*m* 的程序段到 END*m* 的程序段重复执行；如果条件表达式不成立，则从 END*m* 的下一个程序段执行。

五、宏程序的调用

宏指令既可以在主程序中使用，也可以当作子程序来调用，如图 8–1 所示。

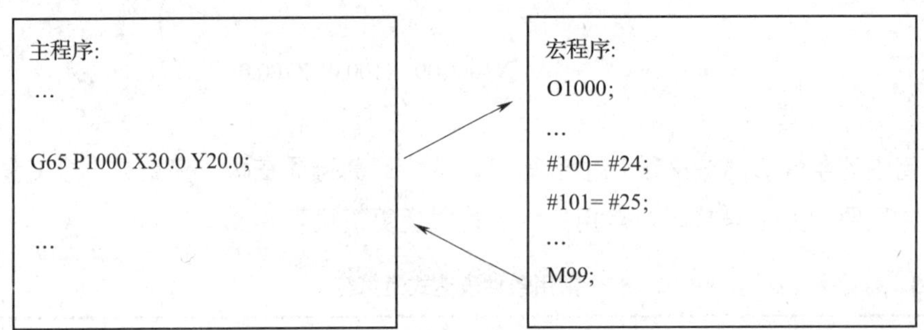

图 8–1　宏程序的调用

1. 单纯调用

通常宏程序主体是由下列形式进行一次性调用的，又称单纯调用。

G65 P（程序号）< 引数赋值 >

G65 是宏调用代码，P 之后为宏程序主体的程序号码。引数赋值由地址符和数值构成，由它给宏程序主体中所使用的变量赋予实际数值。引数赋值有以下两种形式：

（1）引数赋值 I

除 G、L、N、O、P 地址符外都可作为引数赋值的地址符，大部分地址符无顺序要求，但对 I、J、K 则必须按字母顺序排列，对没使用的地址可省略。

例如：

B__ A__ D__…I__ K__…正确；

B__ A__ D__…J__ I__…不正确。

引数赋值Ⅰ所指定的地址与用户宏程序主体内所使用变量号码的对应关系见表 8-4。

表 8-4　　引数赋值Ⅰ的地址与变量号码的对应关系

引数赋值Ⅰ的地址	宏程序主体中的变量	引数赋值Ⅰ的地址	宏程序主体中的变量
A	#1	Q	#17
B	#2	R	#18
C	#3	S	#19
D	#7	T	#20
E	#8	U	#21
F	#9	V	#22
H	#11	W	#23
I	#4	X	#24
J	#5	Y	#25
K	#6	Z	#26
M	#13		

（2）引数赋值Ⅱ

除表 8-4 的引数外，I、J、K 作为一组引数，最多可指定 10 组地址。引数赋值Ⅱ的地址与宏程序主体中使用变量号码的对应关系见表 8-5。

表 8-5　　引数赋值Ⅱ的地址与变量号码的对应关系

引数赋值Ⅱ的地址	宏程序主体中的变量	引数赋值Ⅱ的地址	宏程序主体中的变量
A	#1	…	…
B	#2	…	…
C	#3	…	…
I_1	#4	…	…
J_1	#5	…	…
K_1	#6	…	…
I_2	#7	I_{10}	#31
J_2	#8	J_{10}	#32
K_2	#9	K_{10}	#33

注：表中的下标只表示顺序，并不写在实际命令中。

（3）引数赋值Ⅰ和Ⅱ的混用

在 G65 指令程序段的引数中，可以同时用表 8-4 和表 8-5 中的两组引数赋值，但当对同一个变量Ⅰ和Ⅱ两组的引数都赋值时，只有后一引数赋值有效，如图 8-2 所示。

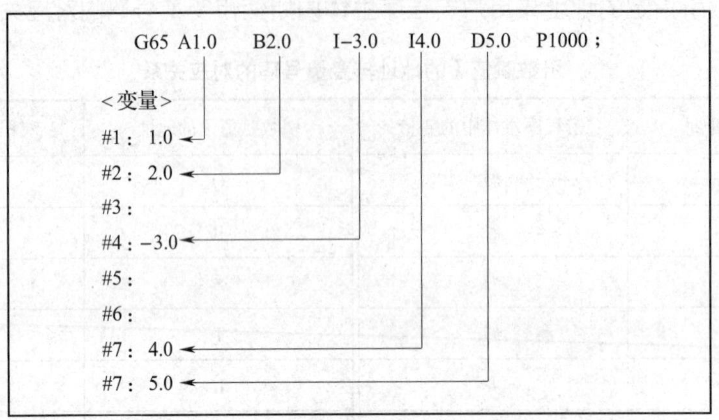

图 8-2 引数赋值Ⅰ和Ⅱ的混用

在图 8-2 中对变量 #7 由 I4.0 和 D5.0 这两个引数赋值时，只有后边的 D5.0 才是有效的。

2. 模态调用

宏程序模态调用形式如下：G66 P（程序号码）L（循环次数）< 引数赋值 >；

在这一调用状态下，当程序段中有移动指令时，则先执行完这一移动指令后，再调用宏程序，所以又称为移动调用指令。

取消用户宏程序用 G67 指令。

第二节 采用宏程序加工非圆曲线

一、椭圆类工件的加工

1. 椭圆标准方程和参数方程

编制椭圆宏程序要熟悉椭圆标准方程和参数方程，它们均表达出了椭圆上点的坐标和两坐标之间的关系。例如，椭圆的标准方程为$\frac{x^2}{20^2}+\frac{y^2}{14^2}=1$（椭圆长半轴的长为 20 mm，短半轴的长为 14 mm，椭圆的中心为坐标系的原点），参数方程为 $x=20\cos\varphi$，$y=14\sin\varphi$（φ 为角度参数）。

在宏程序编制中，编程坐标系是 Z、X 轴，所以，在应用椭圆标准方程或参数方程时，要从 X、Y 轴相应转换为编程坐标系中的 Z、X 轴。例如，上例椭圆在 X、Z 坐标系中的标准方程转换为$\frac{x^2}{14^2}+\frac{z^2}{20^2}=1$，参数方程相应转换为 $x=14\sin\varphi$，$z=20\cos\varphi$。

变量编程时，要注意椭圆上点的坐标在椭圆坐标系和编程坐标系中的不同表达，两者之间的联系在于椭圆原点在编程坐标系中的值。

2．椭圆加工示例

（1）示例 1

如图 8–3 所示，毛坯为 ϕ30 mm×72 mm 的棒料，材料为 45 钢。编程原点设在右端面与中心轴线的交点上，椭圆原点在编程坐标系（0，–20.0）处。

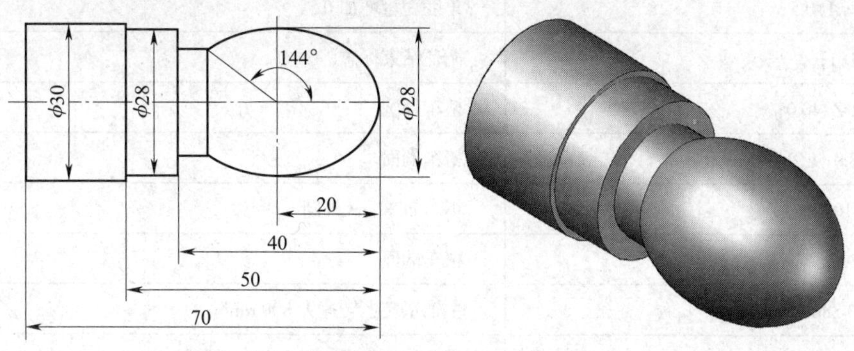

图 8–3　椭圆加工示例 1

1）示例分析。用三爪自定心卡盘夹住工件左端，伸出长度为 55 mm，手动车右端面，选择 1 号 30° 外圆车刀加工外轮廓。切削用量的选择：粗加工主轴转速为 600 r/min，进给速度为 150 mm/min；精加工主轴转速为 800 r/min，进给速度为 80 mm/min。在椭圆坐标系中，其标准方程为 $\frac{x^2}{14^2}+\frac{z^2}{20^2}=1$；参数方程为 x=14sinφ，z=20cosφ。从零件图上可以看出，椭圆轮廓的起点角度为 0°，终点角度为 144°，所以适合采用参数 φ（角度）为初始变量，应用参数方程来表达椭圆上点的坐标。

2）编制加工程序。椭圆加工示例 1 参考程序见表 8–6。

表 8–6　　　　椭圆加工示例 1 参考程序

参考程序	注释
O8001;	程序名
N10 T0101 M03 S600;	调用 01 号刀具，执行 01 号刀补，主轴转速为 600 r/min
N20 G00 X60.0 Z2.0;	刀具快速到达循环起点
N30 G73 U14.0 W0 R7 F150;	采用 G73 循环指令进行粗车
N40 G73 P50 Q170 U1.0 W0.05;	
N50 G00 G42 X0;	*X* 向进刀，刀尖圆弧半径右补偿
N60 G01 Z0 F80;	*Z* 向进刀
N70 #1=0;	设置 #1 为角度变量，角度初始值为 0

续表

参考程序	注释
N80 WHILE［#1 LE 144.0］DO1;	如果 #1 中的值小于等于 144°，则程序在 WHILE 和 END1 之间循环执行；否则执行 END1 之后的语句
N90 #2=14*SIN［#1］;	#2 为 *X* 轴变量
N100 #3=20*COS［#1］;	#3 为 *Z* 轴变量
N110 G01 X［2*#2］Z［#3–20.0］;	直线插补，注意椭圆原点在编程坐标系中的位置
N120 #1=#1+0.5;	角度变量增加 0.5°
N130 END 1;	循环结束标志
N140 G01 Z–40.0;	精车外圆
N150 X28.0;	精车端面
N160 W–10.0;	精车 ϕ28 mm 外圆
N170 X33.0;	精车端面
N180 M03 S800;	主轴正转，转速为 800 r/min
N190 G70 P50 Q170;	采用精加工循环指令 G70 进行精车
N200 G00 G40 X150.0 Z150.0;	快速退至换刀点，取消刀尖圆弧半径右补偿
N210 M30;	程序结束并复位

在本示例中，#1（角度）为初始变量，椭圆上点的坐标［X（#2），Z（#3）］是因变量，它们之间的关系由参数方程 $x=14\sin\varphi$，$z=20\cos\varphi$ 体现，即 #2=14*SIN［#1］，#3=20*COS［#1］，在编程坐标系中，点的坐标就表达成【X［2*#2］，Z［#3–20.0］】。

（2）示例 2

如图 8–4 所示，毛坯为 ϕ30 mm×52 mm 的棒料，材料为 45 钢。编程原点设在右端面与中心轴线的交点上，椭圆原点在编程坐标系（0，–15.0）处。

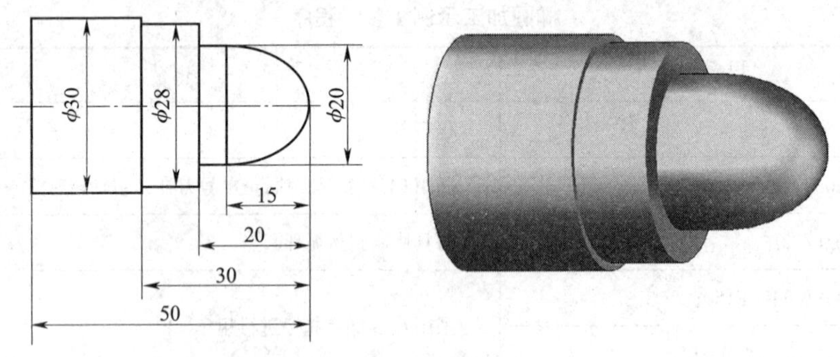

图 8–4 椭圆加工示例 2

1）示例分析。工艺分析参见示例 1。工件上椭圆曲线只有右边一半，长半轴的长为 15 mm（*Z* 轴），短半轴的长为 10 mm（*X* 轴）。其椭圆标准方程为 $\frac{x^2}{10^2}+\frac{z^2}{15^2}=1$，参数方程为

$x=10\sin\varphi$，$z=15\cos\varphi$。椭圆曲线的起点 Z 坐标为 15，终点坐标为 0，设 Z 坐标为变量 #1，根据椭圆标准方程，有 $x=10\sqrt{15^2-z^2}/15$（设为 #2）。

2）编制加工程序。椭圆加工示例 2 参考程序见表 8–7。

表 8–7　　椭圆加工示例 2 参考程序

参考程序	注释
O8002;	程序名
N10 T0101 M03 S600;	调用 01 号刀具，执行 01 号刀补，主轴转速为 600 r/min
N20 G00 X60.0 Z2.0;	刀具快速到达循环起点
N30 G73 U14.0 W0 R7 F150;	采用 G73 循环指令进行粗车
N40 G73 P50 Q160 U1.0 W0.05;	
N50 G00 G42 X0;	*X* 向进刀，刀尖圆弧半径右补偿
N60 G01 Z0 F80;	*Z* 向进刀
N70 #1=15;	#1 为 *Z* 轴变量，其初始值为 15
N80 WHILE［#1 GE 0］DO1;	如果 #1 的值大于等于 0，则程序在 WHILE 和 END1 之间循环执行；否则执行 END1 之后的语句
N90 #2=10*SQRT［15*15–#1*#1］/15;	#2 为 *X* 轴变量，通过椭圆方程进行变换
N100 G01 X［2*#2］Z［#1–15］;	直线插补
N110 #1=#1–0.1;	#1 变量减去一个步长
N120 END 1;	循环结束标志
N130 G01 W–5.0;	精车 ϕ20 mm 外圆
N140 X28.0;	精车端面
N150 Z–30.0;	精车 ϕ28 mm 外圆
N160 X33.0;	精车端面
N170 M03 S800;	主轴正转，转速为 800 r/min
N180 G70 P50 Q160;	采用精加工循环指令 G70 进行精车
N190 G00 G40 X150.0 Z150.0;	快速退至换刀点，取消刀尖圆弧半径右补偿
N200 M30;	程序结束并复位

在本示例中，也可以用 φ（角度）为初始变量，应用椭圆参数方程进行编程，其中 φ 的变化范围是 0° ~ 90°，读者可参考示例 1 编制加工程序。

（3）示例 3

如图 8–5 所示，毛坯为 ϕ30 mm×72 mm 的棒料，材料为 45 钢。编程原点设在右端面与中心轴线的交点上，椭圆原点在编程坐标系（17.15，–22.0）处，椭圆轮廓位于工件中间。

1）示例分析。椭圆标准方程为$\frac{x^2}{10^2}+\frac{z^2}{20^2}=1$，长半轴的长为 20 mm（*Z* 轴），短半轴的长为 10 mm（*X* 轴）。与前两例不同，本示例中椭圆轮廓的起点不在工件右端面编程坐标系原点处，而位于工件中间部位，需计算椭圆起点坐标：从图中可得 Z=14，即$\frac{44}{2}-8=14$，X=10（由椭圆标准方程$\frac{x^2}{10^2}+\frac{z^2}{20^2}=1$得到）。椭圆终点坐标：Z=–14，X=10 $\sqrt{20^2-(-14)^2}$ /20，Z 值变化范围是 –14 ~ 14。

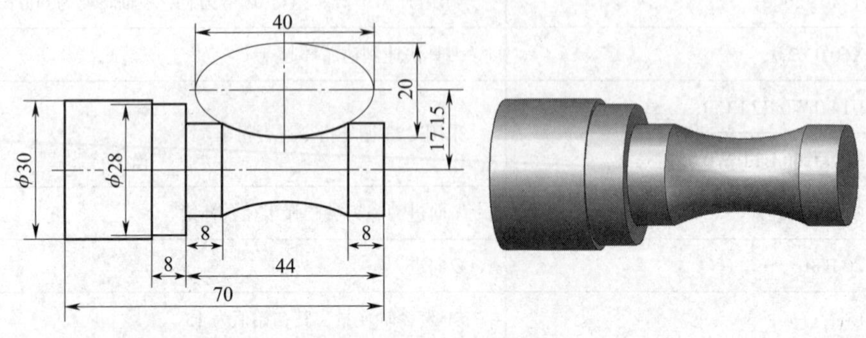

图 8–5　椭圆加工示例 3

所以选择 Z 坐标为初始变量，应用标准方程表达椭圆上点的坐标。为避免重复，下面只给出椭圆轮廓的程序段。

椭圆起点坐标 Z=14，设 X 值为 #1，#1=10*SQRT［20*20–14*14］/20。转换到编程坐标系中，起点坐标 X=2*［17.5–#1］，设 #2=2*［17.5–#1］，则椭圆的起点坐标为（#2，–8）。

2）编制加工程序。椭圆加工示例 3 参考程序见表 8–8。

表 8–8　椭圆加工示例 3 参考程序

参考程序	注释
O8003；	程序名
…	…
N10 G00 X60.0 Z2.0；	刀具快速到达循环起点
N20 #1=10*SQRT［20*20–14*14］/20；	通过变量计算椭圆初始点坐标
N30 #2=2*［17.5–#1］；	
N40 G00 X［#2］；	*X* 向进刀
N50 G01 Z–8.0 F0.1；	车削外圆
N60 #3=14；	设置 *Z* 轴初始值
N70 WHILE［#3 GE –14］DO1；	如果 #3 中的值大于等于 –14，则程序在 WHILE 和 END1 之间循环执行；否则执行 END1 之后的语句

续表

参考程序	注释
N80 #4=10*SQRT[20*20-#3*#3]/20;	#4 为 X 轴变量，通过椭圆方程进行变换
N90 G01 X[2*[17.15-#4]] Z[#3-22] F0.1;	直线插补
N100 #3=#3-0.1;	#3 变量减去一个步长
N110 END1;	循环结束
N120 G01 W-8.0;	精车外圆
…	…

本示例引入了四个变量，变量 #1 和 #2 的引入是为了表达曲线起点的坐标值，变量 #3 和 #4 表达的是椭圆曲线上点的 Z 值和 X 值。

提示

在上面的示例中，有以角度为初始变量的椭圆宏程序编程，有以 Z（X）坐标为初始变量的椭圆宏程序编程；有的椭圆曲线轮廓位于工件的最右（左）端，有的曲线位于工件中间部位。但无论是哪种情况，椭圆宏程序编程都要注意以下几点：

（1）根据零件图中椭圆轮廓的形状和位置，选取合适的初始变量、角度或 Z（X）坐标。

（2）正确表达椭圆曲线上点的坐标。根据零件图上的尺寸标注，选择标准方程或参数方程表达椭圆上点的坐标。

（3）找出（有时需计算出）椭圆原点在编程坐标系中的坐标，正确表达椭圆上的点在编程坐标系中的坐标。

椭圆宏程序的编制也可以用 IF 条件语句，复杂的工件还可以考虑用子程序编制程序。

二、其他非圆曲线工件的加工

其他非圆曲线工件的加工同椭圆类工件加工编程思路类似，在此不再赘述，仅给出参考程序。

1．椭圆与双曲线工件的加工

加工图 8-6 所示的工件，毛坯尺寸为 ϕ50 mm×65 mm，材料为 45 钢，试采用 B 类宏程序编写椭圆与双曲线工件的加工程序。

椭圆与双曲线工件加工参考程序见表 8-9。

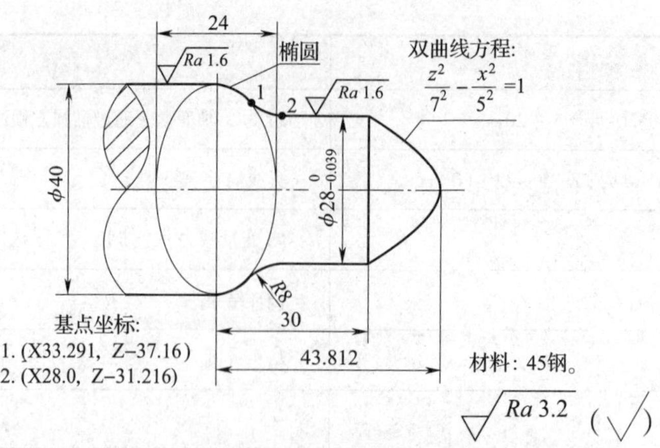

图 8–6　椭圆与双曲线工件

表 8–9　椭圆与双曲线工件加工参考程序

参考程序	注释
O8004；	程序名
N10 G98 G97 G40 G21；	程序初始化
N20 M03 S800；	主轴正转，转速为 800 r/min
N30 T0101；	调用 01 号菱形外圆车刀，执行 01 号刀补
N40 G00 X80.0 Z5.0；	快速到达循环起点
N50 G73 U20.0 W0 R20 F100；	采用 G73 循环指令进行粗车
N60 G73 P70 Q260 U0.5 W0；	
N70 G42 G01 X0 F80 S1000；	X 向进刀，执行刀尖圆弧半径右补偿
N80 Z0；	加工双曲线轮廓
N90 #1=0；	
N100 #2=–1.4*SQRT［25+#1*#1］；	
N110 G01 X［#2*2.0］Z［#2+7.0］F100；	
N120 #1=#1+0.1；	
N130 IF［#1 LE 14］GOTO100；	
N140 G01 X28.0 Z–14.0；	
N150 Z–31.216；	精车 $\phi28^{\ 0}_{-0.039}$ mm 外圆
N160 G02 X33.291 Z–37.16 R8.0；	精车 R8 mm 圆弧
N170 #5=6.653；	加工椭圆轮廓
N180 #6=SQRT［12.0*12.0–#5*#5］*20.0/12.0；	

续表

参考程序	注释
N190 #7=#5-6.653;	加工椭圆轮廓
N200 #8=#6*2.0;	
N210 G01 X#8 Z [#7-37.16];	
N220 #5=#5-0.1;	
N230 IF [#5 GE 0.0] GOTO180;	
N240 G01 X40.0 Z-44.0;	
N250 Z-60.0;	精车 ϕ40 mm 外圆
N260 G01 X45.0;	X 向退刀
N270 G70 P70 Q260;	采用精加工循环指令 G70 进行精车
N280 G00 G40 X100.0 Z100.0;	快速退至换刀点，取消刀尖圆弧半径右补偿
N290 M30;	程序结束并复位

2. 抛物线曲面工件的加工

如图 8-7 所示，毛坯为 ϕ50 mm × 102 mm 的棒料，材料为 45 钢。该工件的加工难点在抛物线曲面的编程上。用公共变量 #101 作为 *X* 轴变量，#100 作为 *Z* 轴变量，加工抛物线曲面时，抛物线方程原点与工件坐标系原点重合。粗加工刀具路径如图 8-8 所示。此方法避免了 G73 指令产生的“空切”现象，提高了生产效率，有一定的特色（加工左端的程序省略）。

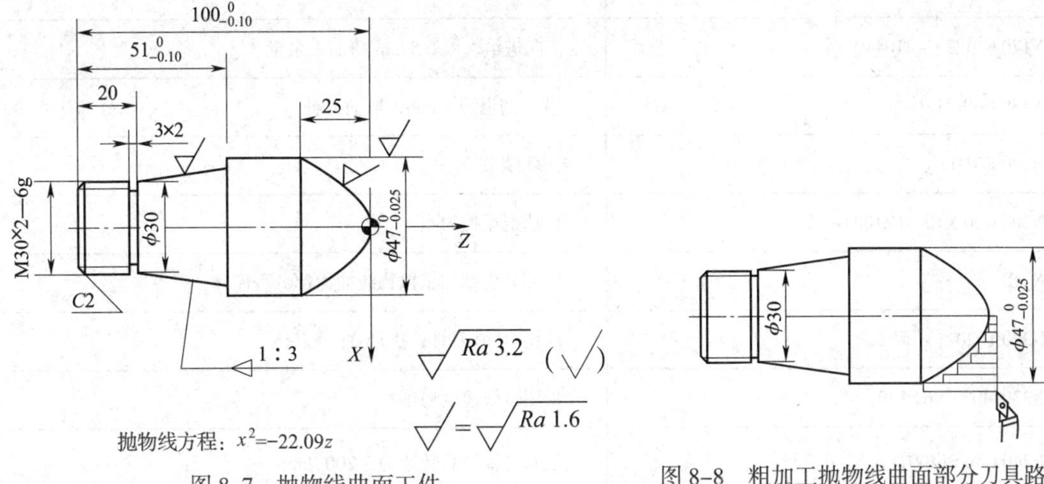

图 8-7　抛物线曲面工件

图 8-8　粗加工抛物线曲面部分刀具路径

右端加工参考程序见表 8–10。

表 8–10　　右端加工参考程序

参考程序	注释
O8005；	程序名（右端加工程序）
N10 T0101；	调用 01 号刀具，执行 01 号刀补
N20 M03 G96 S120；	以 120 m/min 的恒线速度切削
N30 G50 S1500；	限制主轴最高转速为 1 500 r/min
N40 G99 G00 X55.0 Z0 M08；	快速定位，进给量单位为 mm/r
N50 G01 X0 Z0 F100；	以 100 mm/r 的速度车端面
N60 G00 X50.0 Z5.0；	刀具退至循环起点
N70；	此部分为粗加工抛物线曲面部分程序
N80 #101=23.5；	#101 为 *X* 轴变量，置初始值为 23.5
N90 #102=1.5；	#102 为 *X* 向的步距值变量，设为 1.5
N100 #103=0；	#103 为 *X* 轴变量，置终止值为 0
N110 WHILE［#101 GT #103］DO1；	如果 #101 的值大于 #103 的值，则程序在 WHILE 和 END1 之间循环执行；否则执行 END1 之后的语句
N120 #101=#101–#102；	*X* 向减去一个步距
N130 IF［#101 LT #103］THEN#101=#103；	当 *X* 轴变量在循环的最后一次小于 0 时，将 *X* 变量置 0
N140 #104=［#101*#101/22.09］；	计算 *Z* 变量
N150 G01 Z2.0 F300；	*Z* 向退回加工起点
N160 G42 X［2*#101］F120；	*X* 向进给
N170 G01 Z［–#104+0.5］；	*Z* 向进给，留 0.5 mm 精加工余量
N180 G40 U1.0；	沿 *X* 向退刀 1 mm，取消刀补
N190 END1；	循环结束符
N200 G00 X100.0 Z100.0；	快速退至换刀点
N210；	此部分为精加工抛物线曲面部分程序
N220 T0202；	调用 02 号刀具，执行 02 号刀补
N230 M03 G96 S120；	采用恒线速度切削
N240 G50 S1200；	限制主轴最高转速为 1 200 r/min

续表

参考程序	注释
N250 G00 X0 Z1.0;	精加工抛物线曲面的起刀点
N260 #106=0;	#106 为 X 轴变量，置初始值为 0
N270 #107=0.1;	#107 为 X 向的步距值变量，设为 0.1
N280 #108=23.5;	抛物线的最大开口值
N290 WHILE［#106 LE #108］DO2;	如果 #106 的值小于等于 #108 的值，则程序在 WHILE 和 END2 之间循环执行；否则执行 END2 之后的语句
N300 #105=［#106*#106/22.09］;	计算 Z 变量
N310 G01 G42 X［2*#106］Z［-#105］F0.1;	直线插补进给，加刀尖圆弧半径右补偿
N320 #106=#106+#107;	X 向坐标值增加一个步距
N330 END2;	循环结束符
N340 G01 G40 X52.0 F1.0;	取消刀补
N350 G00 X100.0 Z100.0;	刀具快速退至换刀点
N360 M30;	程序结束并复位

3. 正弦曲线类工件的加工

加工图 8-9 所示的绕线筒工件。该工件由两个周期的正弦曲线组成，总角度为 720°（-630° ~ 90°），将该曲线分成 1 000 条线段，用直线段拟合该曲线，每段直线段在 Z 轴方向的间距为 0.04 mm，相对应正弦曲线的角度增加 720°/1 000。根据公式 $x=34+6\sin\alpha$，计算出曲线上每一线段终点的 X 坐标值。

使用下列变量进行运算，#100：正弦曲线起始角；#101：正弦曲线终止角；#102：正弦曲线各点 X 坐标；#103：正弦曲线各点 Z 坐标。正弦曲线类工件加工参考程序见表 8-11。

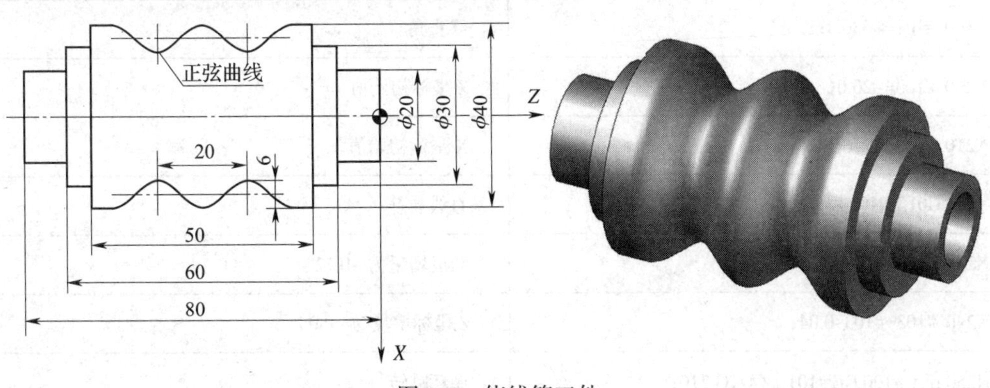

图 8-9　绕线筒工件

表 8–11　　正弦曲线类工件加工参考程序

参考程序	注释
O8006；	程序名
N10 G99 M03 T0101 S600；	主轴正转，转速为 600 r/min，调用 01 号刀具，执行 01 号刀补
N20 G00 X45.0 Z10.0；	快速定位
N30 X42.0 Z3.0；	快速移到循环起刀点
N40 G71 U1.0 R2.0 F0.3；	用外圆粗车复合循环指令 G71 进行粗车
N50 G71 P60 Q120 U0.5 W0；	
N60 G00 X20.0；	精加工轮廓起始行
N70 G01 Z–10.0 F0.1；	精加工 ϕ20 mm 外圆
N80 X30.0；	精加工端面
N90 Z–15.0；	精加工 ϕ30 mm 外圆
N100 X40.0；	精加工端面
N110 Z–66.0；	精加工 ϕ40 mm 外圆
N120 X43.0；	退刀
N130 G70 P60 Q120；	采用精加工循环指令 G70 进行精车
N140 G00 X43.0 Z5.0；	快速移到循环起刀点
N150 G73 U6.0 W0 R4 F0.2；	*X* 向粗加工余量为 6 mm
N160 G73 P170 Q260 U0.5 W0；	*X* 向精加工余量为 0.5 mm
N170 G42 G00 X42.0 Z–13.0；	精加工轮廓起始点
N180 #100=90.0；	起始角
N190 #101=–630.0；	终止角
N200 #103=–20.0；	Z 坐标初始值
N210 #102=34+6*SIN［#100］；	X 坐标初始值
N220 G01 X#102 Z#103 F0.1；	直线插补
N230 #100=#100–0.72；	角度增量为 –0.72°
N240 #103=#103–0.04；	Z 坐标增量为 –0.04
N250 IF［#100 GE #101］GOTO 210；	循环跳转

续表

参考程序	注释
N260 G00 X50.0；	退刀
N270 G70 P170 Q260；	采用精加工循环指令 G70 进行精车
N280 G00 G40 X100.0 Z100.0；	快速退刀
N290 M30；	程序结束并复位

三、实训练习

如图 8–10 所示为椭圆零件图，试编制该工件的加工程序并进行加工。毛坯采用 ϕ45 mm×75 mm 棒料，材料为 45 钢。

如图 8–10 所示的椭圆工件只加工右端椭圆部分，工件轮廓简单。如果用常规编程指令编写加工程序，会导致编程难，计算烦琐，程序段多。如果采用宏程序编写加工程序，就可以达到简化编程的目的。该工件宏程序可以直接编写在 G73 仿形循环指令中进行粗车，用 G70 指令完成精车即可。

1. 工艺分析

（1）加工工艺分析

1）编程原点的确定。编程原点设置在工件右端面与轴线的交点处。

2）制定加工路线。加工端面→粗车椭圆表面至 ϕ26 mm→用宏程序循环车削椭圆和外圆至 ϕ15.88 mm。

（2）工件的定位及装夹

采用三爪自定心卡盘装夹，装夹示意图如图 8–11 所示。

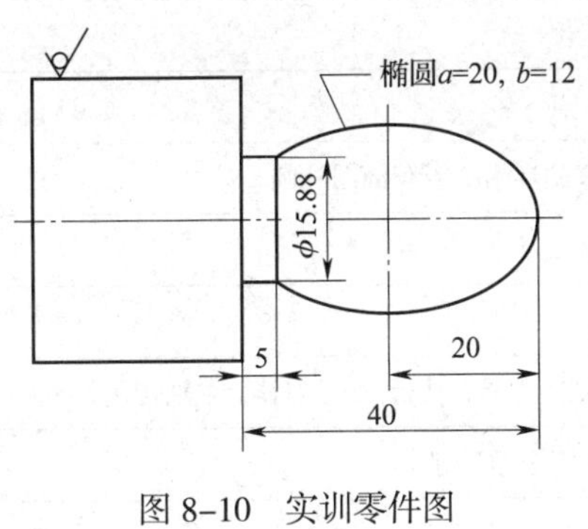

图 8–10　实训零件图

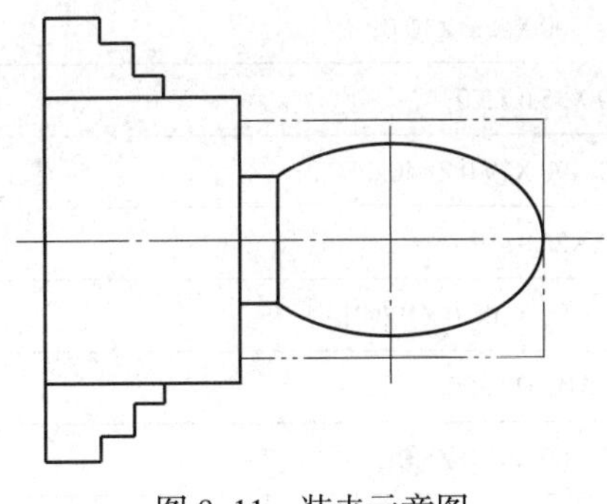

图 8–11　装夹示意图

2. 相关工艺卡片的填写

（1）数控加工工序卡见表 8–12。

（2）切削用量及刀具选择见表 8–13。

表 8–12　数控加工工序卡

<table>
<tr><th>工序</th><th>名称</th><th colspan="2">工艺要求</th><th>操作者</th><th>备注</th></tr>
<tr><td>1</td><td>下料</td><td colspan="2">ϕ45 mm × 75 mm</td><td></td><td></td></tr>
<tr><td rowspan="4">2</td><td rowspan="4">数控车</td><td>工步</td><td>工步内容</td><td>刀具号</td><td></td></tr>
<tr><td>1</td><td>车端面</td><td>T01</td><td></td></tr>
<tr><td>2</td><td>粗车椭圆外圆至 ϕ26 mm</td><td>T02</td><td></td></tr>
<tr><td>3</td><td>循环车削椭圆和外圆至要求的尺寸</td><td>T02</td><td></td></tr>
<tr><td>3</td><td>检验</td><td></td><td></td><td></td><td></td></tr>
</table>

表 8–13　切削用量及刀具选择

刀具号	刀具规格和名称	数量	加工内容	主轴转速 /（r/min）	进给速度 /（mm/r）	备注
T01	90° 外圆粗车刀	1	车端面、外圆	500	0.2	
T02	93° 仿形车刀	1	车椭圆	800	0.1	

3. 编制加工程序

加工图 8–10 所示工件的参考程序见表 8–14。

表 8–14　工件加工参考程序

<table>
<tr><th>参考程序</th><th>注释</th></tr>
<tr><td>O8007；</td><td>程序名</td></tr>
<tr><td>N10 G99 M03 S500 T0101；</td><td>主轴正转，转速为 500 r/min，调用 01 号刀具，执行 01 号刀补</td></tr>
<tr><td>N20 G00 X45.0 Z10.0；</td><td>快速定位</td></tr>
<tr><td>N30 X35.0 Z5.0；</td><td>循环起点</td></tr>
<tr><td>N40 G90 X29.0 Z–40.0 F0.2；</td><td>用 G90 循环指令粗车椭圆外圆</td></tr>
<tr><td>N50 X26.0；</td><td>粗车第二刀</td></tr>
<tr><td>N60 G00 X100.0 Z100.0；</td><td>快速退刀</td></tr>
<tr><td>N70 T0202 S800；</td><td>调用 02 号刀具，执行 02 号刀补，主轴转速为 800 r/min</td></tr>
<tr><td>N80 G00 X45.0 Z5.0；</td><td>快速进刀至循环起点</td></tr>
<tr><td>N90 G73 U13.0 W0 R6 F0.2；</td><td rowspan="2">设置 G73 循环指令参数</td></tr>
<tr><td>N100 G73 P110 Q220 U0.5 W0；</td></tr>
<tr><td>N110 G42 G00 X30.0 Z2.0；</td><td>快速定位</td></tr>
<tr><td>N120 #101=20.0；</td><td>设置长半轴 #101 初始值为 20 mm</td></tr>
</table>

续表

参考程序	注释
N130 #102=12.0；	设置短半轴 #102 初始值为 12 mm
N140 #103=20.0；	*Z* 轴起点至圆心尺寸
N150 IF［#103 LT -15.0］GOTO 210；	判断 *Z* 轴是否走到终点，如果是，跳转至 N210 程序段
N160 #104=SQRT［#101*#101-#103*#103］；	椭圆方程
N170 #105=#102*#104/#101；	*X* 轴变量
N180 G01 X［2*#105］Z［#103-20.0］F0.1；	椭圆插补
N190 #103=#103-0.05；	*Z* 轴步距为 0.05 mm
N200 GOTO 150；	跳转至 N150 程序段
N210 G01 Z-40.0 F0.1；	车削 ϕ15.88 mm 外圆
N220 X35.0；	退刀
N230 G70 P110 Q220；	采用精加工循环指令 G70 进行精车
N240 G00 G40 X100.0 Z100.0；	快速退刀
N250 M30；	程序结束并复位

4. 工件加工

将编制好的程序校验无误后，输入车床数控系统中，对刀并设置刀具偏置参数，加工出合格的工件。

第三节　采用特殊指令加工非圆曲线

一、椭圆插补指令（G6.2、G6.3）

椭圆插补指令使刀具相对于工件以指定的速度从当前点（起始点）向终点进行椭圆插补。G6.2 为顺时针椭圆插补指令，G6.3 为逆时针椭圆插补指令，如图 8-12 所示。

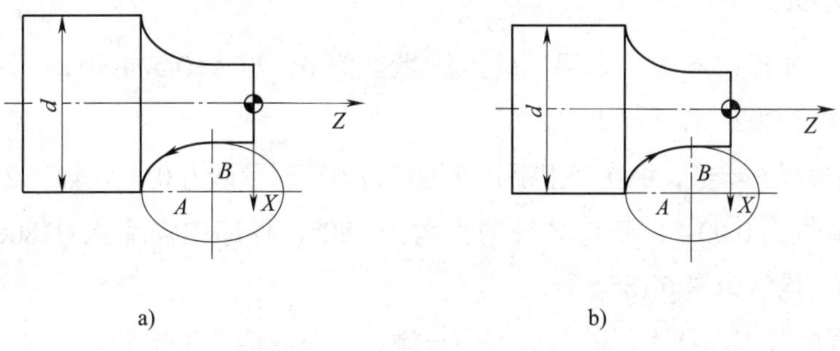

图 8-12　椭圆插补指令

a）顺时针椭圆插补指令 G6.2　b）逆时针椭圆插补指令 G6.3

1. 指令格式

G6.2/G6.3 X（U）__ Z（W）__ A__ B__ Q__；

式中 X__、Z__——椭圆终点的绝对坐标值；

U__、W__——椭圆终点相对于椭圆起点的增量坐标值；

A__——椭圆长半轴长（无符号）；

B__——椭圆短半轴长（无符号）；

Q__——椭圆的长轴与坐标系 *Z* 轴的夹角（单位为 0.001°，无符号）。Q 值是指在右手直角笛卡儿坐标系中，从 *Y* 轴的正方向俯视 *XZ* 平面，*Z* 轴正方向顺时针旋转到与椭圆长轴重合时所经过的角度，如图 8–13 所示。

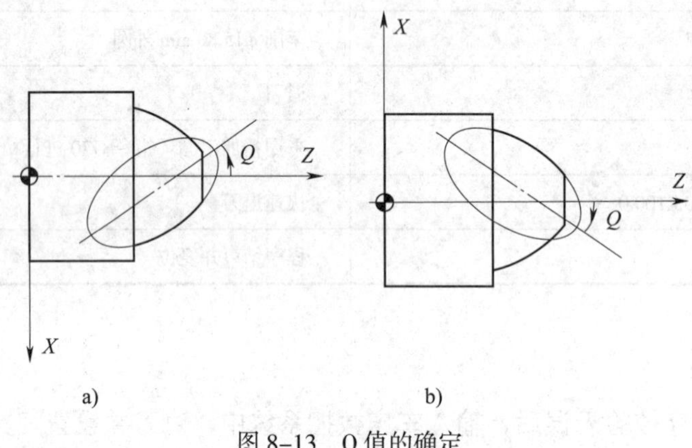

图 8–13 Q 值的确定

a）前置刀架 b）后置刀架

2. 顺时针椭圆与逆时针椭圆的判别

在使用椭圆插补指令时，需要判断刀具是沿顺时针方向还是逆时针方向加工工件。判别方法如下：从与椭圆所在平面（数控车床为 *XZ* 平面）垂直的另一个轴（数控车床为 *Y* 轴）的正方向看该椭圆，顺时针方向为 G6.2，逆时针方向为 G6.3。在判别椭圆的顺逆方向时，一定要注意刀架的位置和 *Y* 轴的方向。

3. 注意事项

（1）A、B 是非模态参数，如果不输入则默认为 0，当 A=0 或 B=0 时，系统产生报警；当 A=B 时按圆弧（G02、G03）加工。

（2）Q 值是非模态参数，每次使用都必须指定，省略时默认为 0°，长轴与 *Z* 轴平行或重合。

（3）Q 的单位为 0.001°，若与 *Z* 轴的夹角为 180°，程序中需输入 Q180000；如果输入 Q180 或 Q180.0，均认为是 0.18°。

（4）若编程的起点与终点间的距离大于长轴长，系统会产生报警。

（5）地址 X（U）、Z（W）可省略一个或全部；当省略一个时，表示省略的该轴的起点和终点一致；全部省略表示终点和起点是同一位置，将不做处理。

（6）G6.2、G6.3 指令只加工小于 180°（包含 180°）的椭圆。

（7）G6.2、G6.3 指令可用于复合循环指令 G70 ~ G73 中，注意事项同 G02、G03 指令。

（8）G6.2、G6.3 指令可用于 C 刀补中，注意事项同 G02、G03 指令。

4. 示例

（1）如图 8-14 所示，加工椭圆的参考程序如下：

G6.2 X63.82 Z-50.0 A48 B25 Q0；

或 G6.2 U20.68 W-50.0 A48 B25；

（2）如图 8-15 所示，加工椭圆的参考程序如下：

G6.2 X63.82 Z-50.0 A48 B25 Q60000；

或 G6.2 U20.68 W-50.0 A48 B25 Q60000；

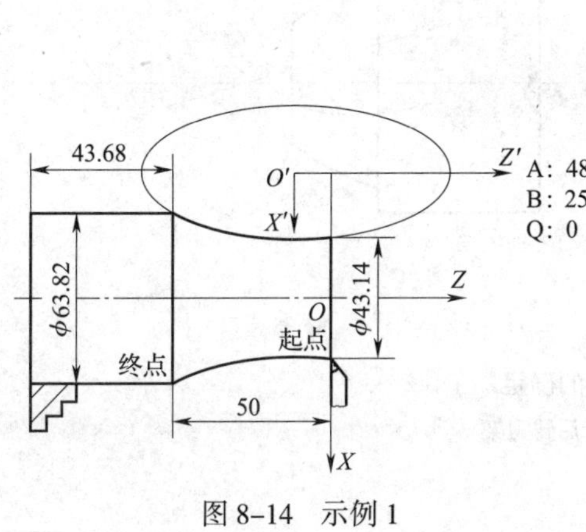

图 8-14　示例 1

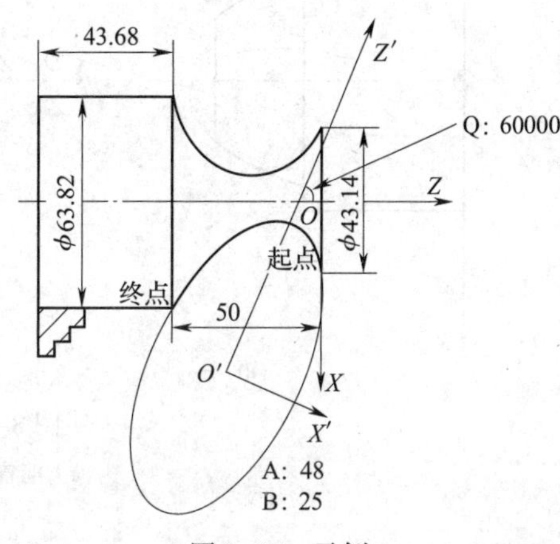

图 8-15　示例 2

二、抛物线插补指令（G7.2、G7.3）

抛物线插补指令使刀具相对于工件以指定的速度从当前点（起始点）向终点进行抛物线插补。G7.2 为顺时针抛物线插补指令，G7.3 为逆时针抛物线插补指令，如图 8-16 所示。

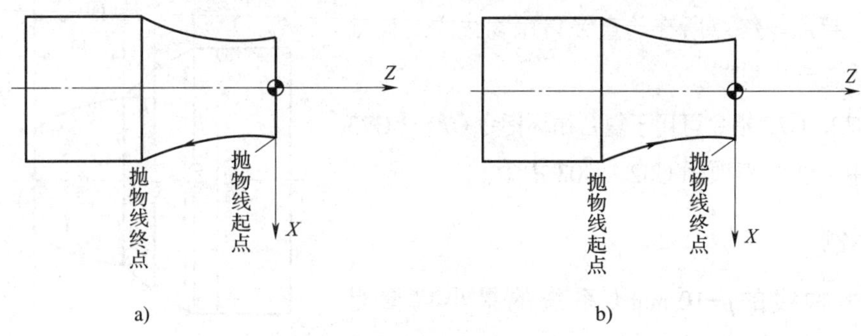

图 8-16　抛物线插补指令

a）顺时针抛物线插补指令 G7.2　b）逆时针抛物线插补指令 G7.3

1. 指令格式

G7.2/G7.3 X（U）__ Z（W）__ P__ Q__；

式中 X__、Z__——抛物线终点的绝对坐标值；

U__、W__——抛物线终点相对于抛物线起点的增量坐标值；

P__——抛物线标准方程 $y^2=2px$ 中的 p 值（单位：最小输入增量，无符号）；

Q__——抛物线对称轴与 Z 轴的夹角（单位为 0.001°，无符号）。Q 值是指在右手直角笛卡儿坐标系中，从 Y 轴的正方向俯视 XZ 平面，Z 轴正方向顺时针旋转到与抛物线对称轴重合时所经过的角度，如图 8–17 所示。

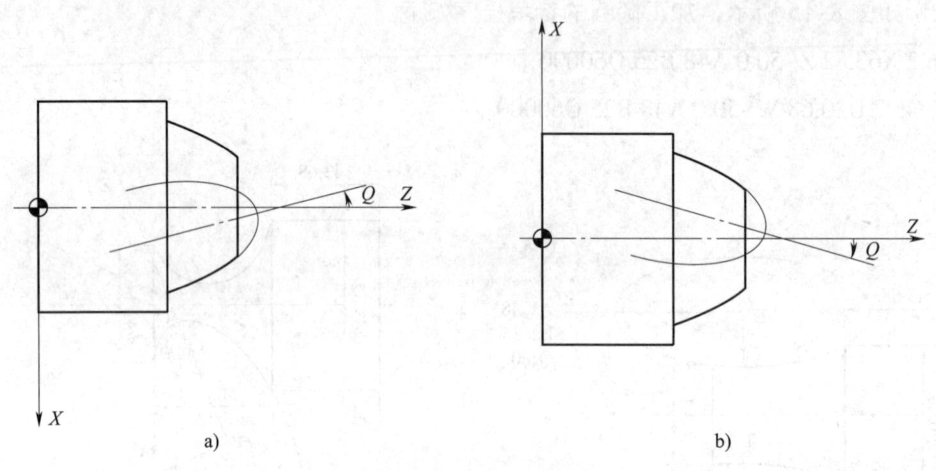

图 8–17 Q 值的确定

a）前置刀架 b）后置刀架

2. 注意事项

（1）P 值不可为零或省略；否则，系统将产生报警。

（2）P 值不含符号，如果输入了负值，则取其绝对值。

（3）Q 值可省略，当省略 Q 值时，抛物线的对称轴与 Z 轴平行或重合，Q 值不含符号。

（4）当起点与终点所在的直线与抛物线的对称轴平行时，系统产生报警。

（5）G7.2、G7.3 指令可用于复合循环指令 G70 ~ G73 和 C 刀补中，注意事项同 G02、G03 指令。

3. 示例

假如抛物线的 p=10 mm（系统的最小增量为 0.000 1 mm），其对称轴与 Z 轴平行，工件的加工尺寸如图 8–18 所示，则其精加工参考程序见表 8–15。

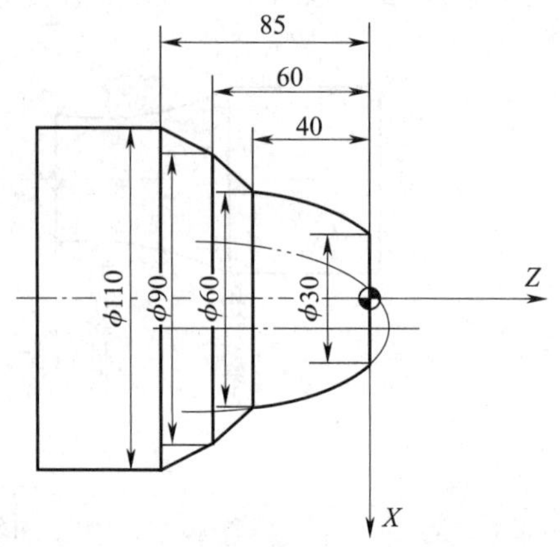

图 8–18 抛物线加工示例

表 8–15　　抛物线精加工参考程序

参考程序	注释
O8008；	程序名
N10 T0101 M03 S800；	调用 01 号刀具，执行 01 号刀补；主轴正转，转速为 800 r/min
N20 G00 X120.0 Z2.0；	快速靠近工件
N30 G00 X0；	X 向进刀
N40 G01 Z0 F120 M08；	Z 向进刀，切削液开
N50 X30.0；	精车端面
N60 G7.3 X60.0 Z–40.0 P100000 Q0；	精车抛物线轮廓
N70 G01 X90.0 Z–60.0；	精车锥体
N80 X110 Z–85.0；	精车锥体
N90 X120.0；	X 向退刀
N100 M09；	关切削液
N110 G00 X120.0 Z100.0；	快速退至换刀点
N120 M30；	程序结束并复位

三、实训练习

加工图 8–10 所示的椭圆工件，试用椭圆插补指令编制其加工程序并进行加工。因加工工艺相同，此处仅给出参考程序，见表 8–16。

表 8–16　　实训零件加工参考程序

参考程序	注释
O8009；	程序名
N10 M03 S500 T0101；	主轴正转，转速为 500 r/min，调用 01 号刀具，执行 01 号刀补
N20 G00 X45.0 Z10.0；	快速定位
N30 X35.0 Z5.0；	快速进刀至循环起点
N40 G90 X29.0 Z–40.0 F100；	用 G90 循环指令粗车椭圆外圆
N50 X26.0；	粗车第二刀
N60 G00 X100.0 Z100.0；	快速退刀
N70 T0202 S800；	调用 02 号刀具，执行 02 号刀补

续表

参考程序	注释
N80 G00 X45.0 Z5.0;	快速进刀至循环起点
N90 G73 U13.0 W0 R6 F100;	用 G73 循环指令进行粗车
N100 G73 P110 Q150 U0.5 W0;	
N110 G00 G42 X30.0 Z2.0;	快速定位，执行刀尖圆弧半径右补偿
N120 G01 Z0 F80;	刀具到达椭圆起点
N130 G6.3 X15.88 Z-35.0 A20 B12 Q0;	椭圆插补
N140 G01 Z-40.0 F80;	车削 ϕ15.88 mm 外圆
N150 X35.0;	退刀
N160 G70 P110 Q150;	采用精加工循环指令 G70 进行精车
N170 G00 G40 X100.0 Z2.0;	快速退刀，取消刀尖圆弧半径右补偿
N180 M30;	程序结束并复位

第九章　职业技能等级认定技能操作模拟题实例

中级实例一

加工图 9-1 所示的套类零件，毛坯尺寸为 ϕ50 mm×60 mm，材料为 45 钢。

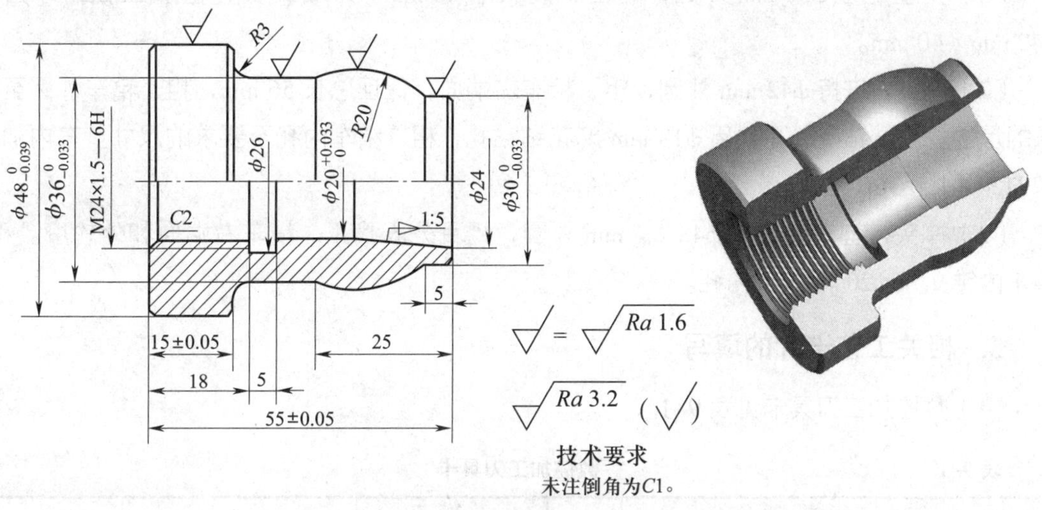

图 9-1　中级实例一零件图

一、确定加工工艺

1. 图样分析

该套类零件主要由外圆柱面、圆弧面、端面、内孔、内螺纹、内沟槽、内锥体等轮廓组成。工件大外圆直径为 $48_{-0.039}^{\ 0}$ mm，宽为（15±0.05）mm，两边有 $C1$ mm 倒角。中间外圆直径为 $36_{-0.033}^{\ 0}$ mm，宽由总长（55±0.05）mm、长度 25 mm、（15±0.05）mm 和 $R3$ mm 确定。小外圆直径为 $30_{-0.033}^{\ 0}$ mm，宽为 5 mm，右端有 $C1$ mm 倒角。小外圆与中间外圆通过 $R20$ mm 的圆弧连接，圆弧 Z 向长度由长度 25 mm 和 5 mm 确定。中间外圆与端面有一 $R3$ mm 过渡圆弧。

M24×1.5－6H 内螺纹的长度为 18 mm。内沟槽直径为 26 mm，宽为 5 mm，位置由尺寸 18 mm 确定。内锥大端直径为 24 mm，小端直径为 $20_{\ 0}^{+0.033}$ mm，锥度为 1∶5。内孔直径为 $20_{\ 0}^{+0.033}$ mm，长度由总长（55±0.05）mm、螺纹长度尺寸 18 mm、内沟槽宽度 5 mm 和内锥长度确定。外轮廓表面粗糙度 Ra≤1.6 μm，其余加工表面 Ra≤3.2 μm。该工件尺寸标注完整，轮廓描述清楚。工件材料为 45 钢，无热处理和硬度要求，适合在数控车床上加工。

2. 工艺分析

该套类工件结构比较复杂，内、外轮廓的尺寸精度、表面质量要求比较高，如何保证这些加工要求，是该工件的加工难点。

通过图样和加工难点分析可知，为保证工件的尺寸精度和表面质量，制定加工工艺时，应按粗、精加工分开原则进行编制。精加工时，工件的内、外圆表面和端面应尽量在一次装夹中加工完成。由此可制定以下加工步骤：

（1）夹住毛坯 ϕ50 mm 外圆，伸出长度大于 40 mm，车右端面，粗加工右端外圆至 ϕ42 mm×40 mm。

（2）掉头，夹持 ϕ42 mm 外圆，粗、精车左端面，保证总长 56 mm，粗、精车外圆至要求的尺寸。手动钻中心孔，用 ϕ18 mm 麻花钻钻孔，粗、精车内孔至要求的尺寸。车内沟槽和 M24×1.5－6H 螺纹。

（3）掉头，垫铜皮夹持 $\phi48_{-0.039}^{0}$ mm 外圆，用百分表找正，精车右端面和外轮廓。粗、精车内锥孔和 $\phi20_{0}^{+0.033}$ mm 内孔。

3. 相关工艺卡片的填写

（1）数控加工刀具卡见表 9–1。

表 9–1　　数控加工刀具卡

产品名称或代号			零件名称	套类零件	零件图号	
序号	刀具号	刀具规格和名称	数量	加工表面	刀尖圆弧半径 /mm	备注
1	T1	中心钻	1	钻中心孔	—	B2.5 mm/10 mm
2	T2	ϕ18 mm 麻花钻	1	钻孔	—	
3	T01	90° 粗车刀	1	工件外轮廓粗车	0.8	20 mm × 20 mm
4	T02	93° 精车刀	1	工件外轮廓精车	0.4	20 mm × 20 mm
5	T03	内孔车刀	1	粗、精车内孔	0.4	20 mm × 20 mm
6	T04	内沟槽车刀	1	加工内沟槽	—	20 mm × 20 mm
7	T05	60° 内螺纹车刀	1	加工内螺纹	—	20 mm × 20 mm
编制		审核	批准	年　月　日	共　页	第　页

（2）数控加工工艺卡见表 9–2。

表 9–2　　数控加工工艺卡

单位名称		产品名称或代号		零件名称		零件图号	
				套类零件			
工序号	程序编号	夹具名称		使用设备		车间	
001		三爪自定心卡盘		CK6140		数控加工车间	
工步号	工步内容	刀具号	刀具规格	主轴转速 /（r/min）	进给速度 /（mm/min）	背吃刀量 /mm	备注
1	粗车右端面和轮廓	T01	20 mm × 20 mm	600	150	2.0	自动
2	粗车左端面和轮廓	T01	20 mm × 20 mm	600	150	1.5	自动
3	精车左端面和轮廓	T02	20 mm × 20 mm	800	100	0.5	自动
4	手动钻中心孔和 ϕ18 mm 通孔	T1、T2	—	200	—	—	手动
5	粗、精车内孔	T03	20 mm × 20 mm	600	60	0.5	自动
6	车内沟槽	T04	20 mm × 20 mm	300	50	3	自动
7	车内螺纹	T05	20 mm × 20 mm	600	—	—	自动
8	精车右端面和轮廓	T02	20 mm × 20 mm	800	100	0.5	自动
9	粗、精车内锥孔和内孔	T03	20 mm × 20 mm	600	60	0.5	自动
编制	审核	批准		年　月　日		共　页	第　页

二、编制加工程序

1. 粗加工右端面和轮廓

（1）建立工件坐标系

夹住毛坯外圆，加工右端面和轮廓，工件伸出长度大于 40 mm。工件坐标系设在工件右端面轴线上，如图 9–2 所示。

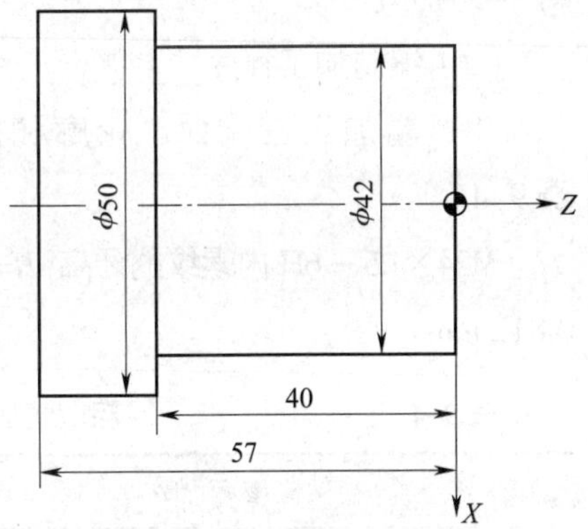

图 9–2　粗加工右端面和轮廓工件坐标系

（2）编制加工程序

粗加工右端面和轮廓参考程序见表 9–3。

表 9–3　　粗加工右端面和轮廓参考程序

参考程序	注释
O9011;	程序名
N10 G40 G98 G97 G21;	程序初始化

续表

参考程序	注释
N20 T0101 S600 M03；	设置刀具、主轴转速
N30 G00 X52.0 Z0；	快速到达循环起点
N40 G01 X0 F150；	车端面
N50 G00 X46.0 Z2.0；	退刀
N60 G01 Z–40.0 F150；	粗车外圆至 ϕ46 mm
N70 X52.0；	X 向退刀
N80 G00 Z2.0；	Z 向退刀
N90 G01 X42.0 F150；	X 向进刀
N100 Z–40.0；	粗车外圆至 ϕ42 mm
N110 X52.0；	X 向退刀
N120 G00 X100.0 Z100.0；	快速退至换刀点
N130 M30；	程序结束并复位

2. 粗、精加工左端面、轮廓和内孔

（1）建立工件坐标系

夹住 ϕ42 mm 外圆，加工左端面和轮廓，粗、精加工内孔，车内沟槽和内螺纹，工件坐标系如图 9–3 所示。

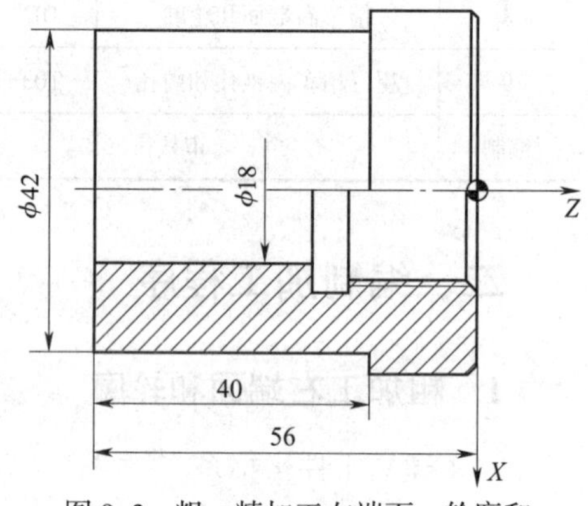

图 9–3 粗、精加工左端面、轮廓和内孔工件坐标系

（2）编制加工程序

粗、精加工左端面、轮廓和内孔参考程序见表 9–4。

M24×1.5－6H 内螺纹的牙高：H=0.541 3×1.5 mm ≈ 0.812 mm。

表 9–4　　粗、精加工左端面、轮廓和内孔参考程序

参考程序	注释
O9012；	程序名
N10 G40 G98 G97 G21；	程序初始化
N20 T0101 S600 M03；	设置刀具、主轴转速
N30 G00 X52.0 Z0.5；	快速到达循环起点
N40 G01 X0 F150；	车端面

续表

参考程序	注释
N50 G00 X48.5 Z2.0;	退刀
N60 G01 Z-17.0 F150;	粗车图样上 $\phi 48_{-0.039}^{0}$ mm 外圆至 $\phi 48.5$ mm
N70 G00 X150.0;	*X* 向退刀
N80 Z100.0;	*Z* 向退刀
N90 T0202 S800 M03;	调用 02 号刀具，执行 02 号刀补，设置主轴转速
N100 G00 X52.0 Z0;	快速靠近工件
N110 G01 X0 F100;	精车端面
N120 G00 X46.0 Z2.0;	退刀
N130 G01 Z0 F100;	靠近端面
N140 X48.0 Z-1.0;	倒角 *C*1 mm
N150 Z-17.0;	精车 $\phi 48_{-0.039}^{0}$ mm 外圆
N160 G00 X150.0 Z100.0;	快速退至换刀点
N170 T0303 S600 M03;	换内孔车刀，设置主轴转速
N180 G00 X16.0;	*X* 向靠近工件
N190 Z2.0;	*Z* 向靠近工件
N200 G71 U0.5 R0.5 F60;	调用 G71 循环指令，设置加工参数
N210 G71 P220 Q260 U-1.0 W0;	
N220 G01 X26.38;	内轮廓精加工程序段
N230 Z0;	
N240 X22.38 Z-2.0;	
N250 Z-23.0;	
N260 X16.0;	
N270 G70 P220 Q260;	
N280 G00 X150.0 Z100.0;	退至换刀点
N290 T0404 S300 M03;	换内沟槽车刀
N300 G00 X16.0 Z5.0;	快速靠近工件
N310 Z-23.0;	*Z* 向进刀
N320 X26.0 F50;	切槽
N330 X16.0;	*X* 向退刀
N340 Z-21.0;	*Z* 向移动

续表

参考程序	注释
N350 X26.0；	切槽
N360 X16.0；	X 向退刀
N370 G00 Z5.0；	Z 向退刀
N380 X100.0 Z50.0；	退至换刀点
N390 T0505 S600 M03；	换内螺纹车刀
N400 G00 X18.0 Z3.0；	快速靠近工件
N410 G92 X22.8 Z-20.0 F1.5；	采用 G92 指令加工内螺纹
N420 X23.3；	
N430 X23.6；	
N440 X23.9；	
N450 X24.0；	
N460 X24.0；	
N470 G00 X100.0 Z100.0；	刀具快速退至换刀点
N480 M05；	主轴停止
N490 M30；	程序结束并复位

3. 精加工右端内、外轮廓

（1）建立工件坐标系

垫铜皮夹持 $\phi48_{-0.039}^{\ 0}$ mm 外圆，用百分表找正，精加工右端面和轮廓。工件坐标系设在工件右端面轴线上，如图 9-4 所示。

（2）编制加工程序

精加工右端面和轮廓参考程序见表 9-5。

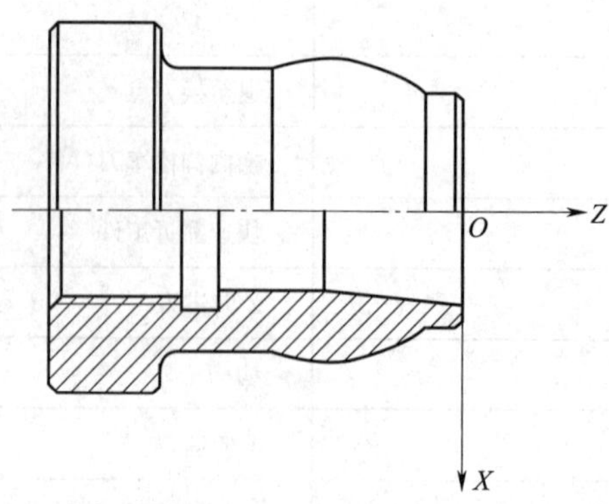

图 9-4 精加工右端面和轮廓工件坐标系

表 9-5　　精加工右端面和轮廓参考程序

参考程序	注释
O9013；	程序名
N10 G40 G98 G97 G21；	程序初始化
N20 T0202 S800 M03；	设置刀具、主轴转速
N30 G00 X44.0 Z0；	快速到达循环起点
N40 G01 X16.0 F100；	精车端面
N50 G00 X50.0 Z2.0；	退刀
N60 G73 U7.0 W2.0 R5 F100；	调用 G73 循环指令，设置加工参数
N70 G73 P80 Q160 U1.0 W0；	
N80 G01 G42 X28.0 Z0 F100；	外轮廓精加工程序段
N90 X30.0 Z-1.0；	
N100 Z-5.0；	
N110 G03 X36.0 Z-25.0 R20.0；	
N120 G01 Z-37.0；	
N130 G02 X42.0 Z-40.0 R3.0；	
N140 G01 X46.0；	
N150 X48.0 Z-41.0；	
N160 X50.0；	
N170 G70 P80 Q160；	
N180 G00 G40 X100.0 Z100.0；	快速退至换刀点，取消刀尖圆弧半径右补偿
N190 T0303 S600 M03；	调用 03 号刀具，执行 03 号刀补
N200 G00 X16.0 Z2.0；	快速靠近工件
N210 G71 U0.5 R0.5 F60；	调用 G71 循环指令，设置加工参数
N220 G71 P230 Q270 U-1.0 W0；	
N230 G00 G42 X24.0；	内孔精加工程序段
N240 G01 Z0；	
N250 X20.0 Z-20.0；	
N260 Z-33.0；	
N270 X16.0；	
N280 G70 P230 Q270；	
N290 G00 G40 X100.0 Z100.0；	快速退至换刀点
N300 M30；	程序结束并复位

三、工件加工

1. 加工准备

（1）检查毛坯尺寸。

（2）开机，回参考点。

（3）输入程序并校验。把编制好的加工程序输入车床数控系统，并应用空运行或图形模拟校验所编制的加工程序，验证程序合格后，方能进行以下步骤。

（4）装夹工件。夹住毛坯 $\phi50$ mm 外圆，伸出长度大于 40 mm，车端面，粗加工右端外圆至 $\phi42$ mm×40 mm。掉头，夹持 $\phi42$ mm 外圆，粗、精车端面、外圆和内孔。掉头，垫铜皮夹持 $\phi48_{-0.039}^{\ 0}$ mm 外圆，用百分表找正，精车右端面、外圆和内孔。

（5）装夹刀具。把外圆粗车刀、外圆精车刀、内孔车刀、内沟槽车刀、内螺纹车刀按要求依次装入 T01、T02、T03、T04、T05 号刀位。

（6）对刀。粗加工右端时，只对好 T01 号刀具即可；掉头后，将 T01、T02、T03、T04、T05 五把刀具依次对好；再次掉头，将 T02、T03 两把刀具对好即可。

2. 工件的自动加工

将数控车床置于自动加工模式，将加工程序调入数控系统，调好进给倍率进行自动加工，加工过程中要进行精度控制，具体方法如下：

（1）外圆和长度尺寸控制

左、右两侧轮廓均设置外圆精车刀（T02）X 向和 Z 向刀具磨损量为 0.1 ～ 0.2 mm，然后运行精加工程序，程序结束后，停车测量。根据测量结果，修调刀具磨损量，重新执行外圆精加工程序，直至达到尺寸要求为止。

（2）内孔精度控制

加工内孔前，将内孔车刀（T03）刀具磨损量设置为 -（0.1 ～ 0.2）mm，精加工结束后，停车测量。根据测量结果，调整刀具磨损量，重新运行精加工程序，直至符合尺寸要求为止。

（3）螺纹精度控制

加工螺纹前，将螺纹车刀（T05）刀具磨损量设置为 0.1 ～ 0.2 mm，螺纹循环指令运行后，停车测量。根据测量结果，调整刀具磨损量，重新运行螺纹循环指令，直至符合尺寸要求为止。

3. 清理及保养机床

加工结束后，按照“6S”管理的要求清理切屑，保养机床。

4. 操作注意事项

（1）装夹刀具时，外圆车刀刀尖必须与主轴轴线等高，内孔车刀刀尖可略高于主轴轴线。

（2）掉头后，必须重新进行 Z 向对刀。

（3）程序中设置的换刀点不一定适合实际加工，应根据具体情况设置最佳换刀点。

（4）加工过程中应尽量采用试切、试测法控制尺寸精度。

（5）钻孔前，应先用中心钻钻中心孔。

四、配分和评分标准

1．考核总成绩表见表 9–6。

表 9–6　　考核总成绩表

序号	项目	配分	得分	备注
1	现场操作规范	10		
2	工件质量	90		
合　计		100		

2．现场操作规范评分表见表 9–7。

表 9–7　　现场操作规范评分表

序号	项目	考核内容	配分	考场表现	得分
1	现场操作规范	正确使用机床	2		
2		正确使用量具	2		
3		合理使用刃具	2		
4		设备维护及保养	4		
合　计			10		

3．工件质量评分表见表 9–8。

表 9–8　　工件质量评分表

序号	考核项目		评分标准	配分	得分
1	长度	（55 ± 0.05）mm	不合格不得分	6	
2		（15 ± 0.05）mm	不合格不得分	6	
3		18 mm	不合格不得分	4	
4		25 mm	不合格不得分	4	
5		5 mm	不合格不得分	4	
6	外圆	$\phi 48_{-0.039}^{0}$ mm	每超差 0.01 mm 扣 2 分	6	

续表

序号	考核项目		评分标准	配分	得分
7	外圆	$\phi36_{-0.033}^{0}$ mm	每超差 0.01 mm 扣 2 分	6	
8		$\phi30_{-0.033}^{0}$ mm	每超差 0.01 mm 扣 2 分	6	
9	内孔	$\phi20_{0}^{+0.033}$ mm	每超差 0.01 mm 扣 2 分	6	
10	圆弧	$R20$ mm	不合格不得分	6	
11		$R3$ mm	不合格不得分	2	
12	内沟槽	$\phi26$ mm	不合格不得分	4	
13		5 mm	不合格不得分	4	
14	内螺纹	M24×1.5—6H	不合格不得分	8	
15	内锥	1∶5	不合格不得分	4	
16	倒角	$C2$ mm	不合格不得分	1	
17		$C1$ mm（3 处）	不合格不得分	1×3	
18	表面粗糙度	$Ra\leqslant1.6$ μm（4 处）	降级不得分	1×4	
19		$Ra\leqslant3.2$ μm（6 处）	降级不得分	1×6	
合　计				90	
评分人		年　月　日	核分人		年　月　日

中级实例二

加工图 9–5 所示的工件，毛坯尺寸为 $\phi40$ mm×150 mm，材料为 45 钢。

一、确定加工工艺

1．图样分析

该工件主要由外圆柱面、圆弧面、锥体、槽、螺纹等轮廓组成。工件右端为一半球，其半径为 7 mm。M20×2 的螺纹长度为 16 mm，螺纹右端倒角为 $C2$ mm。螺纹退刀槽宽为 4 mm，槽底直径为 16 mm。锥体小端直径为 25 mm，大端直径为 $30_{-0.033}^{0}$ mm，锥体长度为（20±0.05）mm。$\phi30_{-0.033}^{0}$ mm 外圆长度由总长及其他长度尺寸确定。最大外圆直径为 $36_{-0.033}^{0}$ mm，共有两处，长度均为 5 mm。两最大外圆中间为一窄槽，宽度为 5 mm，槽底直径为（30±0.05）mm。该工件尺寸标注完整，轮廓描述清楚。工件材料为 45 钢，无热处理和硬度要求，适合在数控车床上加工。

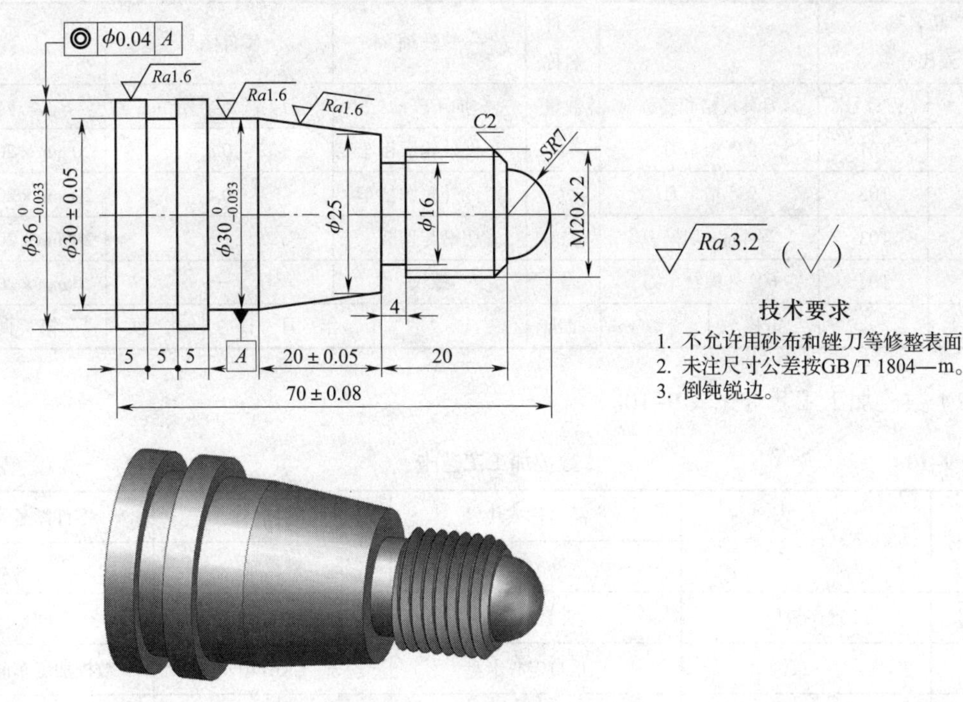

图 9-5 中级实例二零件图

2. 工艺分析

该工件形状相对复杂，需要加工半球、螺纹、锥体、槽、外圆柱面等轮廓。加工该工件有两个难点：一是如何保证半球的尺寸精度和表面质量；二是如何保证 $\phi36_{-0.033}^{\ 0}$ mm、$\phi30_{-0.033}^{\ 0}$ mm 外圆的尺寸精度和表面质量，以及 $\phi36_{-0.033}^{\ 0}$ mm 外圆对 $\phi30_{-0.033}^{\ 0}$ mm 外圆轴线的同轴度要求。

为解决第一个加工难点，编制程序时，需要考虑刀尖圆弧半径对尺寸精度的影响；同时，为了保证半球表面质量的一致性，精加工时必须采用恒线速度切削功能。装刀时，刀尖必须与主轴中心线等高。为解决第二个加工难点，制定加工工艺时，应按粗、精加工分开的原则进行编制；为保证 $\phi36_{-0.033}^{\ 0}$ mm 外圆对 $\phi30_{-0.033}^{\ 0}$ mm 外圆轴线的同轴度要求，$\phi36_{-0.033}^{\ 0}$ mm 和 $\phi30_{-0.033}^{\ 0}$ mm 外圆必须在一次装夹中完成加工。

根据上述分析，可制定以下加工步骤：

（1）夹住毛坯外圆，伸出长度大于 75 mm，粗、精加工工件轮廓。

（2）用切槽刀加工螺纹退刀槽和宽度为 5 mm 的槽。

（3）加工 M20×2 的螺纹。

（4）切断，保证总长。

3. 相关工艺卡片的填写

（1）数控加工刀具卡见表 9-9。

表 9–9 数控加工刀具卡

产品名称或代号			零件名称	螺纹轴	零件图号	
序号	刀具号	刀具规格和名称	数量	加工表面	刀尖圆弧半径 /mm	备注
1	T01	93° 粗车刀	1	工件外轮廓粗车	0.8	20 mm × 20 mm
2	T02	93° 精车刀	1	工件外轮廓精车	0.4	20 mm × 20 mm
3	T03	宽 4 mm 切槽刀	1	切槽与切断	—	20 mm × 20 mm
4	T04	60° 外螺纹车刀	1	螺纹	—	20 mm × 20 mm
编制		审核	批准		年 月 日 共 页	第 页

（2）数控加工工艺卡见表 9–10。

表 9–10 数控加工工艺卡

单位名称		产品名称或代号		零件名称		零件图号	
				螺纹轴			
工序号	程序编号	夹具名称		使用设备		车间	
001		三爪自定心卡盘		CK6140		数控加工车间	
工步号	工步内容	刀具号	刀具规格	主轴转速 /（r/min）	进给速度 /（mm/min）	背吃刀量 /mm	备注
1	粗车外轮廓	T01	20 mm × 20 mm	600	150	1.5	自动
2	精车外轮廓	T02	20 mm × 20 mm	G96 S200	100	0.5	自动
3	切槽	T03	20 mm × 20 mm	300	60	4	自动
4	粗、精车螺纹	T04	20 mm × 20 mm	800	—	—	自动
5	切断	T03	20 mm × 20 mm	G96 S60	60	4	自动
编制		审核	批准		年 月 日	共 页	第 页

二、编制加工程序

1. 建立工件坐标系

加工工件时，夹住毛坯外圆，工件坐标系设在工件右端面轴线上，如图 9–6 所示。

2. 基点的坐标值

右端基点的坐标值见表 9–11。

3. 编制加工程序

（1）轮廓加工参考程序见表 9–12。

螺纹牙高：$H=0.541\,3P=0.541\,3\times 2$ mm ≈ 1.08 mm

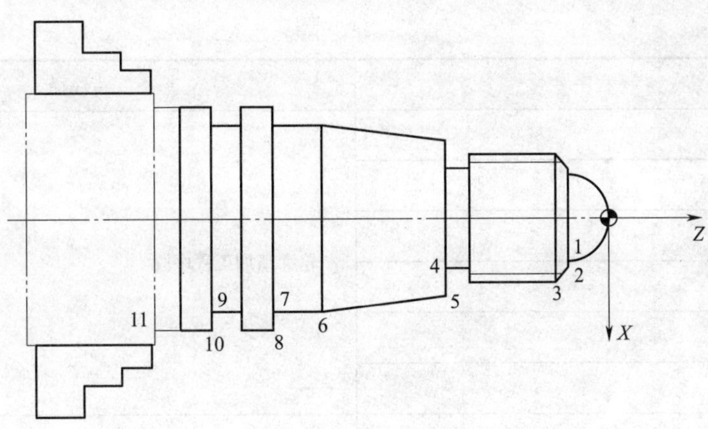

图 9–6　工件坐标系和基点

表 9–11　　右端基点的坐标值

基点	坐标值（X，Z）	基点	坐标值（X，Z）
O	（0，0）	6	（30.0，–47.0）
1	（14.0，–7.0）	7	（30.0，–55.0）
2	（16.0，–7.0）	8	（36.0，–55.0）
3	（20.0，–9.0）	9	（30.0，–65.0）
4	（16.0，–27.0）	10	（36.0，–65.0）
5	（25.0，–27.0）	11	（36.0，–75.0）

表 9–12　　轮廓加工参考程序

参考程序	注释
O9021；	程序名
N10 G40 G98 G97 G21；	程序初始化
N20 T0101 S600 M03；	设置刀具、主轴转速
N30 G00 X42.0 Z2.0；	快速到达循环起点
N40 G71 U1.5 R0.5 F150；	调用外圆粗车循环指令，设置加工参数
N50 G71 P60 Q170 U1.0 W0；	
N60 G00 X0 F100；	轮廓精加工程序段
N70 G01 Z0；	
N80 G03 X14.0 Z–7.0 R7.0；	
N90 G01 X16.0；	
N100 X20.0 Z–9.0；	
N110 Z–27.0；	

续表

参考程序	注释
N120 X25.0；	轮廓精加工程序段
N130 X30.0 Z–47.0；	
N140 Z–55.0；	
N150 X36.0；	
N160 Z–75.0；	
N170 X42.0；	
N180 G00 X100.0 Z50.0；	刀具快速退至换刀点
N190 M05；	主轴停止
N200 M00；	程序暂停
N210 T0202 G96 S200 M03；	换精车刀，采用恒线速度切削
N220 G50 S2000；	限制主轴最高转速为 2 000 r/min
N230 G00 G42 X42.0 Z2.0；	刀具快速靠近工件
N240 G70 P60 Q170；	采用精加工循环指令 G70 进行精车
N250 G00 G40 X100.0 Z50.0；	刀具退至换刀点，取消刀尖圆弧半径右补偿
N260 M05；	主轴停止
N270 M00；	程序暂停
N280 G97 T0303 S300 M03；	换切槽刀
N290 G00 X30.0 Z–27.0；	快速靠近工件
N300 G01 X16.0 F60；	车宽 4 mm 的槽
N310 X30.0；	*X* 向退刀
N320 G00 X38.0；	快速到达宽 5 mm 的槽处
N330 Z–64.0；	
N340 G01 X30.0 F60；	切槽
N350 X38.0；	*X* 向退刀
N360 Z–65.0；	*Z* 向进刀
N370 X30.0；	切槽
N380 X38.0；	*X* 向退刀
N390 G00 X100.0 Z50.0；	快速退至换刀点
N400 M05；	主轴停止
N410 M00；	程序暂停
N420 T0404 S800 M03；	调用 04 号刀具，执行 04 号刀补，设置主轴转速

续表

参考程序	注释
N430 G00 X22.0 Z-3.0;	快速移至循环起点
N440 G76 P011060 Q100 R0.05;	调用螺纹加工循环指令 G76，设置螺纹加工参数
N450 G76 X17. 4 Z-25.0 P1080 Q350 F2.0;	
N460 G00 X100.0 Z50.0;	刀具退回换刀点
N470 M05;	主轴停止
N480 M30;	程序结束并复位

（2）切断参考程序见表 9-13。

表 9-13　　切断参考程序

参考程序	注释
O9022;	程序名
N10 T0303 G96 S60 M03;	换切槽刀
N20 G50 S800;	限制主轴最高转速为 800 r/min
N30 G00 X42.0 Z2.0;	快速靠近工件
N40 Z-74.0;	快速到达切断点
N50 G01 X0 F60;	切断
N60 G00 X100.0;	*X* 向退刀
N70 Z50.0;	*Z* 向退刀
N80 M05;	主轴停止
N90 M30;	程序结束并复位

三、工件加工

1. 加工准备

（1）检查毛坯尺寸。

（2）开机，回参考点。

（3）输入程序并校验。把编制好的加工程序输入车床数控系统，并应用空运行或图形模拟校验所编制的加工程序，验证程序合格后，方能进行以下步骤。

（4）装夹工件。用三爪自定心卡盘夹住毛坯外圆，伸出长度大于 75 mm，校正并夹紧。

（5）装夹刀具。把外圆粗车刀、外圆精车刀、切槽刀、螺纹车刀按要求依次装入 T01、T02、T03、T04 号刀位。

（6）对刀。将上述四把刀具依次对好，并将有关数值输入刀具参数中，如刀尖圆弧半径、刀尖方位等。

2. 工件的自动加工

将数控车床置于自动加工模式，将加工程序调入数控系统，调好进给倍率进行自动加工，加工过程中要进行精度控制，具体方法如下：

（1）外圆和长度尺寸控制

加工外轮廓时设置外圆精车刀（T02）*X* 向和 *Z* 向刀具磨损量为 0.1 ~ 0.2 mm，然后运行精加工程序，程序结束后，停车测量。根据测量结果，修调刀具磨损量，重新执行外圆精加工程序，直至达到尺寸要求为止。

（2）螺纹精度控制

加工螺纹前，将螺纹车刀（T04）刀具磨损量设置为 0.1 ~ 0.2 mm，螺纹循环指令运行后，停车测量。根据测量结果，调整刀具磨损量，重新运行螺纹循环指令，直至符合尺寸要求为止。

（3）位置精度控制

该工件位置精度是 $\phi36_{-0.033}^{\ 0}$ mm 外圆对 $\phi30_{-0.033}^{\ 0}$ mm 外圆轴线的同轴度，主要通过工件的装夹来控制，即一次装夹完成两个外圆的加工。

3. 清理及保养机床

加工结束后，按照“6S”管理的要求清理切屑，保养机床。

4. 操作注意事项

（1）装夹刀具时，车刀刀尖必须与主轴轴线等高；否则，加工出的 *SR*7 mm 半球会产生凸台。

（2）所使用的精车刀有刀尖圆弧半径，精加工时，必须进行刀尖圆弧半径补偿；否则，加工出的圆弧会存在加工误差。精加工时，采用恒线速度切削来保证半球和锥体表面质量要求。

（3）切槽刀的刃长必须满足切断要求，切断时的长度尺寸要根据切断刀对刀点和毛坯尺寸确定。

（4）加工螺纹时，除了应用参考程序中的螺纹循环指令，也可采用 G32、G92 指令编制加工程序。

（5）加工过程中应尽量采用试切、试测法控制尺寸精度。

（6）程序中设置的换刀点不一定是最佳位置，应根据所用刀具和机床情况重新设置。

四、配分和评分标准

1．考核总成绩表见表 9–14。

表 9–14　　**考核总成绩表**

序号	项目	配分	得分	备注
1	现场操作规范	10		
2	工件质量	90		
合　　计		100		

2．现场操作规范评分表见表 9–15。

表 9–15　　**现场操作规范评分表**

序号	项目	考核内容	配分	考场表现	得分
1	现场操作规范	正确使用机床	2		
2		正确使用量具	2		
3		合理使用刃具	2		
4		设备维护及保养	4		
合　　计			10		

3．工件质量评分表见表 9–16。

表 9–16　　**工件质量评分表**

序号	考核项目		评分标准	配分	得分
1	长度	（70 ± 0.08）mm	每超差 0.01 mm 扣 1 分	8	
2		（20 ± 0.05）mm	每超差 0.01 mm 扣 1 分	8	
3		20 mm	不合格不得分	6	
4		5 mm（2 处）	不合格不得分	3 × 2	
5	外圆	$\phi36_{-0.033}^{0}$ mm	每超差 0.01 mm 扣 2 分	8	
6		$\phi30_{-0.033}^{0}$ mm	每超差 0.01 mm 扣 2 分	8	
7		$\phi25$ mm	不合格不得分	6	
8	槽	5 mm	不合格不得分	2	
9		ϕ（30 ± 0.05）mm	不合格不得分	2	
10		4 mm	不合格不得分	2	
11		$\phi16$ mm	不合格不得分	2	
12	半球体	*SR*7 mm	不合格不得分	8	

续表

序号	考核项目		评分标准	配分	得分
13	螺纹	M20×2	不合格不得分	8	
14	倒角	C2 mm	不合格不得分	3	
15	表面粗糙度	$Ra \leqslant 1.6\ \mu m$（3 处）	降级不得分	1×3	
16		$Ar \leqslant 3.2\ \mu m$（5 处）	降级不得分	1×5	
17	几何公差	◎ φ0.04 A	不合格不得分	5	
合　计				90	
评分人		年　月　日	核分人		年　月　日

中级实例三

加工图 9–7 所示的轴类零件，毛坯尺寸为 $\phi30\ mm\times70\ mm$，材料为 45 钢。

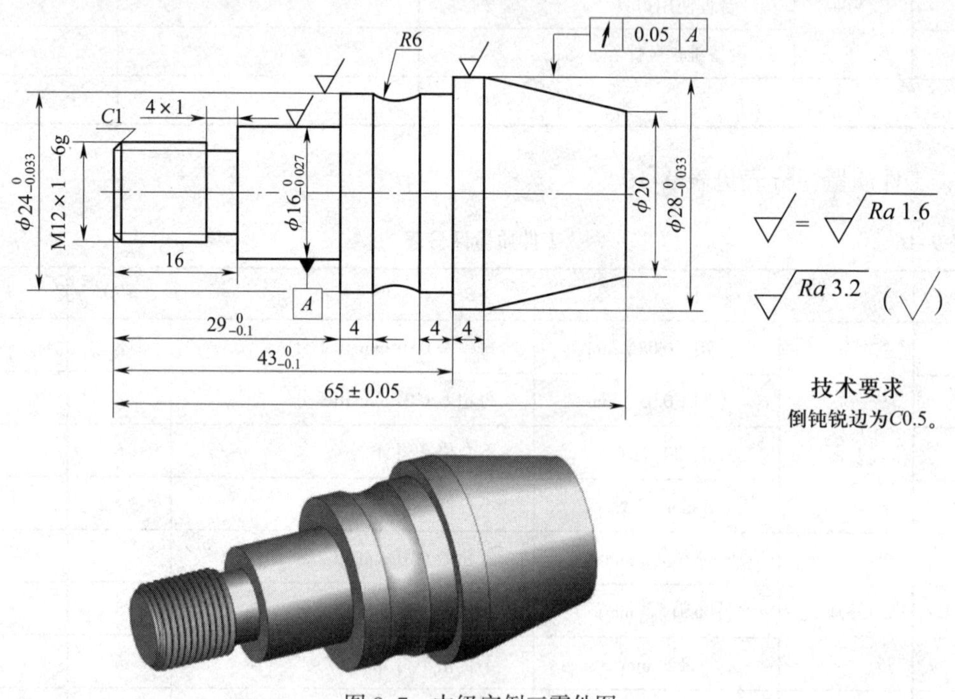

图 9–7　中级实例三零件图

一、确定加工工艺

1. 图样分析

该工件为典型的轴类零件，包含台阶、锥体、圆弧面、槽和螺纹等轮廓。右端锥体大端

直径为 $28_{-0.033}^{\ 0}$ mm，小端直径为 20 mm，长度由总长和左端长度确定；右端 $\phi 28_{-0.033}^{\ 0}$ mm 外圆长为 4 mm；工件左端为 M12×1－6g 的螺纹，长度为 12 mm；退刀槽宽度为 4 mm，深为 1 mm；$\phi 16_{-0.027}^{\ 0}$ mm 外圆长度由长度 $29_{-0.1}^{\ 0}$ mm 和 16 mm 确定；$\phi 24_{-0.033}^{\ 0}$ mm 外圆有两处，长度均为 4 mm；两处外圆由 $R6$ mm 凹弧连接；$\phi 16_{-0.027}^{\ 0}$ mm、$\phi 24_{-0.033}^{\ 0}$ mm、$\phi 28_{-0.033}^{\ 0}$ mm 三处外圆表面粗糙度 Ra 值为 1.6 μm，其余表面粗糙度 Ra 值为 3.2 μm，$\phi 28_{-0.033}^{\ 0}$ mm 外圆处还有径向圆跳动要求。该工件尺寸标注完整，轮廓描述清楚。工件材料为 45 钢，无热处理和硬度要求，适合在数控车床上加工。

2. 工艺分析

由图样分析可知，该工件轮廓较多，但计算量比较少，程序编制比较容易，加工难点在于如何确保 $\phi 16_{-0.027}^{\ 0}$ mm、$\phi 24_{-0.033}^{\ 0}$ mm、$\phi 28_{-0.033}^{\ 0}$ mm 外圆的尺寸精度和表面质量要求，以及 $\phi 28_{-0.033}^{\ 0}$ mm 外圆处的径向圆跳动要求。

为了解决上述加工难点问题，制定加工工艺时，应按粗、精加工分开及先近后远等原则进行编制。先夹住毛坯外圆，加工工件左端轮廓，然后掉头夹住 $\phi 16_{-0.027}^{\ 0}$ mm 外圆，加工工件右端轮廓。掉头后装夹时，应用百分表校正，以保证 $\phi 28_{-0.033}^{\ 0}$ mm 外圆处径向圆跳动要求。通过上述分析，可制定以下加工路线：

（1）用三爪自定心卡盘夹持毛坯面，粗、精车工件左端轮廓（端面、外圆柱面、退刀槽、螺纹）至要求的尺寸。

（2）掉头，以工件 $\phi 24_{-0.033}^{\ 0}$ mm 左端面定位，用三爪自定心卡盘垫铜皮夹持 $\phi 16_{-0.027}^{\ 0}$ mm 外圆，粗、精车右端轮廓（端面、锥体、$\phi 28_{-0.033}^{\ 0}$ mm 外圆）至要求的尺寸。

3. 相关工艺卡片的填写

（1）数控加工刀具卡见表 9–17。

表 9–17　　数控加工刀具卡

产品名称或代号			零件名称	螺纹轴	零件图号	
序号	刀具号	刀具规格和名称	数量	加工表面	刀尖圆弧半径 /mm	备注
1	T01	93° 硬质合金偏刀	1	工件外轮廓粗车	0.8	20 mm × 20 mm
2	T02	35° 菱形机夹刀	1	工件外轮廓精车	0.4	20 mm × 20 mm
3	T03	宽 4 mm 切槽刀	1	4 mm × 1 mm 槽	—	20 mm × 20 mm
4	T04	60° 外螺纹车刀	1	M12 × 1－6g 螺纹	—	20 mm × 20 mm
编制		审核		批准	年　月　日　共　页	第　页

（2）数控加工工艺卡见表 9–18。

表 9–18　　数控加工工艺卡

单位名称		产品名称或代号		零件名称		零件图号	
				螺纹轴			
工序号	程序编号	夹具名称		使用设备		车间	
001		三爪自定心卡盘		CK6140		数控加工车间	
工步号	工步内容	刀具号	刀具规格	主轴转速 /（r/min）	进给速度 /（mm/min）	背吃刀量 /mm	备注
1	车左端面	T01	20 mm × 20 mm	600	100	1	自动
2	粗车左端外轮廓	T01	20 mm × 20 mm	600	150	1.5	自动
3	精车左端外轮廓	T02	20 mm × 20 mm	900	100	0.5	自动
4	粗、精车 4 mm × 1 mm 槽	T03	20 mm × 20 mm	400	80	4	自动
5	粗、精车 M12 × 1—6g 螺纹	T04	20 mm × 20 mm	600	—	—	自动
6	车右端面	T01	20 mm × 20 mm	600	100	1	自动
7	粗车右端外轮廓	T01	20 mm × 20 mm	600	150	1.5	自动
8	精车右端外轮廓	T02	20 mm × 20 mm	900	100	0.5	自动
编制	审核		批准		年　月　日	共　页	第　页

二、编制加工程序

1. 加工左端轮廓

（1）建立工件坐标系

加工左端轮廓时，夹住毛坯外圆，工件坐标系设在工件左端面轴线上，如图 9–8 所示。

（2）基点的坐标值

左端基点的坐标值见表 9–19。

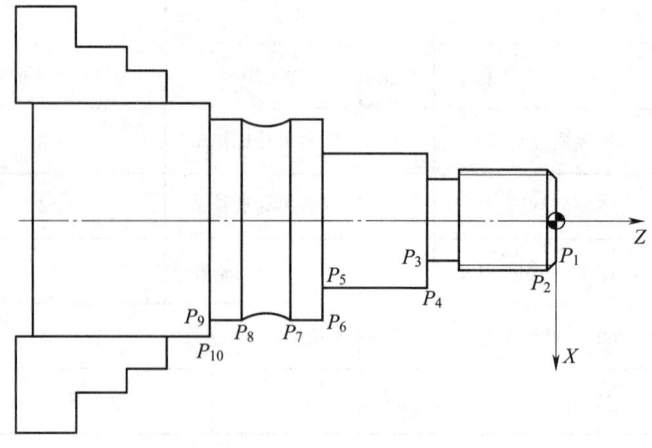

图 9–8　加工左端轮廓工件坐标系和基点

表 9–19 左端基点的坐标值

基点	坐标值（X，Z）	基点	坐标值（X，Z）
P_1	（10.0，0）	P_6	（24.0，–29.0）
P_2	（12.0，–1.0）	P_7	（24.0，–33.0）
P_3	（10.0，–16.0）	P_8	（24.0，–39.0）
P_4	（16.0，–16.0）	P_9	（24.0，–43.0）
P_5	（16.0，–29.0）	P_{10}	（30.0，–43.0）

（3）编制加工程序

左端轮廓加工参考程序见表 9–20。

螺纹牙高：$H=0.541\,3P=0.541\,3\times1\ \text{mm}\approx0.54\ \text{mm}$

表 9–20 左端轮廓加工参考程序

参考程序	注释
O9031；	程序名
N10 G40 G98 G21；	程序初始化
N20 T0101 S600 M03；	设置刀具、主轴转速
N30 G00 X32.0 Z0；	快速靠近工件
N40 G01 X0 F100；	车端面
N50 G00 X32.0 Z2.0；	快速到达循环起点
N60 G71 U1.5 R0.5 F150；	调用外圆粗车循环指令，设置加工参数
N70 G71 P80 Q160 U1.0 W0；	
N80 G00 X10.0；	轮廓精加工程序段
N90 G01 Z0；	
N100 X12.0 Z–1.0；	
N110 Z–16.0；	
N120 X16.0；	
N130 Z–29.0；	
N140 X24.0；	
N150 Z–43.0；	
N160 X32.0；	
N170 G00 X100.0 Z50.0；	刀具快速退至换刀点
N180 T0202 S900 M03；	调用精车刀
N190 G00 X28.0 Z–33.0；	刀具快速靠近工件

续表

参考程序	注释
N200 G01 X24.2 F100;	X 向进刀
N210 G02 Z-39.0 R6.0;	粗车 R6 mm 圆弧
N220 G01 X28.0;	X 向退刀
N230 G00 Z2.0;	Z 向退刀
N240 G42 X10.0;	刀尖圆弧半径右补偿，X 向进刀
N250 G01 Z0 F100;	精车外轮廓
N260 X12.0 Z-1.0;	
N270 Z-16.0;	
N280 X15.0;	
N290 X16.0 Z-16.5;	
N300 Z-29.0;	
N310 X23.0;	
N320 X24.0 Z-29.5;	
N330 Z-33.0;	
N340 G02 X24.0 Z-39.0 R6.0;	
N350 G01 Z-43.0;	
N360 X27.0;	
N370 X30.0 Z-44.45;	倒角
N380 G00 G40 X100.0 Z50.0;	快速退至换刀点，取消刀尖圆弧半径右补偿
N390 T0303 S400 M03;	调用 03 号刀具，执行 03 号刀补，设置主轴转速
N400 G00 X23.0 Z-16.0;	刀具快速到达切槽起点
N410 G01 X10.0 F80;	切槽至要求的尺寸
N420 G04 X2.0;	暂停 2 s
N430 G01 X23.0;	X 向退刀
N440 G00 X100.0 Z50.0;	刀具快速退至换刀点
N450 T0404 S600 M03;	调用 04 号刀具，执行 04 号刀补，设置主轴转速
N460 G00 X16.0 Z2.0;	快速移至循环起点
N470 G76 P011060 Q100 R0.05;	调用螺纹加工循环指令 G76，设置螺纹加工参数
N480 G76 X10.7 Z-13.0 P540 Q350 F1.0;	
N490 G00 X100.0 Z50.0;	刀具退回换刀点
N500 M30;	程序结束并复位

2. 加工右端轮廓

（1）建立工件坐标系

掉头，垫铜皮夹持 $\phi16_{-0.027}^{\ 0}$ mm 外圆，用百分表校正。工件坐标系设在工件右端面轴线上，如图 9–9 所示。

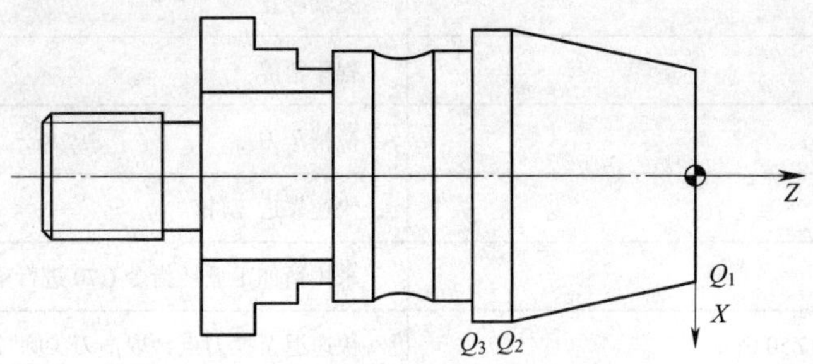

图 9–9 加工右端轮廓工件坐标系和基点

（2）基点的坐标值

右端基点的坐标值见表 9–21。

表 9–21 右端基点的坐标值

基点	坐标值（X，Z）	基点	坐标值（X，Z）	基点	坐标值（X，Z）
Q_1	（20.0，0）	Q_2	（28.0，–18.0）	Q_3	（28.0，–22.0）

（3）编制加工程序

右端轮廓加工参考程序见表 9–22。

表 9–22 右端轮廓加工参考程序

参考程序	注释
O9032；	程序名
N10 G40 G98 G21；	程序初始化
N20 T0101 S600 M03；	设置刀具、主轴转速
N30 G00 X32.0 Z0；	快速靠近工件
N40 G01 X0 F100；	车端面
N50 G00 X32.0 Z2.0；	快速到达循环起点
N60 G71 U1.5 R0.5 F150；	调用外圆粗车循环指令，设置加工参数
N70 G71 P80 Q120 U1.0 W0；	
N80 G00 G42 X20.0；	轮廓精加工程序段
N90 G01 Z0 F100；	
N100 X28.0 Z–18.0；	

续表

参考程序	注释
N110 Z-22.0;	轮廓精加工程序段
N120 X30.0;	
N130 M05;	主轴停止
N140 M00;	程序暂停
N150 T0202 S900 M03;	换精车刀
N160 G00 X32.0 Z2.0;	快速靠近工件
N170 G70 P80 Q120;	采用精加工循环指令 G70 进行精车
N180 G00 G40 X100.0 Z50.0;	快速退至换刀点，取消刀尖圆弧半径右补偿
N190 M05;	主轴停止
N200 M30;	程序结束并复位

三、工件加工

将编制好的程序校验无误后，输入车床数控系统中，加工出合格的工件。

四、配分和评分标准

1．考核总成绩表见表 9-23。

表 9-23　　考核总成绩表

序号	项目	配分	得分	备注
1	现场操作规范	10		
2	工件质量	90		
合　计		100		

2．现场操作规范评分表见表 9-24。

表 9-24　　现场操作规范评分表

序号	项目	考核内容	配分	考场表现	得分
1	现场操作规范	正确使用机床	2		
2		正确使用量具	2		
3		合理使用刃具	2		
4		设备维护及保养	4		
合　计			10		

3．工件质量评分表见表 9–25。

表 9–25　　工件质量评分表

序号	考核项目		评分标准	配分	得分
1	长度	（65 ± 0.05）mm	每超差 0.01 mm 扣 2 分	6	
2		$43_{-0.1}^{0}$ mm	每超差 0.02 mm 扣 2 分	6	
3		$29_{-0.1}^{0}$ mm	每超差 0.02 mm 扣 2 分	6	
4		16 mm	不合格不得分	6	
5		4 mm（3 处）	不合格不得分	2 × 3	
6	外圆	$\phi16_{-0.027}^{0}$ mm	每超差 0.01 mm 扣 2 分	8	
7		$\phi24_{-0.033}^{0}$ mm	每超差 0.01 mm 扣 2 分	8	
8		$\phi28_{-0.033}^{0}$ mm	每超差 0.01 mm 扣 2 分	8	
9	螺纹	M12 × 1—6g	用螺纹环规检查，不合格不得分；螺纹长度不足扣 3 分	8	
10	槽	4 mm × 1 mm	不合格不得分	4	
11	锥体	小端直径、长度	每超差 0.1 mm 扣 1 分	5	
12	倒角	*C*1 mm	不合格不得分	2	
13		*C*0.5 mm（3 处）	不合格不得分	1 × 3	
14	圆弧	*R*6 mm	不合格不得分	5	
15	表面粗糙度	$Ra \leqslant 1.6$ μm（3 处）	降级不得分	1 × 3	
16		$Ra \leqslant 3.2$ μm（10 处）	降级不得分	0.5 × 10	
17	几何公差	↗ 0.05 A	每超差 0.02 mm 扣 1 分	3	
合　计				90	
评分人		年　月　日	核分人	年　月　日	

中级实例四

加工图 9–10 所示的配合件，毛坯尺寸为 $\phi45$ mm × 130 mm，材料为 45 钢。

一、确定加工工艺

1. 图样分析

该配合件为包含螺纹配合的较复杂的一组工件，其中件 1 包含外轮廓（含凹圆弧）、外沟槽和外螺纹；件 2 包含外轮廓、内轮廓和内螺纹。两工件有配合精度要求，有螺纹配合、圆柱面配合，还有配合间隙的要求。

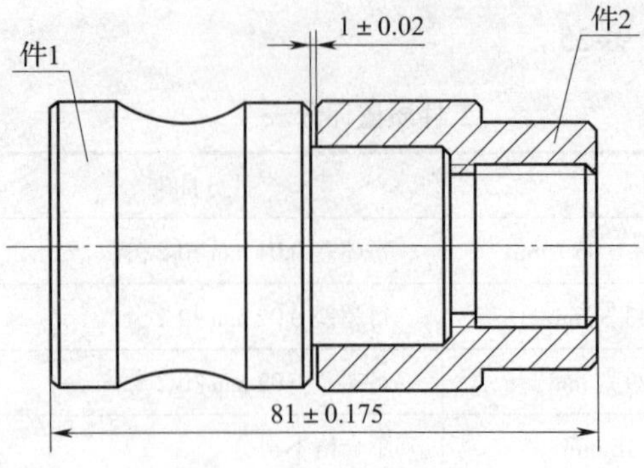

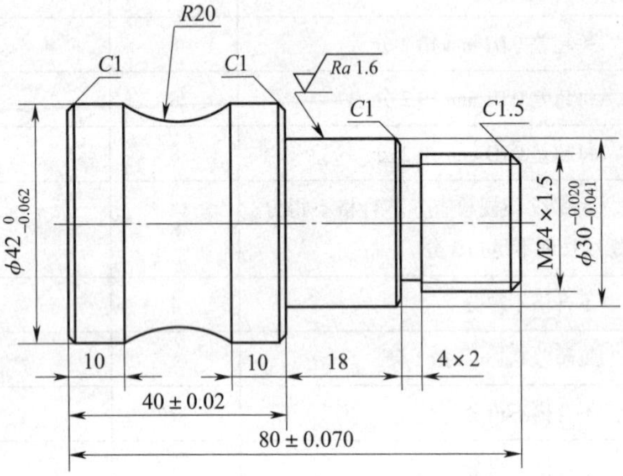

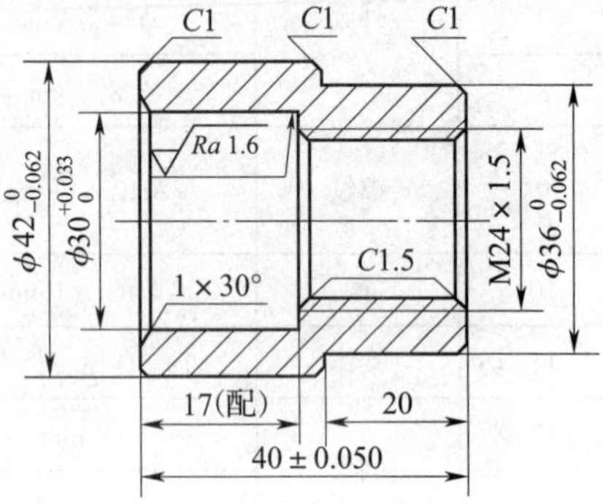

图 9-10　中级实例四

a）配合图　b）件 1 零件图　c）件 2 零件图

2. 工艺分析

由零件图分析可知，该工件轮廓不是太多，计算量也较少，程序编制较容易，加工难点在于如何确保螺纹和圆柱面的顺利配合，以及控制配合后的间隙（1 ± 0.02）mm 和总长（81 ± 0.175）mm。

为了解决上述难点问题，应重点保证工件的同轴度要求，因此，制定以下加工工艺：

（1）用三爪自定心卡盘夹持毛坯面，伸出长度约为 50 mm，手动车削端面（约 1 mm），用 ϕ20 mm 的麻花钻钻孔，钻孔深度为 42 ~ 45 mm，如图 9-11 所示。

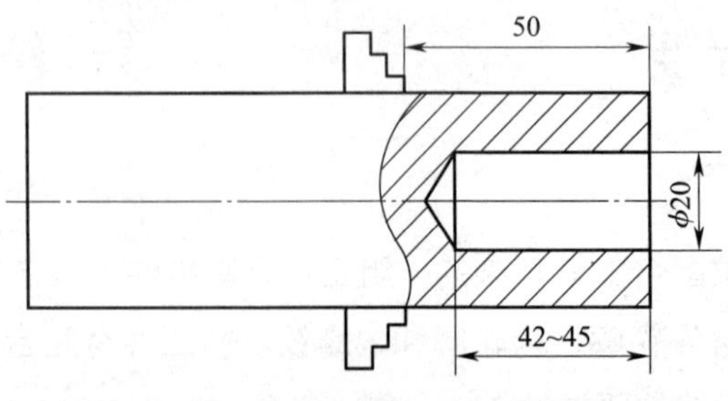

图 9-11　钻孔装夹示意图

接下来加工件 2，先加工件 2 左端 $\phi42_{-0.062}^{\ 0}$ mm 外圆，长度加工至 45 mm；再加工 $\phi30_{\ 0}^{+0.033}$ mm 内孔和 M24×1.5 螺纹底孔，$\phi30_{\ 0}^{+0.033}$ mm 内孔长度为 17 mm，螺纹底孔尺寸为 $\phi22.5$ mm，长度加工至 42 mm，如图 9-12 所示；然后加工内螺纹，有效长度至 40 mm，降速退刀段为 1 mm；最后手动切断，并保证件 2 长度为 41 mm 左右。

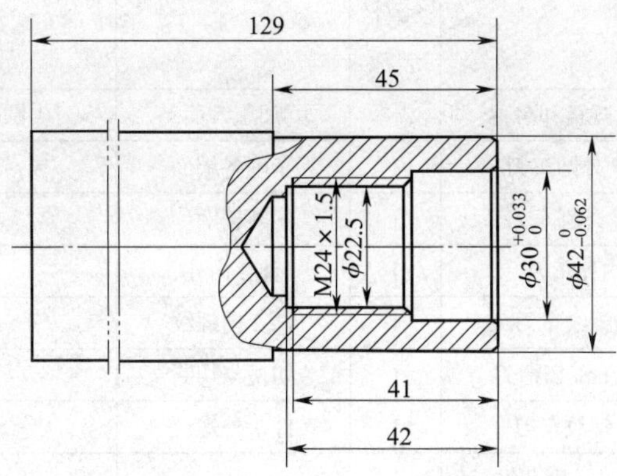

图 9-12　件 2 左端加工尺寸示意图

（2）将件 2 掉头装夹，手动车端面，保证长度为（40±0.050）mm，车内倒角 $C1.5$ mm，并加工 $\phi36_{-0.062}^{\ 0}$ mm 外圆。

（3）装夹毛坯，此时毛坯总长为 84 mm 左右，伸出长度为 40 mm 左右，车端面，钻中心孔，加工 $\phi40$ mm×30 mm 定位外圆，如图 9-13 所示。

掉头，夹持 $\phi40$ mm×30 mm 外圆，车端面，保证长度为（80±0.070）mm。加工 $\phi42_{-0.062}^{\ 0}$ mm 外圆，长度至 45 mm，然后加工 $R20$ mm 圆弧，如图 9-14 所示。

（4）掉头，夹持 $\phi42_{-0.062}^{\ 0}$ mm 外圆端部，用后顶尖顶紧，加工件 1 外轮廓、外沟槽和外螺纹。

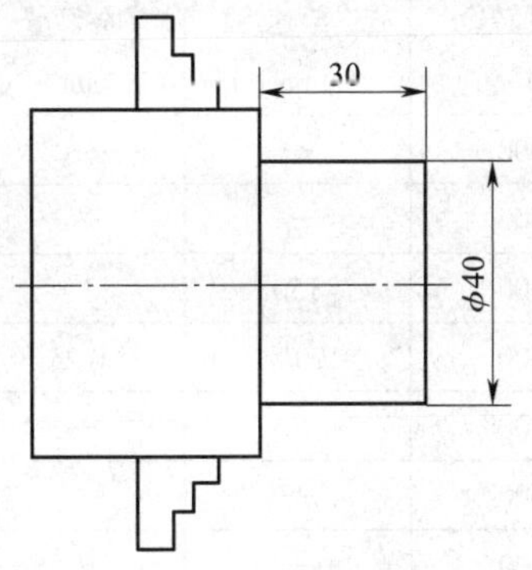

图 9-13　件 1 定位外圆加工示意图

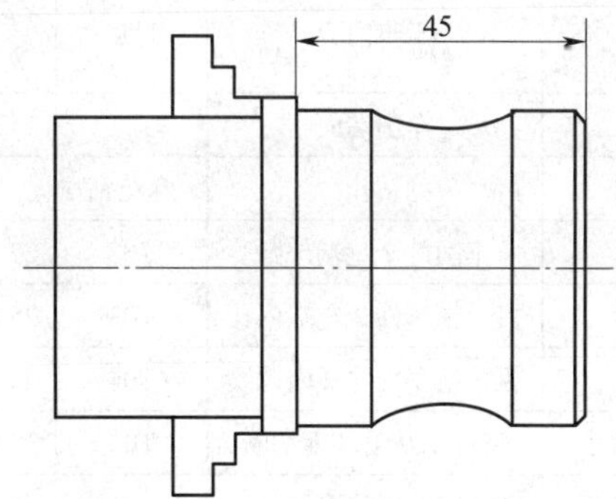

图 9-14　件 1 左端加工尺寸示意图

3. 相关工艺卡片的填写

（1）数控加工刀具卡见表 9–26。

表 9–26　　数控加工刀具卡

产品名称或代号			零件名称		零件图号	
序号	刀具号	刀具规格和名称	数量	加工表面	刀尖圆弧半径 /mm	备注
1	T01	45° 外圆车刀	1	车削各端面	0.4	25 mm × 25 mm
2	T02	93° 外圆车刀	1	外轮廓	0.4	25 mm × 25 mm
3	T03	内孔车刀	1	件 2 内孔	0.4	25 mm × 25 mm
4	T04	内螺纹车刀	1	件 2 内螺纹	0	25 mm × 25 mm
5	T05	宽 4 mm 切槽刀	1	切槽与切断	0	25 mm × 25 mm
6	T06	外螺纹车刀	1	件 1 外螺纹	0	25 mm × 25 mm
7		ϕ20 mm 麻花钻	1	孔	—	—
8		B3.15 mm/11.2 mm 中心钻	1	中心孔	—	—
编制		审核	批准		年　月　日	共　页　第　页

（2）数控加工工艺卡见表 9–27。

表 9–27　　数控加工工艺卡

单位名称		产品名称或代号		零件名称		零件图号	
工序号	程序编号	夹具名称		使用设备		车间	
001		三爪自定心卡盘		CK6140		数控加工车间	
工步号	工步内容	刀具号	刀具规格	主轴转速 /（r/min）	进给速度 /（mm/r）	背吃刀量 /mm	备注
1	车削端面	T01	25 mm × 25 mm	600	—	—	手动
2	钻孔	麻花钻	—	600	—	—	手动
3	车削件 2 左端外圆	T02	25 mm × 25 mm	600	150	2	自动
4	粗、精车件 2 左端内孔	T03	25 mm × 25 mm	600	100/80	1/0.25	自动
5	粗、精车削件 2 内螺纹	T04	25 mm × 25 mm	600	—	—	自动
6	将件 2 从毛坯上切断	T05	25 mm × 25 mm	600	—	—	手动
7	车削端面	T01	25 mm × 25 mm	600	—	—	手动
8	车内倒角 C1.5 mm	T03	25 mm × 25 mm	600	—	—	手动
9	车削件 2 右端外圆	T02	25 mm × 25 mm	600	150	2	自动
10	车削端面	T01	25 mm × 25 mm	600	—	—	手动
11	钻中心孔	中心钻	—	1 000	—	—	手动
12	车定位外圆	T02	25 mm × 25 mm	600	150	2	自动
13	车削端面	T01	25 mm × 25 mm	600	—	—	手动

续表

工步号	工步内容	刀具号	刀具规格	主轴转速 /（r/min）	进给速度 /（mm/r）	背吃刀量 /mm	备注
14	粗、精车件 1 左端外圆	T02	25 mm × 25 mm	600	150/100	2/1	自动
15	粗、精车件 1 右端轮廓	T02	25 mm × 25 mm	600	150/100	2/1	自动
16	车削件 1 外沟槽	T05	25 mm × 25 mm	600	15	4	自动
17	车削件 1 外螺纹	T06	25 mm × 25 mm	600	—	—	自动
编制	审核		批准		年　月　日	共　页	第　页

二、编制加工程序

1. 加工件 2 左端外圆和内孔

（1）建立工件坐标系

用三爪自定心卡盘夹持毛坯面，伸出长度约为 50 mm，手动车削端面，用麻花钻钻孔。

以端面与中心线的交点为坐标原点建立工件坐标系（见图 9–15），先加工件 2 左端 $\phi42_{-0.062}^{\ 0}$ mm 外圆；再加工 $\phi30_{\ 0}^{+0.033}$ mm 内孔和 M24 × 1.5 螺纹底孔；然后加工内螺纹；最后手动切断。

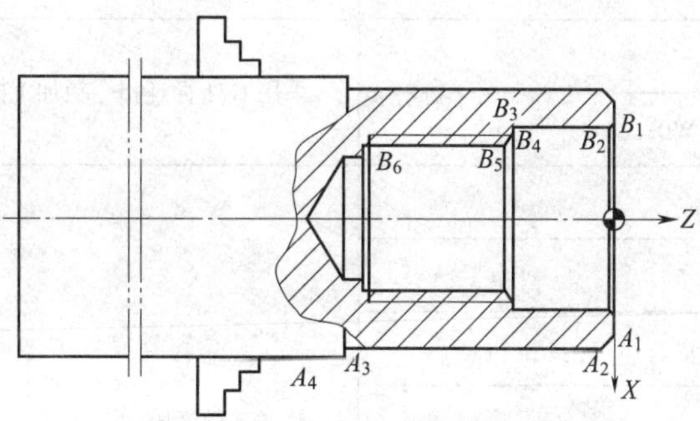

图 9–15　加工件 2 左端工件坐标系和基点

（2）基点的坐标值

件 2 左端基点的坐标值见表 9–28。

表 9–28　件 2 左端基点的坐标值

基点	坐标值（X，Z）	基点	坐标值（X，Z）
A_1	（40.0，0）	B_2	（30.0，–1.0）
A_2	（42.0，–1.0）	B_3	（30.0，–17.0）
A_3	（42.0，–45.0）	B_4	（25.5，–17.0）
A_4	（45.0，–45.0）	B_5	（22.5，–18.5）
B_1	（31.17，0）	B_6	（22.5，–42.0）

（3）编制加工程序

件 2 左端加工参考程序见表 9–29。

表 9–29　件 2 左端加工参考程序

参考程序	注释
O9041；	程序名
N10 G40 G98 G21；	程序初始化
N20 T0202 S600 M03；	设置刀具、主轴转速
N30 G00 X40.0 Z2.0；	快速靠近工件
N40 G01 Z0 F150；	刀具靠近工件
N50 X42.0 Z–1.0；	倒角 $C1$ mm
N60 Z–45.0；	加工 $\phi42_{-0.062}^{0}$ mm 外圆
N70 X45.0；	X 向退刀
N80 G00 X100.0 Z50.0；	刀具返回换刀点
N90 T0303；	换刀
N100 G00 X20.0 Z2.0；	刀具快速靠近工件
N110 G71 U1.0 R1.0 F100；	采用 G71 循环指令粗加工内孔
N120 G71 P130 Q200 U–0.5 W0；	
N130 G00 G41 X31.17；	精加工程序段
N140 G01 Z0 F80；	
N150 X30.0 Z–1.0；	
N160 Z–17.0；	
N170 X25.5；	
N180 X22.5 Z–18.5；	
N190 Z–42.0；	
N200 X20.0；	X 向退刀
N210 G70 P130 Q200；	用精加工循环指令 G70 进行精车
N220 G00 G40 X100.0 Z50.0；	刀具快速返回换刀点，取消刀尖圆弧半径左补偿
N230 T0404；	换刀
N240 G00 X20.0 Z2.0；	进刀
N250 Z–15.0；	进刀

续表

参考程序	注释
N260 G92 X23.2 Z-41.0 F1.5；	采用 G92 指令车螺纹
N270 X23.8；	
N280 X24.0；	
N290 G00 Z2.0；	刀具退出
N300 X100.0 Z50.0；	刀具返回换刀点
N310 M30；	程序结束并复位

2. 加工件 2 右端外圆

（1）建立工件坐标系

将件 2 掉头装夹，手动车端面，车内倒角 $C1.5$ mm，以右端面与中心线的交点为坐标原点建立工件坐标系，编程加工 $\phi36_{-0.062}^{0}$ mm 外圆，如图 9–16 所示。

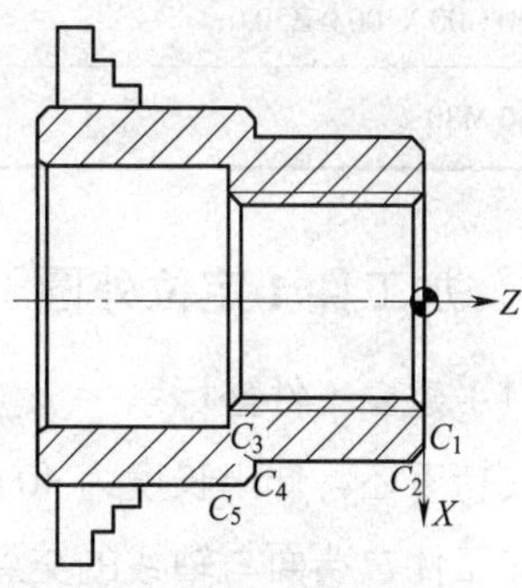

图 9–16 加工件 2 右端工件坐标系和基点

（2）基点的坐标值

件 2 右端基点的坐标值见表 9–30。

表 9–30 件 2 右端基点的坐标值

基点	坐标值（X，Z）	基点	坐标值（X，Z）
C_1	（34.0，0）	C_4	（40.0，-20.0）
C_2	（36.0，-1.0）	C_5	（42.0，-21.0）
C_3	（36.0，-20.0）		

（3）编制加工程序

件 2 右端加工参考程序见表 9–31。

表 9–31 件 2 右端加工参考程序

参考程序	注释
O9042；	程序名
N10 G40 G98 G21；	程序初始化
N20 T0202 S600 M03；	设置刀具、主轴转速
N30 G00 X38.0 Z2.0；	快速靠近工件
N40 G01 Z-20.0 F150；	粗车图样上 $\phi36_{-0.062}^{0}$ mm 外圆至 $\phi38$ mm
N50 G00 X45.0 Z2.0；	刀具快速返回

续表

参考程序	注释
N60 G00 X34.0；	进刀
N70 G01 Z0 F150；	靠近端面
N80 G01 X36.0 Z–1.0；	倒角 *C*1 mm
N90 Z–20.0；	精车 $\phi36_{-0.062}^{\ 0}$ mm 外圆
N100 X40.0；	退刀
N110 X42.0 Z–21.0；	倒角 *C*1 mm
N120 G00 X100.0 Z50.0；	刀具返回换刀点
N130 M30；	程序结束并复位

3. 加工件 1 定位外圆

（1）建立工件坐标系

夹持毛坯，伸出长度为 40 mm 左右，工件坐标系原点设在工件右端面与轴线的交点上，如图 9–17 所示。

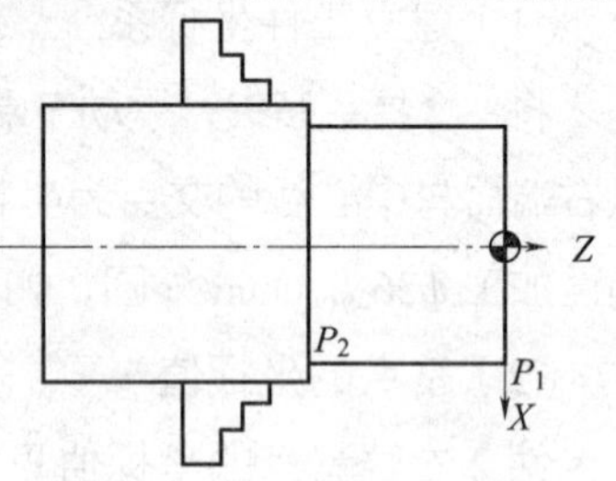

图 9–17 加工件 1 定位外圆工件坐标系和基点

（2）基点的坐标值

件 1 右端基点的坐标值见表 9–32。

表 9–32 件 1 右端基点的坐标值

基点	坐标值（X，Z）	基点	坐标值（X，Z）
P_1	（40.0，0）	P_2	（40.0，–30.0）

（3）编制加工程序

件 1 右端加工参考程序见表 9–33。

表 9–33 件 1 右端加工参考程序

参考程序	注释
O9043；	程序名
N10 G40 G98 G21；	程序初始化
N20 T0202 S600 M03；	设置刀具、主轴转速
N30 G00 X41.0 Z2.0；	快速靠近工件
N40 G01 Z–30.0 F150；	车削第一刀
N50 G00 X45.0 Z2.0；	退刀并返回
N60 G00 X40.0；	进刀

续表

参考程序	注释
N70 G01 Z–30.0 F150；	车削第二刀
N80 G00 X100.0 Z50.0；	退刀并返回换刀点
N90 M30；	程序结束并复位

4. 加工件 1 左端外圆

（1）建立工件坐标系

夹持 ϕ40 mm×30 mm 定位外圆，车端面，保证长度（80±0.070）mm，以左端面与中心线交点为坐标原点加工 $\phi 42_{-0.062}^{\ 0}$ mm 外圆，长度至 45 mm，然后加工 R20 mm 圆弧，如图 9–18 所示。

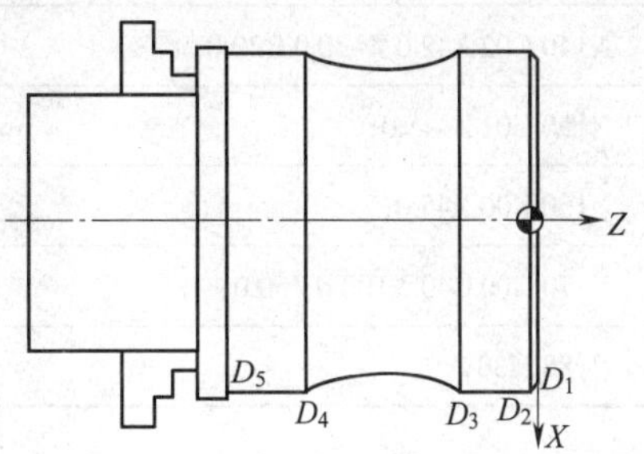

图 9–18　加工件 1 左端工件坐标系和基点

（2）基点的坐标值

件 1 左端基点的坐标值见表 9–34。

表 9–34　　件 1 左端基点的坐标值

基点	坐标值（X，Z）	基点	坐标值（X，Z）
D_1	（40.0，0）	D_4	（42.0，-30.0）
D_2	（42.0，–1.0）	D_5	（42.0，-45.0）
D_3	（42.0，–10.0）		

（3）编制加工程序

件 1 左端轮廓加工参考程序见表 9–35。

表 9–35　　件 1 左端加工参考程序

参考程序	注释
O9044；	程序名
N10 G40 G98 G21；	程序初始化
N20 T0202 S600 M03；	设置刀具、主轴转速
N30 G00 X43.0 Z2.0；	快速靠近工件
N40 G01 Z–45.0 F150；	粗车
N50 G00 X45.0；	退刀
N60 G00 Z–11.0；	返回
N70 G01 X42.0 F150；	进刀
N80 G02 X42.0 Z–30.0 R20.0；	粗车圆弧

续表

参考程序	注释
N90 G00 X45.0 Z2.0;	退刀并返回
N100 G42 X40.0;	X 向进刀，刀尖圆弧半径右补偿
N110 G01 Z0 F100;	靠近工件
N120 X42.0 Z–1.0;	倒角 C1 mm
N130 Z–10.0;	精车外圆
N140 G02 X42.0 Z–30.0 R20.0;	精车圆弧
N150 G01 Z–45.0;	精车外圆
N160 G00 X45.0;	退刀
N170 G00 G40 X100.0 Z50.0;	返回换刀点，取消刀尖圆弧半径右补偿
N180 M30;	程序结束并复位

5. 加工件 1 右端外轮廓、外沟槽和外螺纹

（1）建立工件坐标系

掉头，垫铜皮夹持 $\phi42_{-0.062}^{\ 0}$ mm 外圆端部，用后顶尖顶紧，加工件 1 外轮廓、外沟槽和外螺纹。工件坐标系原点设在工件右端面与中心线交点上，如图 9–19 所示。

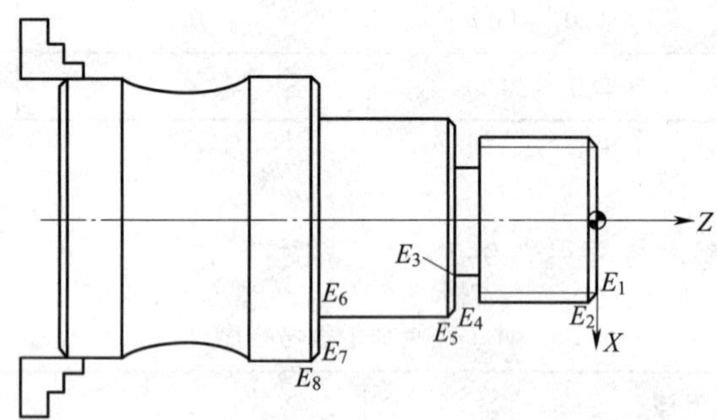

图 9–19 加工件 1 右端轮廓工件坐标系和基点

（2）基点的坐标值

件 1 右端轮廓基点的坐标值见表 9–36。

表 9–36 件 1 右端轮廓基点的坐标值

基点	坐标值（X，Z）	基点	坐标值（X，Z）
E_1	（21.0，0）	E_5	（30.0，–23.0）
E_2	（24.0，–1.5）	E_6	（30.0，–40.0）
E_3	（24.0，–22.0）	E_7	（40.0，–40.0）
E_4	（28.0，–22.0）	E_8	（42.0，–41.0）

（3）编制加工程序

件 1 右端轮廓加工参考程序见表 9–37。

表 9–37　　　　　　　　　　件 1 右端轮廓加工参考程序

<table>
<tr><th>参考程序</th><th>注释</th></tr>
<tr><td>O9045；</td><td>程序名</td></tr>
<tr><td>N10 G40 G98 G21；</td><td>程序初始化</td></tr>
<tr><td>N20 T0202 S600 M03；</td><td>设置刀具、主轴转速</td></tr>
<tr><td>N30 G00 X45.0 Z2.0；</td><td>快速靠近工件</td></tr>
<tr><td>N40 G71 U2.0 R1.0 F150；</td><td rowspan="2">调用 G71 循环指令进行粗车，设置加工参数</td></tr>
<tr><td>N50 G71 P60 Q140 U0.5 W0；</td></tr>
<tr><td>N60 G00 G42 X21.0；</td><td rowspan="5">精加工路线</td></tr>
<tr><td>N70 G01 Z0；</td></tr>
<tr><td>N80 X24.0 Z–1.5；</td></tr>
<tr><td>N90 Z–22.0；</td></tr>
<tr><td>N100 X28.0；</td></tr>
<tr><td>N110 X30.0 Z–23.0；</td><td rowspan="4">精加工路线</td></tr>
<tr><td>N120 Z–40.0；</td></tr>
<tr><td>N130 X40.0；</td></tr>
<tr><td>N140 X42.0 Z–41.0；</td></tr>
<tr><td>N150 G70 P60 Q140；</td><td>采用精加工循环指令 G70 进行精车</td></tr>
<tr><td>N160 G00 G40 X100.0 Z50.0；</td><td>刀具快速返回换刀点</td></tr>
<tr><td>N170 T0505 S600；</td><td>换刀</td></tr>
<tr><td>N180 G00 X32.0 Z–22.0；</td><td>进刀</td></tr>
<tr><td>N190 G01 X20.0 F15；</td><td>切槽</td></tr>
<tr><td>N200 G00 X32.0；</td><td>退刀</td></tr>
<tr><td>N210 G00 X100.0 Z50.0；</td><td>返回换刀点</td></tr>
<tr><td>N220 T0606 S600；</td><td>换刀</td></tr>
<tr><td>N230 G00 X26.0 Z2.0；</td><td>快速进刀</td></tr>
<tr><td>N240 G92 X23.2 Z–19.0 F1.5；</td><td rowspan="2">用 G92 指令车螺纹</td></tr>
<tr><td>N250 X22.8；</td></tr>
</table>

续表

参考程序	注释
N260 X22.5；	用 G92 指令车螺纹
N270 X22.38；	
N280 G00 X100.0 Z50.0；	刀具返回换刀点
N290 M30；	程序结束并复位

三、工件加工

将编制好的程序校验无误后，输入车床数控系统中，加工出合格的工件。

四、配分和评分标准

1．考核总成绩表见表 9–38。

表 9–38　考核总成绩表

序号	项目	配分	得分	备注
1	现场操作规范	10		
2	工件质量	90		
合　计		100		

2．现场操作规范评分表见表 9–39。

表 9–39　现场操作规范评分表

序号	项目	考核内容	配分	考场表现	得分
1	现场操作规范	正确使用机床	2		
2		正确使用量具	2		
3		合理使用刃具	2		
4		设备维护及保养	4		
合　计			10		

3．工件质量评分表见表 9–40。

表 9–40　工件质量评分表

件号	序号	考核项目		评分标准	配分	得分
件 1	1	长度	10 mm（2 处）	每超差 0.05 mm 扣 2 分	1×2	
	2		18 mm	每超差 0.05 mm 扣 2 分	2	
	3		（40 ± 0.02）mm	每超差 0.02 mm 扣 2 分	2	

续表

件号	序号	考核项目		评分标准	配分	得分
件1	4	长度	（80 ± 0.070）mm	每超差 0.02 mm 扣 2 分	2	
	5	外圆	$\phi42_{-0.062}^{0}$ mm	每超差 0.01 mm 扣 1 分	5	
	6		$\phi30_{-0.041}^{-0.020}$ mm	每超差 0.01 mm 扣 1 分	5	
	7	槽	4 mm × 2 mm	超差不得分	5	
	8	螺纹	M24 × 1.5	不合格不得分	5	
	9	圆弧	*R*20 mm	未成形不得分	2	
	10	倒角	*C*1.5 mm（1 处） *C*1 mm（3 处）	未倒角不得分	1 × 4	
	11	表面粗糙度	$Ra \leq 1.6\ \mu m$	降级不得分	2	
件2	1	长度	（40 ± 0. 050）mm	每超差 0.02 mm 扣 2 分	2	
	2		20 mm	每超差 0.05 mm 扣 2 分	2	
	3		17 mm（配）	每超差 0.05 mm 扣 2 分	2	
	4	外圆	$\phi42_{-0.062}^{0}$ mm	每超差 0.01 mm 扣 1 分	5	
	5		$\phi30_{0}^{+0.033}$ mm	每超差 0.01 mm 扣 1 分	5	
	6		$\phi36_{-0.062}^{0}$ mm	每超差 0.01 mm 扣 1 分	5	
	7	螺纹	M24 × 1.5	不合格不得分	5	
	8	倒角	*C*1 mm（3 处） *C*1.5 mm（2 处） 1 mm × 30°（1 处）	未倒角不得分	1 × 6	
	9	表面粗糙度	$Ra \leq 1.6\ \mu m$	降级不得分	2	
配合	1	螺纹	螺纹配合	不能旋入不得分	10	
	2	间隙	（1 ± 0. 02）mm	每超差 0.01 mm 扣 1 分	5	
	3	总长	（81 ± 0. 175）mm	每超差 0.01 mm 扣 1 分	5	
合　计					90	

评分人		年　月　日	核分人		年　月　日

高级实例一

加工图 9–20 所示的工件，毛坯尺寸为 ϕ50 mm × 105 mm，材料为 45 钢。

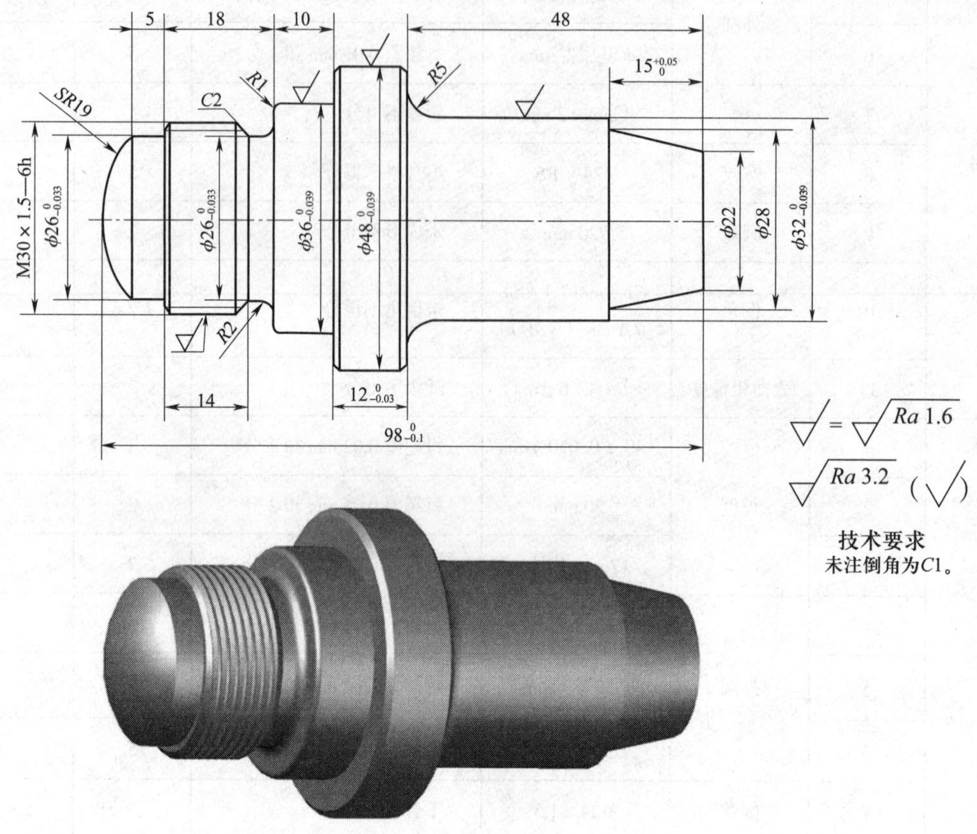

图 9–20 高级实例一零件图

一、确定加工工艺

1. 图样分析

该工件主要加工外轮廓表面，具体包括球头、外圆柱面、螺纹、沟槽、锥体等表面，其中多个外圆尺寸与长度尺寸有较高的尺寸精度要求，各主要外圆表面的表面粗糙度 *Ra* 值均为 1.6 μm，其余表面的表面粗糙度 *Ra* 值为 3.2 μm，说明该工件对尺寸精度和表面质量有比较高的要求，因此，加工工艺应安排粗车和精车。工件左、右两端的轮廓不能同时加工完成，加工完一端轮廓后需要掉头装夹。

2. 确定装夹方式和工艺路线

（1）用三爪自定心卡盘夹持毛坯面（见图 9–21），粗、精加工工件右端轮廓（端面、锥体、$\phi32^{0}_{-0.039}$ mm 外圆、*R*5 mm 圆弧、$\phi48^{0}_{-0.039}$ mm 外圆）至要求的尺寸。

（2）掉头，用三爪自定心卡盘垫铜皮夹持 $\phi32_{-0.039}^{\ 0}$ mm 外圆（见图 9–22），粗、精加工左端轮廓（SR19 mm 球头、$\phi26_{-0.033}^{\ 0}$ mm 外圆、M30×1.5－6h 螺纹牙顶圆、退刀槽、$\phi36_{-0.039}^{\ 0}$ mm 外圆）至要求的尺寸。

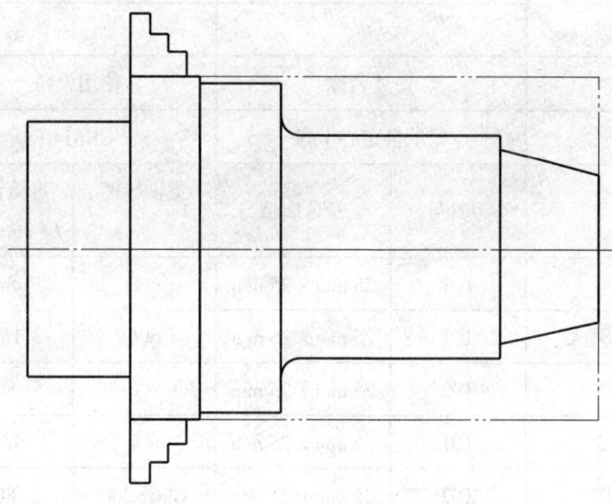

图 9–21　加工右端装夹示意图

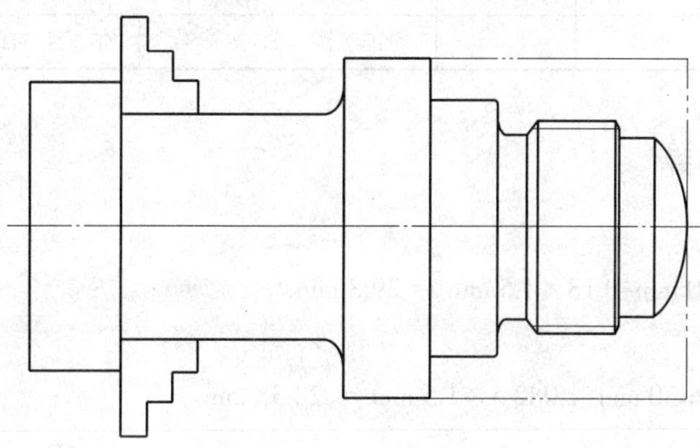

图 9–22　加工左端装夹示意图

（3）用螺纹车刀加工 M30×1.5－6h 螺纹。

3. 填写相关工艺卡片

（1）数控加工刀具卡见表 9–41。

表 9–41　　**数控加工刀具卡**

产品名称或代号			零件名称		零件图号	
序号	刀具号	刀具规格和名称	数量	加工表面	刀尖圆弧半径 /mm	备注
1	T01	35° 菱形机夹刀	1	粗车工件外轮廓	0.8	25 mm × 25 mm
2	T02	35° 菱形机夹刀	1	精车工件外轮廓	0.4	25 mm × 25 mm
3	T03	60° 外螺纹车刀	1	车 M30 × 1.5—6 h 螺纹	—	25 mm × 25 mm
编制		审核	批准	年　月　日	共　页	第　页

（2）数控加工工艺卡见表 9–42。

表 9–42　　　　数控加工工艺卡

单位名称		产品名称或代号		零件名称		零件图号	
工序号	程序编号	夹具名称		使用设备		车间	
001		三爪自定心卡盘		CK6140		数控加工车间	
工步号	工步内容	刀具号	刀具规格	主轴转速 /（r/min）	进给速度 /（mm/min）	背吃刀量 /mm	备注
1	车端面	T01	25 mm × 25 mm	600	80	1	手动
2	粗车右端轮廓	T01	25 mm × 25 mm	600	150	1.5	自动
3	精车右端轮廓	T02	25 mm × 25 mm	900	80	0.5	自动
4	粗车左端轮廓	T01	25 mm × 25 mm	600	150	1.5	自动
5	精车左端轮廓	T02	25 mm × 25 mm	G96 S200	80	0.5	自动
6	粗、精车螺纹	T03	20 mm × 20 mm	600	—	—	自动
编制	审核		批准		年　月　日	共　页	第　页

二、相关计算

螺纹大径：

$d_{大}=D-0.13P=30\ \text{mm}-0.13\times1.5\ \text{mm}\approx29.8\ \text{mm}$

螺纹小径：

$d_{小}=D-1.082\,5P=30\ \text{mm}-1.082\,5\times1.5\ \text{mm}\approx28.38\ \text{mm}$

三、编制加工程序

1. 加工工件右端

工件右端加工参考程序见表 9–43。

表 9–43　　　　工件右端加工参考程序

参考程序	注释
O9051;	程序名
N10 M03 T0101 S600;	主轴正转，调用 01 号刀具，执行 01 号刀补
N20 G00 X52.0 Z2.0;	快速移到循环起刀点
N30 G94 X0 Z0 F80;	车端面
N40 G71 U2.0 R1.0 F150;	外圆粗车复合循环
N50 G71 P60 Q140 U1.0 W0;	

续表

参考程序	注释
N60 G00 G42 X22.0;	精车轮廓起始行
N70 G01 Z0 F80;	*Z* 向进刀
N80 G01 X28.0 Z–15.0;	精车外圆锥
N90 X32.0;	精车端面
N100 Z–43.0;	精车 $\phi32_{-0.039}^{0}$ mm 外圆
N110 G02 X42.0 W–5.0 R5.0;	精车 *R*5 mm 圆弧
N120 G01 X46.0;	精车端面
N130 G01 X48.0 Z–49.0;	倒角
N140 Z–62.0;	精车 $\phi48_{-0.039}^{0}$ mm 外圆
N150 X55.0;	*X* 向退刀
N160 G00 X100.0 Z100.0;	退刀至换刀点
N170 T0202 S900;	换 02 号精车刀，执行 02 号刀补
N180 G00 X52.0 Z2.0;	快速移到循环起刀点
N190 G70 P60 Q140;	采用精加工循环指令 G70 进行精车
N200 G00 G40 X100.0 Z100.0;	退刀至换刀点，取消刀尖圆弧半径右补偿
N210 M30;	程序结束并复位

2. 加工工件左端

工件左端加工参考程序见表 9–44。

表 9–44　　工件左端加工参考程序

参考程序	注释
O9052;	程序名
N10 M03 S600 T0101;	主轴正转，调用 01 号刀具，执行 01 号刀补
N20 G00 X52.0 Z2.0;	快速移到循环起刀点
N30 G94 X0 Z0 F80;	循环车削端面
N40 G73 U25.0 W0 R17 F150;	外圆粗车复合循环
N50 G73 P60 Q190 U1.0 W0;	
N60 G00 X0;	精车定位
N70 G01 Z0 F80;	
N80 G03 X26.0 Z–5.0 R19.0;	精车 *SR*19 mm 半球

续表

参考程序	注释
N90 G01 Z–10.0；	精车 $\phi 26_{-0.033}^{\ 0}$ mm 外圆
N100 X27.8；	倒角起点
N110 X29.8 Z–1.0；	倒角 $C1$ mm
N120 Z–22.0；	精车螺纹外圆
N130 X26.0 Z–24.0；	倒角 $C2$ mm
N140 Z–26.0；	精车槽底
N150 G02 X30.0 Z–28.0 R2.0；	精车 $R2$ mm 圆弧
N160 G01 X34.0；	精车端面
N170 G03 X36.0 W–1.0 R1.0；	精车 $R1$ mm 圆弧
N180 G01 W–9.0；	精车 $\phi 36_{-0.039}^{\ 0}$ mm 外圆
N190 G01 X52.0；	X 向退刀
N200 G00 X100.0 Z50.0；	快速退刀至换刀点
N210 T0202 M03 S900；	调用 02 号精车刀，执行 02 号刀补
N220 G00 G42 X50.0 Z5.0；	快速移到循环起刀点
N230 G70 P60 Q190；	采用精加工循环指令 G70 进行精车
N240 G00 G40 X100.0 Z50.0；	快速退刀至换刀点
N250 T0303 S600；	换 03 号外螺纹车刀
N260 G00 X52.0 Z5.0；	快速定位
N270 G00 X32.0 Z0；	
N280 G92 X29.0 Z–25.0 F1.5；	螺纹加工
N290 X28.7；	
N300 X28.5；	
N310 X28.38；	
N320 G00 X100.0 Z50.0；	快速退刀至换刀点
N330 M30；	程序结束并复位

四、工件加工

将编制好的程序校验无误后，输入车床数控系统中，加工出合格的工件。

五、评分标准

评分标准见表 9–45。

表 9–45　　评分标准

姓名		班级			成绩		
序号	项目	考核内容	评分标准	配分	检测手段	检测结果	得分
1	外圆	$\phi48_{-0.039}^{0}$ mm	超差 0.01 mm 扣 1 分	5	千分尺		
2		$\phi32_{-0.039}^{0}$ mm	超差 0.01 mm 扣 1 分	5	千分尺		
3		$\phi36_{-0.039}^{0}$ mm	超差 0.01 mm 扣 1 分	5	千分尺		
4		$\phi26_{-0.033}^{0}$ mm	超差 0.01 mm 扣 1 分	5	千分尺		
5	锥体	大端 $\phi22$ mm，小端 $\phi28$ mm	不合格不得分	4	游标卡尺		
6		长度 $15_{0}^{+0.05}$ mm	超差 0.01 mm 扣 2 分	4	深度千分尺		
7	圆弧	$SR19$ mm	不合格不得分	5	半径样板		
8		$R5$ mm	不合格不得分	5	半径样板		
9	长度	48 mm	不合格不得分	4	深度游标卡尺		
10		$12_{-0.03}^{0}$ mm	超差 0.01 mm 扣 2 分	4	游标卡尺		
11		5 mm	不合格不得分	4	游标卡尺		
12		18 mm	不合格不得分	4	深度游标卡尺		
13		10 mm	不合格不得分	4	深度游标卡尺		
14		$98_{-0.1}^{0}$ mm	超差 0.02 mm 扣 2 分	4	游标卡尺		
15	倒角	$C1$ mm（3 处）	不合格不得分	2×3	游标卡尺		
16		$C2$ mm	不合格不得分	2	游标卡尺		
17	圆弧角	$R1$ mm	不合格不得分	2	半径样板		
18		$R2$ mm	不合格不得分	2	半径样板		
19	螺纹	M30×1.5—6 h	不合格不得分	8	螺纹环规		
20	表面粗糙度	$Ra\leqslant1.6$ μm（4 处）	降级不得分	1×4	表面粗糙度比较样块		
21		$Ra\leqslant3.2$ μm（4 处）	降级不得分	1×4	表面粗糙度比较样块		
22	安全文明生产		按有关规定，每违反一次扣 2 分，扣完为止	10			
合　计				100			
加工时间	240 min		开始时间		结束时间		
监考			检查员		记录员		

高级实例二

加工图 9-23 所示的工件，毛坯尺寸为 $\phi60$ mm × 170 mm，材料为 45 钢。

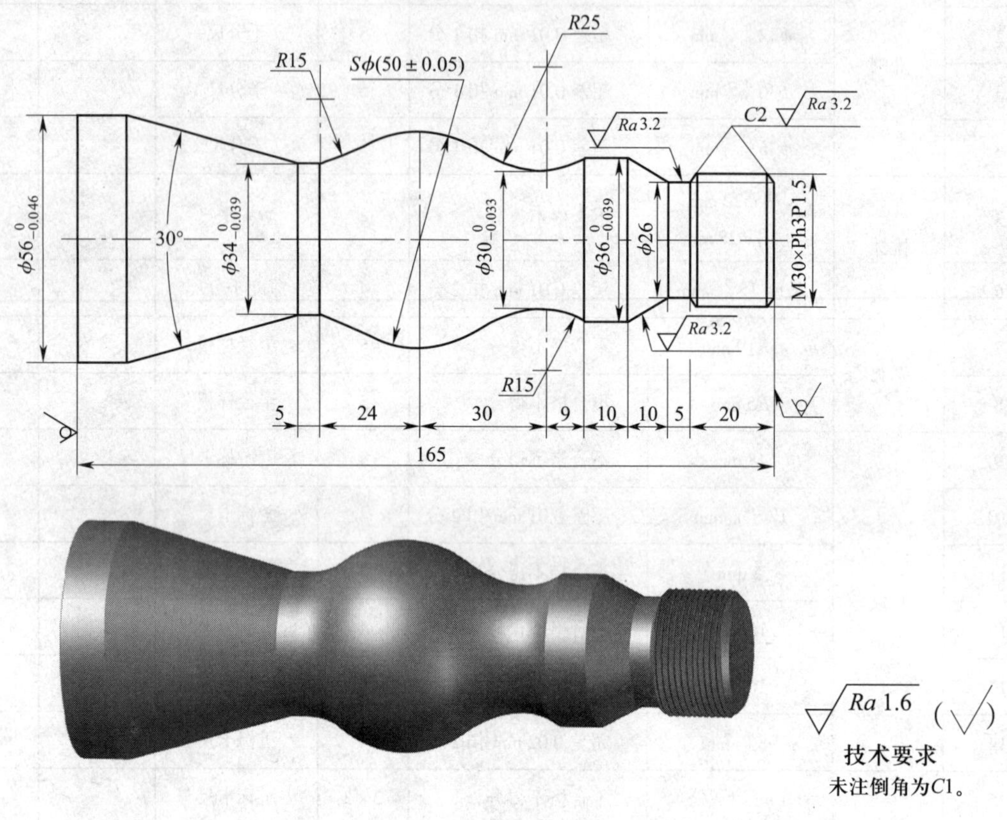

图 9-23　高级实例二零件图

一、确定加工工艺

1. 图样分析

该工件由圆柱、圆锥、顺圆弧、逆圆弧和双线螺纹等表面组成，其中多个直径尺寸有较高的尺寸精度和表面质量要求。工件尺寸标注完整，轮廓描述清楚。工件材料为 45 钢，无热处理和硬度要求。通过分析，应采取以下几点工艺措施：

（1）对图样上给定的几个精度要求较高的尺寸，因其公差数值较小，故编程时不必取平均值，而全部取其公称尺寸即可。

（2）在轮廓曲线上有四段圆弧，其中两段改变进给方向，因此，在加工时应进行机械间隙补偿，以保证轮廓曲线的准确性。

（3）该工件的大外圆 $\phi56_{-0.046}^{\ 0}$ mm 需要加工，所以采用预设工艺夹头装夹的方法，一夹一顶车削工件。

2．确定装夹方案

确定毛坯轴线和左端大端面（设计基准）为定位基准，左端采用三爪自定心卡盘定心夹紧，右端采用回转顶尖支承的装夹方式。

3．确定加工顺序和进给路线

加工顺序按由粗到精、由近到远（由右到左）的原则确定。即先从右到左进行粗车，然后从右到左进行精车，最后车削螺纹。

4．填写相关工艺卡片

（1）数控加工刀具卡见表 9–46。

表 9–46　　数控加工刀具卡

产品名称或代号			零件名称		零件图号	
序号	刀具号	刀具规格和名称	数量	加工表面	刀尖圆弧半径 /mm	备注
1	T01	45° 硬质合金端面车刀	1	手动车端面	0.8	25 mm × 25 mm
2	T02	B3.15 mm/11.2 mm 中心钻	1	钻中心孔	—	—
3	T03	35° 菱形机夹刀	1	工件外轮廓	0.4	25 mm × 25 mm
4	T04	60° 外螺纹车刀	1	车 M30 × Ph3P1.5 螺纹	—	25 mm × 25 mm
编制		审核		批准		年　月　日	共　页	第　页

（2）数控加工工艺卡见表 9–47。

表 9–47　　数控加工工艺卡

单位名称		产品名称或代号		零件名称		零件图号	
工序号	程序编号	夹具名称		使用设备		车间	
001		三爪自定心卡盘		CK6140		数控加工车间	
工步号	工步内容	刀具号	刀具规格	主轴转速 /（r/min）	进给速度 /（mm/min）	背吃刀量 /mm	备注
1	车端面	T01	25 mm × 25 mm	320	—	—	手动
2	钻中心孔	T02	—	600	—	—	手动
3	粗车轮廓	T03	25 mm × 25 mm	600	150	2	自动
4	精车轮廓	T03	25 mm × 25 mm	900	80	0.5	自动
5	粗、精车螺纹	T04	25 mm × 25 mm	600	—	—	自动
编制		审核		批准		年　月　日	共　页	第　页

二、相关计算

1. R25 mm 圆弧与 Sϕ（50±0.05）mm 圆球的交点坐标

按图 9-24 所示作辅助线。在$\triangle O_1AO_2$中，已知O_2A =30 mm，O_1O_2=25 mm+25 mm=50 mm

则$O_1A=\sqrt{(O_1O_2)^2-(O_2A)^2}=\sqrt{50^2-30^2}$ mm=40 mm

因为$\triangle O_1BC\backsim\triangle O_1AO_2$，则有

$$\frac{O_1B}{O_1A}=\frac{O_1C}{O_1O_2}$$

$$O_1B=O_1A\times\frac{O_1C}{O_1O_2}=40\text{ mm}\times\frac{25\text{ mm}}{50\text{ mm}}=20\text{ mm}$$

$$\frac{CB}{O_2A}=\frac{O_1C}{O_1O_2}$$

$$CB=O_2A\times\frac{O_1C}{O_1O_2}=30\text{ mm}\times\frac{25\text{ mm}}{50\text{ mm}}=15\text{ mm}$$

所以 C 点坐标值如下：

$$X_C=2\times(O_1A-O_1B)=2\times20\text{ mm}=40\text{ mm}$$

$$Z_C=-(CB+54\text{ mm})=-(15\text{ mm}+54\text{ mm})=-69\text{ mm}$$

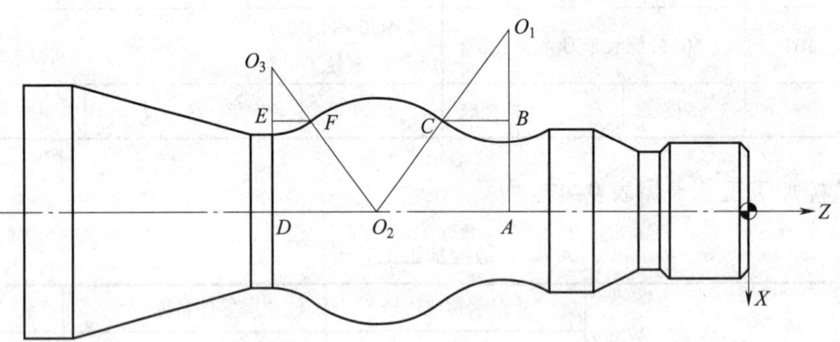

图 9-24 计算圆弧交点坐标

2. Sϕ（50±0.05）mm 圆球与 R15 mm 圆弧的交点坐标

在$\triangle O_3DO_2$中，已知DO_2 =24 mm，O_3O_2 =15 mm+25 mm=40 mm

则$O_3D=\sqrt{(O_3O_2)^2-(O_2D)^2}=\sqrt{40^2-24^2}$ mm=32 mm

因为$\triangle O_3EF\backsim\triangle O_3DO_2$，则有

$$\frac{O_3E}{O_3D}=\frac{O_3F}{O_3O_2}$$

$$O_3E=O_3D\times\frac{O_3F}{O_3O_2}=32\text{ mm}\times\frac{15\text{ mm}}{40\text{ mm}}=12\text{ mm}$$

$$\frac{EF}{DO_2}=\frac{O_3F}{O_3O_2}$$

$$EF=DO_2\times\frac{O_3F}{O_3O_2}=24\ \text{mm}\times\frac{15\ \text{mm}}{40\ \text{mm}}=9\ \text{mm}$$

所以 F 点坐标值如下：

$$X_F=2\times(O_3D-O_3E)=2\times(32\ \text{mm}-12\ \text{mm})=40\ \text{mm}$$

$$Z_F=-(108\ \text{mm}-EF)=-(108\ \text{mm}-9\ \text{mm})=-99\ \text{mm}$$

3. 30° 锥体与 $\phi56_{-0.046}^{\ 0}$ mm 外圆的交点坐标

$$\tan15°=\frac{28\ \text{mm}-17\ \text{mm}}{L}$$

$$L=\frac{11\ \text{mm}}{\tan15°}\approx 41.05\ \text{mm}$$

所以，30° 锥体与 $\phi56_{-0.046}^{\ 0}$ mm 外圆的交点坐标为（X56.0，Z–154.05）。

4. 螺纹大径和小径

螺纹大径：

$d_{大}=D-0.13P=30\ \text{mm}-0.13\times1.5\ \text{mm}\approx 29.8\ \text{mm}$

螺纹小径：

$d_{小}=D-1.082\,5P=30\ \text{mm}-1.082\,5\times1.5\ \text{mm}\approx 28.38\ \text{mm}$

三、编制加工程序

轮廓加工参考程序见表 9–48。

表 9–48　　轮廓加工参考程序

参考程序	注释
O9061;	程序名
N10 M03 S600;	主轴正转，转速为 600 r/min
N20 M08 T0303;	切削液开，调用 03 号刀具，执行 03 号刀补
N30 G00 X95.0 Z2.0;	快速到达起刀点
N40 G73 U17.0 W2.0 R8 F150;	调用 G73 固定循环指令进行粗车
N50 G73 P60 Q210 U1.0 W0;	
N60 G00 G42 X25.8;	X 向进刀，并建立刀尖圆弧半径右补偿
N70 G01 Z0 F80;	到达倒角起点
N80 X29.8 Z–2.0;	倒角 C2 mm
N90 Z–18.0;	精车螺纹牙顶圆
N100 X26.0 Z–20.0;	倒角 C2 mm
N110 Z–25.0;	精车槽

续表

参考程序	注释
N120 X36.0 Z-35.0；	精加工锥体
N130 Z-45.0；	精加工 $\phi36_{-0.039}^{0}$ mm 外圆
N140 G02 X30.0 Z-54.0 R15.0；	精加工 $R15$ mm 圆弧
N150 G02 X40.0 Z-69.0 R25.0；	精加工 $R25$ mm 圆弧
N160 G03 X40.0 Z-99.0 R25.0；	精加工 $S\phi$（50 ± 0.05）mm 圆球
N170 G02 X34.0 Z-108.0 R15.0；	精加工 $R15$ mm 圆弧
N180 G01 W-5.0；	精加工 $\phi34_{-0.039}^{0}$ mm 外圆
N190 X56.0 Z-154.05；	精加工 30° 锥体
N200 Z-165.0；	精加工 $\phi56_{-0.046}^{0}$ mm 外圆
N210 X60.0；	X 向退刀
N220 G70 P60 Q210 S900；	精加工循环，主轴转速为 900 r/min
N230 G00 G40 X100.0 Z50.0；	快速退至安全点，取消刀尖圆弧半径右补偿
N240 T0404；	调用 04 号螺纹车刀，执行 04 号刀补
N250 M03 S600；	主轴正转，转速为 600 r/min
N260 G00 X35.0 Z6.0；	快速靠近工件，加工第一线螺纹
N270 G92 X29.0 Z-22.0 F3.0；	螺纹循环加工，第一次背吃刀量为 0.4 mm
N280 X28.7；	第二刀
N290 X28.5；	第三刀
N300 X28.38；	第四刀
N310 G01 X35.0 Z4.5；	Z 向移动一个螺距，加工第二线螺纹
N320 G92 X29.0 Z-22.0 F3.0；	螺纹循环加工，第一次背吃刀量为 0.4 mm
N330 X28.7；	第二刀
N340 X28.5；	第三刀
N350 X28.38；	第四刀
N360 G00 X100.0 Z50.0；	快速退至安全点
N370 M30；	程序结束并复位

四、工件加工

将编制好的程序校验无误后，输入车床数控系统中，加工出合格的工件。

五、评分标准

评分标准见表 9-49。

表 9-49　　评分标准

姓名		班级			成绩		
序号	项目	考核内容	评分标准	配分	检测手段	检测结果	得分
1	外圆	$\phi56_{-0.046}^{0}$ mm	超差 0.01 mm 扣 2 分	4	千分尺		
2		$\phi34_{-0.039}^{0}$ mm	超差 0.01 mm 扣 2 分	4	千分尺		
3		$\phi30_{-0.033}^{0}$ mm	超差 0.01 mm 扣 2 分	4	千分尺		
4		$\phi36_{-0.039}^{0}$ mm	超差 0.01 mm 扣 2 分	4	千分尺		
5		$\phi26$ mm	超差 0.01 mm 扣 1 分	3	千分尺		
6	锥度	30°	超差不得分	4	游标万能角度尺		
7	圆弧	$R15$ mm	不合格不得分	5	半径样板		
8		$R25$ mm	不合格不得分	5	半径样板		
9		$S\phi(50\pm0.05)$ mm	不合格不得分	5	半径样板		
10		$R15$ mm	不合格不得分	5	半径样板		
11	长度	20 mm	不合格不得分	3	游标卡尺		
12		5 mm	超差 0.01 mm 扣 1 分	3	游标卡尺		
13		10 mm（2 处）	不合格不得分	3×2	游标卡尺		
14		9 mm	不合格不得分	3	游标卡尺		
15		30 mm	不合格不得分	3	游标卡尺		
16		24 mm	不合格不得分	3	游标卡尺		
17		5 mm	不合格不得分	3	游标卡尺		
18		165 mm	不合格不得分	3	游标卡尺		
19	倒角	$C2$ mm（2 处）	不合格不得分	1×2	游标卡尺		
20	螺纹	M30×Ph3P1.5	不合格不得分	8	螺纹环规		
21	表面粗糙度	$Ra\leqslant1.6$ μm（8 处）	降级不得分	1×8	表面粗糙度比较样块		
22		$Ra\leqslant3.2$ μm（4 处）	降级不得分	0.5×4	表面粗糙度比较样块		
23	安全文明生产		按有关规定，每违反一次扣 2 分，扣完为止	10			
合　计				100			
加工时间	240 min		开始时间		结束时间		
监考			检查员		记录员		

高级实例三

加工图 9–25 所示的配合件，毛坯尺寸为 ϕ55 mm × 115 mm、ϕ55 mm × 65 mm，材料为 45 钢。

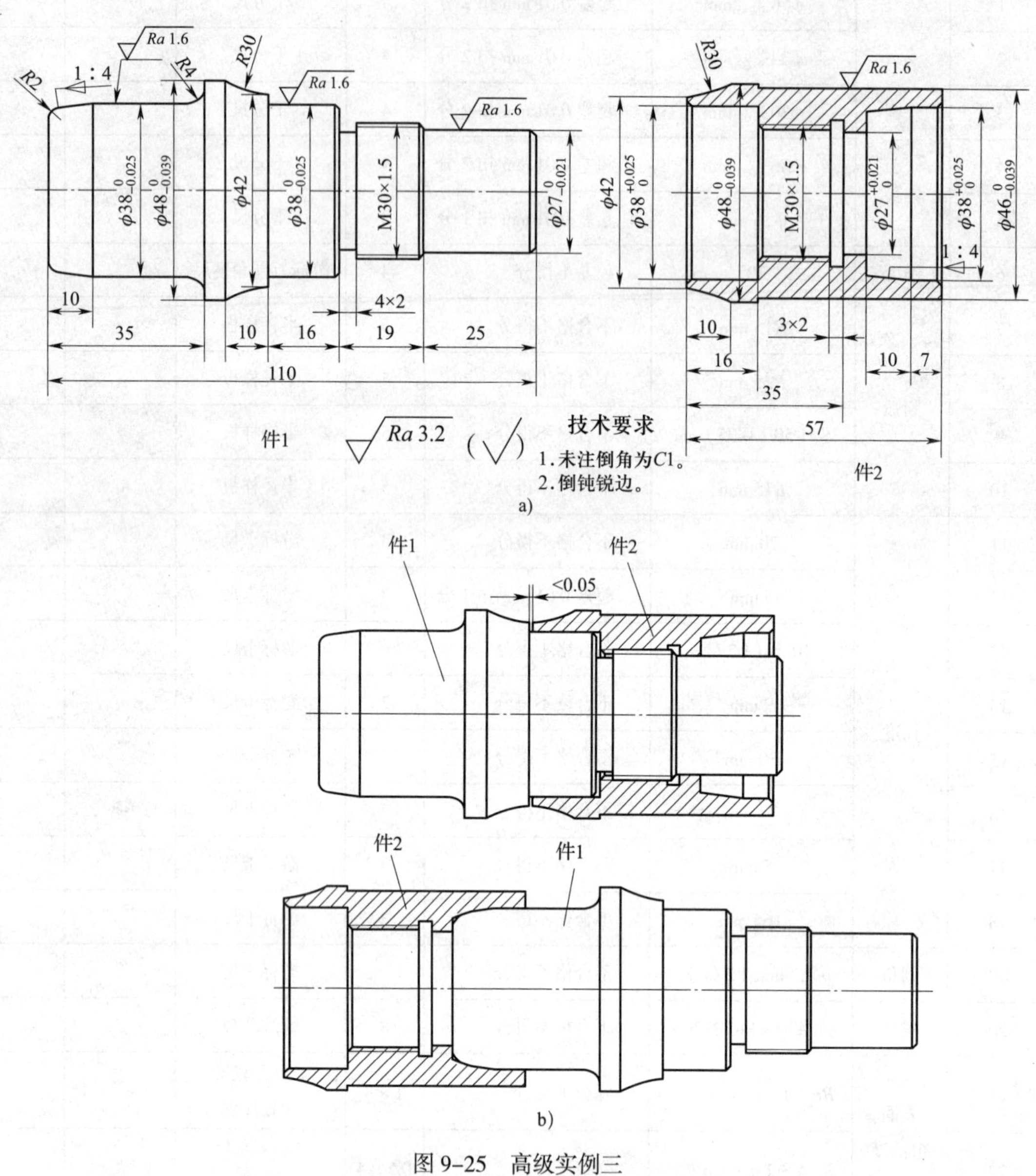

图 9–25 高级实例三

a）零件图 b）配合图

一、确定加工工艺

1. 图样分析

如图 9–25 所示，该配合件包含螺纹配合、圆柱面配合、圆锥面配合，比较复杂。件 1

包含了圆柱、锥体、圆弧面、外沟槽和外螺纹；件 2 包含了外轮廓、圆柱孔、圆锥孔、内沟槽和内螺纹；各主要外圆表面的表面粗糙度 Ra 值均为 1.6 μm，要求较高。件 1 和件 2 有配合精度要求，包括螺纹配合、圆柱面配合、圆锥面配合，还有配合间隙的要求。

2. 工艺分析

由零件图分析可知，该配合件的加工难点在于如何确保配合精度和配合后的间隙小于 0.05 mm。加工时应重点保证工件的同轴度要求，为此制定以下加工工艺：

（1）件 2 加工工艺

1）夹持工件左端毛坯外圆，粗、精车工件右端 $\phi46_{-0.039}^{\ 0}$ mm 外圆。

2）钻 $\phi25$ mm 通孔。

3）粗、精车工件 $\phi38_{\ 0}^{+0.025}$ mm、$\phi27_{\ 0}^{+0.021}$ mm 内孔和锥度为 1∶4 的内锥孔，工件装夹如图 9–26 所示。

4）掉头，夹持工件右端 $\phi46_{-0.039}^{\ 0}$ mm 外圆，粗车工件左端 $\phi48_{-0.039}^{\ 0}$ mm 外圆，粗车 $R30$ mm 圆弧。

5）粗、精车工件 $\phi38_{\ 0}^{+0.025}$ mm 内孔、M30×1.5 内螺纹底孔。

6）车内螺纹退刀槽。

7）粗、精加工 M30×1.5 内螺纹，工件装夹如图 9–27 所示。

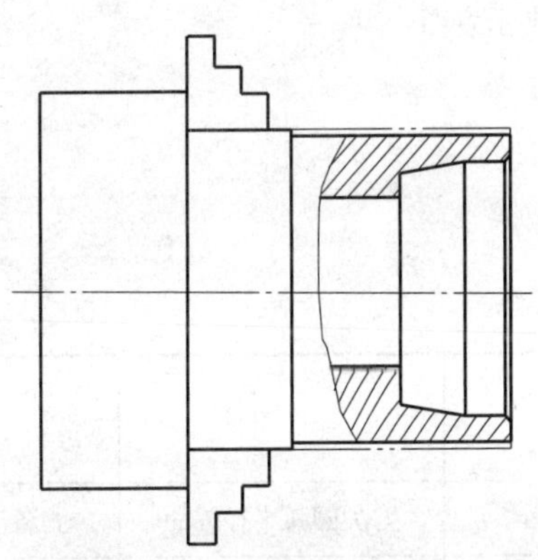
图 9–26　件 2 右端加工装夹示意图

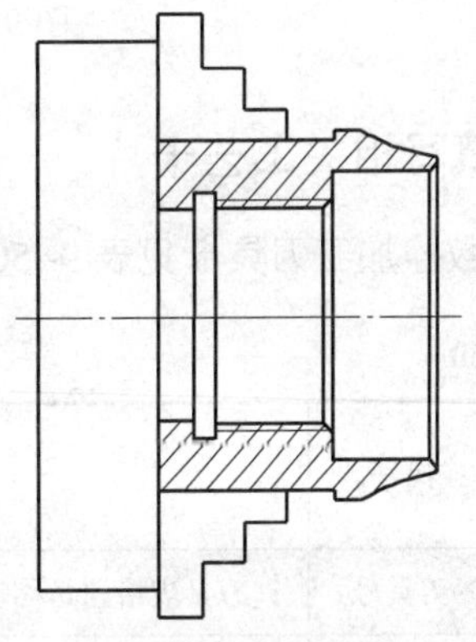
图 9–27　件 2 左端加工装夹示意图

（2）件 1 加工工艺

1）夹持工件右端毛坯外圆，粗、精车工件左端 $\phi38_{-0.025}^{\ 0}$ mm 外圆，$R2$ mm、$R4$ mm 圆弧和锥度为 1∶4 的锥体，粗车 $\phi48_{-0.039}^{\ 0}$ mm 外圆，工件装夹如图 9–28 所示。

2）掉头，夹持工件左端 $\phi38_{-0.025}^{\ 0}$ mm 外圆，粗、精车工件右端 $\phi38_{-0.025}^{\ 0}$ mm 和 $\phi27_{-0.021}^{\ 0}$ mm 外圆、M30×1.5 螺纹外圆，粗车 $R30$ mm 圆弧，工件装夹如图 9–29 所示。

3）车螺纹退刀槽。

4）粗、精加工 M30×1.5 外螺纹。

（3）配合件加工工艺

将件 2 配合到件 1 上精车 $\phi48_{-0.039}^{\ 0}$ mm 外圆，精车 $R30$ mm 圆弧至要求的尺寸。

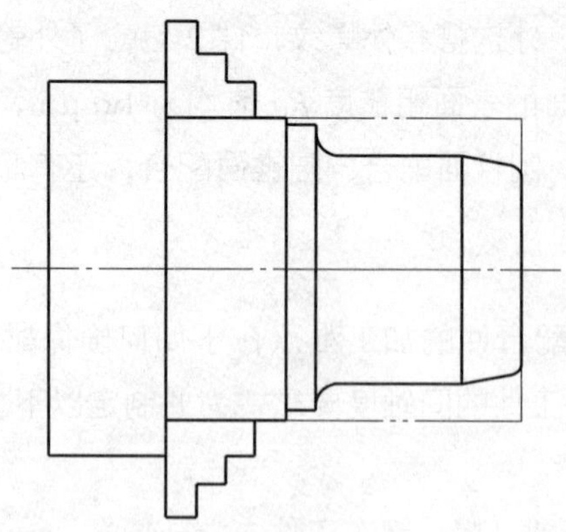

图 9-28 件 1 左端加工装夹示意图

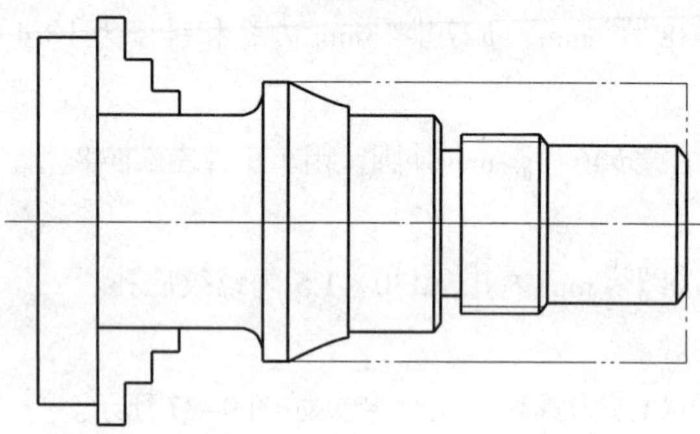

图 9-29 件 1 右端加工装夹示意图

3. 填写相关工艺卡片

（1）数控加工刀具卡见表 9-50。

表 9-50 数控加工刀具卡

产品名称或代号			零件名称		零件图号		
序号	刀具号	刀具规格和名称	数量	加工表面	刀尖圆弧半径 /mm	备注	
1		ϕ25 mm 麻花钻	1	钻 ϕ25 mm 通孔	—	—	
2	T01	90° 外圆粗车刀	1	粗车工件外轮廓	0.8	20 mm × 20 mm	
3	T02	35° 菱形精车刀	1	精车工件外轮廓	0.4	20 mm × 20 mm	
4	T03	外切槽刀	1	车退刀槽	—	20 mm × 20 mm	
5	T04	外螺纹车刀	1	车 M30 × 1.5 螺纹	—	20 mm × 20 mm	
6	T05	内孔车刀	1	车内孔	0.4	20 mm × 20 mm	
7	T06	内切槽刀	1	切内退刀槽	—	20 mm × 20 mm	
8	T07	内螺纹车刀	1	车 M30 × 1.5 螺纹	—	20 mm × 20 mm	
编制		审核		批准	年 月 日	共 页	第 页

（2）数控加工工艺卡见表 9–51。

表 9–51　　数控加工工艺卡

单位名称		产品名称或代号		零件名称		零件图号	
工序号	程序编号	夹具名称		使用设备		车间	
001		三爪自定心卡盘		CK6140		数控加工车间	
工步号	工步内容	刀具号	主轴转速 /（r/min）	进给速度 /（mm/min）		背吃刀量 /mm	备注
1	粗车件 2 右端外轮廓	T01	600	150		2.0	自动
2	粗、精车件 2 内轮廓	T05	600	80		1.0 0.25	自动
3	掉头，夹持 $\phi46_{-0.039}^{0}$ mm 外圆，粗车件 2 左端外轮廓	T01	600	150		2.0	自动
4	精车件 2 左端外轮廓	T02	900	100		0.5	自动
5	粗、精车件 2 左端内轮廓	T05	600	80		1.0 0.25	自动
6	车件 2 内退刀槽	T06	400	60		—	自动
7	车内螺纹	T07	500	—		—	自动
8	粗车件 1 左端外轮廓	T01	600	150		2.0	自动
9	精车件 1 左端外轮廓	T02	900	100		0.25	自动
10	掉头，粗车件 1 右端外轮廓	T01	600	150		2.0	自动
11	精车件 1 右端外轮廓	T02	900	100		0.25	自动
12	车外螺纹退刀槽	T03	400	60		—	自动
13	车外螺纹	T04	600	—		—	自动
14	件 2 与件 1 配合，精车 $\phi48_{-0.039}^{0}$ mm 外圆、$R30$ mm 圆弧至要求的尺寸	T02	900	100		0.5	自动
编制	审核	批准		年　月　日		共　页	第　页

二、编制加工程序

1. 加工件 2

（1）件 2 右端加工参考程序见表 9–52。

表 9–52　　件 2 右端加工参考程序

参考程序	注释
O9071;	程序名
N10 M03 S600 T0101;	主轴正转，调用 01 号刀具，执行 01 号刀补
N20 G00 X55.0 Z3.0;	快速定位

续表

参考程序	注释
N30 G94 X0 Z0 F80；	循环车削端面
N40 G00 X50.0 Z5.0；	快速定位
N50 G90 X46.0 Z–41.0 F150；	循环车削 $\phi46_{-0.039}^{0}$ mm 外圆
N60 G00 X100.0 Z50.0；	快速退刀至换刀点
N70 M03 T0505 S600；	调用 05 号内孔车刀，执行 05 号刀补
N80 G00 X25.0 Z2.0；	快速定位
N90 G71 U1.0 R0.5 F80；	用 G71 循环指令加工内孔
N100 G71 P110 Q180 U–0.5 W0；	
N110 G00 G41 X40.0；	精车定位
N120 G01 Z0；	
N130 X38.0 Z–1.0；	倒角 *C*1 mm
N140 Z–7.0；	精加工 $\phi38_{0}^{+0.025}$ mm 内孔
N150 X35.5 Z–17.0；	精车内锥孔
N160 X27.0；	精车端面
N170 W–6.0；	精车$\phi27_{0}^{+0.021}$ mm 内孔
N180 X25.0；	*X* 向退刀
N190 G70 P110 Q180；	采用精加工循环指令 G70 进行精车
N200 G00 G40 X100.0 Z100.0；	快速退刀，并取消刀尖圆弧半径右补偿
N210 M30；	程序结束并复位

（2）件 2 左端加工参考程序见表 9–53。

表 9–53　　件 2 左端加工参考程序

参考程序	注释
O9072；	程序名
N10 M03 S600 T0101；	主轴正转，调用 01 号刀具，执行 01 号刀补
N20 G00 X55.0 Z3.0；	快速定位
N30 G94 X0 Z0 F80；	循环车削端面
N40 G00 X50.0 Z5.0；	快速定位
N50 G90 X49.0 Z–20.0 F150；	循环粗车图样上 $\phi48_{-0.039}^{0}$ mm 外圆至 $\phi49$ mm
N60 G01 X43.0 Z0；	圆弧加工定位
N70 G02 X49.0 Z–10.0 R30.0；	粗加工 *R*30 mm 圆弧

续表

参考程序	注释
N80 G00 X100.0 Z50.0;	快速退刀至换刀点
N90 M03 S600 T0505;	调用 05 号内孔车刀，执行 05 号刀补
N100 G00 X24.0 Z2.0;	快速定位
N110 G71 U1.0 R0.5 F80;	用 G71 循环指令粗加工内孔循环
N120 G71 P130 Q200 U-0.5 W0;	
N130 G00 X40.0;	精车定位
N140 G01 Z0;	
N150 X38.0 Z-1.0;	倒角 $C1$ mm
N160 Z-16.0;	精加工 $\phi38^{+0.025}_{0}$ mm 内孔
N170 X32.5;	精车端面
N180 X28.5 W-2.0;	倒角 $C1$ mm
N190 Z-35.0;	精加工 M30 × 1.5 内螺纹底孔
N200 X24.0;	快速定位
N210 G70 P130 Q200;	采用精加工循环指令 G70 进行精车
N220 G00 X100.0 Z50.0;	快速退刀至换刀点
N230 T0606 M03 S400;	调用 06 号内切槽刀，执行 06 号刀补
N240 G00 X25.0;	快速定位
N250 Z-35.0;	
N260 G01 X31.0 F60;	切槽
N270 X25.0;	退刀
N280 G00 Z50.0;	快速退刀至换刀点
N290 X100.0;	
N300 T0707 M03 S500;	调用 07 号内螺纹车刀，执行 07 号刀补
N310 G00 X25.0;	快速定位
N320 Z-10.0;	
N330 G92 X29.0 Z-33.0 F1.5;	加工内螺纹
N340 X29.5;	
N350 X29.8;	
N360 X30.0;	
N370 G00 Z50.0;	快速退刀至换刀点
N380 X100.0;	
N390 M30;	程序结束并复位

2. 加工件 1

（1）件 1 左端加工参考程序见表 9–54。

表 9–54　　件 1 左端加工参考程序

参考程序	注释
O9073;	程序名
N10 M03 S600 T0101;	主轴正转，调用 01 号刀具，执行 01 号刀补
N20 G00 X50.0 Z2.0;	快速移到循环起刀点
N30 G94 X0 Z0 F80;	循环车削端面
N40 G71 U2.0 R1.0 F150;	用外圆粗车复合循环指令 G71 进行粗车
N50 G71 P60 Q140 U0.5 W0;	
N60 G00 G42 X31.969;	精车定位
N70 G01 Z0 F100;	
N80 G03 X35.938 Z–1.752 R2.0;	精车 $R2$ mm 圆弧
N90 G01 X38.0 Z–10.0;	精车外圆锥
N100 Z–31.0;	精车 $\phi38_{-0.025}^{0}$ mm 外圆
N110 G02 X46.0 Z–35.0 R4.0;	精车 $R4$ mm 圆弧
N120 G01 X49.0;	精车端面
N130 Z–45.0;	粗车图样上 $\phi48_{-0.039}^{0}$ mm 外圆至 $\phi49$ mm
N140 X51.0;	X 向退刀
N150 G00 X100.0 Z50.0;	快速退刀至换刀点
N160 T0202 M03 S900;	调用 02 号精车刀，执行 02 号刀补
N170 G00 X50.0 Z2.0;	快速移到循环起刀点
N180 G70 P60 Q140;	采用精加工循环指令 G70 进行精车
N190 G00 G40 X100.0 Z50.0;	快速退刀至换刀点，取消刀尖圆弧半径右补偿
N200 M30;	程序结束并复位

（2）件 1 右端加工参考程序见表 9–55。

表 9–55　　件 1 右端加工参考程序

参考程序	注释
O9074;	程序名
N10 M03 S600 T0101;	主轴正转，调用 01 号刀具，执行 01 号刀补
N20 G00 X50.0 Z5.0;	快速移到循环起刀点

续表

参考程序	注释
N30 G94 X0 Z0 F80;	循环车削端面
N40 G71 U2.0 R1.0 F150;	用外圆粗车复合循环指令 G71 进行粗车
N50 G71 P60 Q170 U0.5 W0;	
N60 G00 X25.0;	精车定位
N70 G01 Z0 F100;	
N80 G01 X27.0 Z–1.0;	倒角 $C1$ mm
N90 Z–25.0;	精车 $\phi27^{0}_{-0.021}$ mm 外圆
N100 X29.8 W–1.0;	倒角 $C1$ mm
N110 Z–44.0;	精车螺纹外圆
N120 X36.0;	精车端面
N130 X38.0 W–1.0;	倒角 $C1$ mm
N140 Z–60.0;	精车 $\phi38^{0}_{-0.025}$ mm 外圆
N150 X43.0;	精车端面
N160 G02 X49.0 Z–70.0 R30.0;	粗车 $R30$ mm 圆弧
N170 G01 X50.0;	退刀
N180 G00 X100.0 Z50.0;	快速退刀至换刀点
N190 T0202 M03 S900;	调用 02 号精车刀，执行 02 号刀补
N200 G00 X50.0 Z1.0;	快速移到循环起刀点
N210 G70 P60 Q170;	采用精加工循环指令 G70 进行精车
N220 G00 X100.0 Z50.0;	快速退刀至换刀点
N230 M03 S400 T0303;	调用 03 号外切槽刀，执行 03 号刀补
N240 G00 X38.0 Z–44.0;	快速定位
N250 G01 X26.0 F60;	
N260 X31.0;	切槽
N270 G00 X100.0 Z50.0;	快速退刀至换刀点
N280 T0404 M03 S600;	调用 04 号外螺纹车刀，执行 04 号刀补
N290 G00 X33.0 Z–20.0;	快速定位
N300 G92 X29.0 Z–42.0 F1.5;	螺纹加工
N310 X28.7;	
N320 X28.5;	
N330 X28.38;	
N340 G00 X100.0 Z50.0;	快速退刀至换刀点
N350 M30;	程序结束并复位

3. 加工件 1、件 2 配合件

件 1、件 2 配合件加工参考程序见表 9–56。

表 9–56　　件 1、件 2 配合件加工参考程序

参考程序	注释
O9075;	程序名
N10 M03 S900 T0202;	主轴正转，调用 01 号刀具，执行 01 号刀补
N20 G42 G00 X50.0 Z2.0;	快速定位
N30 X48.0 Z–40.0;	
N40 G01 Z–47.0 F100;	精车 $\phi48_{-0.039}^{\ 0}$ mm 外圆
N50 G02 X48.0 W–20.0 R30.0;	精车 $R30$ mm 圆弧
N60 G01 W–6.0;	精车 $\phi48_{-0.039}^{\ 0}$ mm 外圆
N70 G40 G00 X50.0;	X 向退刀
N80 Z100.0;	Z 向快速退刀
N90 M30;	程序结束并复位

三、工件加工

将编制好的程序校验无误后，输入车床数控系统中，加工出合格的工件。

四、评分标准

评分标准见表 9–57。

表 9–57　　评分标准

序号	考核项目		考核内容	配分	评分标准	检测结果	得分
1	件 1	外圆	$\phi48_{-0.039}^{\ 0}$ mm	4	超差不得分		
2			$\phi38_{-0.025}^{\ 0}$ mm	4	超差不得分		
3			$\phi38_{-0.025}^{\ 0}$ mm	4	超差不得分		
4			$\phi27_{-0.021}^{\ 0}$ mm	4	超差不得分		
5		长度	35 mm	1	超差不得分		
6			110 mm	2	超差不得分		
7		倒角	$C1$ mm（3 处）	1×3	错、漏一处扣 1 分		
8		外锥	1 : 4	3	超差不得分		

续表

序号	考核项目		考核内容	配分	评分标准	检测结果	得分
9	件 1	圆弧	$R2$ mm、$R4$ mm	3×2	错、漏一处扣 1 分		
10			$R30$ mm	2	超差不得分		
11		外螺纹	M30×1.5	5	超差不得分		
12		$Ra\leqslant1.6$ μm（3 处）		2×3	降级不得分		
13	件 2	外圆	$\phi48_{-0.039}^{\ 0}$ mm	4	超差不得分		
14			$\phi46_{-0.039}^{\ 0}$ mm	4	超差不得分		
15		内孔	$\phi38_{\ 0}^{+0.025}$ mm（左端）	5	超差不得分		
16			$\phi38_{\ 0}^{+0.025}$ mm（右端）	5	超差不得分		
17			$\phi27_{\ 0}^{+0.021}$ mm	5	超差不得分		
18		内锥	1∶4	6	配研后晃动不得分		
19		长度	总长 57 mm	4	超差不得分		
20			16 mm	4	超差不得分		
21		圆弧	$R30$ mm	4	超差不得分		
22		倒角	$C1$ mm（3 处）	1×3	错、漏一处扣 1 分		
23		内螺纹	M30×1.5	5	超差不得分		
24		$Ra\leqslant1.6$ μm		2	降级不得分		
25	配合	$R30$ mm 圆弧	透光间隙＜0.05 mm	5	超差不得分		
26	扣分项	尺寸	未注尺寸公差按 IT14 级	—	一处超差扣 1 分		
27		安全文明生产	1. 遵守安全操作规程 2. 工具、夹具、量具、刀具放置规范，按规定进行设备维护及保养，场地清洁	—	每违反一次扣 2 分，最高扣分不超过 10 分		
合　计				100			

评分人		年　月　日	核分人		年　月　日

高级实例四

加工图 9-30 所示的配合件，毛坯尺寸为 $\phi50$ mm×160 mm，材料为 2A15。

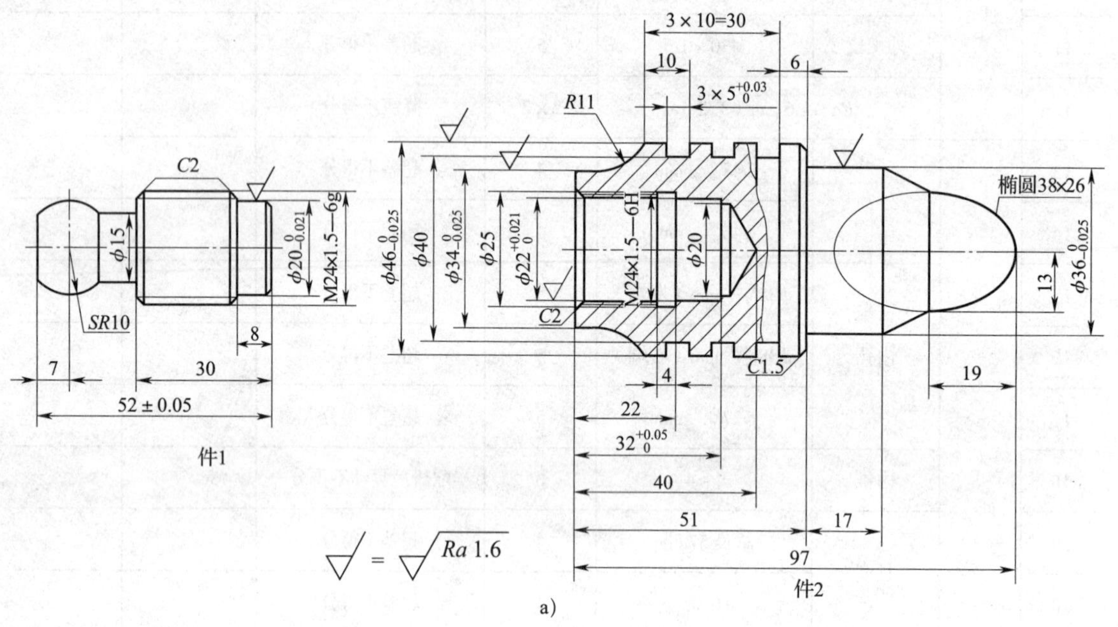

技术要求

1. 倒钝锐边。
2. 未注倒角为C1。
3. 圆弧过渡光滑。
4. 未注尺寸公差按GB/T 1804—m。

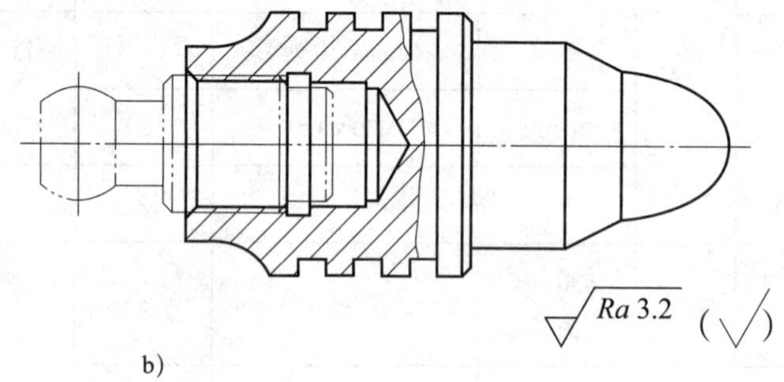

图 9-30　高级实例四

a）零件图　b）配合图

一、确定加工工艺

1. 图样分析

如图 9-30 所示为螺纹配合件。件 1 包含圆弧面、外圆柱面、外沟槽和外螺纹；件 2 包含外圆柱面、椭圆、锥体、圆弧面、沟槽、内孔和内螺纹。各主要外圆表面的表面粗糙度 *Ra* 值均为 1.6 μm，要求较高。

2. 工艺分析

由零件图分析可知，该工件的加工难点一是螺纹配合，二是椭圆加工。为了解决上述难点问题，制定以下加工工艺：

（1）夹持工件毛坯左端外圆，粗、精车件 2 右端 $\phi 46_{-0.025}^{0}$ mm、$\phi 36_{-0.025}^{0}$ mm 外圆和 38 mm×26 mm 椭圆。

（2）粗、精车件 2 中 3 mm×$5_{0}^{+0.03}$ mm 退刀槽，工件装夹如图 9-31 所示。

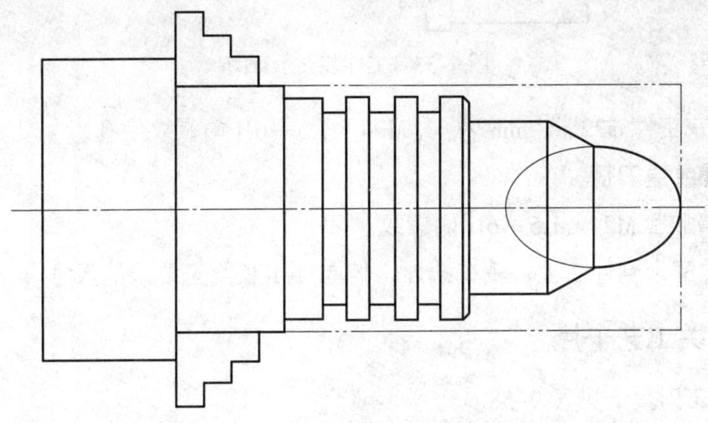

图 9-31　件 2 右端加工装夹示意图

（3）掉头，夹持工件毛坯外圆，粗、精车件 1 右端 $\phi 20_{-0.021}^{0}$ mm 外圆、M24×1.5－6g 螺纹外圆、ϕ15 mm 外圆和 SR10 mm 圆弧，工件装夹如图 9-32 所示。

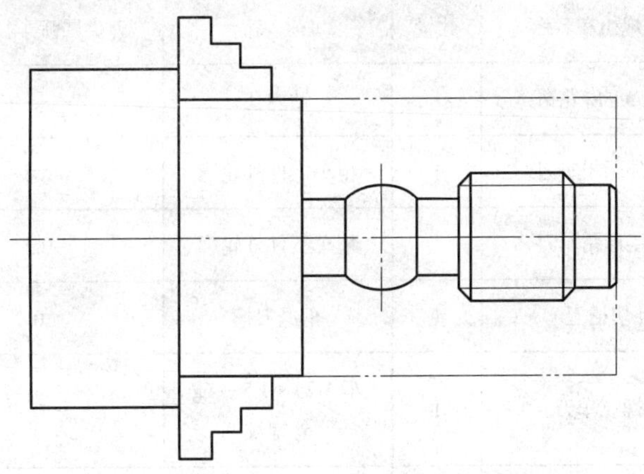

图 9-32　件 1 加工装夹示意图

（4）车 M24×1.5－6g 螺纹至要求的尺寸。

（5）切断件 1。

（6）夹持 $\phi 36_{-0.025}^{0}$ mm 外圆，车端面，控制总长，工件装夹如图 9-33 所示。

（7）粗、精车工件 $\phi 34_{-0.025}^{0}$ mm 外圆、R11 mm 圆弧。

（8）手动钻 ϕ20 mm 孔，孔深为 40 mm。

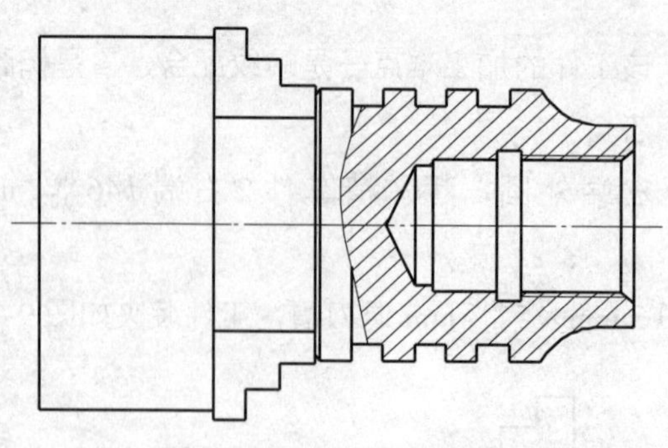

图 9–33　工件装夹示意图

（9）粗、精车工件 $\phi22_{0}^{+0.021}$ mm 内孔、M24×1.5－6H 内螺纹底孔。

（10）车内螺纹退刀槽。

（11）粗、精加工 M24×1.5－6H 内螺纹。

（12）将件 1 配合到件 2 上，精车端面，控制件 1 长度至要求的尺寸。

3. 填写相关工艺卡片

（1）数控加工刀具卡见表 9–58。

表 9–58　　**数控加工刀具卡**

产品名称或代号		零件名称		零件图号	
刀具号	刀具规格和名称	数量	加工表面	刀尖圆弧半径 /mm	备注
	ϕ20 mm 麻花钻	1	钻内孔	—	—
T01	90° 外圆粗车刀	1	粗车工件外轮廓	0.4	20 mm × 20 mm
T02	35° 菱形精车刀	1	精车工件外轮廓	0.2	20 mm × 20 mm
T03	外切槽刀	1	车退刀槽	0	20 mm × 20 mm
T04	外螺纹车刀	1	车 M24 × 1.5—6g 外螺纹	0	20 mm × 20 mm
T05	内孔车刀	1	车内孔	0.2	20 mm × 20 mm
T06	内切槽刀	1	车内退刀槽	0	20 mm × 20 mm
T07	内螺纹车刀	1	车 M24 × 1.5—6H 内螺纹	0	20 mm × 20 mm
编制		审核		批准	年 月 日	共 页	第 页

（2）数控加工工艺卡见表 9–59。

表 9–59　　数控加工工艺卡

单位名称		产品名称或代号		零件名称		零件图号
工序号	程序编号	夹具名称		使用设备		车间
001		三爪自定心卡盘		CK6140		数控加工车间
工步号	工步内容	刀具号	主轴转速 /（r/min）	进给速度 /（mm/min）	背吃刀量 /mm	备注
1	粗车件 2 右端外轮廓	T01	600	150	2.5	自动
2	精车件 2 右端外轮廓	T02	900	100	0.25	自动
3	车 3 mm × $5^{+0.03}_{0}$ mm 槽	T03	400	60	—	自动
4	掉头，粗车件 1 外轮廓	T01	600	150	2.5	自动
5	精车件 1 外轮廓	T02	900	80	0.25	自动
6	粗、精车 M24 × 1.5—6g 外螺纹	T04	600	—	—	自动
7	件 1 切槽、切断	T03	400	60	—	自动
8	手动钻 ϕ20 mm × 40 mm 孔	—	600	—	—	手动
9	粗车件 2 左端外轮廓	T01	600	150	1.5	自动
10	精车件 2 左端外轮廓	T02	900	100	0.25	自动
11	粗车件 2 左端内轮廓	T05	600	150	1.0	自动
12	精车件 2 左端内轮廓	T05	900	100	0.5	自动
13	车件 2 螺纹退刀槽	T06	400	60	—	自动
14	车件 2 内螺纹	T07	600	—	—	自动
15	将件 1 配合到件 2 上，精车端面，控制件 1 长度至要求的尺寸	T02	900	100	0.5	自动
编制	审核		批准		年　月　日	共　页　第　页

二、编制加工程序

1. 加工件 2 右端

件 2 右端加工参考程序见表 9–60。

表 9–60　　件 2 右端加工参考程序

参考程序	注释
O9081;	程序名
N10 M03 S600 T0101;	主轴正转，调用 01 号刀具，执行 01 号刀补
N20 G00 X52.0 Z2.0;	快速移到循环起刀点

续表

参考程序	注释
N30 G94 X0 Z0 F80；	循环车削端面
N40 G73 U25.0 W0 R10 F150；	用外圆粗车复合循环指令 G73 进行粗车
N50 G73 P60 Q200 U0.5 W0；	
N60 G00 G42 X0；	精车定位
N70 G01 Z0 F100；	
N80 #1=19.0；	加工椭圆
N90 #2=13.0；	
N100 #3=19.0；	
N110 #4=#2*SQRT［#1*#1-#3*#3］/#1；	
N120 G01 X［2*#4］Z［#3-19.0］；	
N130 #3=#3-0.1；	
N140 IF［#3 GE 0］GOTO110；	
N150 G01 X36.0 Z-29.0；	精车锥面
N160 Z-46.0；	精车 $\phi 36_{-0.025}^{0}$ mm 外圆
N170 X43.0；	精车端面
N180 X46.0 W-1.5；	倒角 $C1.5$ mm
N190 Z-82.0；	精车 $\phi 46_{-0.025}^{0}$ mm 外圆
N200 G01 X52.0；	退刀
N210 G00 X100.0 Z50.0；	快速退刀至换刀点
N220 T0202 M03 S900；	调用 02 号精车刀，执行 02 号刀补
N230 G00 X52.0 Z2.0；	快速移到循环起刀点
N240 G70 P60 Q200；	采用精加工循环指令 G70 进行精车
N250 G00 X100.0 Z50.0；	快速退刀至换刀点
N260 T0303 M03 S400；	调用 03 号切槽刀（刀宽为 4 mm），执行 03 号刀补
N270 G00 X48.0 Z-24.0；	快速靠近第一个槽
N280 G01 X40.0 F60；	车第一个槽第一刀
N290 X48.0 F300；	X 向退刀
N300 W-1.0；	Z 向进刀
N310 G01 X40.0 F60.0；	车第一个槽第二刀

续表

参考程序	注释
N320 X48.0 F300;	X 向退刀
N330 W–9.0;	Z 向进刀至第二个槽第一刀位置
N340 G01 X40.0 F60;	车第二个槽第一刀
N350 X48.0 F300;	X 向退刀
N360 W–1.0;	Z 向进刀
N370 G01 X40.0 F60;	车第二个槽第二刀
N380 X48.0 F300;	X 向退刀
N390 W–9.0;	Z 向进刀至第三个槽位置
N400 G01 X40.0 F60;	车第三个槽第一刀
N410 X48.0 F300 ;	X 向退刀
N420 W–1.0;	Z 向进刀
N430 G01 X40.0 F60;	车第三个槽第二刀
N440 X48.0 F300;	X 向退刀
N450 G00 X100.0 Z50.0;	快速退刀至换刀点
N460 M30;	程序结束并复位

2. 加工件 1

件 1 加工参考程序见表 9–61。

表 9–61　　件 1 加工参考程序

参考程序	注释
O9082;	程序名
N10 M03 S600 T0101;	主轴正转，调用 01 号刀具，执行 01 号刀补
N20 G00 X52.0 Z2.0;	快速移到循环起刀点
N30 G94 X0 Z0 F80;	循环车削端面
N40 G73 U25.0 W0 R10 F150;	用外圆粗车复合循环指令 G73 进行粗车
N50 G73 P60 Q150 U0.5 W0;	
N60 G00 G42 X18.0;	精车定位
N70 G01 Z0 F100;	

续表

参考程序	注释
N80 G01 X20.0 Z–1.0;	倒角 $C1$ mm
N90 Z–8.0;	精车 $\phi20_{-0.021}^{0}$ mm 外圆
N100 X24.0 W–2.0;	倒角 $C2$ mm
N110 Z–30.0;	精车 M24×1.5—6g 螺纹外圆
N120 X15.0 Z–38.38;	车圆弧定位
N130 G03 X15.0 Z–52.0 R10.0;	精车 $SR10$ mm 圆弧
N140 G01 W–6.0;	精车 $\phi15$ mm 外圆
N150 G01 X52.0;	X 向退刀
N160 G00 X100.0 Z50.0;	快速退刀至换刀点
N170 T0202 M03 S900;	调用 02 号精车刀，执行 02 号刀补
N180 G00 X52.0 Z2.0;	快速移到循环起刀点
N190 G70 P60 Q150;	采用精加工循环指令 G70 进行精车
N200 G00 X100.0 Z50.0;	快速退刀至换刀点
N210 T0404 M04 S600;	调用 04 号外螺纹车刀，执行 04 号刀补
N220 G00 X52.0 Z2.0;	快速定位
N230 G00 X28.0 Z0;	
N240 G92 X23.0 Z–32.0 F1.5;	螺纹加工
N250 X22.7;	
N260 X22.5;	
N270 X22.38;	
N280 G00 X100.0 Z50.0;	快速退刀至换刀点
N290 T0303 S400;	调用 03 号外切槽刀，执行 03 号刀补
N300 G00 X52.0 Z5.0;	快速定位
N310 X28.0 Z–35.0;	
N320 G94 X15.0 W0 F60;	应用 G94 指令切槽
N330 Z–38.38;	
N340 G00 X52.0;	X 向退刀
N350 G00 Z–57.5;	切断前定位
N360 G01 X0 F60;	切断件 1
N370 G00 X100.0 Z50.0;	快速退刀至换刀点
N380 M30;	程序结束并复位

3. 加工件 2 左端

件 2 左端加工参考程序见表 9–62。

表 9–62 件 2 左端加工参考程序

参考程序	注释
O9083;	程序名
N10 M03 S600 T0101;	主轴正转，选择 01 号刀具，执行 01 号刀补
N20 G00 X55.0 Z3.0;	快速定位
N30 G94 X0 Z0 F80;	循环车削端面
N40 G00 X52.0 Z2.0;	快速定位
N50 G71 U1.5 R0.5 F150;	用粗车复合循环指令 G71 进行粗车
N60 G71 P70 Q100 U0.5 W0;	
N70 G00 G42 X34.0;	精车定位
N80 G01 Z–5.2 F100;	精加工 $\phi34_{-0.025}^{0}$ mm 外圆
N90 G02 X46.0 Z–15.0 R11.0;	精加工 $R11$ mm 圆弧
N100 G40 G01 X50.0;	X 向退刀
N110 G00 X100.0 Z50.0;	快速退刀至换刀点
N120 T0202 M03 S900;	调用 02 号精车刀，执行 02 号刀补
N130 G00 X52.0 Z2.0;	快速移到循环起刀点
N140 G70 P70 Q100;	采用精加工循环指令 G70 进行精车
N150 G00 X100.0 Z50.0;	快速退刀至换刀点
N160 T0505 M03 S600;	调用 05 号内孔车刀，执行 05 号刀补
N170 G00 X18.0 Z5.0;	快速定位
N180 G90 X19.5 Z–32.0 F150;	内孔粗车复合循环
N190 X22.0 Z–22.0;	
N200 G00 X26.4 Z5.0 S900;	精车定位
N210 G01 Z0 F100;	
N220 X22.5 Z–2.0;	倒角 $C2$ mm
N230 Z–22.0;	精加工 M24 × 1.5—6H 内螺纹底孔
N240 X22.0;	精车端面

续表

参考程序	注释
N250 Z-32.0；	精加工 $\phi22^{+0.021}_{0}$ mm 内孔
N260 X18.0；	*X* 向退刀
N270 G00 Z5.0；	*Z* 向退刀
N280 X100.0 Z100.0；	退至换刀点
N290 T0606 S400；	调用 06 号内切槽刀，执行 06 号刀补
N300 G00 X20.0；	快速定位
N310 Z-22.0；	
N320 G01 X25.0 F50；	切槽
N330 X20.0；	*X* 向退刀
N340 G00 Z50.0；	快速退刀至换刀点
N350 X100.0 Z100.0；	
N360 T0707 S600；	调用 07 号内螺纹车刀，执行 07 号刀补
N370 G00 X20.0 Z3.0；	快速定位
N380 G92 X23.0 Z-20.0 F1.5；	螺纹加工
N390 X23.5；	
N400 X23.8；	
N410 X24.0；	
N420 G00 Z50.0；	退刀至换刀点
N430 X100.0；	
N440 M30；	程序结束并复位

三、工件加工

将编制好的程序校验无误后，输入车床数控系统中，加工出合格的工件。

四、评分标准

评分标准见表 9-63。

表 9–63　　评分标准

序号	项目	内容及要求	评分标准	配分	检测结果	得分
1	件 1	$\phi20_{-0.021}^{0}$ mm	每超差 0.01 mm 扣 1 分	4		
2						
3		M24 × 1.5—6g	超差不得分	8		
4		SR10 mm	超差不得分	4		
5		C1.5 mm（2 处）、C1 mm	错、漏一处扣 1 分	1 × 3		
6		（52 ± 0.05）mm	每超差 0.01 mm 扣 1 分	2		
7		Ra≤1.6 μm	降级后不得分	2		
8	件 2	$\phi46_{-0.025}^{0}$ mm	每超差 0.01 mm 扣 1 分	4		
9		$\phi34_{-0.025}^{0}$ mm	每超差 0.01 mm 扣 1 分	4		
10		$\phi22_{0}^{+0.021}$ mm	每超差 0.01 mm 扣 1 分	4		
11		$\phi36_{-0.025}^{0}$ mm	每超差 0.01 mm 扣 1 分	4		
12		M24 × 1.5—6H	超差不得分	8		
13		3 mm × $5_{0}^{+0.03}$ mm（3 处）	每超差 0.01 mm 扣 1 分	2 × 3		
14		$32_{0}^{+0.05}$ mm	每超差 0.01 mm 扣 1 分	2		
15		97 mm	每超差 0.01 mm 扣 1 分	3		
16		椭圆 38 mm × 26 mm	超差不得分	8		
17		R11 mm	超差不得分	4		
18		C1.5 mm、C2 mm	错、漏一处扣 1 分	3		
19		Ra≤1.6 μm（4 处）	降级不得分	2 × 4		
20	配合	螺纹配合	配合不上不得分，配合过紧或过松扣 4 分	8		
21	安全文明生产	1. 遵守安全操作规程 2. 刀具、工具、量具放置规范 3. 设备保养，场地清洁	每违反一次扣 1 分，扣完为止	3		
22	工艺合理	1. 工件定位、夹紧及刀具选择合理 2. 加工顺序和刀具轨迹合理	每违反一次扣 1 分，扣完为止	3		

续表

序号	项目	内容及要求	评分标准	配分	检测结果	得分
23	程序编制	1. 指令正确，程序完整 2. 数值计算正确，程序编写表现出一定的技巧，简化计算和加工程序 3. 刀具补偿功能运用正确、合理 4. 切削参数和坐标系选择正确、合理	每违反一次扣1分，扣完为止	5		
24	其他项目	发生重大事故（人身和设备安全事故）、严重违反工艺原则和情节严重的野蛮操作等，取消实操考试资格				
合计				100		

评分人		年　月　日	核分人		年　月　日